南京水利科学研究院出版基金资助

水闸安全管理与长效服役技术

马福恒 谈叶飞 胡江 等 编著

中国水利水电出版社
www.waterpub.com.cn
·北京·

内 容 提 要

　　针对我国水闸工程运行管理现状及新阶段安全管理面临的挑战，为保证水闸工程安全长效服役，本书依据相关法规和技术标准，系统阐述了我国水闸管理现状及存在问题、安全管理法规制度及技术标准、调度运行与安全度汛、日常检查与维修养护、常见隐患及处置技术、安全监测监控及信息化、安全检测与安全评价、风险评估与管控、除险加固及降等报废等相关技术要求和方法，同时提供了多个实际案例。

　　本书内容丰富，是水闸安全运行管理领域首本理论与经验、启示与应用相结合的实用书籍，可作为从事水闸工程设计、施工、管理、监督等相关技术人员培训教材和工具书，也可作为高等院校水利类专业教材或参考书。

图书在版编目（ＣＩＰ）数据

　　水闸安全管理与长效服役技术 / 马福恒等编著. --
北京：中国水利水电出版社，2021.12
　　ISBN 978-7-5226-0223-3

　　Ⅰ．①水… Ⅱ．①马… Ⅲ．①水闸－安全管理 Ⅳ.
①TV66

中国版本图书馆CIP数据核字(2021)第252326号

书　　名	**水闸安全管理与长效服役技术** SHUIZHA ANQUAN GUANLI YU CHANGXIAO FUYI JISHU
作　　者	马福恒　谈叶飞　胡江　等 编著
出版发行	中国水利水电出版社 （北京市海淀区玉渊潭南路1号D座　100038） 网址：www. waterpub. com. cn E - mail：sales@waterpub. com. cn 电话：（010）68367658（营销中心）
经　　售	北京科水图书销售中心（零售） 电话：（010）88383994、63202643、68545874 全国各地新华书店和相关出版物销售网点
排　　版	中国水利水电出版社微机排版中心
印　　刷	清淞永业（天津）印刷有限公司
规　　格	184mm×260mm　16开本　22.25印张　541千字
版　　次	2021年12月第1版　2021年12月第1次印刷
印　　数	0001—1000册
定　　价	**128.00元**

水闸是调控水资源时空分布、优化水资源配置、保障江河防洪安全的重要工程措施，是推动经济社会发展、改善生态环境不可替代的重要基础设施。目前，全国已建成流量 $5m^3/s$ 以上水闸 103575 座，其中大型水闸 892 座、中型水闸 6621 座、小型水闸 96062 座。不同类型水闸中，节制闸为主要水闸类型，占比 55.8％。水闸的安全运行为经济社会高质量发展提供了有力支撑和保障。近年来，水利管理各项工作全面发展，水闸管理体制改革不断深化，法规制度建设持续加强，维修养护与除险加固经费投入力度加大，信息化和标准化管理逐步推进，水闸运行管理持续发展。但由于水闸面广量大，工程建设先天不足，管理条件薄弱，工程破损失修严重，同时社会进步与行业发展对水闸管理提出了更高要求，水闸管理工作还需不断改进完善。当前，我国已转向高质量发展阶段，水利工程运行管理不平衡不充分问题仍然突出，与高质量发展内在要求存在一定差距，水闸运行管理和安全长效服役仍面临诸多挑战。

水利部水闸安全管理中心作为归口管理全国水闸安全的专业技术支撑机构。多年来，围绕水利中心工作，服务全国水闸安全运行行业管理，在水闸安全管理法规与技术标准建设、全国水闸安全鉴定及病险水闸安全鉴定成果核查、突发事件调查与应急处置、先进实用技术推广与示范应用、基础性研究、技术交流、人员培训等方面开展了卓有成效的工作，取得了丰硕成果。同时，培养造就了一支专业配套、知识结构与人才梯队合理的水闸安全管理专家队伍。水闸安全管理中心的科技骨干针对新形势下水闸安全管理实践需求，总结多年来的行业管理、技术开发与推广应用、科学研究、学术交流等成果和经验，编著了《水闸安全管理与长效服役技术》。本书内容涉及水闸安全管理法规制度及技术标准、调度运行与安全度汛、日常检查与维修养护、常见隐患及处置技术、安全监测监控及信息化、安全检测与安全评价、风险评估与管控、除险加固及降等报废等技术要求和方法等，并提供了多个实际案例，涵盖了水闸运行管理的完整周期，对水闸日常运行管理具有重要参考价值和指导意义。本书的出版，将有助于水闸主管部门和运行管理单位相关人员掌握水闸工程运行管理法规制度、强化责任及风险意识、了解工程概念、贯穿新时期水闸运行管理发展新理念。

本书由马福恒总体策划，谈叶飞、马福恒负责统稿及修订。全书共分 6章：第 1 章由马福恒、谈叶飞、王国利撰写；第 2 章由谈叶飞、邱莉婷、王国利撰写；第 3 章由胡江、霍吉祥、叶伟、俞扬峰撰写；第 4 章由李子阳、俞扬峰、李涵曼撰写；第 5 章由胡江、霍吉祥、叶伟撰写；第 6 章由邱莉婷、马福恒、沈心哲撰写。李星、李强、周聪聪等水闸安全管理中心其他同志为本书的撰写做了大量资料收集与整理工作，在此一并向他们表示衷心感谢！

本书的出版得到南京水利科学研究院出版基金和中央级公益性科研院所基本科研业务费专项资金的支持。

作者希望通过本书的出版，促进水闸安全运行与长效服役方法和技术的交流，提高全国水闸工程管理水平，充分发挥水闸工程的功能效益，更好地支持新阶段经济社会高质量发展。由于时间仓促及水平所限，书中不当之处，敬请读者批评指正。

作 者

2021 年 8 月于南京

目录

1.1　水闸基本情况

1.1.1　水闸定义及分类

水闸是修建在河道、渠道或湖堤、海堤上，利用闸门启闭控制流量和调节水位的低水头水工建筑物。水闸作为重要的水利基础设施，具有防洪、灌溉、供水、排涝、挡潮和生态等综合功能，在防洪减灾、优化水资源配置、改善生态环境等方面发挥着十分重要的作用，具有很强的公益性，社会效益巨大。水闸分类有不同的方法，按其所承担的主要任务可分为节制闸、进水闸、冲沙闸、分洪闸、挡潮闸、排水闸等；按其建设部位可分为拦河闸、渠首闸、穿堤涵闸、挡潮闸、灌区水闸等；按闸室的结构形式可分为开敞式水闸、胸墙式水闸和涵洞式水闸等。

1.1.2　我国水闸发展历史及现状

我国修建水闸的历史悠久。公元前 598 至前 591 年，楚令尹孙叔敖在今安徽省寿县建芍陂灌区时，即设五个闸门引水。中华人民共和国成立以前，我国水闸数量较少，工程规模不大，且大多用于灌溉引水，用于防洪、分洪的水闸寥寥无几。中华人民共和国成立以后，党和政府高度重视水利基础设施建设，特别是 20 世纪 50—70 年代，开展了全面兴修水利运动，各地相继建成了大量的水闸工程。历年水闸数量变化见图 1.1-1，其中 2012 年水闸总数迅猛增长，从 2011 年的 44306 座增长到 2012 年的 97256 座，增幅达到 119.5%，其中以小型水闸（增幅 131.3%）、节制闸（增幅 315.4%）的增幅为主。据 2019 年水利统计年报，全国已建成流量 $5m^3/s$ 以上水闸 103575 座，其中大型水闸 892 座（占比 0.86%），中型 6621 座（占比 6.39%），小型 96973 座（占比 92.75%），可见小型水闸面广量大；不同类型水闸中节制闸为主要水闸类型，占比 55.8%，见图 1.1-2。不同规模水闸的区域分布见图 1.1-3，按水资源一级分区来看，长江、淮河、珠江等流域的水闸总数及不同规模水闸数量均位居全国各区水闸总数的前三位；按行政区划来看，江苏、湖南和浙江水闸总数以及小型水闸数量位列前三，湖南、广东和山东的大型、中型水闸数量位列前三。此外，从水闸类型分布来看（图 1.1-4），节制闸数量江苏、湖南、浙江位列前三，排水闸数量广东、江苏、湖南位列前三。

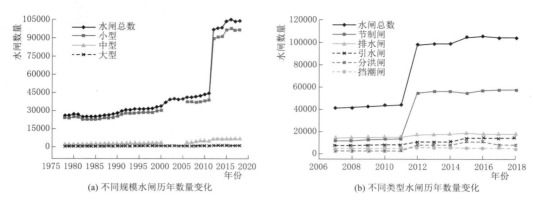

(a) 不同规模水闸历年数量变化　　　　　　　　(b) 不同类型水闸历年数量变化

图 1.1-1　历年水闸总数及不同规模、不同类型水闸数量变化

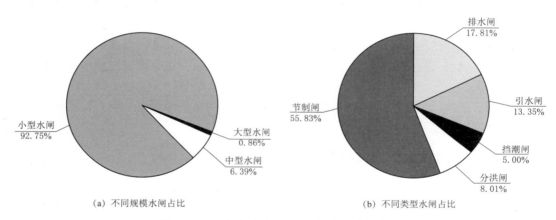

（a）不同规模水闸占比　　　　　　　　　（b）不同类型水闸占比

图 1.1-2　全国不同规模、不同类型水闸占比

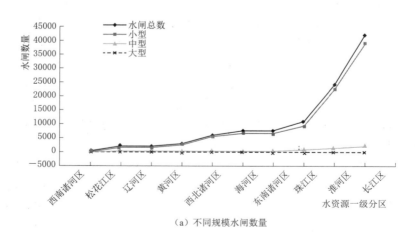

（a）不同规模水闸数量

图 1.1-3（一）　各分区、地区水闸总数和不同规模水闸数量

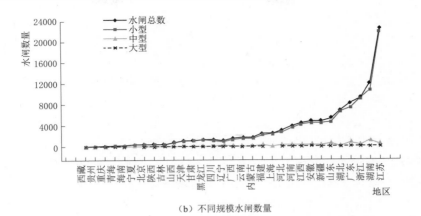

（b）不同规模水闸数量

图 1.1-3（二） 各分区、地区水闸总数和不同规模水闸数量

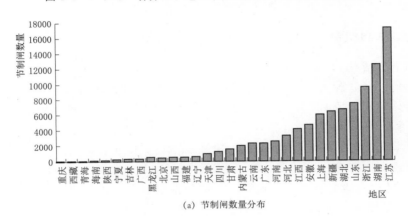

（a）节制闸数量分布

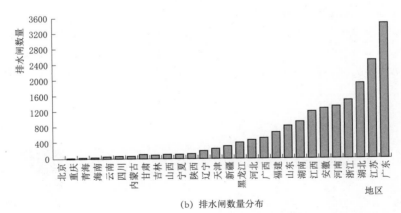

（b）排水闸数量分布

图 1.1-4 各地区节制闸、排水闸数量分布

1.2 水闸管理现状

水闸为当地防洪除涝、灌溉供水等水资源开发利用发挥了巨大作用，但由于我国大量

3

水闸建设于 20 世纪 50—70 年代，受当时经济社会和技术条件的限制，普遍存在防洪标准和建设标准偏低、工程质量较差、配套设施落后等"先天不足"问题，建成后缺乏有效管理和维修养护等问题，经过几十年的运行，大部分水闸均出现建筑物结构及机电设备老化等诸多安全隐患，安全管理任务越来越繁重，安全管理现状不容乐观。为掌握水闸安全运行现状，2019 年、2020 年水利部组织各流域机构对水闸安全运行进行了专项检查，共专项检查水闸 5299 座，占全国水闸总数的 5.1%（大型水闸占全国的82.1%、中型水闸占全国的 42.5%、小型水闸占全国的 1.8%）；2020 年水利部运行管理司、水利部水闸安全管理中心对全国水闸运行管理现状进行了专题调研，共收到2996 座水闸的有效调查表，占全国水闸数量的 2.9%，其中大型 409 座、占大型水闸总数的 45.6%，中型 1597 座、占中型水闸总数 24.4%，小型 990 座、占小型水闸总数1.0%，基本涵盖了全国各个区域，反映了水闸运行管理现状。水闸管理体制机制、安全鉴定与除险加固、功能效益发挥等方面现状如下。

1.2.1　管理体制机制

1.2.1.1　所有权情况

我国水闸绝大多数为国家和集体所有。被调查水闸中，国有水闸 2625 座（占比87.6%），集体所有水闸 357 座（占比 11.9%），见图 1.2-1。大型水闸中，国有水闸占比 95.1%，集体所有水闸占比 4.9%；中型水闸中，国有水闸占比 88.0%，集体所有水闸占比 11.8%；小型水闸中，国有水闸占比 81.2%，集体所有水闸占比 16.5%。

1.2.1.2　管理主体情况

我国水闸管理主体主要以县、乡为主。被调查水闸中，省级管理占比 10.4%，市级占比 11.9%，县级占比 54.2%，乡级占比 23.5%，见图 1.2-2。大型水闸中，省、市、县、乡占比分别为 11.1%、18.8%、53.0%、17.1%；中型水闸中，省、市、县、乡占比分别为 7.8%、12.6%、56.4%、23.2%；小型水闸中，省、市、县、乡占比分别为9.0%、7.3%、54.4、29.2%。省管小型水闸共 89 座（占被调查小型水闸的 9.0%），其中 70 座为灌区水闸或引调水工程配套水闸，其余为大型河流、水库或流域管理局管理的水闸。

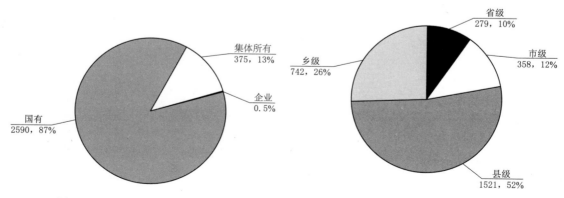

图 1.2-1　水闸所有权分布情况　　　　图 1.2-2　水闸管护层级分布情况

有管理单位的水闸 2636 座，占比 88.0%，其中大、中、小型有管理单位的占比分别为 92.7%、88.3%、83.5%，见图 1.2-3。省、市、县、乡各级有管理单位的比例分别为 100%、99.4%、94.8%、65.9%。有管理单位的水闸中，管理单位性质为公益性的占 80%，准公益性的占 16%，企业性质的占 4%。无管理单位的水闸 360 座，占比 12.0%，无管理单位的水闸中，通过主管部门内设机构管理的占调查水闸总数的 2.2%、乡镇水管站管理的占比 7.0%、其他管理的占比 2.8%。

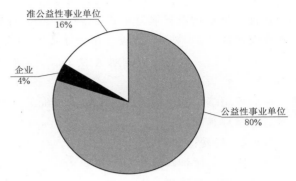

图 1.2-3　水闸管理单位性质分布情况

1.2.1.3　管护人员情况

水闸运行管理人员不足、专业化水平低。调查的水闸管护人员总数为 5082 人，在编人员 3810 人，平均管护人员为 1.7 人/座，大、中、小型水闸管护人员平均数分别为 3.0 人/座、1.5 人/座、1.4 人/座，省、市、县、乡管理的水闸管护人员平均数分别是 2.0 人/座、2.2 人/座、1.9 人/座、1.1 人/座，见表 1.2-1。

表 1.2-1　　　　　　　　　不同层级管理水闸中人员配置情况

管理主体	有在编人员水闸比例/%	有专业技术职称人员水闸比例/%	持有职业技能资格证书人员水闸比例/%	持有特种作业证人员水闸比例/%
省管水闸	91.0	69.1	82.8	53.5
市管水闸	93.3	69.5	76.0	43.6
县管水闸	97.2	69.9	70.6	21.6
乡管水闸	98.8	48.4	34.5	11.3

专业技术职称人员总数 2615 人，单座水闸人均数 0.9 人/座，大、中、小型水闸专业技术职称人员平均数分别为 1.6 人/座、0.9 人/座、0.5 人/座；有专业技术职称人员的水闸占调查总数的 61.9%，其中大、中、小型水闸有专业技术职称人员的占比分别为 81.2%、61.8%、55.3%；省级管理水闸中 69.1% 有专业技术职称人员，市级有 69.5%、县级有 69.9%、乡级有 48.4%。

持有职业技能资格证书人员 3131 人，每座水闸人均 1.0 人/座，大、中、小型水闸持有职业技能资格证书人员平均数分别为 2.5 人/座、1.0 人/座、0.5 人/座；持职业技能资格证书人员的水闸占调查总数的 61.6%，其中大、中、小型水闸有持职业技能资格证书人员占比分别为 77.5%、59.4%、56.7%；省级管理水闸中，82.8% 的水闸有持该证书的工作人员，市级有 76.0%、县级有 70.6%、乡级有 34.5%。

持有特种作业证人员 640 人，每座水闸人均 0.2 人/座，大、中、小型水闸持有特种作业证人员平均数分别为 0.7 人/座、0.2 人/座、0.1 人/座。持特种作业证人员的水闸占调查总数的 23.5%，其中大、中、小型水闸有持特种作业证人员的比例分别为 46.5%、23.4%、14.5%；省级管理水闸中 53.5% 有持特种作业证人员，市级有 43.6%、县级有 21.6%、乡级有 11.3%。

大中型水闸在人员编制及技术人员配备方面要优于小型水闸。省、市管理水闸要优于县、乡管理水闸。

1.2.1.4 经费落实情况

水闸运行管理缺乏稳定经费来源，上级财政补助少，有 12 个省（自治区）无省级财政补助。调查的水闸中有 345 座有维修养护定额标准，占比 11.5%；全国有 16 个省（自治区、直辖市）未制定省级维养定额标准。

人员经费全部落实的水闸比例为 66.4%，部分落实比例为 8.6%，无经费来源的占比 25.0%。大型水闸人员经费全部落实、部分落实、无经费来源的比例分别是 66.9%、20.0%、13.1%，中型水闸人员经费全部落实、部分落实、无经费来源的比例分别是 69.9%、8.0%、22.1%，小型水闸人员经费全部落实、部分落实、无经费来源的比例分别是 61.8%、6.9%、31.3%。

维养经费全部落实的水闸比例为 49.0%，部分落实比例为 20.6%，无经费来源的占比 30.4%。大型水闸维养经费全部落实、部分落实、无经费来源的比例分别是 52.3%、29.0%、18.7%，中型水闸维养经费全部落实、部分落实、无经费来源的比例分别是 45.0%、32.1%、22.9%，小型水闸维养经费全部落实、部分落实、无经费来源的比例分别是 53.7%、12.3%、34.0%。

国有水闸人员和维养两费全部落实、部分落实、无经费来源的比例分别是 38.3%、33.7%、28.0%。国有大型水闸经费全部落实、部分落实、无经费来源的比例分别是 43.2%、35.5%、21.3%，国有中型水闸经费全部落实、部分落实、无经费来源的比例分别是 37.5%、34.2%、28.3%，国有小型水闸经费全部落实、部分落实、无经费来源的比例分别是 37.2%、32.3%、30.5%。

集体所有水闸两费全部落实、部分落实、无经费来源的比例分别是 27.9%、27.1%、45.0%。集体所有大型水闸经费全部落实、部分落实、无经费来源的比例分别是 30.1%、27.3%、42.6%，集体所有中型水闸经费全部落实、部分落实、无经费来源的比例分别是 29.5%、26.8%、43.7%，集体所有小型水闸经费全部落实、部分落实、无经费来源的比例分别是 27.4%、26.2%、46.4%。

根据函调中各水闸填报信息，大、中、小型水闸平均每座应落实人员费用分别为 33.6 万元/座、17.5 万元/座、8.2 万元/座，实际落实人员费用分别为 28.6 万元/座、13.1 万元/座、4.4 万元/座；大、中、小型水闸平均每座应落实维养费用分别为 11.2 万元/座、5.7 万元/座、2.4 万元/座，实际落实维养费用分别为 8.7 万元/座、4.0 万元/座、1.3 万元/座，落实经费低于实际需要。不同管理主体管理的水闸经费到位情况见表 1.2-2。

表 1.2-2	不同管理主体管理的水闸经费到位情况				
管理主体	两费全部落实/%	人员经费全部落实/%	维养经费全部落实/%	无人员经费来源/%	无维养经费来源/%
省管水闸	64.4	68.8	67.4	9.3	8.2
市管水闸	59.8	80.2	62.3	7.8	10.0
县管水闸	41.6	70.4	48.8	24.3	26.8
乡管水闸	14.7	56.7	40.1	42.2	52.0

上述分析表明，无论是水闸规模或是水闸所有制、管理主体层级如何，在人员、维养两费落实方面均存在突出问题。两费落实方面，国有水闸情况要好于集体所有水闸。

资金来源方面，51%的水闸运行经费来自本级财政预算资金，23%为单位自筹，中央财政资金占比仅为3%左右。无运行管理经费来源的水闸中，以乡级管理主体为主，由于半数以上水闸的运行经费来源于本级财政，而地方财政经费紧张导致县乡级管理的水闸长期缺乏运行经费。由此可见，省级管理的水闸在经费落实方面相对较好，而市、县、乡级管理的水闸经费落实普遍较差。

1.2.1.5 管养分离情况

市场化管护程度低，运行管理机制单一。调查水闸中管养全分离的水闸占比 27.0%，部分分离水闸占比 10.9%，内部分离的占比 9.2%，未分离的占比 52.9%（图 1.2-4）。

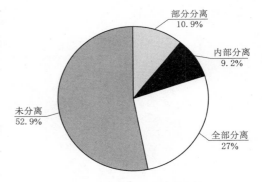

图 1.2-4 水闸管养分离情况

1.2.2 安全鉴定及除险加固

水闸安全鉴定制度落实不到位，除险加固进展缓慢，省市级管理的水闸安全情况要好于县乡级管理的水闸。36.9%的大中型水闸未按规定开展安全鉴定，大、中型水闸的比例分别为 35.4%、37.8%，省、市、县、乡管理的大中型水闸未开展安全鉴定的比例分别为 33.1%、34.5%、49.7%、65.6%；安全鉴定结论为一、二类闸的占比35%，三、四类闸占比 65%，见图 1.2-5。调查水闸中有 720 座（占调查大中型水闸总数的 35.9%）列入全国除险加固实施方案，其中省、市、县、乡管理的水闸占比分别为 15.5%、16.3%、24.1%、31.2%。已完成除险加固的占 31.5%、正在实施的占10.7%、未实施的占 57.8%，见图 1.2-6。调查水闸中还有 283 座鉴定结论为三、四类闸的大中型水闸，未列入全国除险加固实施方案，占被调查大中型水闸总数的14.1%。

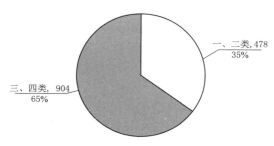

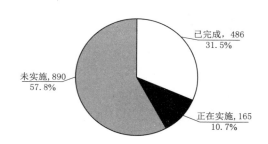

图 1.2 - 5　水闸安全鉴定结果情况　　　　　图 1.2 - 6　病险水闸除险加固情况

1.2.3　功能效益发挥

调查的水闸中有 16.2% 无法正常发挥效益，其中大、中、小型水闸占比分别为 20.0%、20.5%、9.7%，省、市、县、乡管理的水闸比例分别为 4.3%、8.5%、15.4%、27.3%，见图 1.2 - 7。无法正常发挥效益的原因分别是实体缺陷（占比 37%）、配套工程设施不完善或损毁（占比 27%）、外部需求发生改变（占比 12%），其他原因（占比 24%）主要是工程常年无水或工程设计不合理等，见图 1.2 - 8。小型水闸较大中型水闸能更好地发挥效益，主要原因在于小型水闸结构简单，功能较为单一。

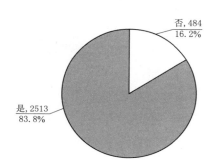

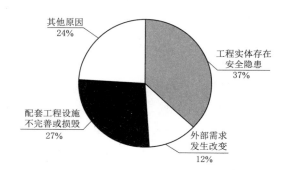

图 1.2 - 7　水闸功能效益发挥情况　　　　图 1.2 - 8　水闸功能效益无法正常发挥原因统计

1.3　水闸安全状况及存在的主要问题

专项检查水闸 5299 座（2019 年 1086 座，2020 年 4213 座），占全国水闸总数的 5.1%，其中大型 736 座（占比 82.1%），中型 2778 座（占比 42.5%），小型 1785 座（占比 1.8%）。

检查发现问题 25697 个（2019 年 3533 个，2020 年 22164 个）：管理行为问题 17151 个，其中严重问题占比 36.6%（包含 2020 年管理行为特别严重问题）；工程实体问题 8546 个，其中严重问题占比 9.7%。19.7% 的水闸存在重大安全隐患，35.1% 的水闸存在一般安全隐患，45.2% 的水闸正常运行。

1.3.1　管理行为方面

专项检查共发现管理行为方面问题 17151 个，其中管理责任体系 2033 个、安全管理

11019 个、日常管理与维护 4099 个，大中型水闸、小型水闸分布见图 1.3-1、图 1.3-2。专项检查数据分析表明，管理行为中三、四类闸管理最为突出，其次是安全鉴定、制度落实、控制运用、应急管理、维修养护、经费落实等问题。

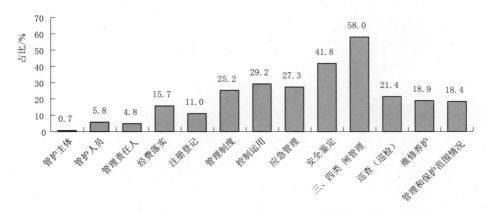

图 1.3-1　大中型水闸管理行为存在问题情况

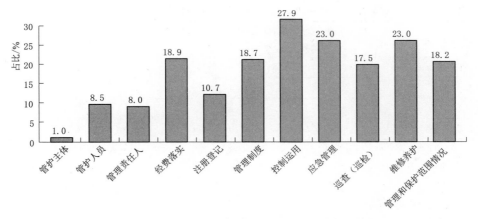

图 1.3-2　小型水闸管理行为存在问题情况

1.3.1.1　管理责任体系情况

管理责任基本落实，人员维养经费差额大。管护主体、管护人员、管理责任人落实方面情况相对较好，落实率均超 90%。经费落实方面，17.6% 的水闸存在两费落实不到位情况，其中水闸维养经费落实比例相对人员经费更低。

1.3.1.2　安全管理情况

相关制度制定不规范，落实不到位。5299 座检查水闸中，有 10.9% 水闸未进行注册登记或及时变更登记事项，大、中、小型水闸占比分别为 10.4%、11.4%、10.7%；有 23.0% 的水闸管理制度落实不到位，大、中、小型水闸占比分别为 24.7%、25.5%、18.7%。

有 28.8% 的水闸控制运用计划未编制或可操作性差，大、中、小型水闸占比分别为

28.9%、29.5%、27.9%；25.8%的水闸应急预案编制、安全度汛措施落实不到位，大、中、小型水闸占比分别为 24.8%、26.4%、23.0%；41.8%大中型水闸未按要求开展安全鉴定或专项安全检测，鉴定为三、四类闸的水闸中，60.4%未采取除险加固或限制运用措施，其中，大、中、小型的比例分别为 54.3%、60.8%、65.0%。

1.3.1.3 日常维修和养护情况

管理手段落后，维修养护效果差。有 20.1%水闸日常巡查巡检不规范，大、中、小型水闸占比分别为 18.8%、21.2%、17.5%；20.3%的水闸维修养护不及时，大、中、小型水闸占比分别为 19.2%、19.7%、23.0%；65%以上大中型水闸缺少必要的安全监测设施，小型水闸基本无安全监测设施；17.0%的水闸管理和保护范围未划定，大、中、小型水闸占比分别是 17.5%、17.1%、16.8%。3.7%的水闸安全管理范围内存在违规行为，大、中、小型水闸占比分别是 4.3%、2.8%、4.8%。见表 1.3-1。

通过对管理责任人落实不到位的水闸进一步分析，单座水闸问题总数、严重问题数（含 2020 年特别严重问题）、工程缺陷问题数、管理行为问题数均高于全国平均水平。其中，32.4%水闸存在重大安全隐患，远高于全国 19.0%的比例。由此可见，管理责任人落实不到位与工程缺陷问题多、重大安全隐患比例高密切相关。

表 1.3-1　　　　　管理责任人落实不到位水闸问题数与全国平均水平对比表

问题类型	管理责任人落实不到位水闸单座问题数/(个/座)	全国水闸平均单座问题数/(个/座)
问题总数	6.4	4.8
严重问题数	1.4	1.3
工程缺陷问题数	2.2	1.6
管理行为问题数	4.2	3.2

注 问题总数包括管理行为问题和工程缺陷问题，这些问题根据可能造成后果的严重性分为特别严重问题、严重问题、较重问题和一般问题。

1.3.2 工程实体方面

专项检查水闸中，3112 座水闸（占比 58.7%）工程存在实体安全问题，大、中、小型水闸占比分别为 54.2%、59.8%、60.1%。639 座水闸（占比 12.1%）工程实体存在严重问题，大、中、小型水闸占比分别为 11.6%、13.4%、8.8%；1823 座水闸（占比 34.4%）工程实体存在较重问题，大、中、小型水闸占比分别为 37.5%、37.7%、24.0%；2217 座水闸（占比 41.8%）工程实体存在一般问题，大、中、小型水闸占比分别为 34.2%、40.3%、45.3%。大中型水闸、小型水闸实体方面存在问题见图 1.3-3、图 1.3-4。

工程实体安全问题主要是闸室、闸门、启闭设备有严重工程缺陷，以及安全管理设施不完善或缺失、配电设施存在安全隐患以及上下游连接段缺陷等，影响工程正常运行。大中型水闸中闸室、闸门、启闭设备三大关键部位存在缺陷或不能正常运行的比例分别为 17.4%、30.9%、19.1%，小型水闸的比例分别为 14.1%、27.6%、19.9%。

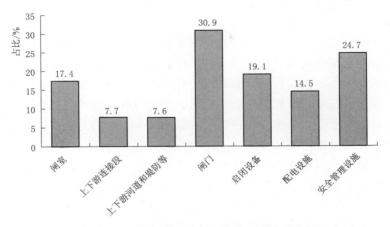

图 1.3-3　大中型水闸工程实体存在问题情况

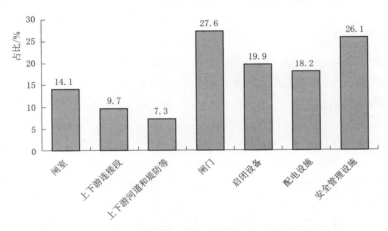

图 1.3-4　小型水闸工程实体存在问题情况

1.4　水闸安全管理面临的挑战及对策

1.4.1　面临的挑战

中国特色社会主义进入新时代，水利事业发展也进入了新阶段。我国治水的主要矛盾已经发生深刻变化，从人民群众对除水害兴水利的需求与水利工程能力不足的矛盾，转变为人民群众对水资源水生态水环境的需求与水利行业监管能力不足的矛盾。"十四五"时期，国家提出要加快构建国家水网，通过优化水资源配置体系，完善流域防洪减灾体系，全面提升水安全保障能力。党中央多次就水利工程安全作出重要指示批示，强调要坚持安全第一，加强隐患排查预警，及时消除安全隐患，确保水利工程安然无恙。这就需要建立健全水利工程运行管护长效机制，运行管理逐步走向规范化、信息化、标准化，坚决避免因水利工程运行管理问题发生标准内洪水工程失事事件、超标准洪水重大人员伤亡事件，坚决保障国家重点设施安全，实现运行安全、效益发挥与管理现代化，为经济社会高质量发展提供支撑保障。

对照上述新形势下水利工程安全管理的新需求，通过调研和检查工作，发现全国范围内水闸运行管理存在很多共性和突出的基础问题，如水闸工程基础条件薄弱，法规制度缺乏顶层设计和系统体系，水闸监管体制和运行机制不顺，核心技术不足等。同时，安全监测设施陈旧，监测资料分析未能结合设计、施工和运行的具体情况进行综合分析评价和安全预测预报。水闸安全管理基本沿用传统的、基于单个工程的方法，缺乏全局统一的风险分析和风险管理，对可能的灾害缺乏应急预案。此外，由于经济社会快速发展、规划改变、环境变化等，大量水闸面临工能降低、改变甚至丧失，现有的体制机制、法规标准和技术手段等难以及时适应这种变化情况，运行管理面临很多新问题。而且，随着社会文明程度的逐步提高，社会公众对包括水闸在内的水利工程建设的关注度在日益提高，表现出前所未有的环境保护参与意识，水闸在保证其工程属性的同时，越来越承担起其社会安全和环境安全的功能属性，也给水闸安全管理带来新的挑战。

1.4.2　对策与措施

针对水闸目前存在的问题，新阶段应以改革创新为根本动力，统筹发展和安全、工程措施与非工程措施，大力实施工程除险加固，着力构建工程安全管理体系，提升水利工程运行管护能力和智慧化水平，为国家经济社会发展提供坚强有力支持和保障，具体包括以下几个方面：

（1）健全法规标准体系，严格制度执行。进一步完善水闸管理法规制度和标准体系，及时出台水闸安全运行及调度运用、维修养护、风险标准、应急预案、降等报废等相应管理办法和技术标准，增强刚性约束。加强注册登记和安全鉴定工作，摸清水闸规模、数量、类型等基本底数，完善全国水闸基础信息数据库，及时掌握水闸安全运行状况。

（2）压实地方主导责任，加强督导问责。针对地方政府重视程度不足问题，督促指导地方切实压实政府主导责任。明确省、市、县级财政事权和支出责任，建立稳定的地方财政管护人员及维修养护经费渠道。充分利用河长制湖长制工作机制，鼓励引导地方将水闸安全管理纳入地方政府安全生产责任制考核和乡村振兴实绩考核，从政府层面推动责任落实。督促地方政府完善水闸安全监督管理体制和责任追究机制，以安全鉴定开展、管护经费使用、重大安全隐患治理等为重点，继续开展监督检查，对问题突出、工作明显滞后的，采取警示约谈、通报批评等方式进行追责问责，必要时商请省级人民政府对相关责任单位、责任人及市县政府负责人进行严肃问责，将压力层层传导至地方政府，落实属地管理责任。

（3）鼓励创新体制机制，推进管理体制改革。落实水闸农村公共基础设施管理政策，督促地方政府按照国家发展改革委、财政部《关于深化农村公共基础设施管护体制改革的指导意见》要求，落实水闸管护的县级政府主体责任和乡镇政府属地管理职责，省市级政府为县级政府履行责任创造有利条件；深化水闸管理体制改革，鼓励地方创新管理体制，按区域或流域建立专业管理单位，采取政府购买服务的方式，推行小小联合、以大带小的管理模式和社会化、专业化的维修养护服务，形成多元化管护机制。

（4）持续推进水闸安全鉴定，及时消除安全隐患。针对部分水闸安全状况不清的问题，督促指导各地全面实施水闸安全鉴定。组织省级水行政主管部门制定工作计划，提出分年度目标任务，以县区为单元制定工作方案，持续推进水闸安全鉴定。组织对安全鉴定结论为三、四类闸的鉴定成果进行复核，从严控制水闸安全鉴定工作质量，动态掌握全国病险水闸情况，建立病险水闸年度名录及台账。对长年未运用、效益衰减或丧失以及除险加固技术上不可行、经济上不合理的水闸进行评估，积极推动降等报废，完善退出机制。对已列入除险加固规划的项目加快实施除险加固进度，尽快消除隐患，对通过别的投资渠道已实施除险加固的水闸及时做出调整，对未列入规划新出现的病险水闸在组织安全鉴定后补充纳入规划。鉴于除险加固规划编制基准年为 2009 年，规划条件发生较大改变，投资标准也发生较大变化，应及时调整投资规模。

（5）加强管理能力建设，提升信息化管理水平。加大专业技术人员培训力度，提高基层管理人员专业素质和业务水平，逐步实行工程巡查、闸门操作等关键岗位不培训不上岗制度。改善水闸工程管理条件，健全人员选拔聘用机制，鼓励和吸引优秀人才充实基层水管单位队伍。规范水闸运行管理，积极推行工程管理精细化、标准化。完善水闸安全监测设施和自动化监控系统，利用互联网等信息技术建立水闸安全监管平台，有效开展安全运行全过程的动态监管，提升水闸监督管理信息化水平。

第2章 水闸安全管理制度

2.1 水闸安全组织管理

2.1.1 一般规定

组织管理是指通过建立组织结构，规定职务或职位，明确责权关系等，以有效实现组织目标的过程。组织管理的具体内容是设计、建立并保持一种组织结构。水闸安全组织管理体现水闸工程安全运行中组织设计、组织运作、组织调整的体系架构，主要包括：注册登记、定岗定责、管理制度、教育培训、经费保障、档案管理、年度考核等方面。

2.1.2 具体要求

2.1.2.1 注册登记

根据《水闸注册登记管理办法》（水运管〔2019〕260号）要求，水闸注册登记实行分级负责制，已建成运行的流量5m³/s以上的水闸，水闸管理单位应向水闸主管部门申请水闸注册登记，登记信息发生变化时需及时变更登记事项，新建水闸竣工验收之后3个月以内，应申请办理注册登记。水闸主管部门应逐级汇总上报水闸注册登记信息，并报国务院水行政主管部门汇总备案。目前水闸注册登记实行一闸一证制，采用网络申报方式进行（注册地址为 https：//dike. yrihr. com. cn/），水闸管理单位负责填报水闸申报信息，包括：水闸基本信息、管理单位信息、工程竣工验收鉴定书（扫描件）、水闸控制运用计划（方案）批复文件（扫描件）、水闸安全鉴定报告书（扫描件）、病险水闸限制运用方案审核备案文件（扫描件）、水闸全景照片等，并应确保申报信息的真实性、准确性。

2.1.2.2 定岗定责

岗位和责任是水闸工程运行管理中一项基础性的工作。它涉及水闸管理单位业务目标的落实、员工能力和数量的匹配，从而影响到单位运营成本的降低和效率的提高，将责任落实到人，让岗位职工对自己的岗位业务更熟悉更专业，提高办事效率，对岗位职责更明确。

水闸管理单位应按照"因事设岗、以岗定责"的原则，明确运行管理岗位及其岗位职责，按照安全生产有关规定设置安全生产管理机构或配备具备相应安全生产知识和管理能力的专、兼职安全生产管理人员，落实全员岗位安全生产责任。运行类岗位应专人专岗，在不影响水闸运行管理工作的前提下，其他岗位可根据实际情况实行1人多岗。水闸管理单位可根据工程实际与管理需要，采用编制部门-人员-岗位-管理事项对应图表的形式明确岗位及人员职责。编制部门-人员-岗位-事项对应图表时，应先把各工作事情分类、归纳到各管理岗位中，然后再将各岗位落实到相应人员。图表中应涵盖所有工作事项，把事项落实到岗位和人员。各岗位人员确定要按照工作量、可兼岗类型和关键岗位类型等进行分配。

2.1.2.3 管理制度

一项有效的管理制度有其规范性要求。管理制度内容中一般应明确执行主体、责任主体、工作内容、工作要求、生效与修订等内容。要在制度内容中明确执行主体、责任主体及约束条款、执行流程、考核、奖惩措施。水闸管理单位应根据工程设计和运行管理要求，编制水闸技术管理实施细则，制定并落实水闸运行管理制度，涵盖岗位职责、控制运用、设备操作、检查监测、维修养护、安全生产、防汛管理、应急管理、教育培训、档案管理等内容。关键岗位管理制度、操作规程及技术图表应明示。

2.1.2.4 教育培训

确保水闸工程安全运行的关键之一是强化职工教育培训。我国 78.1% 的水闸由县、乡级管理，乡镇政府作为主管部门，相关负责人变动较频繁，且多数无水利专业背景，作为行政责任人履职能力不足。作为提供技术支撑的乡镇水利站，专业技术人员少、力量薄弱，仅有 25% 左右的水闸配备有专业操作人员，有些乡镇甚至未设置水利站。巡查管护人员主要由村干部或村民担任，年龄普遍偏高，专业技术培训较少，履职能力差。这与新形势下我国水利工程运行管理的发展要求不匹配，必须强化职工教育培训。通过学习有关法律法规、技术标准，掌握水闸安全运行管理的方针政策，提高管理人员和操作人员的政策认知水平，使其能充分认识水闸安全运行的重要意义，日常工作中严格执行操作规程，遵守劳动纪律，杜绝违章指挥、违章操作的行为。同时，加强操作技能教育及培训，结合本专业、本工种和本岗位的特点，熟练掌握水闸各项操作规程、安全防护等基本知识，掌握基本操作技能，熟悉工程规划、设计、施工、除险加固等情况，了解工程各部位结构，掌握技术管理业务知识。首次上岗的运行管理人员应实行岗前教育培训，具备与岗位工作相适应的专业知识和业务技能；有职业资格要求的岗位，从业人员需取得职业资格方可上岗；特种作业人员应按照有关规定持证上岗并进行培训。

水闸管理单位应制定年度教育培训计划，有计划地组织开展业务培训，原则上运行岗位人员培训每年不少于 1 次，教育培训可采用多种形式，因地制宜，因人而异，如举办各种培训班、报告会、研讨会、知识讲座、水闸运行知识竞赛、典型事故图片展、电视片、黑板报、简报、发放宣传品等形式。总之，教育培训要形象生动求实效，避免枯燥无味走过场，使教育培训工作规范化、制度化、经常化。

2.1.2.5 经费保障

我国水闸管理粗放，资金落实不到位问题突出。超过一半的各类水闸人员及维养经费无稳定来源，严重影响工程日常运行维护。针对地方政府不重视问题，督促指导地方切实压实政府主导责任，应通过利用河长制湖长制工作机制及落实水闸农村公共基础设施管理政策等手段，鼓励引导地方将水闸安全管理纳入地方政府安全生产责任制考核和乡村振兴实绩考核，督促地方按照国家发展改革委、财政部《关于深化农村公共基础设施管护体制改革的指导意见》要求，落实水闸管护的县级政府主体责任和乡镇政府属地管理职责。省市级政府应为县级政府履行责任创造有利条件，明确省市县级财政事权和支出责任，承担公益性任务的人员经费、公用经费等基本支出，以及公益性工程的维修养护经费应纳入财政预算，建立稳定的地方财政管护经费渠道。同时，水闸管理单位应积极认真编制年度水闸运行管理和维修养护经费计划并及时提交上级主管部门，水闸主管部门应审核并负责落实相应经费，保障水闸运行管理和维修养护工作正常开展。

2.1.2.6　档案管理

水闸管理单位应认真执行档案管理有关规定，落实档案管理人员，妥善保管水闸工程建设档案，及时收集整理水闸运行管理中形成的控制运用、检查监测、维修养护、安全鉴定、除险加固、防汛抢险等技术资料，做好归档、保管和利用工作。档案收集整理工作的具体内容是需对本单位需要归档的文件、未及时归档的文件、具有长久保存价值的档案文件的接收和整理。而档案的收集和整理工作又可看作为是对档案工作的前端控制。水闸工程项目档案的前端控制是对文件归档之前的工程管理及运行项目的早期参与。水闸工程项目档案往往形成周期长，涉及专业多，工序复杂，如不及时收集并归档，必定会影响工程档案的齐全完整，甚至会影响到工程安全运行。

随着科技的发展，档案管理工作也要与时俱进。日益丰富的工作实践证明，档案管理采用电子化流转方式，是当前及今后档案管理工作发展的趋势，能极大地提升单位档案管理的效率。档案管理信息化是档案管理工作适应社会信息化发展的必然要求。因此，有必要加强档案管理信息化建设工作，实现档案管理规范化、标准化。

涉密档案必须严格执行保密管理的有关要求，保证档案安全。

2.1.2.7　年度考核

水闸管理单位应总结年度水闸运行管理情况，分析工程安全状况，提出下一年度运行管理建议，形成自检报告并报送水闸主管部门。水闸主管部门应对水闸管理单位进行水闸运行管理年度考核，建立激励约束机制，鼓励和支持采用先进技术设备，推动提升水闸运行管理水平。通过开展年度考核，对水闸管理人员提出明确的要求和规定，全面促进水闸管理单位各项工作的深入开展，能有效调动职工的积极性、主动性和创造性，在考核机制的约束下，全力做好各项工作。

2.2　水闸安全法规

2.2.1　水闸安全法规制定现状

目前，我国还没有建立健全水闸管理政策法规体系，主要以《中华人民共和国水法》《中华人民共和国防洪法》《中华人民共和国河道管理条例》《中华人民共和国防汛条例》等法律法规为基础，水利部在水闸注册登记、安全鉴定、除险加固等方面，以规范性文件的形式先后发布实施一批与水闸工程运行管理有关的政策法规，主要有《水闸工程管理通则》（〔80〕水管字第 97 号）、《水闸注册登记管理办法》（水运管〔2019〕260 号）、《水闸安全鉴定管理办法》（水建管〔2008〕214 号）、《全国大中型病险水闸除险加固总体方案》（发改农经〔2013〕303 号）和《大中型水库水闸除险加固项目建设管理办法》（发改农经

〔2014〕1895 号）等。

　　上海、江苏、浙江、福建和河南等地结合本地实际制定了相应的水闸工程运行管理的有关地方规定。上海市 2002 年制定了《上海市水闸管理办法》（2018 年修订）；江苏省制定了《江苏省水闸安全鉴定管理办法》（苏水管〔2008〕98 号）。浙江省着力完善标准化管理制度体系，出台了包括水闸在内的 11 类工程 12 项管理规程和 11 项管理办法、规定或意见，如《浙江省小型水闸安全技术认定办法》（浙水管〔2006〕33 号）；福建省发布实施了《福建省水闸安全管理暂行规定》（闽水建管〔2017〕32 号）；河南省发布了《河南省大中型病险水闸除险加固项目建设管理实施细则》（豫发改农经〔2015〕999 号）。

　　水闸运行管理部分法规及文件见表 2.1－1。

表 2.1－1　　　　　　　　　　　　水闸运行管理部分法规及文件

分类	法规或文件名称	发布文号	适用范围
法规及文件	中华人民共和国水法	1988 年中华人民共和国主席令第 61 号	开发、利用、节约和保护水资源，防治水害和水资源可持续利用
	中华人民共和国防洪法	1997 年中华人民共和国主席令第 88 号	防治洪水，防御和减轻洪涝灾害
	中华人民共和国河道管理条例	1988 年国务院令第 3 号	河道管理，防洪安全
	中华人民共和国防汛条例	国务院第 441 号令	防汛抗洪
	中华人民共和国抗旱条例	中华人民共和国国务院令第 552 号	预防和减轻干旱灾害及其造成的损失，保障生活用水，协调生产、生态用水
	大中型水利水电工程建设征地补偿和移民安置条例	国务院令第 471 号	大、中型水闸
	关于水利工程用地确权有关问题的通知	〔1992〕国土〔籍〕字 11 号	所有水闸
	关于深化小型水利工程管理体制改革的指导意见	水建管〔2013〕169 号	小型水闸
	水利部关于加快推进水利工程管理与保护范围划定工作的通知	水运管〔2018〕339 号	所有水闸
	水利部关于修订印发水利工程管理考核办法及其考核标准的通知	水运管〔2019〕53 号	大、中型水闸
	水利部关于印发水工程防洪抗旱调度运用监督检查办法（试行）的通知	水防〔2019〕207 号	水工程防洪、抗旱和应急水量调度运用的监督检查
	水利部关于印发水利监督规定（试行）和水利督查队伍管理办法（试行）的通知	水监督〔2019〕217 号	水旱灾害防御，水利工程建设与安全运行，水利资金使用等
	水利部办公厅关于做好堤防水闸基础信息填报暨水闸注册登记等工作的通知	办运管函〔2019〕950 号	全国河道上过闸流量 5m³/s 以上（含）的水闸

续表

分类	法规或文件名称	发布文号	适用范围
运行管理	水闸工程管理通则	〔80〕水管字第 97 号	大、中型水闸
	水利工程档案工作规定	水办〔2003〕105 号	大、中型水闸
	水利工程管理单位定岗标准（试点）	水办〔2004〕307 号	大、中型水闸
	水利工程维修养护定额标准（试点）	水办〔2004〕307 号	大、中型水闸
	水闸注册登记管理办法	水运管〔2019〕260 号	河道、堤防上的大于等于 $5m^3/s$ 水闸
	水利工程运行管理督查工作指导意见	水建管〔2013〕41 号	所有水闸
	水利工程管理考核办法	水建管〔2016〕361 号	大、中型水闸
	水利工程质量检测管理规定	水利部令第 50 号	所有水闸
	江苏省水闸技术管理办法	苏水管〔2004〕152 号	大中型水闸，小型涵闸参照执行
	浙江省小型水闸安全技术认定办法	浙水管〔2006〕33 号	浙江省小型水闸
	上海市水闸管理办法	2018 年修订	上海市行政区内水闸
安全管理	水闸安全鉴定管理办法	水建管〔2008〕214 号	大、中型水闸
	全国大中型病险水闸除险加固总体方案	发改农经〔2013〕303 号	大、中型水闸
	大中型水库水闸除险加固项目建设管理办法	发改农经〔2014〕1895 号	大、中型水闸
	江苏省水闸安全鉴定管理办法	苏水管〔2008〕98 号	江苏省大型水闸、重要中型水闸
	福建省水闸安全管理暂行规定	闽水建管〔2017〕32 号	福建省大、中型水闸

2.2.2　存在问题及不足

总体来看，目前我国水闸管理主要参考与水闸有关的涉水制度、法规，初步建立了管理制度体系框架。但水闸管理制度体系缺乏顶层设计，没有国家层面的上位法，是水闸管理法规制度不健全的主要原因。水闸工程运行管理涉及的安全责任制、注册登记、控制运用、防汛抢险、检查监测、维修养护、安全鉴定、除险加固、应急管理、降等报废、监督管理等主要环节管理制度尚未全面建立。除安全鉴定、除险加固和注册登记等有相应规定外，对水闸控制运用、检查监测、应急管理、降等报废和监督管理等均缺乏明确规定。同时，部分已有法规制度已不适应当前管理需要。如 20 世纪 80 年代制定的《水闸工程管理通则》等规范性文件的部分条款已经和现实不适应、不匹配，不能起到实际指导规范作用。

因此，当前已有管理制度未成系统，无法全面地指导水闸运行管理，造成水闸运行管理粗放，运行体制机制不顺畅，三个责任人、三个重点环节无法落实，监督检查也缺乏有效依据。

2.3　水闸安全管理技术标准

2.3.1　水闸安全管理技术标准制定现状

目前，在水闸运行管理、安全鉴定、除险加固等方面的相关技术标准有《水闸设计规范》（SL 265—2016）、《水利水电工程钢闸门设计规范》（SL 74—2013）、《水工金属结构设备安全检测技术规程》（SL 101—2014）、《水工金属结构防腐蚀规范》（SL 105—2007）、《水闸技术管理规程》（SL 75—2014）、《水闸工程管理设计导则》（SL 170—1996）（已被合并到新的水闸设计规范）、《水闸安全评价导则》（SL 214—2015）、《水利水电工程金属结构报废标准》（SL 226—1998）、《水利水电工程闸门及启闭机、升船机设备管理等级评定标准》（SL 240—1999）、《水工钢闸门和启闭机安全运行规程》（SL 722—2015）、《水闸安全监测技术规范》（SL 768—2018）等。

江苏、浙江和山东等地结合本地实际制定了相应的水闸工程运行管理的有关地方标准。其中，江苏省制定了《水闸工程管理规程》（DB32/T 3259—2017）和《江苏沿海挡潮闸防淤减淤运行规程》（DB32T 2198—2012）；浙江省制定了《大中型水闸运行管理规程》（DB33/T 2109—2018）；山东省制定了《山东省水闸工程管理细则（试行）》（2011年1月）。

水闸运行管理部分技术标准见表2.3−1。

表2.3−1　　　　　　　　　　水闸运行管理部分技术标准

分类	规范名称	编号	适用范围
建设	土工试验方法标准	GB/T 50123—1999	所有水闸
	水利水电工程结构可靠性设计统一标准	GB 50199—2013	所有水闸
	水利工程设计防火规范	GB 50987—2014	大、中型水闸
	水工建筑物抗震设计标准	GB 51247—2018	设计烈度Ⅵ度以上的1级、2级和3级水闸
	水利基本建设项目竣工财务决算编制规程	SL 19—2014	基本建设投资和财政专项资金安排的水闸
	水闸施工规范	SL 27—2014	新建、扩建、改建及加固水闸工程
	水利水电工程施工测量规范	SL 52—2015	所有水闸
	水利水电工程钢闸门设计规范	SL 74—2013	大、中型水闸
	水工金属结构防腐蚀规范	SL 105—2007	所有水闸
	水工混凝土结构设计规范	SL 191—2008	所有水闸
	水利水电工程天然建筑材料勘察规程	SL 251—2015	所有水闸
	水利水电工程等级划分及洪水标准	SL 252—2017	所有水闸
	水闸设计规范	SL 265—2016	大、中型水闸
	水利工程建设项目施工监理规范	SL 288—2014	所有水闸
	水利水电工程施工组织设计规范	SL 303—2017	大、中型水闸
	水工混凝土试验规程	SL 352—2006	所有水闸

续表

分类	规范名称	编号	适用范围
建设	水工挡土墙设计规范	SL 379—2007	1～3 级水闸中的挡土墙
	水利水电工程边坡设计规范	SL 386—2007	大、中型水闸的 1～5 级边坡
	水利水电工程可行性研究报告编制规程	SL 618—2013	大、中型水闸
	水利水电工程初步设计报告编制规程	SL 619—2013	大、中型水闸
	水利水电工程单元工程施工质量验收评定标准——地基处理与基础工程	SL 633—2012	大、中型水闸
	水利水电工程合理使用年限及耐久性设计规范	SL 654—2014	新建的所有水闸
	水利水电建设工程验收技术鉴定导则	SL 670—2015	大、中型水闸
	水工混凝土施工规范	SL 677—2014	1 级、2 级和 3 级水闸
	水闸与泵站工程地质勘察规范	SL 704—2015	大、中型水闸
	水利水电工程施工安全防护设施技术规范	SL 714—2015	所有水闸
	水利水电工程施工安全管理导则	SL 721—2015	大、中型水闸
	水利水电工程安全监测设计规范	SL 725—2016	1～5 级挡水建筑物和其他 1～3 级水工建筑物
技术管理	水闸技术管理规程	SL 75—2014	大、中型水闸
	水工钢闸门和启闭机安全检测技术规程	SL 101—2014	大、中型水闸
	水利工程水利计算规范	SL 104—2015	大、中型水闸
	水闸工程管理设计规范	SL 170—1996	平原区大、中型工程中的 1、2、3 级水闸，山区、丘陵区的泄水闸
	水闸安全评价导则	SL 214—2015	大、中型水闸
	水利水电工程金属结构报废标准	SL 226—98	大、中型水闸
	水利水电工程闸门及启闭机、升船机设备管理等级评定标准	SL 240—1999	大、中型水闸
	中国水闸名称代码	SL 262—2000	大型和重点中型水闸
	水利水电工程初步设计质量评定标准	SL 521—2013	大、中型水闸
	水利水电工程管理技术术语	SL 570—2013	所有水闸
	水利水电工程水力学原型观测规范	SL 616—2013	所有水闸
	水利统计通则	SL 711—2015	所有水闸
	水工混凝土结构缺陷检测技术规程	SL 713—2015	所有水闸
	水利信息系统运行维护规范	SL 715—2015	所有水闸
	水工钢闸门和启闭机安全运行规程	SL 722—2015	大、中型水闸
	水利工程质量检测技术规程	SL 734—2016	大、中型水闸
	水利水电建设项目安全验收评价导则	SL 765—2018	大、中型水闸
	水闸安全监测技术规范	SL 768—2018	大、中型水闸
地方标准	水闸工程管理规程	DB32/T 3259—2017	江苏省大、中型水闸
	江苏沿海挡潮闸防淤减淤运行规程	DB32T 2198—2012	江苏省沿海大、中型挡潮闸
	大中型水闸运行管理规程	DB33/T 2109—2018	浙江省大、中型水闸
	山东省水闸工程管理细则（试行）	2011 年 1 月	山东省大、中型水闸

2.3.2 存在问题及不足

可以看出，目前水闸工程相关技术标准多为水闸工程的建设（设计、施工）服务，而较少涉及运行管理主要环节。仅有《水闸安全评价导则》指导水闸安全评价，《水闸安全监测技术规范》指导安全监测工作，《水利水电工程闸门及启闭机、升船机设备管理等级评定标准》和《水工钢闸门和启闭机安全检测技术规程》分别指导水闸金属结构的等级评定和安全检测，以及《水闸技术管理规程》对控制运用、检查观测、维修养护、安全管理和资料整编与归档做了相关规定，而对于应急管理、降等报废和监督管理等均缺少技术标准指导。例如，部分鉴定为四类闸的，承担着供水灌溉任务需降低标准运行，并辅以应急处置预案，以保证非常运行期的安全。但应急处置预案编制尚无相应的技术标准，管理单位对此心有余悸，担心追责，又反过来影响三、四类闸的划分。

我国对病险水闸安全鉴定与除险加固工作已初步建立了管理制度体系框架，但与病险水库管理相比还有较大的差距。由于技术水平和投资政策等方面因素，存在水闸安全评价工作不深入，如《水闸安全评价导则》缺乏工程隐蔽部位评价，且目前隐蔽部位存在检测难、监测难问题；缺乏必要的技术经济比较（如三、四类病险水闸除险加固措施的技术经济性）；应急管理措施不规范（未有效制定保闸应急管理预案）；安全评价类别受人为因素影响较大（各方利益、经济效益等）以及除险加固资金不足；后评价工作及必要的问责机制不健全等一些亟待解决的实际问题。

同时，我国挡潮闸设计与建设的相关技术规范较为薄弱，也没有独立的设计规范、工程建设及验收标准。目前挡潮闸设计与施工主要参照《水闸设计规范》和《水闸施工规范》，对挡潮闸工程中存在的复杂性考虑不足，许多工作尚处在发展与积累阶段，增加了工程设计与建设的风险系数。比如现有标准和规范仅对 26m 宽度以下的挡潮闸闸门设计进行了规范，但是对超过 30m 甚至数百米跨度的大型闸门没有明确规范，缺乏大跨度闸门设计的规范指导。

此外，因规划改变导致水闸原设计功能丧失，如何对其进行评价和处理尚缺乏相应的行业规定；地方也只有江苏、浙江、山东等地结合自身实际分别制定了水闸工程的运行管理规程或细则。因此，已有管理制度缺乏相应技术标准的支撑难以落实，水闸安全管理实施难度较大。

2.4 水闸安全管理实用手册

2.4.1 编制原则及目录

为提高水闸安全运行管理水平，水闸运行管理部门应在主管部门指导下编制水闸安全管理实用手册。水闸安全管理手册应根据现行国家的法律法规、规程规范和有关设备说明书要求进行编制，一般由组织管理、操作手册和管理制度三部分内容组成。管理手册编制主要遵循如下原则。

（1）标准化。在现行法律法规、规程规范与设备说明书要求的基础上进行编制，手册应包括水闸工程的组织管理、运行管理（控制运行、检查观测、维修养护、安全管理、资料整编）、信息化管理和物业化管理等内容。

（2）系统化。管理手册要明确水闸所有管理事项，建立健全各项管理制度；并把管理事项落实到岗位人员，做到管理事项、管理制度、岗位责任、岗位人员相对应；编制的手册不应出现缺项，应包含水闸运行管理全过程。

（3）流程化。手册主要是分解各类工作过程和管理事项，落实工程管理工作流程中的工作要求和责任主体，流程要闭合，明确工作开始条件、结束条件和关键环节，使管理工作流程程序化。

（4）可操作。工作手册主要结合工程管理实际情况进行编制，手册的工作要求应覆盖水闸运行管理的全过程、关键环节和重要节点，突出实用性和可操作性。

（5）图表化。手册应简单明了。多用框架图、流程图和表格表示，可使水闸工程管理运行过程一目了然；对简单的管理事项可用文字描述。

管理手册可按以下目录进行编制：

```
1 工程概况
    1.1 工程基本情况
    1.2 工程重大事项
2 组织管理
    2.1 一般规定
    2.2 管理任务
    2.3 组织机构及职责
3 操作手册
    3.1 一般规定
    3.2 控制运用
    3.3 检查监测
    3.4 维修养护
    3.5 防汛管理
    3.6 安全管理
4 管理制度
    4.1 一般规定
    4.2 制度制定
    4.3 制度汇编
```

2.4.2　工程概况编写

工程概况编写应包含工程基本情况、工程建设与安全鉴定和除险加固等重大事件情况描述等，并附工程总体布置图和水闸工程特性表。

2.4.2.1　工程基本情况

水闸所在流域自然地理、流域特征、水系分布、水文气候、社会经济概况、相关的水利工程位置以及通过水闸拦蓄后供给生产、生活、生态供用水情况。明确水闸的主要功能作用。明确水闸集水面积、最近一次批复的工程等别、建筑物的级别及防洪设计标准；现状枢纽建筑物的总体布置；工程特性指标表；工程运行情况；明确工程的管理范围与保护范围。

水闸对外交通、通信状况及供电保障情况。工程现有的安全监测、监视项目、测点布置及观测（监测）仪器情况。

2.4.2.2 工程重大事项

列出水闸工程建成以来安全鉴定和除险加固等发生的大事件情况。

2.4.3 组织管理编写

2.4.3.1 一般规定

已建成运行的水闸，水闸管理单位应向水闸主管部门申请水闸注册登记，登记信息发生变化时需及时变更登记事项。

水闸管理单位应按照"因事设岗、以岗定责"的原则，明确运行管理岗位及其岗位职责，按照安全生产有关规定设置安全生产管理机构或配备具备相应安全生产知识和管理能力的专兼职安全生产管理人员，落实全员岗位安全生产责任。

运行类岗位应专人专岗，在不影响水闸运行管理工作的前提下，其他岗位可根据实际情况实行1人多岗。

水闸管理单位应根据工程设计和运行管理要求，编制水闸技术管理实施细则，制定并落实水闸运行管理制度，涵盖岗位职责、控制运用、设备操作、检查监测、维修养护、安全生产、防汛管理、应急管理、教育培训、档案管理等内容。关键岗位管理制度、操作规程及技术图表应明示。

水闸管理单位应制定年度教育培训计划，有计划地组织开展业务培训，原则上运行岗位人员培训每年不少于1次。

首次上岗的运行管理人员应实行岗前教育培训，具备与岗位工作相适应的专业知识和业务技能；有职业资格要求的岗位，从业人员需取得职业资格方可上岗；特种作业人员应按照有关规定持证上岗并进行培训。

水闸管理单位应编制年度水闸运行管理和维修养护经费计划，水闸主管部门应审核并落实经费，保障水闸运行管理和维修养护工作正常开展。

水闸管理单位应认真执行档案管理有关规定，落实档案管理人员，妥善保管水闸工程建设档案，及时收集整理水闸运行管理中形成的控制运用、检查监测、维修养护、安全鉴定、除险加固、防汛抢险等技术资料，做好归档、保管和利用工作。涉密档案必须严格执行保密管理的有关要求，保证档案安全。

水闸管理单位应总结年度水闸运行管理情况，分析工程安全状况，提出下一年度运行管理建议，形成自检报告并报送水闸主管部门。

水闸主管部门应对水闸管理单位进行水闸运行管理年度考核，建立激励约束机制，鼓励和支持采用先进技术设备，推动提升水闸运行管理水平。

2.4.3.2　管理任务

提出水闸工程管理的主要任务、内容、管理目标，并提出水闸工程管理事项详细列表。

2.4.3.3　组织机构及职责

用结构框架图表示和明确水闸管理单位组织机构结构，并用文字进行简单说明。

明确水闸管理单位性质、机构规格和具体负责管理工作。对工程管理单位职工人数情况进行简单说明。

明确水闸管理单位具体负责水闸的运行管理及闸上河道的部分日常管理工作，用列举法明确其主要职责。

明确各主要单位负责人分工和职责。明确单位各科室职责。

对水闸管理单位定岗定编进行说明和明确，并附有关文件。并明确对各岗位的职责任务、任职条件。管理单位应根据拟聘人员的工作经历、业务水平、任职年限等实际情况，合理聘用。

按水闸工程管理人员和工程标准化管理需要，根据工作量、技术和管理能力，明确管理人员－岗位－管理事项分配实施方案，并用管理人员－岗位－管理事项对照表形式明确，对照表应能反映管理单位全部管理事项、岗位和管理人员情况。

2.4.4　操作手册编写

2.4.4.1　一般规定

编制操作手册时，按管理事项逐一编制工作规范，具体为编制工作流程、工作标准、工作台账记录要求。

工作流程宜结合管理岗位编制，明确工作程序流转方向以及相关岗位在流程中工作责任。工作流程要闭合，明确工作开始条件、结束条件，并需配备图表；对特别简单的管理事项可用文字描述。

工作标准要对应各工作流程环节确定，具体要求要符合规程规范、设备使用说书等要求。

工作台账记录宜采取表格形式固定，将各流程的相关操作、任务执行、执行结果记录。

水闸工程的操作手册应包含水闸的控制运行、观测检查、维修养护、安全管理、资料整编与归档等部分。

2.4.4.2　控制运用

1. 一般规定

明确水闸注册、工程划界、控制运行计划编制、水闸调度、闸门操作的规定。

水闸管理单位应根据水闸功能、控制指标及所在流域或区域防汛抗旱调度方案，按年度或分阶段制定水闸控制运用计划，报水闸主管部门批准后执行。

水闸控制运用计划应以经审查批准的设计文件确定的任务、原则、参数、指标为依据，一般包括调度条件及依据，防洪与排涝调度，灌溉与供水调度，航运、泥沙及生态等用水调度，以及综合调度，调度管理等内容。水闸管理单位应按照上级主管部门的调度指令和批准的控制运用计划进行控制运用，对上级主管部门的调度指令应详细复核，做好调度运用记录，执行完毕后，向上级主管部门报告。

闸门操作运行应当符合以下要求：

（1）闸门启闭前，应当做好准备工作，对闸门状态、启闭设施、动力设备、上下游水位、水流流态、船只和漂浮物等情况进行检查。

（2）闸门操作过程中，应当严格执行操作规程，保持过闸水流平稳，避免上、下游水位陡涨陡落，避免闸门停留在异常振动或水流紊乱的位置。

（3）泄流时，应采取措施防止船舶或漂浮物影响闸门启闭或危及闸门、建筑物安全。

（4）受冰冻影响的水闸，应采取有效的防冻措施。启闭闸门前，应消除闸门周边和运转部位的冻结。

2. 工作依据及职责落实

列出开展水闸控制运行所依据的主要法律法规、技术标准，根据水闸工程特性，按年度或分阶段制订水闸控制运用计划。

明确水闸注册、工程划界、控制运行计划编制、水闸调度、闸门操作、机电设备操作或自动化远程设备操作、水闸降等报废管理任务执行所涉及的管理单位（管理责任主体）领导、业务处室、监管处室、管理人员等职责和工作内容的编制要求。

3. 工作程序

提出和明确控制运行的工作程序。制订水闸控制运行计划编制、核准、执行的工作程序、流程图。明确水闸闸门操作的工作程序、流程图。明确水闸机电设备操作或自动化远程设备操作执行的工作程序、流程图。明确水闸降等报废的执行的工作程序、流程图。

工作流程图中要求分解工作过程，并与分管领导、责任科室、岗位职责挂钩。所有工程过程应与责任科室或责任岗作结合，并与管理职责相对应。

4. 成果记录

列出水闸注册、工程划界、控制运行计划、闸门操作、机电设备操作或自动化远程设备操作、水闸降等报废等管理任务执行过程的相关成果记录（资料、台账）成果表，编写记录格式可自行设计附后。

2.4.4.3 检查监测

1. 一般规定

（1）水闸管理单位应开展工程现场检查监测工作，检查监测范围包括闸室段、上下游连接段、管理范围内的上下游河道和堤防、与水闸工程安全有关的其他建筑物和设施，监视并掌握水情、水流状态、设施性能、运行状态和变化趋势。

（2）水闸管理单位应明确日常检查、定期检查、专项检查的程序和要求，包括检查的内容、频次、人员、方式、结果处理等，做好检查记录，发现问题及时处理。

（3）对建筑物、闸门、启闭机、电气设备、监测设施、管理设施及上下游情况等，应进行符合频次要求的日常检查，汛期应根据需要增加检查频次。水闸达到设计水位运行时，每天应至少检查1次。

（4）在每年汛前、汛后，引排水期前后，严寒地区的冰冻期起始和结束时，应按规定程序进行定期检查，查阅分析日常检查与监测、运行维护等技术资料，编制定期检查报告，并报水闸主管部门备案。

（5）在遭遇地震、台风、风暴潮等自然灾害，超设计水位运行，发现重大隐患或异常，或拟进行技术改造时，应及时组织专业技术人员和有关单位进行专项检查，编制专项检查报告，并报水闸主管部门备案。

（6）水闸应按照设计文件和技术要求设置安全监测设施，包括变形、扬压力、上下游水位等监测项目。

（7）水闸管理单位应按照规范和设计要求的监测项目、测次、时间开展监测工作，做好监测记录。发现异常情况，及时分析、查找原因并采取措施。

（8）水闸管理单位应保持检查监测工作的系统性和连续性，每年对检查监测资料进行整编，并编写年度检查监测分析报告。

2．工作依据及职责落实

列出开展水闸监测和检查管理所依据的主要法律法规、技术标准和有关设备说明书。提出水闸监测和检查管理任务执行所涉及的管理单位（管理责任主体）领导、业务科室、监管科室、管理人员等职责和工作内容要求。

3．工作程序

提出水闸监测和检查管理任务执行的工作程序、流程图。工作流程图中要求分解工作过程，并与分管领导、责任科室、岗位职责挂钩。所有工作过程应与责任科室或责任岗作结合，并与管理职责相对应。

4．成果记录

列出水闸监测和检查管理任务执行过程的相关成果记录格式和要求。

2.4.4.4　维修养护

1．一般规定

（1）水闸管理单位应按照"经常养护、及时维修、养修并重"的原则，对建筑物、闸门、启闭机、电气设备、闸区堤岸、监测设施及附属设施进行必要的维修养护，保持水闸工程和设备状态良好，管理范围环境整洁。

（2）水闸管理单位应编制年度维修养护计划，明确维修养护项目内容、工程量、进度安排、质量要求、经费预算以及验收评价等内容，报水闸主管部门批准后实施。

（3）水闸管理单位应保持建筑物表面洁净，排水设施良好通畅，及时修复局部破损，及时修补防渗设施、排水设施、闸基及两岸防护工程等存在的隐患缺陷。当混凝土、砌石等建筑物结构严重受损时，应拆除并修复损坏部分。

（4）闸门的门叶、吊耳（杆）、行走支承与锁定装置、止水、埋件，以及启闭机的上下限、钢丝绳（螺杆）、活塞杆和锁定装置等，均应定期养护和及时维修。检修闸门应放置整齐，并定期养护。启闭机大修周期应根据设施状况和运行情况合理确定，按时进行大修，确保启闭灵活。

（5）变压器、低压供（配）电线路和配电屏（柜）、启闭机运行（远程）控制系统、备用电源和防雷接地设施等，均应定期养护和及时维修。

（6）水闸维修养护实施中，水闸管理单位应加强质量和安全管理，严格验收程序。

（7）实行管养分离的水闸，水闸管理单位应明确维修养护项目的工作内容、工程量、经费核算、进度控制、质量要求、安全责任、验收标准等内容，应加强维修养护过程中的监督检查。

2. 工作依据及职责落实

列出水闸维修养护管理任务开展所依据的主要法律法规、技术标准和设备说明书。提出水闸维修养护管理任务执行所涉及的管理单位（管理责任主体）领导、业务处室、监管处室、管理人员等职责和工作内容。

3. 工作程序

提出水闸工程维修一般遵循工作程序。水闸工程维修一般遵循下列程序：工程检查→编报维修方案（或设计文件）→施工→验收。水闸出现重大险情，必须及时采取必要的抢修措施。列出水闸维修养护管理任务执行的工作程序、流程图。工作流程图中要求分解工作过程，并与分管领导、责任科室、岗位职责挂钩。所有工作过程应与责任科室或责任岗作结合，并与管理职责相对应。

4. 工作要求

提出水闸维修养护管理任务流程中具体环节的工作要求。

（1）水闸上游连接段的主要作用是引导水流平稳地进入闸室，同时具有防冲、防渗、挡土等作用，一般包括上游翼墙、铺盖、护底、两岸护坡、上游防冲槽和拦污栅等。上游翼墙的作用是引导水流平顺地进入闸孔并起侧向防渗作用；铺盖主要起防渗作用，其表面应满足抗冲要求；护坡、护底和上游防冲槽（齿墙）的作用是保护土质、河床及铺盖头部不受冲刷。上游连接段应重点加强对混凝土或浆砌石的铺盖、护底和翼墙的维修养护，防止其表面剥蚀、浆砌石钩缝脱落，保护好上游防渗体。

（2）闸室段是水闸的主体部分，一般包括底板、闸墩、闸门、胸墙、工作桥和交通桥等。底板是闸室的基础，承受闸室全部荷载，并均匀地传给地基，此外，还有防冲、防渗等作用；闸墩的作用是分隔闸孔并支撑闸门、工作桥等上部机构；闸门的作用是挡水和控制下泄水流；工作桥供安置启闭机和工作人员操作之用；交通桥的作用是连接两岸交通。闸室维修养护主要要求是应定期养护和及时维修各种止水设施，加强各种混凝土结构保护，防止混凝土剥落，造成钢筋外露，危及闸室稳定。

（3）下游连接段具有消能和扩散水流的作用。一般包括下游翼墙、护坦、海漫、下游防冲槽及护坡等。下游翼墙的作用是引导水流均匀扩散兼有防冲及侧向防渗；护坦的作用是消能防冲；海漫的作用是进一步消除护坦出流的剩余动能、扩散水流、调整流速分布、防止河床受冲。下游防冲槽是海漫末端的防护设施，避免冲刷向上游扩展。下游连接段的维修养护要求主要是要保护下游河床及岸坡免遭水流冲刷而危及闸室安全，每经过较大过闸流量，以及出闸水流不正常时应对护坦、海漫、防冲槽及消能工进行养护，及时对因冲刷、磨损与气蚀损坏部分进行维修。

（4）金属结构及机电设备维修养护要求：启闭机的上下限、锁定装置和钢绳（螺杆）应定期养护和及时维修。电气设备的维修养护包括清洁、紧固、调试等方面的内容，应保持设备运行正常、动作灵敏、准确、可靠。屏、柜、箱等电气设备的命名标签，电缆指示牌、开关、信号指示等功能标签应完整、清晰，不易脱落。沿海地区的水闸，当氯离子含量较高时，各电气设备更换应采用特殊要求的电器；置于封闭环境下的电气设备，应注意必要的通风，防止凝露、滴水发生。钢结构维修养护应保持外观清洁，定期油漆；发现局部锈斑、针状锈迹时，及时补涂涂料；当涂层普遍出现剥落、鼓泡、龟裂、明显粉化等老化现象时，应全部重作新的防腐涂层或封闭涂层。

（5）自动化设备应储备必需的备品备件；备品应有专人管理，建卡登账；备品备件保存环境应符合产品规定条件。自动化值班人员主要负责系统自动化设备运行情况的监视，发现异常情况及时处理，必要时通知设备专责人员。自动化设备设应立专责人员，主要负责每天对自动化设备的巡视，每年定期对设备进行检查、测试和记录，发现异常情况及时处理、并负责设备维修。

（6）闸区堤岸工程维修养护要求：水闸两端为土质堤岸，防止其绕渗可能形成渗透破坏；水闸与土质堤岸接合部位渗漏应防止形成接触冲刷；闸区范围内，堤岸顶面应防止破损；上、下游堤岸坡面出现冲沟时，应及时回填、夯实、整平；上、下游堤岸水上部位出现塌坑时，应先判别是干塌坑还是湿塌坑；干塌坑可采用原填土料翻填夯实维修；湿塌坑应先封堵渗漏水，再用原填土料封堵、夯实、整平；遇蚁穴、鼠洞等动物危害时，应参照有关标准处理。

（7）其他设施维修养护包括：闸区道路和对外交通道路的维修养护，可参照公路部门的有关要求进行。交通工具（汽车、船只等）的维修养护可参照交通部门的有关要求进行。防汛抢险设备应保持完好，防汛物料账物相符，处于应急待用状态。办公设施、生产及辅助生产设施、消防设施、生活及福利设施等应整洁、完好，损坏后可参照工业与民用建筑的有关要求进行修补，消防设施按规定更新。闸区内各种管护标志（各种桩、牌等）应配备齐全、定期刷新、保持完好，如有损坏，及时修复、补齐。

5. 成果记录

列出水闸维修养护管理任务执行过程的相关成果记录（资料、台账）表的记录格式。

2.4.4.5　防汛管理

1. 一般规定

（1）水闸管理单位应建立防汛组织体系，落实安全度汛责任，建立与相关防汛（应急）部门、水文部门以及当地政府有关部门等沟通联络机制，及时共享工情、水情、雨情。

（2）水闸管理单位应按照有关规定储备或代储必要的防汛物资，根据工程防汛抢险需要配备应急电源和应急通信设备等必要器材，并做好日常管护工作。

（3）水闸管理单位应在每年汛前，及时消除影响水闸度汛安全的各类隐患，对闸门、启闭机、电气设备、备用电源等关键设备设施进行试运行，确保闸门启闭正常，备用电源安全可靠，通信设备稳定畅通，防汛道路良好通畅。

（4）水闸管理单位应根据水闸运行管理实际，加强汛期检查，建立并落实汛期24小时值班制度，做好值班记录，发现隐患、险情、事故等情况及时报告。

（5）水闸管理单位应根据工程度汛中可能出现的险情，制定水闸防汛抢险应急预案，并报水闸主管部门审批，结合平时管理任务，落实应急抢险队伍，开展应急培训和演练。

（6）水闸防汛抢险应急预案涉及下游群众和保护对象安全的，应做好与当地政府有关应急预案的衔接，明确预警方式和群众转移路线。

2．工作依据及职责落实

列出水闸防汛管理任务开展所依据的主要法律法规、技术标准。明确水闸管理单位的防汛管理组织机构及责任。

提出水闸防汛管理任务执行所涉及的管理单位（管理责任主体）领导、业务处室、监管处室、管理人员等职责。

3．工作程序

提出水闸防汛管理任务执行的工作程序、流程图。工作流程图中要求分解工作过程，并与分管领导、责任科室、岗位职责挂钩。所有工作过程应与责任科室或责任岗作结合，并与管理职责相对应。

4．工作要求

制定水闸防汛管理任务流程中具体环节的工作要求。

2.4.4.6　成果记录

用列表的形式，列出水闸防汛管理任务执行过程的相关成果记录表。

2.4.4.7　安全管理

1．一般规定

（1）水闸应定期开展安全鉴定。首次安全鉴定应在新建、改（扩）建、除险加固或投入使用验收后5年内完成，以后每10年内进行一次安全鉴定。运行中遭遇影响水闸安全的自然灾害或工程发生重大异常后，应及时进行安全鉴定。闸门等单项工程达到折旧年限，可按照有关规定和标准适时进行单项安全鉴定。

（2）水闸管理单位应定期或根据需要组织对闸门、启闭机等设备进行安全检测，当安全检测结果为不合格时，应制定并落实整改计划，限期完成整改。

（3）水闸管理单位通过检查、监测、安全鉴定、安全检测等，发现水闸设备设施存在缺陷和隐患时，应及时通过维修养护、除险加固等措施，消除缺陷和隐患。

（4）水闸控制运用指标达不到设计标准，工程存在严重损坏或严重安全问题时，水闸管理单位应及时编制除险加固或降等报废方案，报水闸主管部门批准后实施。

（5）在水闸除险加固或降等报废实施完成前，应采取限制运用等应急措施，确保工程安全。病险水闸限制运用方案应报水闸主管部门审核备案。

（6）水闸规模、标准、结构和控制运用指标不得擅自改变。如确需改变的，应进行安全复核、改（扩）建论证及设计，按照有关规定报批后实施。

（7）影响水闸安全度汛的维修养护、除险加固、改（扩）建等项目，应在汛前完成。汛前完成确有困难的，必须制定安全度汛方案，采取有效措施，确保水闸运行安全。安全度汛方案应报水闸主管部门审核备案。

（8）水闸管理单位应按照安全生产管理的有关规定，加强重大危险源管控和特种设备管理，配备必要的安全设备设施和劳动防护用品，保障安全生产和职工职业健康。

（9）消防设备设施应可靠有效，传动装置、电气设备等危险区域应设置安全围栏或警戒线，临空、临边、孔洞等区域应设置扶梯、栏杆、盖板等并保持完好，安全标志齐全醒目，安全通道保持畅通。

（10）水闸管理单位应按照有关规定和产品技术要求，定期对仪器、仪表、监测设备等进行检定或校准。

（11）水闸管理单位应按照有关规定和工程实际，制定安全生产应急预案，落实反恐怖有关要求，组织开展应急培训和演练，遭遇突发事件，及时采取有效措施组织应对，防止事态扩大，并立即向水闸主管部门和当地政府有关部门报告。

（12）水闸管理单位应根据需要在水闸上下游设置安全警示标志，禁止影响工程安全运行的泊船、捕鱼、游泳等活动。

（13）具有通航功能的水闸，应按照交通部门的有关标准设置通航标志。

（14）水闸交通桥兼作公路的，水闸管理单位应与有关管理部门明确交通桥及其相关设施的维修养护、检查监测、安全管理等的主体和责任，严格按设计确定的荷载标准和有关要求设置限宽、限高、限速以及限重等安全警示标识。

（15）水闸主管部门应组织水闸管理等单位，按照有关规定编制工程管理范围与保护范围划界方案，由县级以上地方人民政府组织划定并通告后，设置界桩和标识，明确保护措施和要求。

（16）水闸管理单位应在适当的区域和场所设立工程信息、管理责任、工程保护、安全警示等标识标牌。

（17）水闸管理单位应根据有关法律法规，对水闸管理和保护范围内的活动进行监督检查，维护正常的工程管理秩序。

（18）监督依法批准建设项目的实施；发现影响工程运行和危害工程安全的爆破、打井、采石、取土等活动，以及侵占、毁坏工程设备设施等行为，应立即采取措施予以制止，并报告有关部门进行查处；发现污染源应及时向有管理权限的部门报告。

2. 工作依据及职责落实

列出水闸安全管理任务开展所依据的主要法律法规、技术标准。明确水闸管理单位的安全生产组织机构安全生产责任。提出水闸安全管理任务执行所涉及的管理单位（管理责任主体）领导、业务处室、监管处室、管理人员等职责。

3. 工作程序

提出水闸安全管理任务执行的工作程序、流程图。工作流程图中要求分解工作过程，并与分管领导、责任科室、岗位职责挂钩。所有工作过程应与责任科室或责任岗作结合，并与管理职责相对应。

4. 工作要求

制定水闸安全管理任务流程中具体环节的工作要求。

5. 成果记录

用列表的形式，列出水闸安全管理任务执行过程的相关成果记录表。

2.4.5　管理制度编写

2.4.5.1　一般规定

管理制度主要是对各管理规范中难以用流程图规范内容进行汇总，一个制度可涉及多个工作事项。管理制度应根据现行法律法规、规程规范要求，结合各项管理事项开展编制。

2.4.5.2　制度制定

一项有效的管理制度有其规范性要求。管理制度内容中一般应明确执行主体、责任主体、工作内容、工作要求、生效与修订等内容。要在制度内容中明确谁是执行主体、责任主体及约束条款、执行流程、考核、奖惩措施。单位管理制度主要包括单位基本制度、岗位责任制度、控制运行制度、观测检查制度、维修养护制度、安全管理制度、信息管理制度和物业化管理等制度。水闸管理单位应结合工程和当地实际情况制订单位各管理事项的制度，并及时进行修改、完善。

水闸管理单位或管理责任主体围绕水闸工程管理的主要任务、内容、管理目标，根据现行法律法规、规程规范要求，结合各项管理事项开展制订各类管理制度，并应提出水闸工程管理制度制订、修改、完善、废止和悬挂等制度管理要求。

2.4.5.3　制度汇编

水闸管理单位应及时将单位各项管理制度单独汇编成册。

第3章 水闸运行管理

3.1 水闸综合管理

3.1.1 主要管理内容

水闸工程管理包括调度运行、检查监测、维修养护、安全管理等多个方面。

水闸管理单位运行管理包括及时办理水闸注册登记；结合工程的规划设计和具体情况，制定并完善工程管理细则、规程和规章制度，根据工程实际情况和管理要求适时进行修订；掌握工情、水情、雨情、灾情，做好防汛抗旱工作；根据控制运用方案和调度指令，做好水闸的控制运用；对工程进行检查观测，及时分析研究，动态掌握工程状况；对工程进行养护维修，消除工程缺陷和隐患；依法保护工程设施，做好安全生产、安全鉴定等工作；做好技术资料与档案归档管理工作；结合工程管理实际，开展科技创新、工程管理考核；开展职工教育和业务技能培训，不断提高职工队伍素质。

水闸管理制度一般包括以下几类：水闸控制运用方案和调度管理制度；运行操作和值班管理制度；工程检查和监测制度；工程维修和养护制度；设备管理制度；安全生产管理制度；水行政管理制度；技术档案管理制度；工作报告和总结制度；岗位管理制度；教育培训制度；目标管理和考核奖惩制度；综合管理和工程大事记制度。

3.1.2 管理现状

目前，水闸运行管理初步建立了制度和标准体系，各地结合实际也制定了一些具体规定。但由于我国水闸面广量大，工程建设先天不足，管理条件薄弱，同时社会进步与行业发展对水闸管理提出了更高要求。目前水闸运行管理存在的问题主要表现为：对水闸工程安全重视程度不够，工程监管体制和运行机制不顺，水管体制改革进展总体缓慢，管理法规制度体系不健全，已有制度标准落实不到位，维修养护和除险加固经费缺口较大，工程老化失修与安全隐患问题突出，基层管理单位技术力量薄弱等。以问题为导向，通过建立健全运行管理法规制度，理顺管理体制机制，稳定管护和加固经费投入，加强管理队伍建设，提高标准化和信息化水平，是当前水闸安全运行的迫切要求。

3.2 调度运行与安全度汛

3.2.1 主要原则

水闸工程管理单位需根据水闸规划设计要求和防汛抗旱调度方案制定水闸控制运用方案，

需制定控制运用计划的水闸管理单位，应按年度或分阶段制定控制运用计划，报上级主管部门批准后执行。

水闸控制运用遵循下列原则：①统筹兼顾兴利与除害、经济效益与社会效益及生态环境效益，综合考虑相关行业、部门的要求；②综合利用水资源；③服从流域或区域防洪调度；④按照有关规定和协议合理运用；⑤与上游、下游和相邻有关工程密切配合运用。

水闸管理单位根据水闸设计特征值，结合水闸承担的任务和工程条件的变化，确定下列指标，作为控制运用的依据：①上游、下游最高水位和最低水位；②最大过闸流量，相应单宽流量及上游、下游水位；③最大水位差及相应的上游、下游水位；④上游、下游河道的安全运行水位和流量；⑤兴利水位和流量。

水闸运用按上级主管部门的调度指令、用水计划或批准的控制运用方案进行，不得接受其他任何单位和个人的指令。水闸如需超标准运用，应进行分析论证，提出可行的运用方案和应急措施，报经上级主管部门批准后施行。

在保证工程安全，不影响防洪、排涝、引水等效益的前提下，水闸运用还需兼顾以下要求：①保持通航河道水位相对稳定和最小通航水深；②利用鱼道或采取其他运用方式保护渔业资源；③水力发电；④生态环境用水。

水闸控制运行管理应符合下列要求：①执行运行管理各项工作制度及岗位责任制；②汛期及运行期实行 24 小时值班，密切注意水情、及时掌握水文、气象和洪水、旱情预报，严格执行调度指令；③加强工程检查监测和运行情况巡视检查，随时掌握工程状况，发现问题及时处理；④加强工程维护，保持设施完好、通信畅通；⑤对影响安全运行的险情，应及时报告，并按照应急预案组织抢修。

此外，上游、下游引河有淤积的水闸，应优化水源调度，并采取妥善的运用方式防淤、减淤。多孔水闸、多台启闭机均应按面向下游、自左向右原则进行编号，标志应明显、清晰。

3.2.2　各类水闸的控制运用

（1）节制闸的控制运用需符合下列要求：①根据来水情况和用水需要，适时调节上游水位和下泄流量；②出现洪水时及时泄洪；③汛末根据预报、蓄水情况适时拦截洪峰尾水，抬高上游水位。

（2）排水闸的控制运用需符合下列要求：①控制适宜于生产、生活和生态需求的闸上水位；多雨季节有暴雨天气预报时，适时预降内河水位；汛期充分利用外河水位回落时机排水。②双向运用的排水闸，根据用水需要，适时引水。③蓄洪区、滞洪区的退水闸，应按调度指令按时退水。

（3）引水闸的控制运用需符合下列要求：①根据水源情况和用水需求，有计划地进行引水；②当来水水质不能满足用水要求时，按上级指令减少引水流量直至停止引水；③闸前最高水位因河床淤积抬高，超过规定运用指标时，应停止使用，并采取必要的安全应急措施。

（4）挡潮闸的控制运用需符合下列要求：①在潮位落至闸前水位以下时开闸排水；在潮位回涨至与闸前水位相平时关闸；沿海挡潮闸在任何情况下均应防止海水倒灌。②根据各个季节供水与排水的不同要求，控制适宜的内河水位，汛期有暴雨预报时，适时预降内河水位。③汛期充分利用泄水冲淤；非汛期有冲淤水源时，宜在大潮期落潮时冲淤。④有通航功能的挡潮闸，根据涨落潮的时机、潮水对内河影响等因素确定运用方式。

（5）分洪闸的控制运用需符合下列要求：①当接近运用条件时，或接到分洪预通知后，立即做好开闸前的准备工作；②接到分洪指令后，按时开闸分洪，开闸前鸣笛报警或以其他方式通知上下游人员及船只撤离；③分洪初期，严密监视消能防冲设施的安全；④分洪过程中，加强巡视检查和监测，监视工情、水情变化情况，根据指令及时调整水闸泄量。

（6）设有通航孔的水闸控制运用需符合下列要求：①以完成设计和规定的任务为主，兼顾通航；因防污抗旱等要求需要停止通航时，应经上级主管部门批准，并通知相关单位和部门。②开闸通航宜白天进行，通航时的水位差应以保证通航和工程设施安全为原则。③遇有大风、大雪、大雾、暴雨等极端天气时，应停止通航，如需要通航时，应采取有效措施保证工程设施和通航安全。

水闸工程管理单位还需制定冬季管理计划，做好防冻、防冰凌的准备工作，备足所需物资。柴油发电机组应做好保暖和防冻措施。

3.2.3　闸门操作运行

闸门启闭前需完成下列准备工作：①检查上游、下游管理范围和安全警戒区内有无船只、漂浮物或其他影响闸门启闭或危及闸门、建筑物安全的施工作业，并进行妥善处理；②检查闸门启、闭状态，有无卡阻、淤积；③检查启闭设备、监控系统及供电设备是否符合运行要求；④观察上游、下游水位和流态，检查当前流量与闸门开度。

闸门运行需符合下列要求：①过闸流量应与上游、下游水位相适应，使水跃发生在消力池内；当初始开闸或较大幅度增加流量时，应分次开启，每次泄放的最大流量、闸门开启高度应分别根据"始流时闸下安全水位-流量关系曲线""闸门开高-水位-流量关系曲线"确定；应在闸下水位稳定后才能再次增加开启高度。②过闸水流应平稳，避免发生集中水流、折冲水流、回流、漩涡等不良流态。③关闸或减少过闸流量时，应避免下游河道水位下降过快。④闸门启闭过程中，应避免停留在易发生振动的位置。⑤闸门开启后，应观察上游、下游水位和流态，核对流量与闸门开度。

多孔水闸的闸门运行需符合下列要求：①按设计要求或运行操作规程进行启闭，没有专门规定的应同时均匀启闭，不能同时启闭的，应由中间孔向两侧依次对称开启，由两侧向中间孔依次对称关闭；②多孔挡潮闸闸下河道淤积严重时，可开启单孔或少数孔闸门进行适度冲淤，并加强观测，防止消能防冲设施遭受损坏；③双层孔口或上、下扉布置的闸门，应先开启底层或下扉的闸门，再开启上层或上扉的闸门，关闭时顺序相反。

涵洞式水闸运行应避免洞内长时间处于明满流交替状态。

闸门操作需遵守下列要求：①应由持有上岗证的闸门运行工或熟练掌握操作技能的技术人员进行操作、监护，做到准确锁定可靠后，才能进行下一孔操作。②有锁定装置的闸门，闭门前锁定装置应处于打开状态；采用移动式启闭方式的闸门开启时，待锁定可靠后，才能进行下一孔操作。③两台启闭机启闭一扇闸门的，应严格控制保持同步。一台启闭机启闭多扇闸门的，闸门开高应保持相同。④闸门进行启闭转向时，应先按停止按钮，然后才能按反向按钮运行。启闭机电气控制回路应具有防止误操作保护功能。⑤闸门启闭过程中应加强巡查，如发现超载、卡阻、倾斜、杂音等异常情况，应及时关停检查处理。⑥液压启闭机启闭闸门到达预定位置，应注意观察油压、油位。⑦闸门开启接近最大开度或关闭接近闸底版面时，应加强观察，及时关停。卷扬式启闭机可采用点按关停，不得松开制动器使闸门自由下落；遇有闸门关闭不严现象，应查明原因并进行处理，螺杆启闭机不得强行顶压。

闸门运用需填写启闭记录，记录内容包括：启闭依据、操作时间、操作人员、启闭顺序、闸门开度及历时、启闭机运行状态、上下游水位、流量、流态、异常或事故处理情况等。采用计算机监控、视频监视的水闸，需按照设定相应的操作程序，设置操作权限。操作完成后应留存操作记录。

3.2.4 冬季运行管理

北方寒冷地区的水闸，在冰封季节水面形成冰盖，对闸门产生冰压力，易使闸门遭到破坏，门槽结冰影响闸门正常的启闭运行。因此，必须采取有效的防冰冻设施。一般在闸门门槽及面板附近布设管路，用潜水泵或空气压缩机定时送入压力水或压缩空气，使水面翻起波浪或使温度较高的深层水与温度较低的表层水形成对流，在闸门前形成一条不冻的水域，与河流冰盖隔开，从而防止闸门附近水面冻结；此外，也可采用门槽加热的方法，防止门槽结冰。为此，对于冬季有冰冻区的水闸，冰冻期间还需要检查防冻设施状况及其效果。

水闸工程管理单位应制定冬季管理计划，做好防冻、防冰凌的准备工作，备足所需物资。冰冻期间应采取防冻措施，防止建筑物及闸门受冰压力作用以及冰块的撞击而损坏；闸门启闭前，应采取措施，消除闸门周边和运转部位的冻结。雪后应立即清除建筑物表面及其机械设备上的积雪、积水，防止冻结、冻坏建筑物和设备。柴油发电机组应做好保暖和防冻措施。

3.3 检查监测

水闸专项检查中，超1/5的水闸日常巡视和经常检查不规范，大、中、小型水闸占比较为接近。水闸日常巡视和经常检查不规范主要表现为维修养护不及时、缺少必要的安全监测设施、水闸管理和保护范围未划定、水闸安全管理范围内存在违规行为等。

3.3.1 水闸检查

3.3.1.1 一般要求

水闸检查分为日常检查、定期检查和专项检查。

日常检查包括日常巡视和经常检查。日常巡视主要对水闸管理范围内的建筑物、设备、设施、工程环境进行巡视、查看；经常检查主要对建筑物各部位、闸门、启闭机、机电设备、监测设备、通信设施、管理设施及管理范围内的河道、堤防、拦河坝和水流形态等进行检查。

定期检查包括汛前检查，汛后检查和水下检查，重点检查以下内容：①汛前检查着重检查建筑物，设备和设施的最新状况，养护维修工程和度汛应急工程完成情况，安全度汛存在问题及措施，防汛工作准备情况，汛前检查应结合保养工作同时进行。②汛后检查着重检查建筑物、设备和设施度汛后的变化和损坏情况，冰冻地区，还应检查防冻措施落实及其效果等。③水下检查着重检查水下工程的损坏情况，超过设计指标运用后，应及时进行水下检查。

专项检查主要为发生地震、风暴潮、台风或其他自然灾害、水闸超过设计标准运行，或发生重大工程事故后进行的特别检查，着重检查建筑物、设备和设施的变化和损坏情况。风暴潮系指由气象因素急剧变化造成的沿海海面或河水位的异常升降现象。我国是频繁遭受风暴潮侵袭的国家之一。在南方沿海，夏、秋季节受温带气旋影响，形成台风登陆，发生风暴潮；而在北方，冬、春季节，北方强冷空气与江淮气旋组合影响，也易引起风暴潮。风暴潮发生时，潮水位可能陡涨 $1\sim3m$，对水闸会产生很大的破坏力。强烈地震系指我国地震震级 $6\sim7$ 级而言，相当于震中烈度 Ⅶ～Ⅹ 度。根据国内外地震灾害的资料看，水闸在地震震中烈度超过 Ⅶ 度时，就会产生不同程度的损害。水闸在运用中，可能会发生重大的工程事故，如启闭机受损、消能设施损坏等，影响工程正常运用，也要进行专项检查，查明情况，以便采取相应措施。

水闸检查应填写记录，及时整理检查资料。定期检查和专项检查应编写检查报告并按规定上报。检查报告一般包括以下内容：①检查日期；②检查目的和任务；③检查结果（包括文字说明、表格、略图、照片等）；④与以往检查结果的对比、分析和判断；⑤异常情况及原因分析；⑥检查结论及建议；⑦检查组成员签名；⑧检查记录表。

设备评级应按《水利水电工程闸门及启闭机、升船机设备管理等级评定标准》（SL 240）及有关标准执行。

3.3.1.2　日常检查

日常巡视每日不少于 1 次，一般包括以下内容：①建筑物、设备、设施是否完好；②工程运行状态是否正常；③是否有影响水闸安全运行的障碍物；④管理范围内有无违章建筑和危害工程安全的活动；⑤工程环境是否整洁；⑥水体是否受到污染。

经常检查需符合下列要求：①工程建成 5 年内，每周检查不应少于 2 次；5 年后可适当减少次数，每周检查不应少于 1 次。②汛期应增加检查次数；水闸在设计水位运行时，每天应至少检查 1 次，超设计标准运行时应增加检查频次。③当水闸处于泄水运行状态或遭受不利因素影响时，对容易发生问题的部位应加强检查观察。

经常检查一般包括以下内容：①闸室混凝土有无损坏和裂缝，启闭机房是否完好，伸缩缝填料有无损失，工作桥、交通桥面排水是否通畅；②堤防、护坡是否完好，排水是否通畅，有无雨淋沟、塌陷、缺损等现象；③翼墙有无损坏、倾斜和裂缝，伸缩缝填料有无流失；④启闭机有无渗油，外观及罩壳是否完好，钢丝绳排列是否正常，有无明显的变形等不正常情况；⑤闸门有无振动、漏水现象，闸下流态、水跃形式是否正常；⑥电气设备运行状况是否正常，电线、电缆有无破损，开关、按钮、仪表、安全保护装置等动作是否灵活、准确可靠；⑦观测设备、管理设备是否完好，使用是否正常；⑧通信设施运行状况是否正常；⑨拦河设施是否完好，是否有影响水闸安全运行的障碍物；⑩管理范围内有无违章建筑和危害工程安全的活动；⑪工程环境是否整洁；⑫水体是否受到污染等。

遇有违章建筑和危害工程安全的活动应及时制止；工程运用出现异常情况，应及时采取措施进行处理，并及时上报。

日常巡查记录见表 3.3-1，经常检查记录见表 3.3-2。

表 3.3-1　　　　　　　　　　　日 常 巡 查 记 录 表

工程名称		巡查时间	年月日	天气	
巡查检查内容			巡视情况		
管理范围内有无违章建筑					
管理范围内有无危害工程安全的活动					
有无影响水闸安全运行的障碍物					
建筑物、设备、设施是否受损					
工程运行状态是否正常					
工程环境是否整洁					
水体是否受到污染					
其他					
巡视人：			技术负责人：		

表 3.3-2　　　　　　　　　　　经 常 检 查 记 录 表

工程名称		时间	年月日	天气	
检查项目	检 查 内 容			检查情况	
上游左岸堤防	堤岸顶面有无塌陷、裂缝；背水坡及堤脚有无渗漏、破坏等				
上游左岸护坡	块石护坡完好，排水畅通，无雨淋沟、塌陷等损坏现象				
上游左翼墙	混凝土无损坏和裂缝，伸缩缝完好				
闸室结构	混凝土无损坏和裂缝，伸缩缝完好，栏杆头完好，桥面排水孔正常				
上游河面	拦河设施完好，无威胁工程的漂浮物				
上游右岸堤防	岸顶面有无塌陷、裂缝；背水坡及堤脚有无渗漏、破坏等				
上游右岸护坡	块石护坡完好，排水畅通，无雨淋沟、塌陷等损坏现象				
上游右翼墙	混凝土无损坏和裂缝，伸缩缝完好				
下游右翼墙	混凝土无损坏和裂缝，伸缩缝完好				
下游右岸护坡	块石护坡完好，排水畅通，无雨淋沟、塌陷等损坏现象				
下游右岸堤防	岸顶面有无塌陷、裂缝；背水坡及堤脚有无渗漏、破坏等				
下游河面	拦河设施完好，无威胁工程的漂浮物				
下游左翼墙	混凝土无损坏和裂缝，伸缩缝完好				
下游左岸护坡	块石护坡完好，排水畅通，无雨淋沟、塌陷等损坏现象				
下游左岸堤防	岸顶面有无塌陷、裂缝；背水坡及堤脚有无渗漏、破坏等				
拦河堤坝	坝坡完好，无雨淋沟、塌陷等损坏现象				
闸门状态	开/关				
闸门	闸门无振动、无漏水，闸下流态、水跃形式正常				

检查项目	检查内容	检查情况
启闭机	启闭机无漏油，罩壳盖好，钢丝绳排列正常，无明显的变形等不正常情况	
电气设备	电气设备运行状况正常，电线、电缆无破损，开关、按钮、仪表、安全保护装置等动作灵活、准确可靠；照明设施及警报系统完好，运行状况正常	
观测设施及管理设施	设施完好、使用正常，无损坏、缺失等现象；桥头堡、启闭机房等房屋建筑无破损、渗漏现象	
通信设施	通信设施运行状况正常	
其他	管理范围内有无违章建筑和危害工程安全的活动，是否影响水闸安全运行的障碍物，工程环境是否整洁等	

检查人：　　　　　　　　　　　　　　　　　　　　技术负责人：

注　闸门状态按实际情况填写闸门开启或关闭，其余检查情况正常时打√。

3.3.1.3　定期检查

定期检查一般包括以下内容：

（1）闸室结构垂直位移和水平位移情况；永久缝的开合和止水工作状况；闸室混凝土及砌石结构有无破损；混凝土裂缝、剥蚀和碳化情况；门槽埋件有无破损；工作桥、交通桥结构有无破损等。

（2）混凝土铺盖是否完整；黏土铺盖有无沉陷、塌坑、裂缝；排水孔是否淤堵；排水量、浑浊度有无变化。

（3）消能设施有无磨损冲蚀；过闸水流是否平顺，水跃是否发生在消力池内，有无折冲水流、回流、漩涡等不良状态。

（4）河床及岸坡是否有冲刷或淤积；引河水质有无污染。

（5）岸墙及上、下游翼墙分缝是否错动，止水是否失败；翼墙排水管有无堵塞，排量及浑浊度有无变化；岸坡有无坍塌、错动、开裂迹象。

（6）堤岸顶面有无坍塌，裂缝；背水坡及堤脚有无渗漏、破坏；道路是否完好等。

（7）监测设施是否完好，监测数据是否正常。

（8）闸门外表是否整洁，有无表面涂层剥落、门体变形、锈蚀、焊缝开裂，螺栓、铆钉有无松动或缺失；支承行走机构各部件是否完好；运转是否灵活；止水装置是否完好；闸门运行时有无偏斜、卡阻现象，局部开启时振动区有无变化或异常；门叶有无泥沙、杂物淤积；闸门防冰冻系统是否完好，运行是否正常等。

（9）启闭机械是否运转灵活、制动可靠；有无窝蚀和异常声响；外表是否整洁，有无涂层脱落、锈蚀；机架有无损伤、焊缝开裂、螺栓松动；钢丝绳有无断丝、卡阻、磨损、锈蚀、接头不牢、变形；零部件有无缺损、裂纹、凹陷、磨损；螺杆有无弯曲变形；油路是否通畅、有无泄漏，油量、油质是否符合要求等。

（10）电气设备运行状况是否正常；外表是否整洁，有无涂层脱落、锈蚀；安装是否稳固可靠；电线、电缆绝缘有无破损，接头是否牢固；开关、按钮是否动作灵活、准确可靠；指示仪表是否指示正确；接地是否可靠，绝缘电阻值是否满足规定要求；安全保护装置是否动作准确可靠；防雷设施是否安全可靠；备用电源是否完好可靠。

此外，还应当检查自动化控制与视频监视系统、预警系统、调度管理系统、办公自动化系统等是否正常；照明、通信、安全防护设施及信号、标志是否完好。

定期检查需符合下列要求：①汛前检查应在 4 月底前完成，汛后检查应在 10 月底前完成，水下检查每 2 年不少于 1 次；②汛前应对建筑物、设备和设施进行详细检查，并对闸门、启闭机、备用电源、监控系统等进行检查和试运行；③电气设备应按规定定期进行预防性试验；④应对汛前检查中发现的问题提出处理意见并及时进行处理，对影响安全度汛而又无法在汛前解决的问题，应制定相应的度汛应急预案；⑤汛后检查发现的问题应落实处理措施，编制下一年度维修计划。

水闸中钢筋混凝土结构的混凝土碳化、钢筋锈蚀、裂缝检查等，是水闸工程管理和日常检查中的技术工作。其中，钢筋混凝土结构的碳化情况检查是现场检查中的重要内容。对沿海地区或附近有污染源的水闸，开展混凝土碳化深度的不定期检查十分必要。混凝土碳化情况通过检测碳化深度实现，碳化深度检测的布置设计需全面考虑，测点布置可按建筑物不同部位均匀布置。对于受力较大或应力较复杂的部位，测点需适当加密。检测时需在构件顶面、底面、侧面等多方位进行。测点一般选在通气、潮湿的部位，而不选在角、边或外形突变部位。混凝土碳化深度观测一般可采取凿孔用酚酞试剂测定，观测结束后用高标号水泥砂浆封孔。如碳化深度大于或接近钢筋保护层，则需尽快采取保护措施，防止钢筋进一步锈蚀。

3.3.1.4 专项检查

专项检查内容应根据所遭受灾害或事故的特点来确定，按照定期检查的要求进行。

专项检查对重点部位应进行专门检查、检测或安全鉴定；对发现的问题应进行分析，制定修复方案和计划并上报。

3.3.2 安全监测

水闸安全监测项目分为环境量、变形、渗流及应力、应变监测等。水闸安全仪器监测的主要任务应包括以下内容：监视水情、水流形态、设施性能和工程状态变化情况，掌握工情、水情变化规律，为正确管理提供科学依据。及时发现异常现象，分析原因，并采取相应措施，防止发生事故。验证工程规划、设计、施工及科研成果。仪器监测与现场检查不同，仪器监测是定量的，可以量测到水闸及闸基的性态，提供长期连续系列的资料，能发现水闸结构在不同荷载工况下的变化趋势，定量评估水闸安全运行性态与发展趋势。现场检查能在时间和空间上弥补仪器量测的不足，更能全面地直观地对工程性态有快速、整体的初步诊断。

水闸大多建在平原或丘陵地区的软土地基上，其主要特点为部分水闸为穿堤建筑物，两岸与堤岸相接，闸室段直接挡水，在上下游水头作用下，容易出现侧向绕渗现象。另外，水闸出口水流条件复杂，下游常出现的波状水跃和折冲水流，可能对河床和两岸造成淘刷。由于水闸多数位于江、河、湖、海附近，基础大多为淤泥、粉砂、流沙及软土等土质，地基土质均匀性差、压缩性大、承载力低，在水闸结构荷载作用下，容易产生基础过大沉降。因而水闸的侧向绕渗、基础沉降、扬压力及翼墙变形、下游冲刷等是工程安全监测的重点。若按工程部位考虑，闸室段结构复杂，是整个水闸工程的主体，因而闸室段又是水闸工程的监测重点或关键部位。

安全监测是一项长期性与周期性的动态采集和分析判断的过程，根据水闸服役的不同阶段、目的与工况，采取相应的监测项目与监测频次，不同监测项目存在关联性，如闸底板发生异常时，闸基扬压力和底板应力可能也发生异常，在时间序列上监测信息符合渐变到突变的过程，故要求相关项目应同步监测，时间序列应连续，以获取资料的完整性与规范性。

3.3.2.1　环境量监测

环境量监测项目应包括水位、流量、降雨量、气温、上下游河床淤积和冲刷等。应在水闸的上、下游设置水位测点观测上、下游水位。上游（闸前）、下游（闸后）水位观测应符合下列要求：测点应设在水闸上、下游水流平顺、水面平稳、受风浪和泄流影响较小处，宜设在稳固的翼墙或永久建筑物上。

观测设施和测次需符合下列要求：水闸运行前应完成水位观测永久测点设置。观测设施宜选用水位标尺或自记水位计。也可设遥测水位计，其可测读水位应高于设计最高水位和低于最低水位。水尺的零点标高每年应校测 1 次；水尺零点有变化时，应及时进行校测。水位计应在每年汛前进行检验。上、下游水位应同步观测。观测与水位相关的监测项目应同时观测水位。开闸泄水前、后应各观测 1 次，汛期还应根据要求适当加密测次。

水位观测精度应满足表 3.3-3 要求。

表 3.3-3　　　　　　　　　　　　　　水 位 观 测 精 度

水位变幅 ΔZ/m	$\leqslant 10$	$10 < \Delta Z \leqslant 15$	> 15
综合误差/cm	$\leqslant 2$	$\leqslant 2‰ \cdot \Delta Z$	$\leqslant 3$

流量观测宜通过水位观测，根据闸址处经过定期率定的水位-流量关系推求出相应的过闸流量。对于大型水闸，必要时可设置测流断面，定期校核修正水位-流量关系或水位-开度-流量关系。测流断面应设在水流平顺和水面平稳处，根据测流断面宽度，宜布置 3~5 个流速测线，观测设施宜选用浮标或流速仪。在工程控制运用发生变化时，应将有关情况，如起始时间、上下游水位、流量、流态等进行详细记录、核对。

如果不具备可用气温、降雨量观测资料，宜设气温、降雨量观测点。

气温观测需符合以下规定：气温观测点应设置在闸址附近，宜在运行前完成观测点设置。气温观测仪器应设在专用的百叶箱内。气温观测精度应不低于 0.5℃。

降雨量观测需符合以下规定：降雨量应设置在闸址附近，宜在运行前完成观测点设置。观测场地应在比较开阔和风力较弱的地点设置，障碍物与观测仪器的距离不应小于障碍物与仪器口高差的两倍。降雨量观测宜采用自计雨量计或自动测报雨量计等。

为保证水闸工程安全和正常运用，应对水闸上、下游河床淤积和下游冲刷情况进行观测。

水闸的上、下游河床淤积及下游冲刷观测需符合下列要求：①应根据水闸规模、工程布置、河道土质和冲刷、淤积情况设置监测断面。②监测范围应以上游铺盖或下游消力池末端为起点，分别向上、下游延伸，宜为 1~3 倍河宽距离，对于冲刷或淤积较严重的工程可根据具体情况适当延长，具体长度应根据各工程的管理范围确定。③监测断面的间隔应以能反映上下游河床的冲刷、淤积变化为原则，靠近工程处宜密，远离工程处可适当放宽。④对于冲刷、淤积变化比较严重的水闸，应增加测次。

水闸的上、下游河床淤积及下游河床冲刷宜采用人工巡视检查和水下地形测量结合的方式。对于大型水闸，可在上游或下游河床布置 2～3 条固定监测断面按不低于 1∶1000 的比例尺进行水下地形测量。

水下地形测量可采用地形测量法、断面测量法或声呐成像法等。

3.3.2.2　变形监测

变形监测项目应包括垂直位移、水平位移、倾斜及裂缝和结构缝开合度等。变形监测平面坐标及水准高程应与设计、施工和运行各阶段的控制网坐标系统一致，宜与国家控制网坐标系统建立联系。水闸变形观测主要关注监测点相对基准点及监测点之间的相对位移，可以是一个独立的水准网。

变形监测的精度要求见表 3.3-4，位移量中误差相对于工作基点计算。

表 3.3-4　　　　　　　　　　变形监测的精度

监测项目		位移量中误差限值
位移	垂直位移/mm	±2.0
	水平位移/mm	±2.0
	倾斜/(″)	±3.0
接缝开合度/mm		±0.2

首次垂直位移观测应在测点埋设后及时进行，然后根据施工期不同荷载阶段按时进行观测。在水闸过水前、后应对垂直位移、水平位移分别观测 1 次，以后再根据工程运用情况定期进行观测。

水闸变形宜采用以下监测方法：①垂直位移宜采用水准测量、静力水准、沉降计和位错计等方式进行监测。②当地基条件较差或水头较大时，宜进行水平位移监测。水平位移宜采用视准线、交会法或引张线等方式进行监测。③倾斜宜采用测斜仪与水准测量或交会法相结合的方式进行监测，或利用其中某一种方式或其他适宜的方式进行监测。④深层位移可采用多点位移计进行监测。⑤裂缝和结构缝开合度可采用测缝计或游标卡尺进行监测。

水准测量水闸垂直位移应符合下列要求：①大型水闸工程的垂直位移观测应符合二等水准测量要求，中型水闸应符合三等水准测量要求，并宜组成水准网。取得基准值。②水准路线上每隔一定距离应埋设水准点。水准点分为基准点、工作基点和测点三种。各种水准点应选用适宜的标石或标志。水准基准点应布置在距水闸较远处，基准点宜用双金属标或钢管标，若用基岩标应成组设置，每组应不少于 3 个水准标石。工作基点应设置在水闸两侧通视条件较好的岩基或坚实的土壤上，可采用基岩标或钢管标，不应设置在已填平的旧河槽、淤土层、回填土和车辆往来频繁地段等处。水闸上的测点宜采用地面标志、墙上标志、微水准尺标。③垂直位移测点宜布置在闸室结构块体顶部的四角（闸墩顶部）、上下游翼墙顶部各结构分缝两侧、水闸两岸的结合部位或墙后回填土上。④垂直位移测点应尽早埋设和开始观测，在工程施工期可先埋设在底板面层，在水闸过水前再引接到上述结构的顶部。

垂直位移观测是水闸的基本观测项目。对于土基上特别是软土地基上的水闸，垂直位移观测对安全施工和运用具有十分重要的监督作用。有的水闸，不埋设垂直位移测点，或虽埋设垂直位移测点但不进行正常性的观测，盲目地进行水闸施工或运用，这是十分危险的。

《水闸设计规范》（SL 265）中规定"天然土质地基上水闸地基最大沉降量不宜超过15cm，相邻部位的最大沉降差不宜超过5cm"，按三等水准测量已能满足此要求，但考虑到当前测量设备和技术的发展，以及对运行管理要求的提高，规定"大型水闸工程的垂直位移观测应符合二等水准测量要求，中型水闸应符合三等水准测量要求，并宜组成水准网"。

液体静力水准法适用于测量闸顶的垂直位移，连通管系统宜设在闸顶，并加设隔热防冻保护设施，两端应设双金属标或垂直位移工作基点。

沉降计宜布置在水闸闸室底板的四角，对于多孔连续水闸，可选择典型块体布设。沉降计应在水闸底板混凝土浇筑前钻孔埋设。

位错计宜布置在闸室段各块体间或闸室块体与翼墙及护坦板间的结合缝上。位错计宜在基础部位布设。

视准线法的布置设计应考虑下列因素：①视准线应使布置在水闸结构块体顶部的测点与两岸工作基点形成一条直线，可采用小角度法或活动觇标法进行观测；②视准线测点宜与沉降观测测点布设在同一标点桩上；③视准线长度不宜超过300m。

交会法的布置设计应考虑下列因素：交会法除在水闸结构块体顶部的合适位置布置测点外，还应在水闸上、下游两岸可靠稳定的位置布置若干工作基点。可采用测角交会法、测边交会法和边角交会法进行观测。

闸墩或翼墙倾斜的测点布置应符合下列要求：①测点宜布置在闸墩和翼墙的典型部位；②闸墩测点与基础测点宜设在同一垂直面上；③闸墩倾斜监测布置宜在基础高程面附近设置1~3个测点，闸墩内宜设置2~4个测点；④水闸闸墩和上下游翼墙顶部布设有水准点，可利用成对布设的水准点监测该部位的倾斜，用水准测量法测量倾斜，两点间距离，在基础附近不宜小于20m，在闸顶不宜小于6m；⑤用测斜管测量倾斜，其管底应深入到基础稳定的地层内。

钻孔测斜仪的钻孔宜铅直布置。钻孔孔口应设保护装置，有条件时，孔口附近应设水平位移测点。

多点位移计宜布置在有断层、裂隙、夹层层面出露的闸基上，在需要监测的软弱结构面两侧各设一个锚固点，最深的一个锚固点宜布置在变形可忽略处。一个孔内宜设3~6个测点。钻孔孔口应设保护装置，必要时可在孔口附近设水平位移测点。

混凝土建筑物结构缝的监测布置应符合下列要求：①对于基础条件较差的多孔连续水闸，应布置结构缝测点。②测点宜布置在建筑物顶部、跨度（或高度）较大或应力较复杂的结构缝上。可在岸墙、翼墙顶面、底板结构缝上游面和工作桥或公路桥大梁两端等部位的结构缝布置测点；对于地基情况复杂或发现结构缝变化较大的底板，应在底板结构缝下游面增设测点。③结构缝宜采用测缝计进行监测。宜在结构缝两侧埋设一对金属标点，也可采用三点式金属标点或型板式三向标点。测点上部应设保护罩。

混凝土建筑物裂缝开度的监测布置应按下列要求进行：①发现混凝土建筑物产生裂缝后，应选择有代表性的位置设置固定测点，宜采用测缝计、游标卡尺进行裂缝开合度监测。同时，还应与目测、超声波探伤仪检测相结合。②裂缝深度的观测宜采用金属丝探测或超声波探伤仪测定，必要时也可采用钻孔取样等方法测量。③水闸结构间的不均匀沉降或者水平位移，引起结构缝中止水结构的破坏。一般可通过卡尺量测等简易方法进行，但当地质条件复杂、现场量测条件较差时，尽量设置测缝计观测。

3.3.2.3 渗流监测

渗流监测项目应包括闸基扬压力和侧向绕渗。

闸基扬压力监测的重点是坐落于松软地基上且运行水头较高或水位变化频繁的水闸。渗流监测断面数量与水闸长度、闸孔宽度、闸室结构、地基条件等有关。

（1）闸基扬压力监测布置应符合下列要求：

1）闸基扬压力监测应根据水闸的结构型式、工程规模、闸基轮廓线、地质条件、渗流控制措施等进行布置，并应以能测出闸基扬压力分布及其变化为原则。

2）垂直水流向和顺水流向断面应结合布置。宜设垂直水流向监测断面1～2个；顺水流向监测断面应不少于闸孔数的1/3，并不少于2个，且应在中间闸室段布置1个。

3）垂直水流向监测断面宜布置在灌浆帷幕、齿墙、板桩（或截水槽、截水墙）等渗流控制设施前后及排水幕、地下轮廓线有代表性的转折处，每个闸室段应至少设1个测点；重点监测部位测点数量应适当加密。当闸基有大断层或强透水带的，宜在渗流控制设施和第一道排水幕之间加设测点。

4）顺水流向监测断面应选择地质构造复杂闸室段、岸坡闸室段和灌浆帷幕折转闸室段。横断面间距宜为20～40m，如闸轴线较长，闸室结构与地质条件大致相同，则可加大横断面间距。

5）每个顺水流向监测断面测点应不少于3个，测点宜布置在渗流控制设施前后及排水幕、地下轮廓线有代表性的转折处。若地质条件复杂，可适当加密测点。闸基的渗流控制设施的前后应各设一个测点，闸底板中间设置一个测点。

6）承受双向水头的水闸，其垂直水流向、顺水流向监测断面应合理选择双向布置形式。

7）闸基若有影响闸室稳定的浅层软弱带，应增设测点，一个钻孔宜设一个测点。浅层软弱带多于一层时，渗压计或测压管宜分层布设，应做好软弱带处导水管外围的止水，防止下层潜水向上层的渗透。渗压计的集水砂砾段或测压管的进水管段应埋设在软弱带以下0.5～1.0m的基岩内。为便于观测应将测压管管口延伸至闸墩顶部。

8）闸基扬压力可埋设渗压计监测，也可埋设测压管监测。对渗透性较好的地基宜采用测压管，对渗透性较小的地基宜采用渗压计。但对于水位变化频繁或渗透性甚小的黏土地基上的水闸，其闸基扬压力观测应采用渗压计。

9）渗压监测设施应预先埋设，测点沿水闸与地基的接触面布置。但位于灌浆帷幕附近的测点应在灌浆施工完成后埋设。

水闸闸基的扬压力监测，通常是通过埋设测压管进行观测。这种观测设备的主要缺点是：①测压管内水位变化往往滞后于水闸上、下游水位的变化，当水闸上、下游水位变化频繁或地基渗透性甚小（如渗透系数小于 10^{-4} cm/s 的黏性土地基）时，这种影响比较显著；②测压管周围滤层时有堵塞现象，甚至影响测压管的正常使用。渗压计不存在水位滞后的问题，埋设比较方便，缺点是长期埋设在水下，由于水特别是海水的腐蚀作用，渗压计易失灵。因此，对于水位变化频繁或透水性较小的黏性土地基上的水闸，其闸基扬压力观测尽量采用渗压计。

运行水头较高的水闸、两侧土质渗透性较好的水闸，会产生侧向绕渗。侧向绕渗对岸墙、翼墙施加侧向水平水压力，影响其稳定性；在渗流出口处，以及填土与岸墙、翼墙的结合部上可能产生绕渗破坏。因此，侧向绕渗也是水闸渗流监测的重点。

（2）侧向绕渗监测布置应符合下列要求：

1）侧向绕渗监测点应根据闸址地形、枢纽布置、渗流控制措施及侧向绕渗区域的地质条件布置。

2）侧向绕渗宜在岸墙、翼墙填土侧及其结合部布设测点，可沿不同高程布设测点。

3）在顺水流向测点数不应少于 3 个。对于运行水头较高、两侧土质渗透性较好的水闸测点应适当加密。

4）岸坡渗流宜埋设测压管监测，结合部宜采用渗压计监测。

3.3.2.4　应力、应变及温度监测

应力、应变及温度监测项目主要包括混凝土内部及表面应力、应变、锚杆应力、锚索受力、钢筋应力、地基反力、墙后土压力和温度等。应力、应变及温度监测宜与变形监测和渗流监测项目相结合布置。

（1）钢筋混凝土结构应力和应变监测布置需符合下列要求：

1）对于建筑在软基上的大型水闸，或采用新型结构的水闸，应根据闸型、结构特点、应力状况及施工顺序，在受力复杂、应力集中和结构薄弱的部位，合理布设钢筋计、应变计以及无应力计，监测不同工作条件下结构应力应变和钢筋应力分布和变化规律。

2）水闸应力和应变测点的布置，宜根据结构应力计算成果，在闸门支撑附近垂直水流向布置监测断面，在断面的中下部、底部及应力集中区，少而精地布置钢筋计、应变计。应力和应变监测宜以钢筋应力监测为主，辅以混凝土应力、应变监测。

3）钢筋计布置在主受力构件的受力方向，应与受力钢筋焊接于同一轴线。

4）混凝土应变计数量和方向应根据应力状态而定，主应力方向明确的部位可布置单向或两向应变计。

5）根据实际，每一应变计（组）旁 1.0～1.5m 处可布置一只无应力计，无应力计与相应的应变计（组）距结构面的距离应相同。当温度梯度较大时，无应力计轴线宜与等温面正交。

6）对布置预应力锚杆或锚索的闸墩，可适当布置预应力锚杆测力计或预应力锚索测力计。

（2）地基反力监测布置应按下列要求进行：

1）对于建筑在地质条件较差、土压力和边荷载影响程度高的水闸，宜在水闸基底布设土压力计，以监测水闸底板地基反力作用。

2）地基反力监测应选取有代表性部位，宜沿闸室整体结构顺水流方向和垂直水流方向各至少设置一个监测断面。

3）地基反力监测测点应沿水闸与地基的接触面布置。

4）地基反力监测宜与扬压力监测结合布置。

（3）翼墙后土压力监测布置应按下列要求进行：

1）对于翼墙背后有较高填土的水闸，宜在翼墙和背后填土的结合面上布置土压力计，以监测翼墙背后填土压力情况。

2）翼墙土压力监测应选择典型部位，在翼墙和墙后填土结合面的中下部，沿高度方向选取有代表性部位布置。

（4）桩基受力监测布置应按下列要求进行：

1）对于建筑在软基上并采用桩基加固的大型水闸，可布置压应力计或钢筋计，监测桩基受力情况。

2）监测测点宜沿桩底至桩顶分层布置，以监测混凝土桩不同高程的压应力分布。

（5）温度监测布置宜按下列要求进行：

1）对于结构块体尺寸较大的水闸，可根据混凝土结构的特点、施工方法及温控需要，布设适宜数量的温度计。

2）水闸温度测点应根据温度场的特点进行布置，宜在闸墩和底板内比较厚实的部位分层布置，在温度梯度较大的部位测点可适当加密。

3）在能兼测温度的其他仪器处，不宜再布置温度计。

3.3.2.5 专项监测

水闸应根据其工程规模、等级、运用条件和环境等因素，有针对性地设置专门性监测项目。专项监测项目主要包括水力学、地震反应和冰凌等。

对于大（1）型水闸，宜在初期运行期进行水力学监测。水力学监测项目包括：水流流态、水面线（水位）、波浪、水流流速、消能、冲刷（淤）变化等。

对于设计烈度为Ⅶ度及以上的大型水闸，应对建筑物的地震反应进行监测。《水工建筑物强震动安全监测技术规范》（SL 486）规定了大、中型水利水电工程强震动安全监测技术工作要求，对于设计烈度为Ⅶ度及以上的大型水闸，应进行强震动监测；对于设计烈度为Ⅷ度及以上的大（1）型水闸，应设置反应台阵。具体的安全监测技术要求可参考《水工建筑物强震动安全监测技术规范》（SL 486）。

冰凌监测主要包括静冰压力、动冰压力、冰厚、冰温等。

3.3.2.6 监测资料整编与分析

每次仪器监测或现场检查后应及时对原始记录加以检查和整理，并应及时作出初步分析。每年应进行一次监测资料整编。在整理和整编的基础上，应定期进行资料分析。宜建立监测资料数据库或信息管理系统，对现场检查、仪器监测资料进行整编。资料整理与分析过程中发现异常情况，应立即查找原因，并及时上报。整编成果应做到项目齐全，考证清楚，数据可靠，方法合理，图表完整，规格统一，说明完备。

在下列时期应进行资料分析，并提出资料分析报告：

（1）首次过水试运行时。

（2）竣工验收时。

（3）水闸安全鉴定时。

（4）出现异常或险情状态时。

（5）在首次过水试运行、竣工验收及水闸安全鉴定时均应先做全面的资料分析，分别为试运行、验收及水闸安全鉴定评价提供依据。

工程施工阶段和首次过水试运行阶段，宜根据理论计算或模型试验成果，并参考类似工程经验，对一些重要部位的监测项目提出预计的测值变化范围，对大型水闸的关键部位的测值，提出设计监控指标。投入运行后，宜定期根据实测资料建立数学模型，提出或调整运行监控指标。

监测资料分析的项目、内容和方法应根据实际情况而定。但对于变形量、扬压力及现场检查的资料等应进行分析。运行初期的分析内容可酌情简化。监测资料分析，通常采用比较法、作图法、特征值统计法及数学模型法。使用数学模型法做定量分析时，应同时采用其他方法进行定性分析，加以验证。

监测资料分析应分析各监测物理量的大小、变化规律、趋势及效应量与原因量之间（或几个效应量之间）的关系和相关的程度。有条件时，在上述工作的基础上，可对各项监测成果进行综合分析，揭示水闸的异常情况和不安全因素，评估水闸的工作状态，并拟定或修订安全监控指标。

监测资料分析后，应提出监测资料分析报告。

3.3.3　监测案例

3.3.3.1　水闸枢纽

某枢纽由东、西溪拦河闸、发电厂房、船闸、土坝等建筑物组成（图 3.3-1）。东、西溪各布置 16 孔拦河水闸，东溪右岸及西溪左岸各布置一座发电厂房，船闸布置在西溪右岸，发电厂房与江东洲、船闸与南堤、东溪拦河闸与东厢堤之间用均质土坝连接。地震设防烈度为Ⅷ度。

图 3.3-1　某枢纽工程

枢纽安全监测包括西溪安全监测分部工程和东溪安全监测分部工程，监测设施布置如图 3.3-2～图 3.3-5 所示。工程安全监测项目主要包含以下内容：

（1）内观仪器，包括地基反力计、渗压计、土压力计、应变计；

（2）外观仪器、设施，包括水位计、测缝计，视准线、测斜管、沉降仪、测压管、水准点，变形基点的建设及自动全站仪系统；

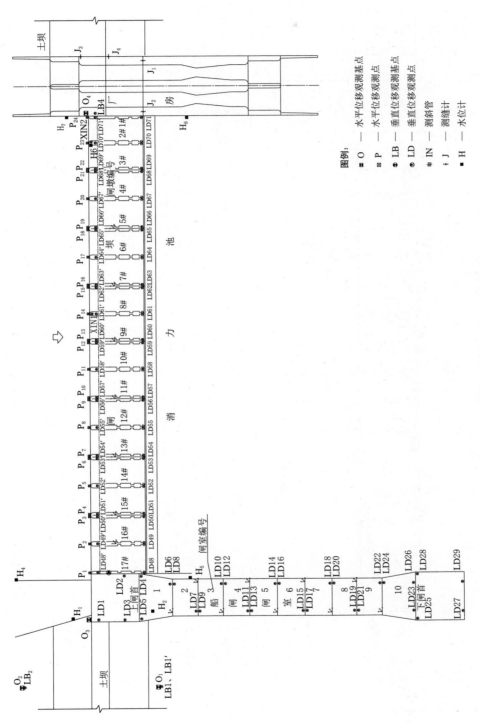

图 3.3-2 西溪外部安全监测设施布置图

图例：

O —— 水平位移观测基点
P —— 水平位移观测点
LB —— 垂直位移观测基点
LD —— 垂直位移观测点
IN —— 测斜管
J —— 测缝计
H —— 水位计

O —— O
P —— ⊠
LB —— ⊟
LD —— ⊘
—— IN
J —— ⊹
H —— ■

47

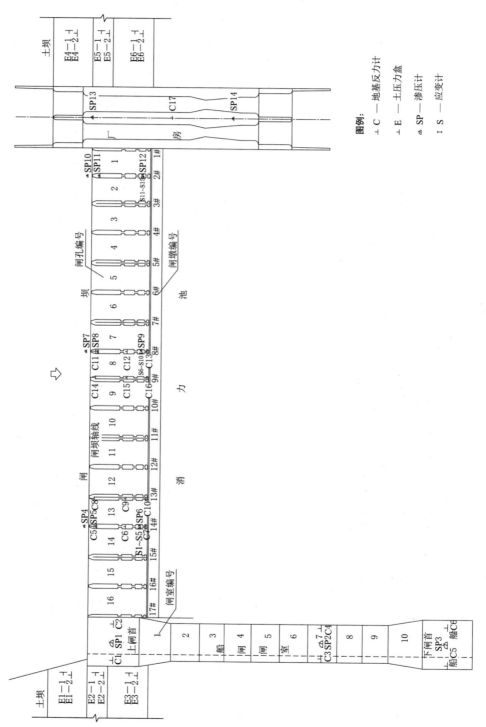

图 3.3-3 西溪内部安全监测设施布置图

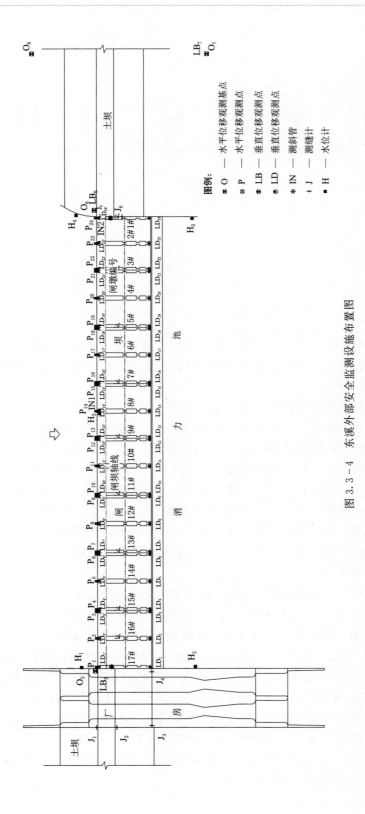

图 3.3-4 东溪外部安全监测设施布置图

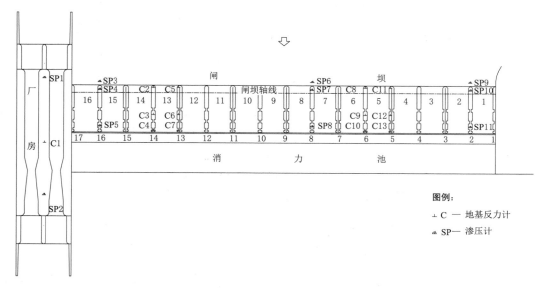

图 3.3 - 5　东溪内部安全监测设施布置图

（3）安全监测自动化系统，以上第一项及第二项的水位计和测缝计由集中自动化系统进行测量；其他内容由人工测量，其中自动全站仪系统可以独立实现自动化测量。

1. 枢纽工程变形监测

（1）西溪。在闸坝顶和船闸各布置 1 条视准线，采用水平位移观测墩附强制对中基座，观测墩旁边设水准观测点，采用全站仪进行观测。共设位移观测基点 4 个，水平位移观测点 24 个，垂直位移观测点闸坝 48 个，船闸 29 个。以上观测均为人工观测。

（2）东溪。在闸坝顶布置 1 条视准线，采用水平位移观测墩附强制对中基座，观测墩旁边设水准观测点，采用全站仪进行观测。共设位移观测基点 4 个，水平位移观测点 24 个，垂直位移观测点闸坝 48 个。另土坝设 2 个测斜管，采用活动式测斜仪进行观测。以上观测均为人工观测。在发电厂房和土坝交界、发电厂房和闸坝交界、闸坝和土坝交界处设 6 个测缝计，在闸坝前后设 5 个水位计，以上观测仪器接入自动化系统。

2. 枢纽工程内部监测

（1）西溪。西溪闸坝内部监测设施包括监测地基反力的地基反力计，分别布置在西溪船闸 6 支、14 号闸墩 3 支、13 号闸墩 3 支、8 号闸墩 3 支、9 号闸墩 3 支、西溪发电厂房 1 支，共 19 支；监测渗流的渗压计分布在西溪船闸 3 支、14 号闸墩 3 支、8 号闸墩 3 支、2 号闸墩 3 支、西溪发电厂房 2 支，共 14 支；监测内部应力应变的应变计分布在 14 号闸墩 5 支、8 号闸墩 5 支、2 号闸墩 5 支，共 15 支。监测土体压力的土压力计分布在桩号 1+069.00 坝段 6 支、桩号 1+429.5 坝段 6 支。以上仪器均接入自动化系统。

（2）东溪。东溪闸坝内部监测设施包括监测地基反力的地基反力计，分别布置在 14 号闸墩 3 支、13 号闸墩 3 支、6 号闸墩 3 支、5 号闸墩 3 支、东溪厂房 1 支，共 13 支；监测渗流的渗压计布置在 16 号闸墩 3 支、8 号闸墩 3 支、2 号闸墩 3 支、东溪发电厂房 2 支，共 11 支。以上仪器均接入自动化系统。

3. 安全监测系统运行现状及存在问题

枢纽工程安全监测系统自 2005 年 9 月下闸蓄水后逐步投入运行，2007 年后全面投入运行以来，提供了大量的监测数据，有力保障了工程安全运行。

随着运行时间的不断延长，枢纽工程安全监测自动化系统也逐渐显现出越来越多的问题。目前系统主要存在如下问题。

（1）闸坝及船闸的水平位移采用全站仪进行人工观测、沉降采用水准仪进行人工观测、测斜管采用测斜仪人工观测，不但精度较差，耗费人力物力，且实时性不佳。

（2）闸坝基础存在不均匀沉降，闸室段间缺少三向测缝设备，无法掌握闸坝不均匀沉降和张拉与错动情况。

（3）部分内观仪器老化、失效，测值不合理，不能准确掌握闸坝安全状况，给枢纽安全运行带来不便。

4. 更新改造

保留原闸坝及船闸的闸顶水平、垂直位移的观测墩及标点，对原位移标点进行校测，维修并校准各外部变形基点和观测墩，以便对以后的自动化系统进行校核。东、西闸各有4 个位移观测基点、24 个水平位移观测点、48 个垂直位移测点。

为实时监测西溪闸坝水平位移及沉降，在闸顶检修闸门槽上游侧设置一条闸顶引张线观测坝顶水平位移，设置一条静力水准观测系统观测坝体沉降。在闸坝和厂房交界的 1 号闸墩、闸坝和船闸交界的 17 号闸墩处各设置 1 条倒垂线作为闸顶引张线工作基点，并安装垂线坐标仪进行自动观测，同时安装人工垂线瞄准仪进行人工校核，建垂线观测房对以上观测设施进行保护。引张线在原有位移监测墩处设观测点，每个闸墩设置 1 个测点，并安装遥测引张线仪器进行自动观测，同时附带人工观测标尺进行人工校核，共设 15 个引张线仪测点，在 1 号闸墩、17 号闸墩垂线观测房内设置引张线的固定端。在闸坝和厂房交界的 1 号闸墩垂线观测房内设置双金属管标作为静力水准线的工作基点，在每个引张线仪器及垂线仪器测点旁设置遥测静力水准仪器进行闸顶沉降测量共设置 16 个静力水准测点，在 1 号闸墩垂线观测房内设置静力水准校准仪器以定期对静力水准观测进行校核。

为实时监测东溪闸坝水平位移及沉降，在闸顶交通桥上游侧设置一条闸顶引张线观测闸顶水平位移，设置一条静力水准观测系统观测坝体沉降。在闸坝和土坝交界的 1 号闸墩、闸坝和厂房交界的 17 号闸墩各设置 1 条倒垂线作为闸顶引张线工作基点并安装垂线坐标仪进行自动观测，同时安装人工垂线仪进行人工校核，建垂线观测房对以上观测设施进行保护。引张线在原有位移监测墩处设观测点，每个闸墩设置个测点，并安装遥测引张线仪器进行自动观测，同时附带人工观测标尺进行人工校核，共设 15 个引张线仪测点，在 1 号闸墩、17 号闸墩垂线观测房内设置引张线的固定端。在闸坝和土坝交界的 1 号闸墩垂线观测房内设置双金属管标作为静力水准线的工作基点，在每个引张线仪器及垂线仪器测点旁设置遥测静力水准仪器进行坝顶沉降测量共设置 16 个静力水准测点，在 1 号闸墩垂线观测房内设置静力水准校准仪器以定期对静力水准观测进行校核。

为监测枢纽工程倾斜，在西溪 1 号、8 号闸墩，东溪 1 号、8 号闸墩设置 4 个测斜孔，采用活动测斜仪进行人工观测，为保证数据连续性，原有 4 个测斜管保留，仍采用人工观测。为实现自动化遥测，在原 4 个测斜管附近重新钻孔安装 4 根测斜管，每个测斜孔钻孔深度约 35m，测斜管内安装固定测斜仪，按 3m～5m 间距安装 1 支固定式测斜仪，每个测斜孔安装 5 点式固定式测斜仪，4 个测斜孔共计 20 点固定式测斜仪。并在西溪 1 号闸墩、东溪 1 号闸墩垂线观测房内分别布设固定测斜仪自动测量 MCU 并纳入自动化系统。同时新增的垂线自动监测系统也可进行枢纽工程倾斜测量。由于土坝倾斜监测意义不大，原土坝中布设的测斜管，不接入自动化系统。

为监测闸坝段、厂房段、土坝段与船闸段间接缝的变化情况，在西溪和东溪共安装了 10 支单向测缝计。升级改造主要在西溪和东溪闸坝段的分缝处安装三向测缝计，以监测分缝两端的相互错位变化，同时可与分缝两端安装的引张线仪器和静力水准仪器进行相互校核，同时补充了分缝的开合变化观测；为监测船闸闸室段结构缝的变化情况，在结构缝处设置 9 组三向测缝计。共 27 组三向测缝计。在西溪 1 号闸墩、东溪 1 号闸墩垂线观测房内分别布设三向测缝计自动测量 MCU 并纳入自动化系统。

对原系统中的所有水位计进行检查，部分损坏的水位计进行更换。在西溪、东溪增加雨量计、气温计，并在东西水闸上下游各设置 1 套浮子式水位，使环境量监测更为完善，同时更换现场采集单元，提高采集系统的可靠性。

鉴于枢纽工程区地质构造复杂，河床表层为中粗砂、砾砂，层厚 3.0～7.0m，呈松散状，泄洪时闸墩易发生振动，为监视闸墩振动情况，在西溪、东溪闸墩各新增一套振动频率监测系统。系统选用加拿大 Instantel 公司研制的 Ⅲ 系列振动监测仪——Minimate-PlusTM，包含一只 Instantel 标准三向速度传感器（ISEE 型或 DIN 型）和一只过压麦克风（线性或 A 计权），可提供一个坚固、可靠的通用监测系统。增加 Instantel8 通道选项，一台监测仪可以和两只三向速度传感器和两只麦克风一起连接使用。

西溪、东溪改造后的外观、内观设施布置见图 3.3－6～图 3.3－9。

3.3.3.2　泄洪闸

某泄洪闸始建于 1953 年，2005 年进行除险加固，2008 年除险加固工程竣工。水闸设计总流量 1100m³/s，属大（2）型水闸，工程等别为 Ⅱ 等。由南北两座水闸组成。

（1）安全监测布置情况。

1）北闸主体工程。进洪闸北闸位移观测设有水平位移观测点 14 个（每个闸墩 1 个），两岸设 2 个水平位移基准墩；垂直位移观测点 42 个，各闸墩顶部上、中、下游各设置 1 个垂直位移标点，两岸设 2 个垂直位移起测基点。

扬压力观测设有测压管 6 根，分别安装埋设在 4 号、11 号闸墩上，沿上下游方向各 3 根，从上游到下游依次编号为－1～－3；渗压计观测 18 支（其中 Sz11－2 无法测量），分别埋设在 4 号、8 号、11 号闸墩上，每个断面上设 6 支，从上游到下游依次编号为－1～－6。

2）南闸主体工程。位移观测设有水平位移观测点 28 个（每个闸墩 1 个），并设 2 个水平位移基准墩；垂直位移观测点 84 个，各闸墩顶部上、中、下游各设置 1 个垂直位移标点，并设 2 个垂直位移起测基点。

扬压力观测设有测压管 9 根，分别安装埋设在 9 号、14 号、20 号闸墩上，沿上下游方向各 3 根，从上游到下游依次编号为－1～－3；渗压计观测 30 支，分别埋设在 4 号、9 号、14 号、20 号、25 号闸墩上，每个断面上设 6 支，从上游到下游依次编号为－1～－6。除渗压计－6 埋设桩号为南 0＋022.0 外，测压管、渗压计埋设高程、桩号等基本同北闸。

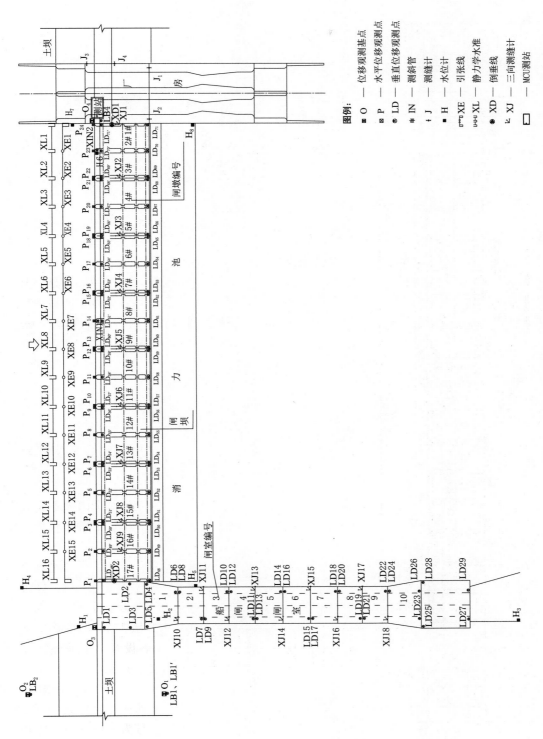

图 3.3-6 西溪改造后的外观设施布置

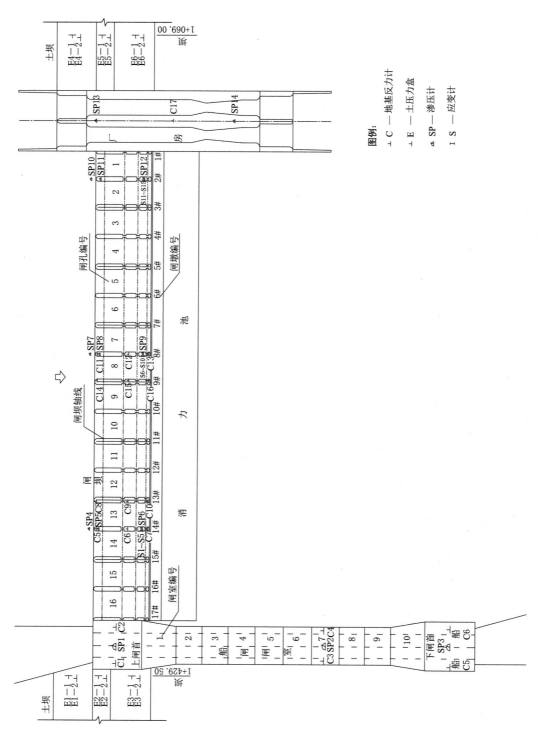

图 3.3 - 7　西溪改造后的内观设施布置

图例：
⊥ C —地基反力计
⊥ E —土压力盒
◁ SP —渗压计
ɪ S —应变计

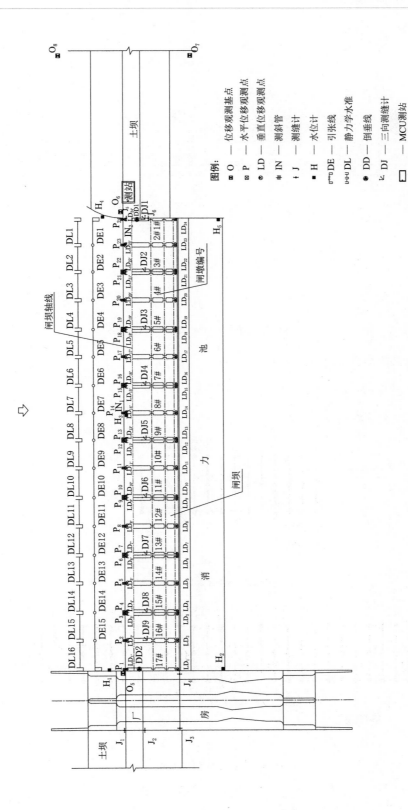

图 3.3-8 东溪改造后的外观设施布置

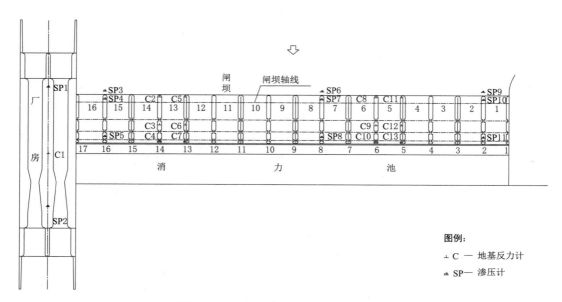

图 3.3 - 9　东溪改造后的内观设施布置

南北闸安全监测布置见图 3.3 - 10。

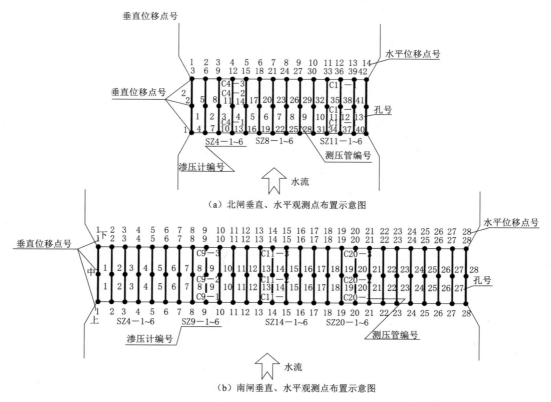

（a）北闸垂直、水平观测点布置示意图

（b）南闸垂直、水平观测点布置示意图

图 3.3 - 10　南北闸安全监测布置示意图

（2）施工期观测。北闸主体工程水平位移观测数据正常，闸体稳定。截至 2008 年 5 月垂直位移观测数据与初始值相比，累计平均相对沉降量 5.4mm，闸墩沉降均匀。扬压力观测水位受上下游水位影响较为密切，数据正常。

南闸主体工程水平位移截至 2008 年 5 月，观测数据正常，闸体稳定。垂直位移截至 2008 年 5 月观测数据与初始值相比，累计平均相对沉降量 6.8mm，闸墩沉降均匀。扬压力观测水位受上下游水位影响较为密切，数据正常。

（3）运行期观测。由于管理处位移观测数据精度较差，根据中国地震局第一监测中心 2011 年、2012 年垂直位移观测数据及安全评价观测数据进行分析。

工程水平位移本次观测成果见图 3.3-11、图 3.3-12。

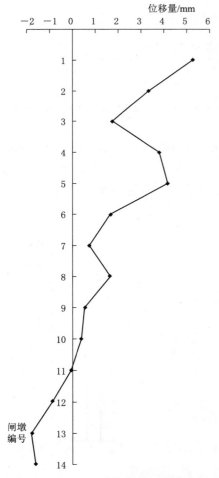

图 3.3-11 北闸水平位移测值分布图
（相对于 2006 年）

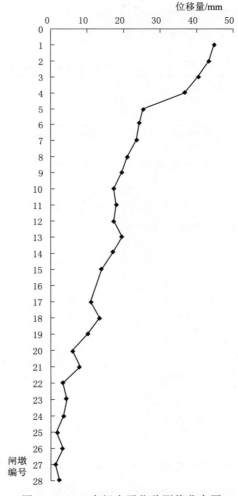

图 3.3-12 南闸水平位移测值分布图
（相对于 2006 年）

从北闸水平位移测量成果来看，北闸向下游最大水平位移点为最北端的 1 号墩，位移为 5.3mm，向上游最大水平位移点为 13 号墩，位移为 −1.8mm。最小水平位移点为南端的 11 号墩，位移为 −0.1mm（向上游）。

从南闸水平位移测量成果来看，南闸最大水平位移点为最北端的 1 号墩，位移量为 44.7mm（向下游），最小水平位移点为南端的 27 号墩，位移量为 1.3mm（向下游）。从 1 号墩至 28 号墩位移量基本成线性减小，北侧基准点（后视固定墩）发生位移的可能性较大。另外，观测过程中存在旁折光，会对观测精度产生影响。

工程垂直位移监测的水准基点为 YT3，位于距离进洪闸 50m 的右岸堤顶处，基础为坚实土堤。由于区域沉降，该点变形很大。根据除险加固工程材料可知，YT3（津塘 10）点的高程控制测量成果为 5.436m（85 高程），该成果是 2003 年完成的，其高程起算点使用的是 2002 年高程成果。结合 2013 年 5 月测量成果（本次测量），2002—2014 年 YT3 高程控制点高程历次测量数据见表 3.3 − 5。可以看出，YT3 高程数据从 2002 年至 2013 年，沉降量为 0.716m（考虑 2014 年数据为推算数据，仅供参考）。

表 3.3 − 5　　　　　　　进洪闸垂直位移控制点 YT3 历次测量成果统计表

年份	2002	2005	2008	2011	2012	2013（本次）	2014（推算）
测值/m	6.996	6.791	6.590	6.394	6.345	6.280	6.254

注　为便于比较，表中数据均为大沽高程数据。

以 YT3 为基准，所观测的水闸工程垂直位移相对沉降量不大。根据本次观测成果（图 3.3 − 13、图 3.3 − 14），闸底板相对高差变化基本在 1mm/m 以内，绝对高差也在 50mm 以内，说明水闸工程受区域沉陷影响存在整体沉陷，沉陷量与 YT3 基本保持一致，相对沉陷较小，水闸整体稳定。

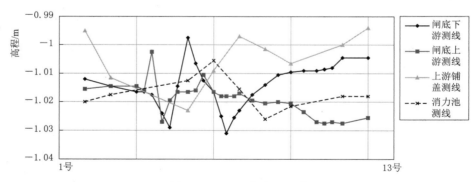

图 3.3 − 13　北闸高程测值

测压管观测资料序列为 2009 年 1 月 9 日至 2013 年 11 月 7 日，测值过程线见图 3.3 − 15 和图 3.3 − 16。可以看出，测压管水位受上下游水位变化影响关系密切，表现为水位上升，测值增加，水位下降，则测值减小。位于各坝段上、中、下游的测压管测值基本一致，说明闸底板扬压力分布均匀。测压管水位普遍略低于上下游水位，与混凝土铺盖的阻渗作用有关，对闸室稳定有利。

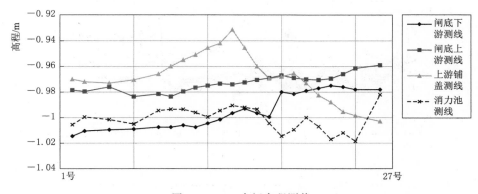

图 3.3-14 南闸高程测值

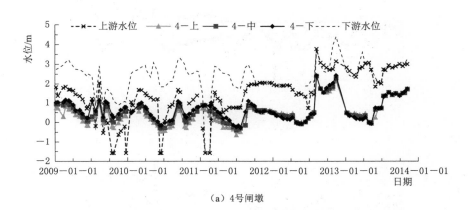

（a）4号闸墩

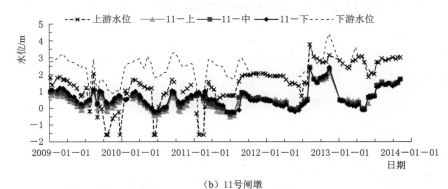

（b）11号闸墩

图 3.3-15 北闸测压管测值过程线

渗压计观测资料序列为 2009 年 1 月 7 日至 2013 年 12 月下旬，由于渗压计埋设未进行率定，且北闸渗压计安装前存在初始压力等情况，渗压计所监测的数据总体准确性不高，根据说明书公式进行计算，仅南闸的 SZ4-5、SZ14-3、SZ20-3、SZ20-5 等测点的测值具有一定参考价值（图 3.3-17）。可以看出，其测值变化基本与上下游水位变化一致。建议进行渗压计的检验和校正。

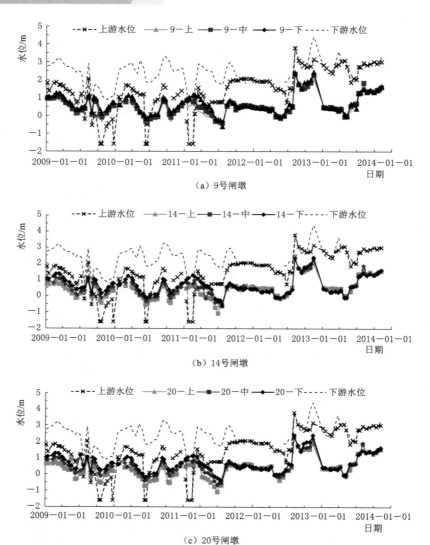

（a）9号闸墩

（b）14号闸墩

（c）20号闸墩

图 3.3－16　南闸测压管测值过程线

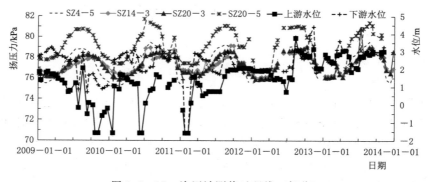

图 3.3－17　渗压计测值过程线（部分）

监测资料分析表明，工程水平位移变化总体较小，垂直位移受区域沉陷影响存在整体沉陷，相对垂直位移很小，水闸整体稳定；闸底扬压力分布均匀，略低于上下游水位，对闸室稳定有利。但工程安全监测不规范，无长期连续监测资料，且存在基点变形、仪器检测故障等问题。

3.3.3.3 河口挡潮闸

某河口挡潮闸为大（1）型水闸工程，工程具有防潮（洪）、治涝、水资源开发利用，以及兼顾改善水环境和航运等综合利用效益。工程正常蓄水位 3.90m（1985 国家高程基准，下同），正常蓄水位以下库容 1.46 亿 m³，最大设计泄洪流量 11030m³/s。枢纽工程主要由挡潮泄洪闸、堵坝、鱼道、导流堤、两岸堤防工程等组成。

大闸垂直水流方向宽 697.0m，净宽 560.0m，共 28 孔，单孔净宽 20.0m，顺水流方向长 507.0m。从上游至下游布置有上游抛石防冲槽、防冲小沉井、护底、护坦、闸室段和下游消力池、海漫、防冲大沉井和抛石防冲槽。闸室段左右两侧布置翼墙，闸室底板高程−0.50m，底板顺水流向长 26.0m，上、下游各设有一道 30cm 厚混凝土防渗墙。胸墙底高程 4.40m，顶高程 11.50m，胸墙顶部下游侧防浪墙顶高程 12.50m。每孔挡潮泄洪闸设置一扇 20.0m×5.0m 潜孔式双拱空间网架平面工作钢闸门。

1. 监测设施布置

（1）变形观测。挡潮闸监测部位包括闸室、翼墙和分隔墩等，采用高精度全站仪和电子水准仪进行观测，并灵活布置和组合。在每个闸墩的顺水流方向（闸下 10.90m 处）布置一综合标点。综合标点共 56 个。

上游段翼墙位于上游圆弧顶点处布置 1 个沉降标点，利用对岸的两个工作基点进行水平位移和沉降观测；闸室段翼墙布置 1 个沉降标点，位置位于交通桥靠近下游分缝处；下游段翼墙各布置 4 个沉降标点，分别位于靠近上游分缝处和下游圆弧顶点处（靠近下游分缝处），利用对岸的两个工作基点进行水平位移和沉降观测。沉降标点共 12 个。

上游段分隔墩布置 1 个沉降标点，位于上游圆弧段的头部；闸室段分隔墩布置 1 个沉降标点；下游段分隔墩各布置 4 个沉降标点，分别位于上游分缝处和下游圆弧的头部（靠近下游分缝处）。沉降标点共 30 个。

工作基点：用于观测闸室水平位移的工作基点为工作基点 1、2，水平位移观测用视准线法；用于观测上游翼墙水平位移的工作基点为工作基点 3、4、5、6，用小角度法测量水平位移；用于观测下游段翼墙和下游段分隔墩水平位移的工作基点为工作基点 1、2、7、8，用小角度法测量水平位移。共 8 个工作基点。

（2）渗流监测。大闸每厢布置一排渗压计，位置分别为 3 号、8 号、13 号、17 号、21 号、26 号闸的闸底板顺水流中心线位置，每排沿闸底板、上下游护坦布置 6 支渗压计，监测闸基扬压力变化，位置分别为闸上 16m、闸上 0.9m、闸上 0.1m、闸下 14m、闸下 24.1m、闸下 24.9m，共计 36 只渗压计，量程 35m。绕闸渗流监测，渗压计埋设在两岸翼墙背后，每侧各 8 支渗压计，量程 35m。具体安装位置见表 3.3−6。

表 3.3 - 6　　　　　　　　　　大闸渗流监测仪器安装位置表

测点编号	仪器名称	3号、13号、21号		8号、17号、26号	
		高程/m	桩号	高程/m	桩号
P1	渗压计	−3.00	闸上 16.0	−3.00	闸上 16.0
P2		−3.00	闸上 1.0	−3.00	闸上 1.0
P3		−3.00	闸上 0.1	−3.00	闸上 0.1
P4		−3.00	闸下 14.0	−3.00	闸下 14.0
P5		−3.00	闸下 24.1	−3.00	闸下 24.1
P6		−3.00	闸下 25.0	−3.00	闸下 25.0
P7—P14		−2.00		（两岸翼墙后，测绕闸渗流）	

（3）土压力监测。为监测闸底板与地基土的受力情况，在闸底板与地基的接触面布置土压力计。大闸每厢布置一排土压力计，位置分别为3号、8号、13号、17号、21号、26号闸的闸底板顺水流中心线位置，每排沿闸底板布置 3 只土压力计，位置分别为闸下3m、闸下 10.5m、闸下 21m，共计 18 只土压力计。监测仪器具体位置见表3.3-7。土压力计通过四芯屏蔽专用通信电缆与现地测控单元相连，实现自动化遥测。

表 3.3 - 7　　　　　　　　　大闸基础接触压力监测仪器安装位置表

测点编号	仪器名称	3号、13号、21号		8号、17号、26号	
		高程/m	桩号	高程/m	桩号
E1	土压力计	−3.00	闸下 3.0	−3.00	闸下 3.0
E2		−3.00	闸下 11.5	−3.00	闸下 11.5
E3		−3.00	闸下 21.0	−3.00	闸下 21.0

（4）接缝监测。为监测水下水平止水处的分缝张开度，在每厢上游护坦分缝处以及闸室伸缩缝处各布置 1 支测缝计，分别位于 3～4 号、8～9 号、12～13 号、16～17 号、20～21 号、25～26 号闸上游护坦及闸室段，桩号为闸上 8.5m 和闸下 10.50m，共 12 支；为监测闸底板地基土因固结沉降与底板脱空，为今后地基回填灌浆时间选取及运行过程中地基沉降监测提供依据，在 3 号、8 号、13 号、17 号、21 号、26 号闸底板顺水流中心线位置，每排沿闸底板布置 3 支测缝计，位置分别为闸下 4m、闸下 10.5m、闸下 20m，共18 支；护坦与闸底板在 3 号、8 号、13 号、17 号、21 号、26 号闸孔中心线位置的分缝处埋设 1 支测缝计，共 6 支；护坦与每侧上游段翼墙底板分缝处设 1 支测缝计，共 2 支；每侧闸室段翼墙底板与闸底板分缝处埋设 1 支测缝计，共 2 支。测缝计共 40 支。监测仪器具体安装位置见表3.3-8。测缝计通过四芯屏蔽专用通信电缆与现地测控单元相连，实现自动化遥测。

表 3.3 - 8 　　　　　　　　　　大闸接缝监测仪器安装位置表

测点编号	仪器名称	3号、13号、21号		8号、17号、26号	
		高程/m	桩号	高程/m	桩号
J1	测缝计	−1.50	闸上8.5	−1.50	闸上8.5
J2		−1.00	闸上1.0	−1.00	闸上1.0
J3		−3.00	闸下4.0	−3.00	闸下4.0
J4		−3.00	闸下10.5	−3.00	闸下10.5
J5		−3.00	闸下20.0	−3.00	闸下20.0
J6		−1.50	闸下10.5	−1.50	闸下10.5
Ja		−0.65	闸下10.5	（翼墙与闸底板、护坦之间测缝）	
Jb		−2.50	闸上8.5		

　注　J6为3～4号、8～9号、12～13号、16～17号、20～21号、25～26号闸底板测缝计，其他仪器都在闸底板顺水流的中心线方向。

（5）钢筋应力监测。为监测运行情况下闸室结构的应力应变分布情况，分别在胸墙靠上游侧跨中底部、闸底板跨中靠上表面、胸墙与闸墩交接处、闸墩上游侧悬挑结构上部、交通桥跨中底部、轨道梁跨中底部以及门槽内侧布置钢筋计，每孔布置9支，分别在8号、17号、26号闸室内布置，钢筋计共27支。监测仪器具体安装位置见表3.3-9。

钢筋计通过四芯屏蔽专用通信电缆与现地测控单元相连，实现自动化遥测。

表 3.3 - 9 　　　　　　　　　　大闸闸体钢筋应力监测仪器安装位置表

测点编号	仪器名称	8号、17号、26号	
		高程/m	桩号
R1	钢筋计	−0.65	闸下3.6
R2		−0.65	闸下18.0
R3—R9		安装在闸墩及上部结构中心部分	

（6）监测项目完备性。工程布置了扬压力、接缝开度、钢筋应力、温度、土压力、沉降、水平位移等安全监测项目，尚缺流量、闸下流态、冲刷、淤积等观测项目，基本满足规范要求，能满足工程安全监测运用要求。

2. 监测资料整理与分析

挡潮闸内部监测仪器包括渗压计、土压力计、测缝计、钢筋计。目前，除左岸翼墙后3支渗压计（编号为P7、P9、P14）、21号闸孔测缝计J6无读数、17号闸孔渗压计P6无数据外，其余监测仪器均运行良好。

随终孔后水压力的消散，渗压计测值逐渐趋于稳定，2007年12月15日过水后扬压力明显变化。闸基扬压力是由上、下游水位差产生的渗透压力和下游水深产生的浮托力两部分组成，过水后上下游水位差较小，闸基扬压力基本上由浮托力组成。由于泄洪闸下游侧潮位变化频繁，运行初期上游水位变化不大，闸基处于饱和状态，防渗墙内的 P3、P4、P5 渗压计测值变化幅度不大，滞后于下游潮位变化，表明闸底板下防渗措施效果显著，其规律符合工程运行实际。

除左岸 P7、P9、P14、17 号闸孔 P6 四支渗压计没有读数外，其余渗压计均有读数。右岸翼墙后的五支渗压计自从 2009 年 8 月两岸绕闸旋喷桩和灌注桩施工以后读数异常，测值过大。据分析是由于施工时压力过大，超过仪器量程，其测值已经不具备参考价值。经补装的 4 支渗压计（左右岸翼墙上下游各 1 支）观测资料表明，两岸翼墙后均无渗流异常，渗压计处水头很小，渗流场稳定。经侧向渗径计算，实测最大绕闸比降小于设计允许值，绕闸防渗措施效果良好。

各土压力计工作正常。在混凝土浇筑时受到挤压，土压力计测值增大，混凝土浇筑完后，受水化热的影响，混凝土膨胀，土压力计测值继续增大。随着水化热消散，温度降低，混凝土凝固收缩，土压力测值逐渐减小，并趋于稳定，其变化符合施工期混凝土应力变化的一般规律。温度升高，混凝土膨胀对土压力计造成挤压，其测值也变大，符合一般规律。

裂缝开度变化主要受温度变化影响，与温度呈负相关，温度升高，测值减小，缝隙闭合；温度降低，测值增大，缝隙张开。测缝计测值表明闸基与闸底板之间无明显裂缝，闸底板之间及护坦与翼墙之间缝隙也不大，测值随温度变化而改变，符合缝隙变化的一般规律。最大裂缝测值为 16.58mm，小于止水设计允许最大张拉值 60mm。

钢筋计观测数据比较稳定，钢筋应力测值为正值，但数值不大，且趋于稳定，说明所测钢筋处于微受拉状态，符合施工期钢筋应力变化的一般规律。在混凝土浇筑过程中，受水化热的影响，温度升高，测值增大，随着水化热消散，温度逐渐下降，测值逐渐减小，其变化符合混凝土施工期温度变化的一般规律。

观测的最大沉降值位于 18 号点（9 号闸孔右），为 11.53cm；最小沉降值位于 49 号点（25 号闸孔左），沉降值为 8.96cm。从沉降测值分析，沉降变化趋势越来越缓，幅值变小。建筑物逐渐趋于稳定。胸墙沉降观测初次测量时间为 2007 年 12 月 12 日，堵坝为 2009 年 10 月 20 日。

外部变形、渗压、钢筋应力、土压力、接缝等观测表明，闸室和翼墙的工作性态符合其施工期和运行初期的一般变化规律。挡潮闸工作性状正常。

3.4　养护维修

3.4.1　主要原则

水闸工程的养护维修内容主要包括混凝土及砌石工程、堤岸及引河工程、闸门、启闭机、电气设备、通信及监控设施、管理设施等。

水闸工程的养护维修应坚持"经常养护、及时维修、养修并重"，对检查发现的缺陷和问题，应随时进行养护维修。水闸工程的养护一般可结合汛前、汛后检查定期进行。设备清洁、润滑、调整等应视使用情况经常进行。

水闸工程的维修分为小修、大修和抢修，按下列规定划分界限：

（1）小修是根据汛后全面检查发现的工程损坏和问题，对工程设施进行必要的整修和局部改善机电设备一般每年小修1次，对运用频繁的机电设备应酌情增加小修次数。

（2）大修是当工程发生较大损坏或设备老化，修复工程量大，技术较复杂时，采取的有计划地进行工程整修或设备更新。

（3）抢修是当工程及设备遭受损坏，危及工程安全或影响正常运用时，采取立即的抢护措施。

水闸工程养护维修需符合下列要求：①应以恢复原设计标准或局部改善工程原有结构为原则，根据检查和观测成果，结合工程特点、运用条件、技术水平、设备材料和经费承受能力等因素制定维修方案。②应根据有关规定明确各类设备的检修、试验和保养周期，并及时进行设备等级评定。③应根据工程及设备情况，配备必要的备品、备件。④工程出险时，应按应急预案组织抢修。抢修工程应做到及时、快速、有效；在抢修的同时报上级主管部门，必要时，应组织专家会商论证抢修方案。⑤应建立单项设备技术管理档案，逐年积累各项资料，包括设备技术参数、安装、运用、缺陷、养护、维修、试验等相关资料。

3.4.2 混凝土及砌石工程养护维修

1. 混凝土及砌石工程养护

混凝土及砌石工程养护应符合下列要求：

（1）应经常清理建筑物表面，保持清洁整齐，积水、积雪应及时排除；门槽、闸墩等处如有散落物、杂草或杂物、苔藓、蚧贝、污垢等应予清除。闸门槽、底坎等部位淤积的砂石、杂物应及时清除，底板、消力池、门库范围内的石块和淤积物应定期清除。

（2）岸墙、翼墙和挡土墙上的排水孔以及空箱岸（翼）墙的进水孔、排水孔、通气孔等均应保持畅通。空箱岸（翼）墙内淤积应适时清除。公路桥、工作桥和工作便桥桥面应定期清扫，保持桥面排水孔泄水畅通。排水沟杂物应及时清理，保持排水畅通。

（3）应及时修复建筑物局部破损。

（4）反滤设施、减压井、导渗沟及消力池、护坦上的排水井（沟、孔）或翼墙、护坡上的排水管应保持畅通，如有堵塞、损坏，应予疏通、修复；反滤层淤塞或失效应重新补设排水井（沟、孔、管）。

（5）永久伸缩缝填充物老化、脱落、流失应及时充填封堵。沥青井的井口（出流管、盖板等）应经常保养，并按规定加热、补灌沥青。永久伸缩缝处理，按其所处部位、原止水材料以及承压水头选用相应的修补方法。

（6）应及时打捞、清理闸前积存的漂浮物。

2. 混凝土工程维修

混凝土工程维修应符合下列要求：

（1）水闸的混凝土结构严重受损，影响安全运用时，应拆除并修复损坏部分。在修复消力池底板、护坦等工程部位混凝土结构时，重新敷设垫层（或反滤层）；在修复翼墙部位混凝土结构时，重新做好墙后回填、排水及其反滤体。

（2）混凝土结构承载力不足的，可采用增加断面、改变连接方式、粘贴钢板或碳纤维布等方法补强、加固。

（3）混凝土裂缝处理，应考虑裂缝所处的部位及环境，按裂缝深度、宽度及结构的工作性能，选择相应的修补材料和施工工艺，在低温季节裂缝开度较大时进行修补。渗（漏）水的裂缝，应先堵漏，再修补。表层裂缝宽度小于表 3.4-1 规定的最大裂缝宽度允许值时，可不予处理或采用表面喷涂料封闭保护；表层裂缝宽度大于表 3.4-1 规定的最大裂缝宽度允许值时，宜采用表面粘贴片材或玻璃丝布、开槽充填弹性树脂基砂浆或弹性嵌缝材料进行处理；深层裂缝和贯穿性裂缝，为恢复结构的整体性，宜采用灌浆补强加固处理；影响建筑物整体受力的裂缝，以及因超载或强度不足而开裂的部位，可采用粘贴钢板或碳纤维布、增加断面、施加预应力等方法补强加固。

（4）混凝土渗水处理，可按混凝土缺陷性状和渗水量，采取相应的处理方法：混凝土淘空、蜂窝等形成的漏水通道，当水压力小于 0.1MPa 时，可采用快速止水砂浆堵漏处理；当水压力大于等于 0.1MPa 时，可采用灌浆处理；混凝土抗渗性能低，出现大面积渗水时，可在迎水面喷涂防渗材料或浇筑混凝土防渗面板进行处理；混凝土内部不密实或网状深层裂缝造成的散渗，可采用灌浆处理；混凝土渗水处理，也可采用经过技术论证的其他新材料、新工艺和新技术。

（5）修补混凝土冻融剥蚀，应先凿除损伤的混凝土，再回填满足抗冻要求的混凝土（砂浆）或聚合物混凝土（砂浆）。混凝土（砂浆）的抗冻等级、材料性能及配比，应符合国家现行有关技术标准的规定。

（6）钢筋锈蚀引起的混凝土损害，应先凿除已破损的混凝土，处理锈蚀的钢筋，损害面积较小时，可回填高抗渗等级的混凝土（砂浆），并用防碳化、防氯离子和耐其他介质腐蚀的涂料保护，也可直接回填聚合物混凝土（砂浆）；损害面积较大、施工作业面许可时，可采用喷射混凝土（砂浆），并用涂料封闭保护；回填各种混凝土（砂浆）前，应在基面上涂刷与修补材料相适应的基液或界面黏结剂；修补被氯离子侵蚀的混凝土时，应添加钢筋阻锈剂。

（7）混凝土空蚀修复，应首先清除造成空蚀的条件（如体形不当、不平整度超标及闸门运用不合理等），然后对空蚀部位采用高抗空蚀材料进行修补，如高强硅粉钢纤维混凝土（砂浆）、聚合物水泥混凝土（砂浆）等，对水下部位的空蚀，也可采用树脂混凝土（砂浆）进行修补。

（8）混凝土表面碳化处理，应按不同的碳化深度采用相应的措施，碳化深度较浅时，应首先清除混凝土表面附着物和污物，然后喷涂防碳化涂料封闭保护。碳化深度接近或超过钢筋保护层时，按钢筋锈蚀引起的混凝土损害处理。

（9）混凝土表面防护，宜在混凝土表面喷涂涂料，预防或阻止环境介质对建筑物的侵害。如发现涂料老化、局部损坏、脱落、起皮等现象，应及时修补或重新封闭。

（10）位于水下的闸底板、闸墩、岸墙、翼墙、铺盖、护坦、消力池等部位，如发生表层剥落、冲坑、裂缝、止水设施损坏，应根据水深、部位、面积大小、危害程度等不同情况，选用钢围堰、气压沉柜等设施进行修补，或由潜水人员采用特种混凝土进行水下修补。

表 3.4-1	钢筋混凝土结构最大裂缝宽度允许值		
区域	最大裂缝宽度允许值/mm		
	水上区	水位变动区	水下区
内河淡水区	0.20	0.25	0.30
沿海海水区	0.20	0.20	0.30

3. 砌石工程维修

砌石工程维修需符合下列要求：

（1）砌石护坡、护底遇有松动、塌陷、隆起、底部淘空、垫层散失等现象时，应参照《水闸施工规范》（SL 27）中有关规定按原状修复。施工时应做好相邻区域的垫层、反滤、排水等设施。

（2）浆砌石工程墙身渗漏严重的，可采用灌浆、迎水面喷射混凝土（砂浆）或浇筑混凝土防渗墙等措施。浆砌石墙基出现冒水冒沙现象，应立即采用墙后降低地下水位和墙前增设反滤设施等办法处理。

（3）水闸的防冲设施（防冲槽、海漫等）遭受冲刷破坏时，一般可加筑消能设施或抛石笼、柳石枕和抛石等方法处理。

3.4.3 堤岸及引河工程养护维修

1. 堤岸及引河工程养护

堤岸及引河工程养护应符合下列要求：

（1）堤（坝）及堤顶道路应经常清理，对植被进行养护，对排水设施进行疏通。

（2）堤（坝）遭受白蚁、害兽危害时，应采用毒杀、诱杀、捕杀等方法防治；蚁穴、兽洞可采用灌浆或开挖回填等方法处理。

（3）应保持河面清洁，经常清理河面漂浮物。

2. 堤岸工程维修

堤岸工程维修应符合下列要求：

（1）堤（坝）出现雨淋沟、浪窝、塌陷和岸、翼墙后填土区发生跌塘、沉陷时，应随时修补夯实。

（2）堤（坝）发生管涌、流土现象时，应按照"上截、下排"原则及时进行处理。

（3）堤（坝）发生裂缝时，应针对裂缝特征处理，干缩裂缝、冰冻裂缝和深度小于等于0.5m，宽度小于等于5mm的纵向裂缝，一般可采取封闭缝口处理；表层裂缝，可采用开挖回填处理；非滑动性的内部深层裂缝，宜采用灌浆处理；当裂缝出现滑动迹象时，则严禁灌浆。

（4）堤（坝）出现滑坡迹象时，应针对产生原因按"上部减载、下部压重"和"迎水坡防渗，背水坡导渗"等原则进行处理。

（5）泥结碎石堤顶路面面层大面积破损应翻修面层；对垫层、基层均损坏的泥结碎石路面应全面翻修；沥青路面或混凝土路面大面积破损应全面翻修（包括垫层）。

3. 引河工程维修

引河工程维修应符合下列要求：

（1）河床冲刷坑危及防冲槽或河坡稳定时，应立即抢护，一般可采用抛石或沉排等方法处理，不影响工程安全的冲刷坑，可不作处理。

（2）河床淤积影响工程效益时，应及时采用人工开挖、机械疏浚或利用泄水结合机具松土冲淤等方法清除。

3.4.4　闸门养护维修

闸门门叶的养护应符合下列要求：①及时清理面板、梁系及支臂附着的水生物、泥沙和漂浮物等杂物，梁格、臂杆内无积水，保持清洁；②及时紧固配齐松动或丢失的构件连接螺栓；③闸门运行中发生振动时，应查找原因，采取措施消除或减轻。

闸门止水装置的养护应符合下列要求：①止水橡皮磨损、变形的，应及时调整达到要求的预压量；②止水橡皮断裂的，可黏接修复；③对止水橡皮的非摩擦面，可涂防老化涂料；④冬季应将水润滑管路排空，防止冻坏。

闸门埋件的养护应符合下列要求：①定期清理门槽，保持清洁；②闸门的预埋件应有暴露部位非滑动面的保护措施，保持与基体联结牢固、表面平整、定期冲洗。主轨的工作面应光滑平整并在同一垂直平面，其垂直平面度误差应符合设计规定。

闸门门叶的维修应符合下列要求：①闸门构件强度、刚度或蚀余厚度不足应按设计要求补强或更换；②闸门构件变形应矫正或更换；③门叶的一、二类焊缝开裂应在确定深度和范围后及时补焊；④门叶连接螺栓孔腐蚀应扩孔并配相应的螺栓；⑤闸门防冰冻构件损坏应修理或更换。

闸门止水装置的维修应符合下列要求：①止水橡皮严重磨损、变形或老化、失去弹性，门后水流散射或设计水头下渗漏量大于 $0.2L/(s \cdot m)$ 时，应更换。②潜孔闸门顶止水翻卷或撕裂，应查找原因，采取措施消除和修复。③止水压板螺栓、螺母应齐全，压板局部变形可矫正；严重变形或腐蚀应更换。④水润滑管路、阀门等损坏应修理或更换。⑤止水木腐蚀、损坏时，应予更换。⑥刚性止水在闭门状态应支承可靠、止水严密，挡板出现焊缝脱落现象，应予补焊，填料缺失时，应填满符合原设计要求的环氧砂浆。

闸门埋件的维修应符合下列要求：①埋件破损面积大于 30％时，应全部更换；②埋件局部变形、脱落应局部更换；③止水座板出现蚀坑时，可涂刷树脂基材料或喷镀不锈钢材料整平。

3.4.5　养护维修案例

以 3.3 节中的进洪闸为例，水闸养护维修分为养护、岁修、抢修、大修。

（1）养护。对经常检查发现的缺陷和问题，应随时进行养护和局部修补，以保持工程及设备完整清洁，操作灵活。

（2）岁修。根据汛后全面检查发现的工程损坏和问题，对工程设施进行必要的整修和局部改善。

（3）抢修。当工程及设备遭受损坏，危及工程安全或影响正常运用时，必须立即采取抢修措施。

（4）大修。当工程发生较大损坏或设备老化，修复工程量大，技术较复杂，应有计划进行工程整修或设备更新。养护修理工作本着"经常养护、随时维修、养重于修、修重于抢"的原则进行。

2008 年除险加固竣工后历年工程养护维修情况见表 3.4-2。工程养护维修质量经单元工程质量评定和进洪闸工程管理处组织的分项及单位验收，质量合格。

表 3.4-2 进洪闸养护维修情况

年份	混凝土结构	金属结构及启闭机	电气设备	附属设施	堤防	观测设施	其他
2009	（1）左右岸混凝土护坡清洁；（2）交通桥日常清洁；（3）岸墙混凝土草皮砖维修	（1）北闸抓梁除锈防腐油漆；（2）南闸启闭机钢丝绳绳链可保护；（3）闸门防冻设施运行维护；（4）启闭机表面除锈油漆；（5）启闭机底座封堵；（6）钢丝绳上油维护；（7）启闭机日常清洁；（8）传（制）系统定期检查维修及配件；（9）电动机养护维修；（10）操作设备养护维修	（1）变压器养护维修；（2）启闭机房电缆槽护板维修；（3）高低压配电设备养护维修；（4）避雷设施养护维修；（5）自动控制设施养护维修；（6）自备发电机养护维修	（1）机房及管理房养护维修；（2）闸区绿化；（3）围墙及栏杆维护；（4）南北闸连接路便道维修；（5）专用防汛道路养护	（1）堤顶养护维修；（2）堤坡养护维修	观测仪器率定及维修	电力、柴油、机油、黄油等物料动力消耗
2010		金属结构防腐维修，包括检修闸门喷漆、检修桥铁箅子油漆、闸门抓梁及轨道油漆等			（1）堤顶养护维修；（2）堤坡养护维修		
2011	（1）左右岸混凝土护坡清洁；（2）交通桥日常清洁	（1）闸门日常保洁；（2）闸门防冻设施运行维护；（3）南闸闸门防腐刷漆；（4）启闭机日常保洁；（5）传（制）系统养护维修；（6）南闸启闭机钢丝绳绳链可保护（11—25孔）	（1）避雷设施养护维修；（2）变压器和高低压配电设备检测维修；（3）自备发电机养护维修	（1）机房及管理房养护维修；（2）闸区绿化；（3）围墙及栏杆维护	（1）堤顶养护维修；（2）堤坡养护维修		电力、柴油、机油等物料动力消耗

续表

年份	混凝土结构	金属结构及启闭机	电气设备	附属设施	堤防	观测设施	其他
2012	（1）左右岸混凝土护坡清洁；（2）交通桥清洁	（1）闸门保洁维护；（2）闸门防冻设施运行维护；（3）启闭机养护；（4）传（制）系统养护维修	（1）避雷设施检测；（2）变压器和高低压配电设备检测；（3）南闸启闭机房电缆槽护板更换；（4）自备发电机养护维修	（1）机房及管理房养护维修；（2）闸区绿化；（3）围墙及栏杆维修；（4）上游河道清障；（5）院区防汛公路维修；（6）北闸左右岸、南闸右岸控制楼维修	（1）堤顶养护维修；（2）堤坡养护维修	垂直位移监测	电力、柴油、机油等物料动力消耗
2013	（1）左右岸混凝土护坡清洁；（2）交通桥清洁	（1）闸门保洁维护；（2）闸门防冻设施运行维护；（3）闸门油漆养护；（4）启闭机养护；（5）传（制）系统养护维修	（1）避雷设施检测；（2）变压器和高低压配电设备检测；（3）启闭机房电缆槽护板维修；（4）自备发电机养护维修	（1）机房及管理房养护维修；（2）闸区绿化；（3）围墙及栏杆维修；（4）南闸下游河道清障；（5）控制楼岸端草皮砖维修	（1）堤顶养护维修；（2）堤坡养护维修	（1）观测仪器检测；（2）垂直位移监测	电力、柴油、机油等物料动力消耗

自除险加固工程完成后，进洪闸南北闸长期处于关闭状态，闸门 2.8m 以下部分长期浸泡在水中。为进一步了解浸泡于水中的闸门防腐损坏情况，2013 年 4 月 23 日运行管理单位组织人员分别对南闸的 1、5、10、15、20、24 孔，北闸 3、5、7 孔闸门进行提闸检查。通过对南闸 6 个闸孔、北闸 3 个闸孔闸门锈蚀情况检查发现：所有闸门面漆背水面、迎水面面板已基本全部脱皮，止水压板螺栓锈蚀局部有锈蚀。个别面板出现大面积锈蚀。由此可推算，在水闸部分的闸门埋件锈蚀也会很严重。通过对以上闸门防腐情况抽查结果可以看到，进洪闸南北闸自建成以后，为确保水质，闸门常年处于关闭状态，闸门高度的近 1/2 常年在水中浸泡，受水质的影响，闸门及埋件受到严重腐蚀，而且越来越严重。现已采取措施对闸门进行了及时防腐处理。

3.5　常见安全隐患及处置

3.5.1　水闸工程安全隐患情况

根据前述专项检查结果，我国水闸工程实体安全问题主要是闸室、闸门、启闭设备三大件有严重工程缺陷，以及安全管理设施不完善或缺失、配电设施存在安全隐患以及上下游连接段缺陷等，影响工程正常运行，其中闸门的损坏比例最为突出。长期以来，这些突出隐患在运行过程中并未得到重视和及时处理，成为影响水闸工程安全运行的不稳定因素。

3.5.2 水闸病害类型

我国水闸数量多、分布广、运行时间长。大量水闸已接近或超过设计使用年限。我国现有的水闸大部分运行已达 30～50 年，建筑物接近使用年限，金属结构和机电设备早已超过使用年限。经长期运行，工程老化严重，其安全性及使用功能日益衰退。据统计，全国大中型病险水闸中，建于 20 世纪 50—70 年代的占 72%，建于 80 年代的占 17%，建于 90 年代及以后的占 11%。

限于当时经济、技术条件，普遍存在建设标准低、工程质量差、配套设施不全等先天性问题。一些水闸在缺少地质、水文泥沙等基础资料的条件下，采取边勘察、边设计、边施工的方式建设，成为所谓的"三边"工程，甚至有些水闸的建设根本就没有进行勘察设计。另外，当时技术水平低，施工设备简陋，多数施工队伍很不正规，技术人员的作用不能充分发挥，致使水闸建设质量先天不足，建设标准低，工程质量差。

投入运行后，由于长期缺乏良性管理体制与机制，工程管理粗放，缺乏必要的维修养护。重建设、轻管理，普遍存在责权不清、机制不活、投入不足等问题，许多水闸的管理经费不足，运行、观测设施简陋，管理手段落后，给水闸日常管理工作带来很大困难，一些水闸管理单位难以维持自身的生存与发展，水闸安全鉴定更是无从谈起。国务院《水利工程管理体制改革实施意见》颁布后，近年来水闸工程管理单位逐步理顺了管理体制，完成了分类定性、定编定岗，基本落实了人员基本支出经费和维修养护经费，水闸管理经费虽有所增加，但仍无力负担病险水闸安全鉴定及除险加固费用，无法根本解决病险水闸安全运行问题。

加之近年来全球气候变化，极端天气事件频发，水闸遭受地震、泥石流、洪水等超标准荷载，加剧了水闸病险程度。由于河道水质污染严重以及部分水闸地处沿海地区，水闸运行环境恶劣，受废污水腐蚀和海水锈蚀作用，闸门、止水、启闭设备运行困难，漏水严重，混凝土和浆砌石结构同样受到不同程度的侵蚀，出现严重的碳化、破损、钢筋锈蚀等现象，沿海地区水闸混凝土结构中很多钢筋的保护层由于钢筋锈胀导致完全剥落。因此，水体污染加快了水闸结构的老化过程，危及闸体结构安全。

水闸逐渐产生病害，严重影响了水闸的健康状态，大大降低水闸抵御风险能力、影响了水闸兴利效益的发挥。由于水闸工作条件复杂，多种原因引起水闸的老化病变。一座水闸的病害，并不是在单一因素下工作的，一般都承受两种或两种以上的因素共同作用的结果。可见，水闸多同时承受荷载、渗流、碳化、超载等的共同作用，其病害的产生往往是受这些因素影响的综合结果，产生的原因非常复杂，并不能用单纯的某类病害就能够完全概括。

水闸工作条件复杂，加之设计、建设、管理和维护等方面因素的影响，尤其是运行过程中受各种自然因素作用，逐渐老化，这种老化病害影响了水闸的健康状态，降低了水闸的健康水平和抵御风险能力，影响了水闸兴利效益的发挥。典型水闸病害及成因见表 3.5 - 1。

表 3.5 - 1　　　　　　　　　　典型水闸病害及成因统计表

水闸名称	主　要　病　害	主要成因	备　注
武定门闸	混凝土结构碳化深度已达到或超过了钢筋保护层厚度。翼墙缝错位严重	碳化，地基沉降，荷载过大	江苏南京，6m×8m
丁楼闸	混凝土结构碳化深度已达到或超过了钢筋保护层厚度。交通桥拱圈开裂、露筋严重、出现管涌	碳化，超载，渗流	江苏徐州，3m×6m
李庄闸	混凝土结构碳化深度已达到或超过了钢筋保护层厚度。翼墙沉降缝错位严重	碳化，地基沉降，渗流	江苏徐州，5m×4m
温庄闸	混凝土结构碳化深度已达到或超过了钢筋保护层厚度，消力池冲毁	碳化，运行不当	江苏徐州，8m×3.5m
郑集闸	混凝土结构碳化深度已达到或超过了钢筋保护层厚度，交通桥拱瓦开裂	碳化，超载	江苏徐州，13m×3m
高良涧闸	底板表面普遍冲蚀较严重	水位过大，运行不当	江苏洪泽，16m×4.3m
越闸	工作桥大梁横截面裂缝、翼墙倾斜、钢筋混凝土结构碳化、钢闸门锈蚀、启闭设备老化等病害	碳化，地基沉降等，施工质量	江苏淮安，10m×4m
滁河一级站闸	底板多处出现裂缝；闸墩表面多处出现裂缝；交通桥大梁及其翼缘多处露筋，横梁开裂露筋多处，微弯板开裂露筋普遍严重。两岸连接建筑物多处倾斜，分缝错位严重	水位过高，超载，地基沉降	安徽巢湖，5m×10m
民便河闸	边墩与交通桥引桥错，混凝土结构碳化深度已达到或超过了钢筋保护层厚度	碳化，地基沉降、施工质量等	江苏徐州，3m×10m
王岗集闸	1 号孔启闭机大梁断裂，排架多处混凝土缺棱露筋；交通桥大梁多处露筋	运行不当，碳化，施工质量	江苏丰县，4m×3m
韩庄闸	混凝土结构碳化深度已达到或超过了钢筋保护层厚度	碳化，荷载过大	江苏丰县，4m×3m
九龙闸	九龙套闸下闸首交通桥拱圈开裂	超载，水位过高	江苏江都，套闸
黄沙港闸	造成桥面混凝土面板多处开裂，且裂缝位置均分布在拱顶附近	超载，地基沉降	江苏盐城，1m×8m+15m×5m

水闸病害的类型很多，性状千差万别，下面主要介绍从病害的性质、危害程度等方面对病害的分类。

（1）按病害的性质分为混凝土结构病害、渗流病害、地基病害、消能设施病害等。其中：①水闸结构病害主要指混凝土结构裂缝、碳化、剥蚀、滑动等；②渗流病害指渗透变形等；③地基病害是指地基不均匀沉降等；④消能设施病害是指消力池护坦冲刷毁坏、海漫冲毁等；⑤防洪标准低，因为水闸工程设计标准低或者运行工况发生变化，原有工程抵御洪水能力下降；⑥闸室和翼墙存在整体稳定问题；⑦上下游淤积及闸室磨蚀严重。

（2）按病害的危害程度分为轻度病害、一般病害、重度病害和危害性病害。其中：①轻度病害：对水闸稳定、结构强度、耐久性和安全运行基本无影响；②一般病害：对水闸稳定、结构强度、耐久性和安全运行有一定程度影响；③重度病害：对稳定、强度、耐久性和安全运行有较大的影响并构成一定的威胁；④危害性病害：使结构稳定、强度安全系数降到临界值或以下，对水闸构成直接危害。

3.5.3 水闸病害成因

水闸工程典型病害主要有裂缝、碳化、渗透破坏、不均匀沉降，以及防洪标准低。下面简单总结这几种典型病害的成因。

3.5.3.1 裂缝

典型裂缝有温度裂缝、收缩裂缝、碱骨料反应裂缝等。

1. 温度裂缝

（1）温控不当引起的裂缝。温控措施对混凝土温度裂缝的产生影响非常大。若采用高水化热的水泥或浇筑温度过高、施工进度、施工间歇时间控制不当、分缝不合理、早期养护和表面保护不及时，均易产生温度裂缝。

（2）基础的约束裂缝。混凝土在入仓温度及其水化热温升的作用下，内部温升很大，当混凝土因外界温降引起的收缩变形受到基础的约束时，将会在混凝土内部出现很大的拉应力而产生约束裂缝，这种裂缝将破坏结构的整体性，灌注桩基础闸底板易产生这类裂缝。

（3）新老混凝土之间的约束裂缝。因其他原因影响导致混凝土浇筑不连续，间歇时间过长，则在新老混凝土之间出现薄弱层面，在温差作用下，新混凝土的收缩变形受到老混凝土约束，产生拉应力，由此出现裂缝。

2. 收缩裂缝

混凝土收缩由两部分组成，一是湿度收缩，即混凝土中多余水分蒸发，体积减小而产生收缩；二是混凝土的自收缩，即水泥水化作用，使形成的水泥骨架不断紧密，造成体积减小。收缩裂缝的形成要求满足两个条件，一是存在收缩变形，二是存在约束。主要分为以下几种收缩裂缝：

（1）塑性收缩裂缝。混凝土浇筑以后硬化初期尚处于一定的塑性状态时，由于混凝土早期养护不好，混凝土浇筑后表面没有及时覆盖，表面游离水分蒸发过快，产生急剧的体积收缩，而此时混凝土强度很低，不能抵抗这种变形应力而导致开裂；也可能是由于混凝土水灰比过大、横板垫层过于干燥、使用收缩率较大的水泥、水泥用量过大等也会导致塑性收缩裂缝的形成。

（2）沉降收缩裂缝。混凝土浇筑振捣后，粗骨料下沉，水泥浆上升，挤出部分水分和空气，表面泌水，形成竖向体积缩小沉落，这种沉落直到混凝土硬化时才停止，骨料沉落过程若受到钢筋、大的粗骨料及先期凝固混凝土的局部阻碍或约束，则会产生沉降收缩裂缝。

（3）干燥收缩裂缝。该类裂缝产生原因主要是由于混凝土表层水分散失，随着湿度降低，其表层产生体积收缩导致裂缝产生；主要受水泥及骨料品种、外加剂、水泥用量、水灰比、养护期等的影响，多为表面性的或龟裂状，没有规律性。

3. 碱骨料反应裂缝

碱骨料反应是指混凝土的组成成分（水泥、外加剂、掺合料或拌和水）中的可溶性碱溶于混凝土孔隙液中，与骨料中能与碱反应的活性成分在混凝土硬化后逐渐发生的一种化学反应。反应生成物吸水膨胀，使混凝土产生内应力，导致结构开裂。目前已发现的碱骨料反应有三种，即碱硅酸反应、碱碳酸盐反应和碱硅酸盐反应。

3.5.3.2　碳化

混凝土水泥浆中的 $Ca(OH)_2$ 与空气中的 CO_2 作用，生成 $CaCO_3$，引起表面体积收缩，受到结构内部未碳化混凝土的约束而导致表面开裂。碳化过程主要是空气中的 CO_2 与混凝土中的 $Ca(OH)_2$、硅酸三钙、硅酸二钙等缓慢化合，生成易溶于水的 $Ca(HCO_3)_2$，从而使混凝土损失了有效成分和强度，碳化的速度取决于混凝土内在因素和环境因素。水工建筑物碳化速度最快的是水灰比大、水泥用量少、长期处于水位升降区域内、并且日照较多的那部分混凝土。

碳化反应的发生，主要是由于混凝土是一个多孔体，在其内部存在大小不同的毛细管、孔隙气泡，甚至缺陷。空气中的二氧化碳首先渗透到混凝土内部充满空气的孔隙和毛细管中，而后溶解于毛细管中的液相，与水泥水化过程中产生的氢氧化钙等水化产物相互作用，形成碳酸钙。

国内外的研究与实践均表明，混凝土的高碱度对于保护钢筋和保持结构物的耐久性，都是极端重要的。研究表明，当 pH 值小于 9.88 时钢筋表面的氧化物是不稳定的，即对钢筋没有保护作用；当 pH 值处于 9.88～11.5 之间时，钢筋表面的氧化膜不完整，即不能完全保护钢筋免受腐蚀；只有当 pH 值大于 11.5 时，钢筋才能完全处于钝化状态。正常情况下，混凝土中碱度 pH 值在 12.5 以上，在这种高碱度的环境下，钢筋表面会生成一层钝化膜，保护钢筋免受腐蚀。而碳化的结果可使 pH 值低于 9，引起钝化膜的破坏，此时，钢筋锈蚀就不可避免了。

归纳起来，影响混凝土碳化的因素可分为：周围环境因素、施工因素、材料因素和设计因素。

周围环境因素主要是指周围介质的相对湿度、温度、压力及二氧化碳浓度等对混凝土碳化的影响。

环境介质的相对湿度直接影响混凝土的润湿状态和抗碳化性能。在大气非常潮湿，其相对湿度大于 80% 或 100% 的情况，混凝土毛细管处于相对的平衡含水率或饱和状态，使其气体渗透性大大降低，使混凝土碳化速度大大降低，甚至停止；在相对湿度为 0～45% 的条件下，混凝土处于干燥或含水率非常低的状态，空气中的 CO_2 无法溶解于毛细管水或是溶解量非常有限，使之不能与碱性溶液发生反应，因而混凝土碳化也无法进行。试验证明，当周围介质的相对湿度为 50%～75% 时，混凝土碳化速度最快。

环境温度对混凝土的碳化速度也有很大影响，其碳化速度与温度几次方成正比。一般来说，随着温度的提高，碳化速度加快，主要是因为 CO_2 在空气中的扩散系数随温度的提高而增加。但至今，国内外尚给不出具体量的概念。我国国家标准规定，混凝土快速碳化应在（20±3）℃条件下进行。

二氧化碳浓度对混凝土碳化深度的影响这早就被国内外有关资料所肯定，一般认为，混凝土的碳化深度与二氧化碳浓度的平方根成正比。据此，我国规定混凝土快速碳化试验时 CO_2 的体积浓度为（20±3）％。这样，在正常大气条件下混凝土存放龄期为 50 年的自然碳化深度，相当于按国家标准方法快速碳化 28 天的碳化深度。

施工因素对混凝土碳化的影响主要指的是混凝土搅拌、振捣和养护等条件的影响。显而易见，这些因素对混凝土的密实性影响是很大的。所以，保证在施工中获得质量良好的混凝土对提高其抗碳化性能是十分重要的。

至于材料因素，主要指水泥用量、水灰比、粉煤灰取代量、水泥品种、集料品种等因素对混凝土碳化的影响。诸如，水灰比小，混凝土抗碳化能力强，反之，抗碳化能力弱；高强度等级水泥配制的混凝土抗碳化性能好；同强度等级时，早强型水泥比普通型的抗碳化性能好；水泥用量越大，其抗碳化性能越高；在水灰比不变和采用等量取代法的条件下，粉煤灰取代水泥量越大，混凝土的抗碳化性能越差；孔隙率小，强度高，吸水率较小的集料配制的混凝土抗碳化性能好。

设计因素对耐久性的影响是十分重大的。优化设计将是提高耐久性的有效措施，如合理增加混凝土保护层的厚度、提高混凝土的强度等级、采用预应力混凝土结构等。

当前工程建设中由于材料因素和施工因素的影响，很多建筑物抗碳化能力明显下降，有的工程刚建成还没有竣工验收就出现碳化甚至碳化深度就很大，直接影响工程安全运行，2008 年江苏省水利厅对江苏省小型水库除险加固工程进行检查时发现徐州市某水库引水涵洞混凝土碳化深度超过了 25mm，混凝土强度达不到设计要求，经钻芯取样发现混凝土中水泥含量太低，混凝土振捣不密实。

3.5.3.3 渗透破坏

渗透破坏最明显的表征为在渗流出口处发生渗透变形，逐渐淘空地基，使闸室底板倾斜，开裂甚至断裂，从而造成水闸失事，1991 年淮河流域特大洪水期间扬州市郊通运闸倒塌就是渗透破坏一个很好的实例。

引起渗透破坏的原因很多，主要有：①设计条件发生明显的变化，洪水期间上下游水位差显著增加，大大超过原有设计水位差，从而引起渗透破坏；②地基勘探不到位，使其资料不准确，尤其是闸址处场地区土层分布与实际不符，使设计时选择的渗径系数选择不当，水闸防渗长度不足，从而引起渗透破坏；③止水失效，水闸防渗设备分缝间设有水平止水和垂直止水，长时间运行后止水老化，或因为其他因素如地基不均匀沉降作用使止水拉断；④渗流溶蚀破坏，由于混凝土是一种多孔介质，在水压力作用下，将产生渗流，并引起溶蚀。其机理是渗流水溶解并带走水泥石中的 Ca（OH）$_2$，降低水泥石中的 Ca^{2+} 离子浓度，并导致水泥水化产物中 Ca^{2+} 离子和其他离子的溶出，这种水泥石的溶蚀现象使混凝土强度和抗渗性降低。混凝土其他的一些耐久性问题，如碱集料反应、碳化和钢筋锈蚀、冻融循环破坏等都与渗透性密切相关，可以说抗渗性是保证水闸混凝土结构安全、耐久性的重要条件。

3.5.3.4　地基不均匀沉降

水闸工程另一个比较明显的病害表征为地基不均匀沉降，因为地基不均匀沉降使闸室底板倾斜，开裂甚至断裂，使翼墙、岸墙倾覆、开裂，还会使止水破坏引起渗透变形，从而造成水闸失事。

引起地基不均匀沉降的原因很多，主要有：①结构布置不合理，相邻建筑物重量相差较大，从而引起较大沉降差；②地基条件较差，软土地基特别是淤泥质地基在荷载作用易产生较大的沉降；③外部荷载作用，特别是超载作用，易引起不均匀沉降。

3.5.3.5　消能设施病害

消能设施病害的主要表征是消力池护坦冲刷毁坏、海漫冲毁等。引起消能设施病害主要原因有：①设计标准低，随着水闸运行时间的增加，河道的水力条件发生了一系列变化，使得水闸现有消能防冲设施的尺寸及结构形式现不能满足要求；②水闸设计不当，消能防冲设施不健全；③基础软弱，处理不当；④水闸的运行管理水平低，特别是许多闸的开启方式不合理，从而产生集中水流、折冲水流、回流、漩涡等不良流态，造成了下游消能防冲设施的破坏；⑤其他的一些人为破坏。

3.5.3.6　防洪标准低

引起水闸工程防洪标准低主要有两方面原因：①设计标准偏低。受建设年代经济条件、设计规范限制，设计标准偏低较低，致使防洪能力不足。②运行工况发生改变，临近工程或影响工程的兴建，改变水闸工程的运行工况，致使其防洪能力不足，如南水北调东线工程的实施，京杭大运河沿线大量水闸运行工况发生了较大的变化，很多水闸防洪能力明显不足。

以上海市闵行区黄浦江沿线水闸为例，区内黄浦江沿线水闸的始建年代不一，大多建于 20 世纪 80 年代，部分建成于 20 世纪 90 年代末 21 世纪初，工程建设的规模、等别、防洪标准不尽相同。

闵行区的防洪（潮）有 3 条线：黄浦江一线、苏州河一线和淀浦河一线。3 条防洪工程线建设先后在上海市城区 208km 防汛墙加固加高工程、苏州河环境综合整治工程以及黄浦江干流新增防洪工程中陆续安排。目前，大部分的工程已完成，防御标准达到目前上海市城区的防洪（潮）标准。

闵行区浦东片区黄浦江一线的水闸多建于 20 世纪 80 年代，按照浦东片区水利大控制规划，对浦东片区并港建闸。

黄浦江上游干流新增防洪工程闵行—三角渡段防洪工程位于上海市松江区、金山区和闵行区境内，工程为Ⅱ等工程，堤防工程为 3 级，支河口门控制建筑物按 3 级建筑物设计。建设的任务是通过建设两岸防洪墙和支河口门控制建筑物工程，提高该河段的防洪（潮）能力，保护黄浦江沿线防洪（潮）安全。工程于 1994 年开工，2004 年 3 月全面建成。主要工程包括叶榭塘、紫石泾、张泾河等水利枢纽和祝家港、女儿泾等节制闸及其他支河口控制建筑工程。黄浦江干流城区新增防洪工程涉及宝山区、徐汇区、闵行区、奉贤区和浦东新区等 5 个区，包括建设长度约 110km 的防汛墙、新建黄浦江支流河口水闸 24座、加高加固已建支流河口水闸 35 座。建设的任务是提高黄浦江干流的防洪能力，保护黄浦江沿岸地区。工程于 2002 年开工，2005 年竣工。主要包括蒋家港、六磊塘、北横泾等水闸。

闵行区淀南片的水闸多建于黄浦江上游、城区干流新增防洪工程中,即建成于 20 世纪年代末 21 世纪初。而浦东片的水闸则在运行十余年后,出现了机电设备和附属设施老化等问题,相继开展了大修;之后,在黄浦江城区干流新增防洪工程中外河侧得以加高加固。基本情况见表 3.5-2。

表 3.5-2　　　　　　　　　闵行区黄浦江沿线典型水闸的基本情况

水闸名称	建设年份	规模	类型	所在片区	备注
盐铁塘	1987	Ⅲ 等	套闸	浦东片	1999 年大修,2003 年加高加固
联群河	1983	Ⅲ 等	套闸	浦东片	2003 年大修,2003 年加高加固
姚家浜	1981	Ⅲ 等	套闸	浦东片	2001 年大修,2003 年加高加固
沈庄塘	1984	Ⅲ 等	套闸	浦东片	2000 年大修,2003 年加高加固
女儿泾	2001	Ⅱ 等	节制闸	淀南片	计划大修
樱桃河	2004	Ⅱ 等	泵闸	淀南片	计划大修
淡水河	2004	Ⅱ 等	节制闸	淀南片	状况较好
春申塘	2007	Ⅱ 等	套闸	淀南片	状况较好

20 世纪 70 年代以来,随着太湖流域治理和地区性防洪排涝配套治理工程的不断完善,工情、水情、下垫面情况均发生了很大的变化,洪水归槽,排水强度加大,加之高潮的顶托,黄浦江高潮位多次超历史纪录,并存在继续抬高的趋势。黄浦江高潮位多次超历史纪录,区域防汛形势严峻。

1974 年黄浦公园站出现了破纪录的最高潮位 4.98m,到 1981 年,则是再次破纪录地出现了 5.22m 的历史最高潮位,对上海市城区防洪安全造成严重威胁。为此,普遍认为上海市城区的防洪标准偏低,已不能适应防洪需要,需将市区防汛墙的设防水位从原有接近百年一遇的标准(即相应黄浦江苏州河口水位为 5.30m、吴淞口站水位为 6.10m)提高到千年一遇标准(即相应黄浦江苏州河口水位为 5.86m、吴淞口站水位为 6.27m)。1997 年黄浦公园站最高潮位 5.72m,打破 1984 年潮位频率分析的千年一遇潮位 5.66m,所测得的黄浦江沿程的水位特征值见表 3.5-3。随后的 2000 年,台风"派比安"和"桑美"先后影响上海,黄浦公园站潮位 4 次超过 5.0m,最高潮位达 5.70m。

表 3.5-3　　　　　黄浦江沿程主要测站水位特征值表　　　(单位:m,上海吴淞高程)

站位	吴淞	黄浦公园	吴泾
历史最高潮位	5.99	5.72	4.82
出现时间	1997 年 8 月 18 日	1997 年 8 月 19 日	1997 年 8 月 18 日

根据《国务院关于太湖流域防洪规划的批复》(国函〔2008〕12 号),上海市黄浦江干流及城区段按 1000 年一遇洪水最高潮位(1984 年批准)设防。《黄浦江防汛墙工程设

计技术规定》（试行）［上海市堤防（泵闸）设施管理处，2008 年 5 月］则明确规定了上海市城区黄浦江沿线防汛墙设计高水位值，市区防汛墙右岸自千步泾至吴淞口，左岸自西荷泾至吴淞口，上述范围内并含各支流河口至第一座水闸之间的防汛墙。市区防汛墙工程定为 1 级堤防，防汛墙及支河口门控制建筑物为 1 级水工建筑物。市区防汛墙工程设计标准为千年一遇防洪标准。其中，闵行区内的水位特征值见表 3.5-4。

表 3.5-4　　　　　　　　　闵行区黄浦江市区段防汛墙设计水位　　（单位：m，上海吴淞高程）

起讫地段		设计高水位	防汛墙墙顶高程	起讫地段		设计高水位	防汛墙墙顶高程
浦西	浦东	2008 年	2017 年	浦西	浦东	2008 年	2017 年
淀浦河/春申塘	三林塘/临江水厂	5.20	6.00	西荷泾/三角渡	千步泾/黄桥港	4.30	5.24
春申塘/六磊塘	临江水厂/周浦塘	5.10	5.80	淀浦河/春申塘	三林塘港/浦闵区界	5.20	6.00
六磊塘/俞塘	周浦塘/沈庄塘	4.90	5.60	春申塘/六磊塘	浦闵区界/周浦塘	5.10	5.80
俞塘/闸港	沈庄塘/金汇港	4.78	5.50	六磊塘/闵浦大桥	周浦塘/闵浦大桥	4.90	5.60
闸港/樱桃河	金汇港/白庙港	4.57	5.40	闵浦大桥/闸港嘴	闵浦大桥/金汇港	4.78	5.50
樱桃河/沪闵路	白庙港/南横泾	4.52	5.40	闸港嘴/沪闵路	金汇港/沪杭公路	4.57	5.40
沪闵路/北沙港	南横泾/南沙泾	4.46	5.30	沪闵路/西荷泾	沪杭公路/千步泾	4.46	5.30

为适应上海市的建设发展，确保黄浦江、苏州河防汛墙设施的安全，上海市防汛指挥部对黄浦江防汛墙墙顶标高分界进行了修订调整，发布了《上海市防汛指挥部关于修订调整黄浦江防汛墙墙顶标高分界及补充完善黄浦江、苏州河非汛期临时防汛墙设计规定的通知》（沪汛部〔2017〕1 号），闵行区黄浦江沿线防汛墙设计高水位值也列于表 3.5-4。永久性防汛墙采用黄浦江千年一遇高潮位（1984 年批准）设防，为 Ⅰ 等工程 1 级水工建筑物；支流河口第一座桥（河口无桥梁的为河口内 200m 左右）往上游至支流闸外段防汛墙安全超高可按不低于 0.5m 控制。对新建、重建的黄浦江市区段支河口门控制建筑物，其稳定计算和强度计算的设计高水位采用 2003 年修编的《黄浦江潮位分析》的千年一遇高潮位。

根据《水利水电工程等级划分及洪水标准》（SL 252），穿越堤防、渠道的永久性水工建筑物的级别，不应低于相应堤防、渠道的级别；堤防、渠道上的闸、涵、泵站及其他建筑物的洪水标准，不应低于堤防、渠道的防洪标准，并应留有安全裕度。为此，闵行区黄浦江沿线水闸为黄浦江支河口水闸，其工程等别应当与防汛墙一致，即城区段为 Ⅰ 等工程 1 级水工建筑物，主要建筑物为 1 级；上游段为 Ⅱ 等工程，主要建筑物级别为 3 级。

表 3.5-5 列出了闵行区黄浦江沿线水闸原设计工程规模以及复核后应达到的规模。可以看出，浦东片区的水闸建设年代较早，原设计工程等别偏低，复核后均应同城区黄浦江防汛墙的工程等别一致。淀南片区的水闸多建成于黄浦江新增防洪工程，满足最新的流域和区域规划。

表 3.5 - 5   闵行区黄浦江沿线典型水闸的基本情况

水闸名称	建设年份	所在片区	工程等别	
			原设计	现状复核
盐铁塘	1987	浦东片	Ⅲ 等	Ⅰ 等
联群河	1983	浦东片	Ⅲ 等	Ⅰ 等
姚家浜	1981	浦东片	Ⅲ 等	Ⅰ 等
沈庄塘	1984	浦东片	Ⅲ 等	Ⅰ 等
女儿泾	2001	淀南片	Ⅱ 等	Ⅱ 等
樱桃河	2004	淀南片	Ⅰ 等	Ⅰ 等
淡水河	2004	淀南片	Ⅰ 等	Ⅰ 等
春申塘	2007	淀南片	Ⅰ 等	Ⅰ 等

表 3.5 - 6 列出了闵行区黄浦江沿线水闸原设计高水位、外河侧闸顶高程情况。

表 3.5 - 6   闵行区黄浦江沿线典型水闸闸顶高程和水位情况   单位：m

水闸名称	外河设计高水位			闸顶高程		
	原设计	加高加固设计	现状规定水位	原设计	加高加固设计	防汛墙高程
盐铁塘	4.40		4.90	5.60		5.60
联群河	4.40		4.78	5.00	5.50	5.50
姚家浜	4.36	4.78	4.78	5.30	5.50	5.50
沈庄塘	4.38	4.90	4.90	5.50	5.60	5.60
女儿泾	4.30		4.30	5.24		5.24
樱桃河	4.52		4.57	5.40		5.40
淡水河	4.52		4.57	5.40		5.40
春申塘	5.10		5.10	5.60		5.80

从表 3.5 - 6 可以看出，浦东片区的水闸经历了黄浦江干流城区段新增防洪工程加高加固工程建设后，外河设计高水位和闸顶高程能满足最新区域规划；但是对于淀南片区，由于部分工程建设于 20 世纪初，加之 2017 年的上海市防汛指挥部的调整，部分水闸（如春申塘水闸）闸顶高程已不符合区域的规划。

3.5.3.7 闸室和翼墙存在整体稳定问题

闸室及翼墙的抗滑、抗倾、抗浮安全系数以及基底应力不均匀系数不满足规范要求，沉降、不均匀沉陷超标，导致承载能力不足、基础破坏，影响整体稳定。

3.5.3.8 上下游淤积及闸室磨蚀严重

多泥沙河流上的部分水闸因选址欠佳或引水冲沙设施设计不当，引起水闸上下游河道严重淤积，影响泄水和引水，闸室结构磨蚀现象突出。

由上述分析可见，水闸病害成因很多，主要有水位影响、渗流影响、碳化影响、地基不均匀沉降等等，而且对一个水闸工程来讲，病害往往受多种因素影响，产生的原因非常复杂，并不是能够用单纯的某类成因完全概括的。有必要对水闸病害成因进行进一步的研究与挖掘。

3.5.4　水闸除险加固

针对病险水闸的问题和原因，充分考虑新材料、新工艺和新技术的应用，提出除险加固工程措施和建议。

对于工程等级、防洪标准及设计流量不满足要求但主体结构基本完好的水闸，尽量考虑保留原闸室，按规划批复的工程规模及设计水位，通过加高或增扩闸孔来提高过流能力，其余附属设施相应进行加固改造。

对于闸室整体稳定不满足规范要求、地基承载能力不足的水闸，可根据地基土的性质采用灌浆、振冲加密等措施提高地基承载力。对已发生不均匀沉降，影响闸门运行的，可采用压密灌浆，用高压浓浆抬动土体及闸基，恢复闸底高程。对由于消能工失效、产生溯源冲刷造成的闸基淘空，需回填砂砾料，采用防渗墙围封后进行灌浆，或拆除局部淘空部位结构，回填处理再予以恢复。

对于闸基和两岸渗流稳定复核不满足要求的水闸，可通过增加水平和垂直防渗长度、修复或增设出逸段排水反滤等措施进行处理。增加水平防渗长度的方式主要为加长上游防渗铺盖和修补防渗铺盖的裂缝和止水，增设垂直防渗的方式主要为设置高压喷射防渗墙、搅拌桩防渗墙、塑性防渗墙等。对于地基脱空的情况，需采取灌浆措施保证地基与底板紧密接触，避免接触渗流进一步破坏，尤其对淤泥质地基的桩基基础应定期监测脱空情况，及时补灌。对于两岸绕渗的渗流破坏，应改造上下游翼墙或在岸墙背后增设刺墙。

对于结构老化损害严重的水闸，如果是碳化深度过大、钢筋锈蚀明显且危及结构安全的构件，一般需拆除重建；如果局部碳化深度大于钢筋保护层厚度或局部碳化层疏松剥落，应凿除碳化层，对锈蚀严重的钢筋进行除锈处理，并根据锈蚀情况和结构需要加补钢筋，再采用高强砂浆或混凝土修补；如果碳化深度小于钢筋保护层厚度，可用优质涂料封闭；对于表面裂缝，可以表面凿槽，采用预缩水泥砂浆、丙乳砂浆、防水快凝砂浆或环氧砂浆进行修复；对于有防渗要求的结构或贯穿性裂缝，可采用凿槽封闭再钻孔灌浆的方法进行处理。

对于闸下消能防冲设施不完善、损毁严重的水闸，要分析损毁原因，有针对性地改造或恢复消能设施。设计单宽流量过大是消能防冲设施损毁的主要原因之一，在合理设计单宽流量的条件下，可加大海漫长度、宽度、扩散角或加设柴排等设施，使其满足防冲要求。

对于河道淤积严重的水闸，应根据工程经验及水工模型试验，合理设置挡沙、冲沙等设施，制定引水冲沙方式，或通过清淤减轻河道淤积。

对于闸门锈蚀、启闭机和电气设施落后老化的水闸，可根据《水工钢闸门和启闭机安全检测技术规程》（SL 101）、《水利水电工程金属结构报废标准》（SL 226）进行检测后予以报废或更新改造。

　　对于水闸抗震不满足规范要求的水闸，液化地基可设置防渗墙围封和桩基，防止地基失稳；软土震陷可采用桩基础结合灌浆加以处理；涉及建筑物结构安全时，改造闸室及上部结构型式，使其满足抗震规范要求。

　　根据水闸运行管理要求，恢复或完善安全监测设施、管理用房等必要的设备设施。

第 4 章　水闸安全监测及信息化

4.1　基本要求

目前我国水闸按功能分为节制闸（泄洪闸）、进水闸、分水闸（分洪闸）、排水闸（排涝闸）、泄水闸（退水闸）、挡潮闸、船闸等几种；按闸址分平原区水闸、山区丘陵区水闸、灌排渠系水闸、河口挡潮闸等；按最大过闸流量及保护对象重要性分为大（1）型水闸、大（2）型水闸、中型水闸、小（1）型水闸和小（2）型水闸，建筑物也相应分为Ⅰ～Ⅴ级建筑物。水闸等级划分依据《水闸设计规范》（SL 265—2016）设定。

大、中型水闸依据《水闸安全监测技术规范》（SL 768—2018）应设置必要安全监测设施，小型水闸及水利部门管理的船闸的安全监测可参照执行。水闸安全监测范围包括闸顶、闸墩、闸基、闸室上下游底板等闸室段及两岸堵坝，上、下游连接段，管理范围内的上下游河道、堤防，及与水闸工程安全有关的其他建筑物和设施。水闸安全监测方法（手段）包括巡视检查和仪器监测。用仪器设备监测，根据数据采集方式不同，通常分为人工观测、集中遥测和自动化监测三种。在采用自动化监测的同时，仍应适当进行人工比测和巡视检查。

4.1.1　安全监测遵循原则

水闸安全监测应遵循如下基本原则：

（1）应根据工程规模、等级，并结合地基条件、施工方法及上、下游影响等因素设置监测项目；有针对性地设置专门性监测项目；相关监测项目应配合布置，突出重点，兼顾全面，关键部位测点宜冗余设置。

（2）监测仪器设备应可靠、耐久、实用，技术性能指标应符合国家现行标准的规定并满足工程需求，宜技术先进和便于实现自动化监测。

（3）监测仪器安装埋设或使用前应进行检测、检定或校准，安装埋设后应做好仪器设施的保护。

（4）监测仪器安装应按设计要求精心施工，宜在减少对主体工程施工影响的前提下，及时安装、埋设和保护；主体工程施工过程中应为仪器设施安装、埋设和监测提供必要的时间和空间；应及时做好监测仪器的初期测读，并填写考证表、绘制竣工图，存档备查。

（5）监测应满足设计要求，相关监测项目应同步监测；发现测值异常时立即复测；应做到监测资料连续，记录真实，注记齐全，整理分析及时。

（6）应定期对监测设施进行检查、维护和鉴定，监测设施不满足要求时应根据标准有关规定做出监测系统更新改造。测读仪表应定期检定或校准。

（7）已建水闸进行除险加固、改（扩）建或监测设施进行更新改造时，应对原有监测设施进行鉴定。

（8）必要时可设置临时监测设施。临时监测设施与永久监测设施应建立数据传递关系，确保监测数据的连续性。

（9）自动化监测宜与人工观测相结合，应保证在恶劣环境条件下仍能进行重要项目的监测。

4.1.2　各阶段工作要求

根据我国水闸建设及寿命周期可划分如下阶段：可行性研究阶段、初步设计阶段、招投标阶段、施工阶段、初期运行阶段、运行（含加固处理）阶段和报废阶段。各个阶段水闸安全监测应满足下列要求：

（1）可行性研究阶段。提出安全监测规划方案，包括主要监测项目、仪器设备数量和投资估算。

（2）设计阶段。提出安全监测总体设计文件，包括监测项目设置、断面选择、测点布置、监测仪器设备选型、仪器设备的技术性能指标要求和清单、各监测仪器设施的埋设安装和监测技术要求、投资预算，以及监测系统布置图。

（3）招标设计阶段。提出安全监测设计或招标文件，包括监测项目设置，断面选择及测点布置、仪器设备技术性能指标要求及清单、各监测仪器设施的安装技术要求、观测测次要求，资料整编及分析要求和投资预算等。

（4）施工阶段。提出施工详图和技术要求；做好仪器设备的检验、埋设、安装、调试和保护工作，编写埋设记录和考证资料，及时取得初始（基准）值，专人监测，保证监测设施完好和监测数据连续、可靠、完整，并绘制竣工图；及时进行监测资料分析，编写施工期工程安全监测报告，评价施工期水闸安全状况，为施工提供决策依据。

（5）初期运行阶段。首次过水前应制订监测工作计划，拟定监控指标。初期运行阶段应做好仪器监测和现场检查，及时分析监测资料，评价工程安全性态，提出初期运行阶段工程安全监测专题报告。

（6）运行阶段。按规范和设计要求开展监测工作，并做好监测设施的检查、维护、校正、更新、补充和完善等工作。监测资料应定期进行整编和分析，编写监测报告，评价水闸的运行状态，提出工程安全监测资料分析报告，及时归档；发现异常情况应及时分析、判断；如分析或发现工程存在隐患，应立即上报主管部门。

4.2　安全监测项目及测点布置

4.2.1　安全监测项目

水闸安全监测必须根据工程规模、等级、并结合地基条件、施工方法及上、下游影响等因素设置必要的监测项目及其相应设施，定期进行系统观测。各类监测项目及其设置详见表 4.2-1。

表 4.2-1　　　　　　　　　　　水闸安全监测项目分类表

监测类别	监测项目	水闸规模		
		大（1）型	大（2）型	中型
现场检查	日常检查	●	●	●
变形	垂直位移	●	●	●
	水平位移或倾斜	●	●	○
	裂缝和结构缝	●	●	○
渗流	扬压力	●	●	●
	侧向绕渗	●	○	○
应力应变及温度	结构应力应变	○	○	○
	地基反力	○	○	○
	墙后土压力	○	○	○
环境量	上、下游水位	●	●	●
	流量	●	○	○
	气温	●	○	○
	降水量	●	○	○
	上、下游河床冲刷和淤积	●	○	○
专项	水力学	●	●	○
	强震动	○	○	○
	冰凌	○	○	○

注　●为必设项目；○为可选项目，可根据需要选设。

水闸安全监测项目测次见表 4.2-2。

表 4.2-2　　　　　　　　　　　水闸安全监测项目测次表

监测类别	监测项目	施工期	试运行期	运行期
现场检查	日常检查	3～2 次/周	6～3 次/周	1 次/月
变形	垂直位移	4～2 次/月	6～2 次/周	12～4 次/年
	水平位移或倾斜	4～2 次/月	6～2 次/周	12～4 次/年
	裂缝和结构缝	2～1 次/周	6～2 次/周	12～4 次/年
渗流	扬压力	2～1 次/周	1 次/天	2～1 次/旬
	侧向绕渗	4～1 次/月	6～1 次/周	2～1 次/旬
应力应变及温度	结构应力应变	4～1 次/月	6～1 次/周	12～4 次/年
	地基反力	2～1 次/周	1 次/天	12～4 次/年
	墙后土压力	4～1 次/月	6～1 次/周	12～4 次/年

监测类别	监测项目	施工期	试运行期	运行期
环境量	上、下游水位	按需要	4～1次/天	4～1次/天
	流量	按需要	按需要	按需要
	气温	逐日量	逐日量	逐日量
	降水量	逐日量	逐日量	逐日量
	上、下游河床冲刷和淤积	按需要	2次/年	2～1次/年
专项	水力学	按需要	按需要	按需要
	强震动	按需要	按需要	按需要
	冰凌	按需要	按需要	按需要
其他项目	基准点校核	按需要	按需要	1次/年
	工作基点校核	按需要	按需要	2～1次/2年

注 1. 表中测次均系正常情况下人工测读的最低要求，特殊时期（如洪水、地震、风暴潮等）增加测次，自动化观测可根据需要适当加密测次；水闸在设计水位及以上运行时，应根据水闸的运行情况和阶段制定现场检查程序，制定检查的时间、路线、设备、内容、方法与人员等。

2. 水闸运行初期，测次一般取上限；水闸运行性态稳定后测次可取下限。

3. 上、下游水位一般每天观测1次，对水位变化较大时，加密测次；挡潮闸上、下游水位观测根据潮位变化进行，观测次数取上限。

4. 挡潮闸的安全监测项目每月需监测2次以上，高潮位和低潮位各1次。

5. 出现下列情况时，上、下游河床冲刷和淤积需加密测次：冲刷、淤积变化比较严重；过水流量超过设计流量；单宽流量超过设计值；沿海、沿江水闸发生严重倒灌或超过设计最高潮水位；河床严重冲刷未处理，并且控制运用较多。

4.2.2 测点布置

4.2.2.1 现场检查

1. 现场检查概述

水闸安全监测包括现场检查和采用仪器监测两种方式，现场检查和仪器监测缺一不可，同样重要。其主要原因是仪器监测存在两方面的不足：一方面水闸安全监测仪器的测点布置不可能很多，布置的测点由于设计工程师的技术水平差异，往往也不可能正巧布置在工程发生异常现象的位置，因而在空间上工程发生的异常现象不一定都能被有限的测点全面监测；另一方面，工程发生异常现象的时间也不一定恰与规范规定的监测周期相重合。实践表明，大多数险情都是先通过现场检查发现的。因此，现场检查和仪器监测两种方法应结合进行。

现场检查应包括日常检查、定期检查和专项检查三类。工程从施工期到运行期，各级水闸均应进行现场检查。现场检查应根据水闸的运行情况和阶段制定现场检查程序等特点，制定切实可行的检查制度，具体规定检查的时间、路线、设备、内容、方法与人员等内容，应有经验技术可靠的人员负责。现场检查中如发现水闸有异常现象，应分析原因并及时上报。

日常检查以巡视检查为主，由具有相当经验的专业人员进行。检查频率根据水闸重要程度、建成时间长短、运用频繁程度、老化状况和运行情况确定，特殊时期增加检查次数。

定期检查和专项检查是全面检查，由管理单位或其主管部门组织专业人员进行。当水闸遭遇到特大洪水、风暴潮、强烈地震和发生重大工程事故等特殊情况时，工程易受损甚至破坏，严重影响工程安全运用，故应及时进行专项检查。

2. 检查内容

（1）建筑物。

1）闸室：闸室结构垂直位移和水平位移情况；永久缝的开合、错动和分缝止水工作状况；闸室混凝土及砌石结构有无破损；混凝土裂缝、剥蚀及钢筋出露情况；门槽埋件有无破损；启闭机房和交通桥结构有无破损等。

2）铺盖：混凝土铺盖是否完整；黏土铺盖有无沉陷、塌坑、裂缝。

3）消能防冲设施：消能防冲设施有无磨损、冲蚀；排水孔是否淤堵；排水量、浑浊度有无变化。

4）河床及岸坡：上下游河床及岸坡是否有冲刷或淤积；岸坡尤其是土石结合部有无塌滑、错动、开裂迹象。

5）岸墙翼墙：岸墙及上、下游翼墙分缝是否错动，止水是否失效；混凝土裂缝、剥蚀及钢筋出露情况；下游翼墙排水管有无堵塞，排水量及浑浊度有无变化。

6）堤防：堤岸顶面有无塌陷、裂缝；背水坡及堤脚有无渗漏、破坏；堤顶已硬化的路面有无破损。

7）流态：近闸段及过闸水流流态形态是否平稳，水跃是否发生在消力池内；有无折冲水流、回流、漩涡等不良流态；河道水质污染与水面漂浮物情况。

（2）金属结构和电气设备。

1）闸门：闸门有无表面涂层剥落、门体变形、锈蚀、焊缝开裂，螺栓、铆钉有无锈蚀、松动或缺失；支承行走机构各部件是否完好，运转是否灵活；止水装置是否完好；闸门运行时有无偏斜、卡阻现象，局部开启时振动区有无变化或异常；门叶上、下游有无泥沙、杂物淤积；闸门防冰冻系统是否完好，运行是否正常。

2）启闭机：启闭机械是否运转灵活、制动可靠，有无腐蚀和异常声响；机架有无损伤、焊缝开裂、螺栓松动；钢丝绳有无断丝、卡阻、磨损、锈蚀、接头不牢、变形；零部件有无缺损、裂纹、凹陷、磨损；螺杆有无弯曲变形；油路是否畅通、有无泄漏，油量、油质是否符合要求。

3）电气设备：电气设备运行状况是否正常；外表是否整洁，有无涂层脱落、锈蚀；安装是否稳固可靠；电线、电缆绝缘有无破损，接头是否可靠；开关、按钮是否动作灵活、准确可靠；指示仪表是否指示正确；接地是否可靠，绝缘电阻值是否满足规定要求；安全保护装置是否动作准确可靠；防雷设施是否安全可靠；备用电源是否完好可靠。

（3）监测设施。

1）安全监测仪器设备、传输线缆、通信设施、防雷和保护设施、供电系统是否正常工作。

2）监测仪器及监测系统是否正常。

（4）管理与保障设施。

1）与水闸安全有关的供电系统、预警设施、备用电源、照明、通信、交通、安全标示与应急设施是否损坏，工作是否正常。

2）远程控制、监控系统是否正常。

3）办公自动化系统是否正常。

4）管理范围内有无危害工程安全的活动，是否有影响水闸安全运行的障碍物。

水闸现场检查内容见表4.2-3。

表4.2-3　　　　　　　　　　水闸现场检查内容表

组成部分	项目（部位）		日常检查	定期检查	专项检查
闸室段	闸室	闸底板	○	●	●
		闸墩	●	●	●
		边墩	●	●	●
		永久缝	●	●	●
	工作桥	工作桥	●	●	●
	交通桥	交通桥	●	●	●
	排架	排架	●	●	●
上游连接段	铺盖	铺盖	○	●	●
		排水、导渗系统	○	●	●
	上游翼墙	翼墙	●	●	●
		排水设施	●	●	●
	上游护坡、护底	上游护坡	●	●	●
		上游护底	○	●	●
	堤闸连接段	堤闸连接段	●	●	●
下游连接段	下游翼墙	翼墙	●	●	●
		排水设施	●	●	●
	消力池	消能工	○	●	●
		排水、导渗系统	○	●	●
	海漫及防冲槽	海漫	○	●	●
		防冲槽	○	●	●
	下游护坡、护底	下游护坡	●	●	●
		下游护底	○	●	●
	堤闸连接段	堤闸连接段	●	●	●

续表

组成部分	项目（部位）		日常检查	定期检查	专项检查
闸门和启闭机	闸门	闸门环境	●	●	●
		门体	●	●	●
		吊耳	●	●	●
		直支臂、支承铰	●	●	●
		门槽	●	●	●
		止水	●	●	●
		行走支撑	●	●	●
		开度指示器	●	●	●
	启闭机	启闭机房	●	●	●
		防护罩	●	●	●
		机体表面	●	●	●
		传动装置	●	●	●
		零部件	●	●	●
		制动装置	●	●	●
		连接件	●	●	●
		启闭方式	●	●	●
机电及防雷设施	机电	供电系统	○	●	●
		备用电源	○	●	●
	防雷设施	防雷设施	○	●	●
监控及监测系统	监控系统	计算机监控系统	○	●	●
		视频监控系统	○	●	●
	监测系统	监测仪器	○	●	●
		监测设施、通信线路	○	●	●
其他	管理与保障设施	照明与应急照明设施		●	●
		对外通信与应急通信设施		●	●
		对外交通与应急交通工具		●	●
		管理及保护范围	○	●	●
		警示标志	○	●	●
		界桩	○	●	●

注 有●者为必须检查内容；有○者为可选检查内容。

3. 检查要求和方法

（1）日常检查。应由有经验的水闸运行维护人员对水闸进行日常巡视检查。日常检查的次数：施工期，宜每周 2 次；试运行期，宜每周 3 次；正常运行期，可逐步减少次数，但每月不宜少于1次；汛期及遭遇特殊工况时，应增加检查次数；当水闸在设计水位及以上运行时，每天应至少检查1次。巡视检查记录表样式见表4.2-4。

（2）定期检查。每年汛前、汛后，引排水期前后，严寒地区的冰冻期起始和结束时，应由管理单位组织专业人员按规定的检查程序，对水闸进行全面或专门的现场检查，并审阅水闸检查、运行、维护记录和监测数据等档案资料，编制定期检查报告。

（3）专项检查。水闸经受地震、风暴潮、台风、或其他自然灾害或超过设计水位运行后，发现较大隐患、异常或拟进行技术改造时，管理单位或主管部门应及时组织安全检查组进行专项检查，必要时还应派专人进行连续监视。位于冰冻严重地区的水闸，冰冻期间还应检查防冻设施的状况及其效果。

（4）日常检查主要依靠目视、耳听、手摸、鼻嗅等直观方法，可辅以锤、钎、量尺、放大镜、望远镜、照相摄像设备等工（器）具，也可利用视频监视系统或智能巡检系统辅助现场检查。

（5）定期检查和专项检查，除采用日常检查方法外，还应根据需要进行适当的检测与探测，可采用钻孔取样、注水或抽水试验，声呐成像或水下电视摄像等手段。

4. 检查记录与报告

（1）记录和整理。

1）每次检查应详细填写现场检查表，其格式及内容见表4.2-4。必要时应附简图、照片或影像记录。

2）应及时整理现场记录，并将本次检查结果与上次或历次检查结果对比分析，同时结合相关仪器监测资料进行综合分析，如发现异常，应立即在现场对该检查项目进行复查。重点缺陷部位和重要设备，应设立专项记录。检查记录应形成电子文档。

表 4.2-4 水闸现场检查记录表

组成部分	项目（部位）		检查情况	检查人员	备注
闸室段	闸室	闸底板			
		闸墩			
		边墩			
		永久缝			
	工作桥	工作桥			
	交通桥	交通桥			
	排架	排架			
上游连接段	铺盖	铺盖			
		排水、导渗系统			
	上游翼墙	翼墙			
		排水设施			
	上游护坡、护底	上游护坡			
		上游护底			
	堤闸连接段	堤闸连接段			

续表

组成部分	项目（部位）		检查情况	检查人员	备注
下游连接段	下游翼墙	翼墙			
		排水设施			
	消力池	消能工			
		排水、导渗系统			
	海漫及防冲槽	海漫			
		防冲槽			
	下游护坡、护底	下游护坡			
		下游护底			
	堤闸连接段	堤闸连接段			
闸门和启闭机	闸门	闸门环境			
		门体			
		吊耳			
		直支臂、支承铰			
		门槽			
		止水			
		行走支撑			
		开度指示器			
	启闭机	启闭机房			
		防护罩			
		机体表面			
		传动装置			
		零部件			
		制动装置			
		连接件			
		启闭方式			
机电及防雷设施	机电	供电系统			
		备用发电机组			
	防雷设施	防雷设施			
监控及监测系统	监控系统	计算机监控系统			
		视频监控系统			
	监测系统	监测仪器			
		监测设施及通信线路			
其他	管理环境	管理及保护范围			
		警示标志			
		界桩			

（2）检查报告。

1）日常检查中发现异常情况，应分析原因，并及时上报主管部门。

2）定期检查工作结束后，应及时提交检查报告；如发现异常，应立即提交检查报告，并分析原因。

3）专项检查结束后，应及时提交检查报告。

4）现场检查报告及其电子文档应存档备查，报告格式按如下要求进行：

a. 日常检查报告内容应简明、扼要地说明问题，必要时附上影像资料。

b. 其他检查报告应包括以下内容：

（a）检查日期。

（b）本次检查的目的和任务。

（c）检查环境条件及结果（包括文字记录、略图、影像资料）。

（d）历次检查结果的对比、分析和判断。

（e）异常情况发现、分析及判断。

（f）检查结论（包括对某些检查结论的不一致意见）。

（g）检查组的建议。

（h）检查组成员的签名。

4.2.2.2 环境量监测

环境量监测项目包括水位、流量、降水量、气温、上下游河床淤积和冲刷等。其中降水量、气温观测可采用当地水文站、气象站观测资料。具体要求详见第 3 章 3.3.2 节中关于环境量监测内容。

4.2.2.3 变形监测

变形监测项目应包括垂直位移、水平位移、倾斜及裂缝和结构缝开合度等。具体要求详见第 3 章 3.3.2 节中关于变形监测内容。在水闸过水前、后应对垂直位移、水平位移分别观测 1 次，以后再根据工程运用情况定期进行观测。

1. 变形量的正负号方向规定

（1）垂直位移：下沉为正，上抬为负。

（2）水平位移：向下游为正，向左岸为正，反之为负。

（3）翼墙、堤岸位移：水平向临空面为正，面向临空面向下游为正，反之为负。垂直下沉为正，上抬为负。

（4）倾斜：向下游转动为正，向左岸转动为正，反之为负。

（5）结构缝和裂缝开合度：张开为正，闭合为负。

2. 变形监测主要项目

（1）垂直位移。水准路线上每隔一定距离应埋设水准点。水准点分为基准点、工作基点和测点三种。各种水准点应选用适宜的标石或标志。水闸上的测点宜采用地面标志、墙上标志、微水准尺标。

（2）水平位移。当地基条件较差或水头较大时，宜进行水平位移监测。水平位移宜采用视准线、交会法或引张线等方式进行监测。

视准线测点宜与沉降观测测点布设在同一标点桩上。视准线长度不宜超过 300m。

引张线应布置在闸墩上部，两端布置在倒垂线或工作基点附近，引张线经过的闸室段宜设置测点。闸顶引张线宜采用浮托式。线长小于 200m 时，可采用无浮托式。引张线应设防风护管。

（3）倾斜和深层位移。倾斜宜采用测斜仪与水准测量或交会法相结合的方式进行监测，或利用其中某一种方式或其他适宜的方式进行监测。

闸墩或翼墙的倾斜测点宜布置在闸墩和翼墙的典型部位。闸墩测点与基础测点宜设在同一垂直面上。闸墩倾斜监测布置宜在基础高程面附近设置 1～3 个测点，闸墩内宜设置 2～4 个测点。水闸闸墩和上下游翼墙顶部布设有水准点，可利用成对布设的水准点监测该部位的倾斜。用水准测量法测量倾斜，两点间距离，在基础附近不宜小于 20m，在闸顶不宜小于 6m。用测斜管测量倾斜，其管底应深入到基础稳定的地层内。

钻孔测斜仪的钻孔宜铅直布置。钻孔孔口应设保护装置，有条件时，孔口附近应设水平位移测点。

深层位移可采用多点位移计进行监测。多点位移计宜布置在有断层、裂隙、夹层层面出露的闸基上，在需要监测的软弱结构面两侧各设一个锚固点，最深的一个锚固点宜布置在变形可忽略处。一个孔内宜设 3～6 个测点。钻孔孔口应设保护装置，必要时可在孔口附近设水平位移测点。

（4）裂缝和结构缝开合度。裂缝和结构缝开合度可采用测缝计或游标卡尺进行监测。

对于基础条件较差的多孔连续水闸，应布置结构缝测点。测点宜布置在建筑物顶部、跨度（或高度）较大或应力较复杂的结构缝上。可在岸墙、翼墙顶面、底板结构缝上游面和工作桥或公路桥大梁两端等部位的结构缝布置测点；对于地基情况复杂或发现结构缝变化较大的底板，应在底板结构缝下游面增设测点。结构缝宜采用测缝计进行监测。宜在结构缝两侧埋设一对金属标点，也可采用三点式金属标点或型板式三向标点。测点上部应设保护罩。

发现混凝土建筑物产生裂缝后，应选择有代表性的位置设置固定测点，宜采用测缝计、游标卡尺进行裂缝开合度监测。同时，还应与目测、超声波探伤仪检测相结合。裂缝深度的观测宜采用金属丝探测或超声波探伤仪测定，必要时也可采用钻孔取样等方法测量。

4.2.2.4　渗流监测

水闸渗流监测项目应包括闸基扬压力和侧向绕渗。

采用测深法测量测压管水位时，测绳（尺）刻度应不低于 5mm。采用渗压计测量渗透压力时，应根据被测点可能产生的最大压力选择渗压计量程。渗压计量程宜不低于 1.2 倍最大压力且不高于 2 倍最大压力，精度应不低于 0.5%FS。

（1）闸基扬压力。闸基扬压力监测应根据水闸的结构型式、工程规模、闸基轮廓线、地质条件、渗流控制措施等进行布置，并应以能测出闸基扬压力分布及其变化为原则。具体技术要求见第 3 章 3.3.2 节相关内容。

（2）侧向绕闸渗流。侧向绕渗监测点应根据闸址地形、枢纽布置、渗流控制措施及侧向绕渗区域的地质条件布置。具体技术要求见第 3 章 3.3.2 节相关内容。

4.2.2.5 应力、应变及温度监测

应力、应变及温度监测项目主要包括混凝土内部及表面应力、应变、锚杆应力、锚索受力、钢筋应力、地基反力、墙后土压力和温度等。应力、应变及温度监测宜与变形监测和渗流监测项目相结合布置。具体技术要求见第 3 章 3.3.2 节相关内容。

4.2.2.6 专项监测

水闸应根据其工程规模、等别、运用条件和环境等因素，有针对性地设置专门性监测项目。专项监测项目主要包括水力学监测、地震反应监测和冰凌监测等。

1. 水力学监测

对于大（1）型水闸，宜在初期运行期进行水力学监测。水力学监测项目包括：水流流态、水面线（水位）、波浪、水流流速、消能、冲刷（淤）变化等。

（1）水流流态。进口流态应包括：水流对称性、水流侧向收缩、回流范围、旋涡漏斗大小和位置及其他不利流态。

闸室流态应包括：水流形态、折冲水流、波浪高度、水流分布及闸墩的绕流流态等。

出口流态应包括：上、下游水面衔接形式、面流、底流等。

下游河道的流态应包括：水流流向、回流形态和范围、冲淤区、水流分布、对岸边建筑物的影响等。

水流流态可采用文字描述、摄影或录像进行记录。

（2）水面线监测。水面线观测应包括水面和水跃波动水面等。

沿程水面线，可用直角坐标网格法、水尺法或摄影法进行观测。

水跃长度及平面扩散可用水尺法或摄影法进行测量。

（3）流速监测。流速观测应根据水流流态及消能冲刷等情况确定，宜布置在底部、局部突变处、下游回流及上下游连接段等部位。

顺水流方向选择若干观测断面，在每一断面上量测不同水深点的流速，特别应注意水流特征与边界条件有突变部位的流速观测。

流速可用浮标、流速仪、毕托管等进行观测。

（4）振动监测。振动测点应布置在闸门、支撑梁、导墙等易产生振动的部位。

振动观测可用拾振器和测振仪等观测。

（5）消能监测。消能观测应包括底流和面流各类水流形态的测量和描述。

消能观测可用目测法和摄影法，也可用单经纬仪交会法和双经纬仪交会法。

（6）冲刷监测。冲刷观测点应布置在闸门下游底板、侧墙、消力池等处。

水上部分可直接目测和量测；水下部分可采用抽干检查法、测深法、压气沉柜检测法、声呐成像法及水下电视检查法等。

2. 地震反应监测

对于设计烈度为Ⅶ度及以上的大型水闸，应对建筑物的地震反应进行监测。地震反应监测应根据水闸设计烈度、工程等级、结构类型和地形地质条件进行仪器布置。

设计烈度为Ⅶ度及以上的大（1）型水闸应设置结构反应台阵。结构反应台阵测点应在抗震计算的基础上，布置在结构反应的关键和敏感部位。宜布置在地基、墩顶、机架桥、边坡顶，宜布置成水平顺河向、水平横河向、竖向三分量，次要测点可简化为水平横

河向。

地震反应监测宜采用自动触发和自动记录的强震仪。地震反应监测应与现场调查相结合。当发生有感地震时或闸基记录的峰值加速度大于 0.025g 时，应及时对水闸结构进行震害的现场调查。

3. 冰凌监测

冰凌观测主要包括静冰压力、动冰压力、冰厚、冰温等。

（1）静冰压力、冰温及冰厚。结冰前，可在坚固建筑物前缘，自水面至最大结冰厚度以下 10～15cm 处，每 15～20cm 设置 1 支压力传感器，并在旁边相同深度设置 1 支温度计，进行冰压力及冰温监测。

自结冰之日起开始观测，每日至少观测 2 次。在冰层胀缩变化剧烈时期，应加密测次。

冰压、冰温观测的同时，应进行冰厚观测。

（2）动冰压力观测。应在各观测点动冰过程出现之前，消冰尚未发生的条件下，在坚固建筑物前缘适当位置及时安设压力传感器进行观测。

在风浪过程或流冰过程中应进行连续观测。

应同时进行冰情、风力、风向观测。

4.3　安全监测仪器设备选型及安装技术

4.3.1　基本要求

4.3.1.1　选型原则

水闸安全监测仪器设备安装埋设后，需要在其所处的环境条件下能够长期正常工作。通常情况下，承担水闸各类建筑物物理量监测的传感器工作环境恶劣，需要适应 -20～$+60℃$ 甚至更严苛的交变环境及土体、混凝土、水压等荷载作用；接收仪表、数据自动采集设备及配套的供电、通信等附属装置亦可能长期处于高温、低温、潮湿的环境下。同时，传感器、接收仪表、数据自动化采集设备还可能处于雷击、电磁干扰、台风、地震等影响之中，而大部分传感器在安装埋设后无法更换和维护。这就要求用于水闸安全监测的仪器设备不仅需要满足规定的技术和功能特性，而且需要其在上述恶劣环境下具有保持正常工作的特性，包括可靠性、耐久性、适用性、经济性等。

因此，在监测仪器设备选择时，应遵循下述原则，以满足规范要求和符合水闸工程安全监测实际需要。

（1）可靠性。可靠性是监测仪器最重要的特性，应作为选型时评价监测仪器优劣的首要因素。选型时不仅要了解仪器的性能指标，还要了解生产厂家的研发能力、产品应用情况、生产质量控制和保证措施等，以保证监测仪器的品质。

（2）稳定性。稳定性是监测仪器选择时需要重视的第二要素，要求监测仪器能够长期稳定地工作，其零点漂移、温度影响等满足规范和设计要求。

（3）耐久性。监测仪器应具有足够的耐久性，不可更换的监测仪器有效寿命应不低于

10年，可更换的监测仪器、仪表或数据自动采集设备的有效寿命7～10年。

（4）准确性。应根据工程实际情况及被监测物理量的重要性，选择合适准确度等级的监测仪器，符合规范要求的静态特性是选择仪器的必要条件，但并非准确度越高越好，满足规范要求并符合工程安全监测实际需要就是合适的。

（5）适用性。除上述原则外，还应注重所选择的仪器能够在被监测环境下正常工作，包括环境温度、湿度，传感器承受的水压力，抗干扰性等，所谓的正常工作就是仪器在选定的工作环境条件下能够长期、稳定工作，且保持其固有的计量特性。

4.3.1.2 常用仪器分类及型式

水闸安全监测仪器包括变形监测仪器、渗流监测仪器、应力应变及温度监测仪器、环境量监测仪器及其相应的测量仪表，依据工程应用情况，常用监测仪器型式见表4.3-1～表4.3-5。

表4.3-1　　　　　　　　　　　变 形 监 测 仪 器

名　称	型　式	名　称	型　式
沉降仪	水管式	引张线仪	电容式
	电磁式		电磁式
	振弦式		光电式
	横臂式		步进电机式
测斜仪	加速度式	静力水准仪	电容式
	电解液式		光电式
	电阻应变片式		步进电机式
	振弦式		差动变压器式
	差动变压器式		振弦式
位移计（多点位移计）	振弦式	激光准直仪	真空激光
	差动电阻式		大气激光
	电位器式	光学仪器及辅助设施	水准仪
	引张线式		经纬仪
	光栅光纤式		测距仪
	差动变压器式		全站仪
	滑动测微计		光学坐标仪
垂线坐标仪	电容式		铟钢尺
	电磁式		觇标
	光电式		棱镜
	步进电机式	全球定位系统	GPS

表 4.3－2　　　　　　　　　　渗 流 监 测 仪 器

名　称	型　式	名　称	型　式
测压管	开敞式	水位计（孔内）	电测式
	封闭式		磁致伸缩式
渗压计	振弦式	量水堰计	振弦式
	差动电阻式		压阻式
	光栅光纤式		超声波式
	压阻式		电容式
水位计（孔内）	振弦式		（跟踪式）水位测针
	压阻式		磁致伸缩式
	跟踪式		管口渗漏仪

表 4.3－3　　　　　　　　应力应变及温度监测仪器

名　称	型　式	名　称	型　式
孔隙水压力计	振弦式	钢筋/锚杆应力计	振弦式
	差动电阻式		差动电阻式
	光栅光纤式	应变计/无应力计	振弦式
	压阻式		差动电阻式
土压力计	振弦式		光栅光纤式
	差动电阻式	温度计	铜电阻式
混凝土应力计	振弦式		热敏电阻式
	差动电阻式		振弦式
锚索测力计	振弦式		光纤式
	差动电阻式		

表 4.3－4　　　　　　　　　环 境 量 监 测 仪 器

名　称	型　式	名　称	型　式
水位计	浮子式	雨量计	虹吸式
	压力式		称重式
	超声波式	气温计	振弦式
	雷达式		铂电阻式
	气泡式		热敏电阻式
	磁致伸缩式	气压计	振弦式
	压阻式		振筒式
雨量计	翻斗式		盒式

表 4.3-5　　　　　　　　　　　接收（测量）仪表

型　式	型　式
振弦式	加速度式
差动电阻式	差动电阻式
电阻应变片式	差动变压器式
电位器式	步进电机式
电容式	标准信号式
压阻式	集线箱

4.3.1.3　监测仪器安装埋设

由于本书主要针对水闸运行管理期的监测仪器维护、更换及观测，这里仅对常用仪器的性能及维护、更换提出相应技术要求，施工期监测仪器安装方法详见《水闸安全监测技术规范》（SL 768—2018）或其他参考书。

4.3.2　变形监测仪器设备

常用的变形监测仪器设备包括表面变形标点、光学测量仪器、垂线系统、引张线水平位移计、沉降仪、测斜仪、位移计（测缝计）等，其中的光学测量仪器用于表面变形监测，可参考相关测量测绘教材和设备操作使用说明书。

4.3.2.1　表面变形测点

表面变形测点即用于监测建筑物表面变形的设施，包括水平位移和垂直位移测点两种。水平位移测点用于监测建筑物表面相对于某一基线（如坝轴线）的水平位移，垂直位移测点则用于监测建筑物表面铅直方向的相对位移，其现用基准包括"1956 年黄海高程""1985 国家高程基准""吴淞高程基准"和"珠江高程基准"，基准之间互有换算关系。

表面变形测点由监测标点和墩体组成。与水平位移相对应的标点为强制对中基座，又称归心底盘，一般为圆盘形体，其圆周 120°三向设 V 形槽或限位块，将安装其上的观测设备（如经纬仪、测距仪、全站仪、觇标等）基座与标点基座自动强制对中，保证设备重复安装的稳定性与一致性，从而保证观测精度；与垂直位移相对应的标点为水准标芯，标芯可采用不锈钢或黄铜制作，其结构虽各式各样，但安放观测尺的顶部均为球面结构，球径 15mm 左右，约半球形。墩体则为混凝土或钢筋混凝土楔形或柱形墩，水平位移观测墩地面以上墩高不宜低于 1.2m。独立的垂直位移观测墩可采用沉井式或出露式，两者标点低于或高于地面均不宜超过 30cm。既观测水平位移又观测垂直位移时，宜共用一个观测墩，垂直位移标点应设置在墩底部合适且便于施测位置。

典型监测点结构见图 4.3-1～图 4.3-5。

4.3.2.2　垂线系统

垂线系统是监测水闸水平位移（挠度）的常用测量手段。垂线系统分为正垂线和倒垂线两种形式，正垂线用于测量结构体相对水平位移，倒垂线用于测量结构体绝对水平位移。

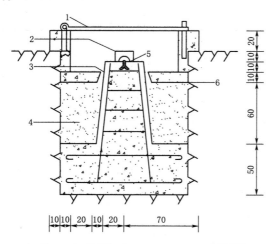

1—20cm×15cm钢板盖；2—20cm×20cm×10cm混凝土盖；
3—沥青；4—砂；5—钢标芯；6—岩石

图 4.3-1　基岩标结构图（单位：cm）

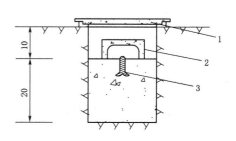

1—保护盖；2—内盖；3—标志

图 4.3-2　岩石标结构图（单位：cm）

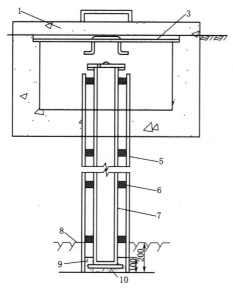

1—钢筋混凝土标盖；2—测温孔；
3—钢板标盖；4—标心；
5—钻孔保护钢管；6—橡胶环；
7—钢心管；8—新鲜基岩；
9—200号水泥砂浆；
10—心管底板和根络

（a）钢管标

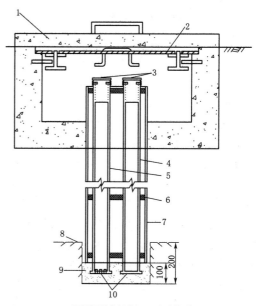

1—钢筋混凝土标盖；2—钢板标盖；
3—标心；4—钢心管；5—铝心管；
6—橡胶环；7—钻孔保护管；
8—新鲜基岩；9—200号水泥砂浆；
10—心管底板和根络

（b）双金属标

图 4.3-3　钢管标结构图及双金属标结构图

垂线系统由垂线、悬挂装置、吊锤（正垂线）或浮桶（倒垂线）、观测台（墩）、测读装置等组成。

正垂线和倒垂线安装示意图见图 4.3-6 和图 4.3-7。

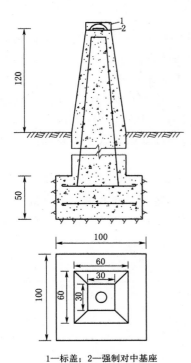

1—标盖；2—强制对中基座

图 4.3-4 浅覆盖层普通钢筋混凝土观测墩

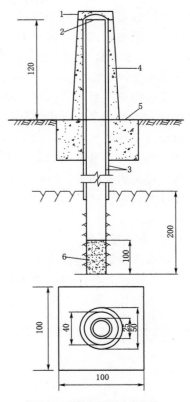

1—标盖；2—强制对中基座；3—钢管；
4—混凝土围井；5—围井垫座；6—水泥砂浆

图 4.3-5 深覆盖层双层钢筋混凝土观测墩

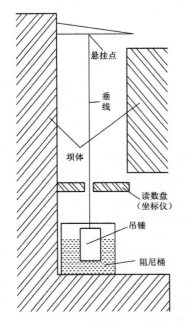

图 4.3-6 正垂线安装结构示意图

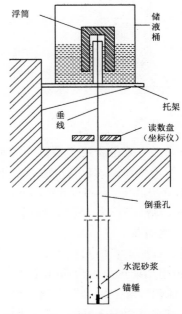

图 4.3-7 倒垂线安装结构示意图

垂线测读装置又称垂线坐标仪，常用型式包括电容式坐标仪、电感式坐标仪、CCD式坐标仪、步进电机式坐标仪和光学坐标仪等。垂线坐标仪量程最小为 0～10mm，目前最大可至 0～100mm，应根据监测需要选择合适的测量范围，分辨力均要求小于等于 0.1%FS 或小于等于 0.1mm。

垂线系统监测水平位移的基本原理是以过基准点的铅直线为基准导线，结构物沿导线不同高程分布的目标点距导线的水平距离可通过测读装置测得，以垂线安装后的某一目标点首次测值为基准值 S_0，第 i 次测值为 S_i，S_0～S_i 即为水平位移量。正垂线的悬挂点位于被测结构物上部，悬挂点亦为变形点，因此所得水平位移为相对位移。而倒垂线锚固点位于基岩，可视为不动点，因此所得水平位移为绝对位移。但倒垂线锚固点为变形点时，所测结果亦为相对位移，如边坡岩土体监测时，可能因条件受限，未必能将锚固点埋入不动基。

4.3.2.3　静力水准系统

静力水准系统是利用连通管方式，通过测量两个以上测点与连通管中水（液）平面之间的高差，从而测量各测点间的不均匀沉降量的垂直位移测量系统，系统主要由主体容器、液体、液位传感器、浮子、连通管、通气管等组成，其结构见图 4.3-8。

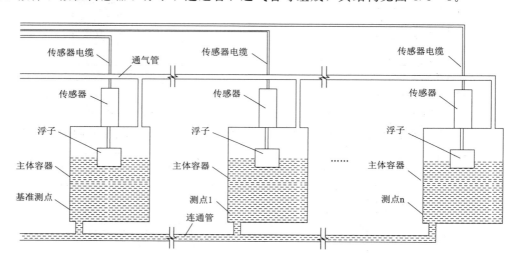

图 4.3-8　静力水准系统结构示意图

静力水准系统主要用于混凝土坝的垂直位移监测，测量范围取决于液位传感器的量程，常用的传感器型式包括电容式、电感式、CCD式和振弦式，前三种型式测量范围一般不超过 0～150mm，精度 ±0.1mm（大量程 ±0.2mm），较多用；振弦式测量上限值可至 600mm，精度为 0.1%FS，但影响测量精度的因素较多，包括温度、大气压力等。

4.3.2.4　测斜仪

测斜仪按所测量的角度型式可分为垂直测斜仪、水平测斜仪和斜坡测斜仪（已不常用），按使用功能可分为活动（移动）式测斜仪、固定式测斜仪，按测量参数又可分为单轴（向）测斜仪和双轴（向）测斜仪。其实，不管如何分类，主要看如何应用。如活动式测斜仪，当将其固定于某一位置长期监测时，它发挥的是固定式测斜仪的作用，而固定式测斜仪只要其规格尺寸适合于测斜管，配以活动式测斜仪的导向轮则成为活动式测斜仪。测斜仪用作水平角测量的，又称为倾斜（角）仪。

测斜仪常用型式包括伺服加速度式、电解液式、电阻应变片式、振弦式、电感式、差动变压器式，精度及可靠性以伺服加速度式为首选；电解液式次之；电阻应变片精度虽较高，但稳定性不如前两者，在使用过程中一则应缩短检校周期，再者应加强期间核查；而振弦式测斜仪一般用作固定式测斜仪；电感式、差动变压器式测斜仪现已不常用。常用的测斜仪量程为 $0°\sim\pm5°$、$0°\sim\pm10°$、$0°\sim\pm30°$、$0°\sim\pm50°$，伺服加速度式和电解液式测斜仪分辨力小于等于 0.02mm/500mm，电阻应变片式测斜仪分辨力小于等于 $18''/\mu\varepsilon$，振弦式测斜仪分辨力小于等于 0.1%FS。

（1）活动式测斜仪。活动式测斜仪由测斜管、测头、信号电缆及绕线盘、读数仪等组成，其结构及工作原理见图 4.3-9。

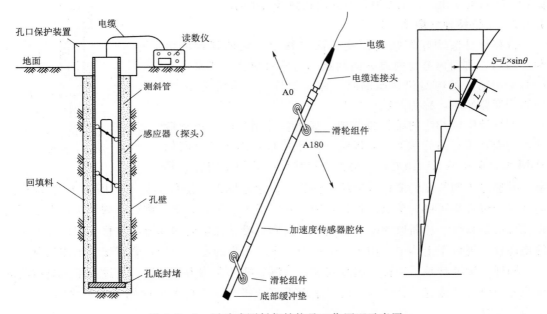

图 4.3-9 活动式测斜仪结构及工作原理示意图

活动式测斜仪导向轮间距一般为 500mm，测斜管内有正交的 4 条凹形导槽作为测斜仪导向轮的上下滑行轨道。测量时，将测斜仪导向轮正向（＋）嵌入导槽内（一般导向轮高的一侧为正向，或按说明书执行），沿导槽滑入测斜管底部，再将测头上提，每间隔 0.5m 或 1.0m（一般为 0.5m）测读一次数据；再将测斜仪导向轮反向（－）嵌入导槽内，重复上述操作，并按测斜仪操作说明和相关规程要求记录计算各测点倾斜角 θ 和按 $S=L\times\sin\theta$（S 为水平位移，单位 mm；L 为测斜仪标距，一般为 500mm）计算各测点水平位移。双向测量采用单向测斜仪时，将测斜仪转换 90°，操作同上。

（2）固定式测斜仪。固定测斜仪由测斜管和一组串联（或单支）安装的固定测斜传感器所组成，见图 4.3-10。测斜管与活动测斜仪所使用的测斜管相同。测斜管通过钻孔安装到地面以下，使得定向安装在管内的测斜仪能够测量地下岩土层的水平位移。测斜管安装时一组凹槽应与预期的位移方向一致，传感器由轴销逐一连接安装在测斜管内，形成串联结构（俗称蜈蚣式）。当地层发生位移时，安装在钻孔中穿越的滑动岩土层部位的测斜管产生位移，从而引起安装在管内的传感器发生倾斜。水平位移与活动式测斜仪相同，通过每支传感器的倾斜角读数及其标距计算得到。固定式测斜仪多用于需实时监测位移变化的场所，且一根钻孔安装的测斜管中常安设多支固定式测斜仪，传感器数据一般均采用自动采集方式。

（3）倾斜（角）仪。倾斜（角）仪是一种点式测斜仪，通常由传感器、倾斜板和读数仪组成。倾角计置于专用测斜板上，测斜板固定在结构物和岩土体水平或垂直面上，监测器水平或垂直倾斜（转）角变化，其工作原理与固定式测斜仪相同。

4.3.2.5　位移计（测缝计）

位移计是监测建筑物内部或表面位移量变化的仪器的统称，当用于监测建筑物内或表面两点间的相对位移，或某一点相对于不动点的绝对位移监测时，称为位移计；当用于接缝、裂缝开度监测时，称为测缝计。

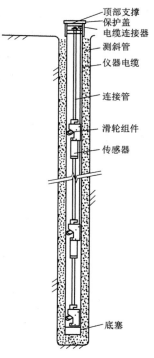

图 4.3 - 10　固定式测斜仪结构示意图

测缝计配以相应的结构或装置，成为各种用途的专用测缝计，如安装于三向位移架上，即构成用于面板坝周边缝监测如 3DM 型、TSJ 型三向测缝计；将多支位移计组装到专用安装基座，并通过不同长度的测杆（远端为锚头）传递不同深浅层位的位移，即为多点位移计；而基岩变位计则可视为单点位移计，锚头固定于基岩钻孔底部，测杆下联锚头，上联固定在孔口的位移计，从而监测基岩体相对于锚固点沿钻孔轴向的变形；位移计配以标准长度的传递杆，埋设于土体中，用于测量标准长度范围内的土体应变，则演变为土体位移计。

同样，测缝计垂直于接缝裂缝安装，监测裂缝开合称为裂缝计；通过专用夹具将测缝计跨缝两侧且使测缝计轴线与缝所在平面垂直或平行，以监测缝两侧不同板块间的错动，则为位错计。

位移计、测缝计类型较多，常用的有振弦式、差动电阻式、电容式、电位器式、电感式、光栅光纤式等，量程从 0～5mm 至 0～200mm，无论哪种型式，测量精度均应小于等于 0.1mm。图 4.3 - 11～图 4.3 - 17 给出了几种位移计、测缝计的结构型式。

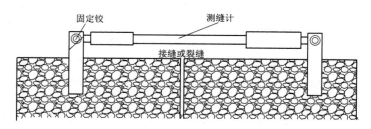

图 4.3 - 11　表面裂缝计结构图

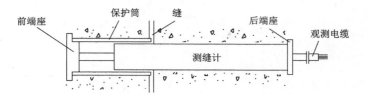

图 4.3-12   埋入式裂缝计结构图

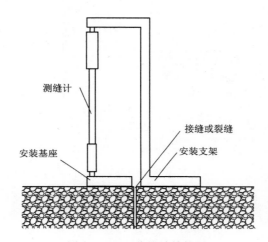

图 4.3-13   位错计结构图

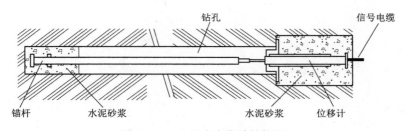

图 4.3-14   基岩变位计结构图

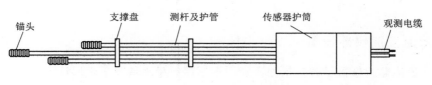

图 4.3-15   多点位移计结构图

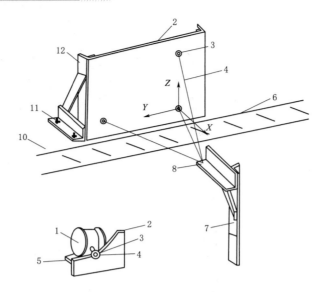

1—位移计；2—坐标板；3—位移计固定螺母；
4—不锈钢丝绳；5—位移计托板；6—周边缝；
7—预埋板；8—钢丝绳交点；9—面板；
10—趾板；11—地脚螺栓；12—支架

图 4.3 - 16　3DM 旋转电位器式三向位移计结构图

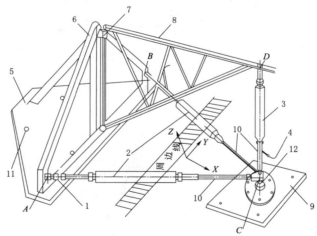

1—万向轴节；2—监测趋向河谷位移的位移计；3—监测面板沉降的位移计；
4—输出电缆；5—趾板上的固定支座；6—支座；7—不锈钢活动铰链；
8—三角支架；9—面板上的固定支座；10—调整螺杆；11—固定螺孔；12—位移计支座

图 4.3 - 17　TSJ 型三向测缝计结构图

4.3.3　渗流监测仪器设备

常用的渗流监测仪器设备包括测压管、渗压计、量水堰及量水堰计等。

4.3.3.1　测压管

测压管由透水管段和导管组成。测压管推荐采用双面热镀锌钢管，可选用不锈钢管或硬工程塑料管。一般测压管内径为 $\phi 50$，壁厚不小于 3.5mm。测压管进水管段长度根据监测目的确定。用于水平施工缝、建基面上的渗透压力监测以及土坝坝体的点式测压管，进水管段长度一般为 0.5m 左右；用于侧向绕渗、地下水位监测的测压管，进水管段长宜与可能的渗水层层厚相当；而用于地质条件复杂的层状渗流监测的测压管，进水管段应准确埋入被监测层位，其长度宜与软弱带层厚相当。

进水孔沿进水管段管周均布 4～8 排，孔径 $\phi 4$～$\phi 6$，沿轴向可交错排列，开孔率 10%～20%（点式测压管宜取大值）。管壁内钻孔孔周的毛刺应去除。如管为钢质材料，进水管段及接（端）头应进行防腐防锈处理。

进水管段过滤层采用 $400g/m^2$ 的无纺土工布或厚度 2～3mm 的孔隙小于 $100\mu m$ 的涤纶过滤布，纵向紧密包裹不少于 2 层，其长度应比进水管段两端各长 10cm 以上，并采用 $\phi 1$ 铜丝（或不锈钢丝绳、鱼线）沿布表缠绕捆扎；测压管底盖采用适配闷头，导管连接采用导向性好的外接头，螺纹间以聚四氟乙烯密封止水。

测压管进水管段结构示意图见图 4.3-18。

封闭式测压管适用于混凝土坝、闸底板扬压力监测。开敞式测压管适用于侧向绕渗、地下水位或下游水位监测。

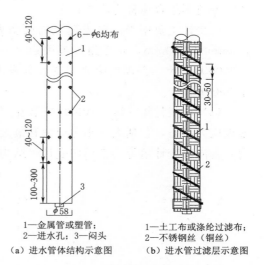

1—金属管或塑管；
2—进水孔；3—闷头
(a) 进水管体结构示意图

1—土工布或涤纶过滤布；
2—不锈钢丝（铜丝）
(b) 进水管过滤层示意图

图 4.3-18 测压管进水管段结构示意图

4.3.3.2 渗压计

渗压计是测量水柱高度或水压力的装置或仪器，一般分为竖管式、水管式、电测式及气压式四类，我国常用的是竖管式和电测式。竖管式即测压管，因此，测压管又称竖管式扬压力计；电测式渗压计依传感器原理不同分为振弦式、差动电阻式、光纤光栅式、电感式、压阻式、气压式、电阻应变片式等，国内常用的为振弦式、差动电阻式、光纤光栅式，电阻应变片式因零点漂移问题，日、韩等国家尚可见应用，国内少见。

渗压计作为压力传感器，通过承压膜传递孔隙水压力，其结构为密闭腔体式结构，因此，不管传感器工作原理及型式如何，均受大气压力变化的影响，只要所监测点与大气连通，应进行大气压力补偿修正；若承压膜与传感器的其他部件共同组成传感体，如振弦式、差动电阻式渗压计，因不同传感体并非同一（同质）材料，温度变化将引起传感器测值变化，还应进行温度影响的修正；而承压膜作为独立传感体的，如压阻式、电阻应变片式仪器，应对仪器进行自补偿，消除温度影响。

渗压计适用于能够安装或埋设的各种基础渗流压力及扬压力监测。

4.3.4 应力应变及温度监测仪器设备

4.3.4.1 应变计（无应力计）

（1）应变计。应变计结构形式和传感器类型虽不同，但测量原理是相同的，即通过固定标距的传感器测量标距范围内的混凝土微小变形量，并同时测量测点处的混凝土温度，消除混凝土自由体积变形影响，经温度修正后的混凝土变形量除以标距，即为测点处的混凝土应变。混凝土自由体积变形由与应变计同时同区埋设的无应力计获得。

常用的应变计包括差阻式、振弦式、光栅光纤式等，一支应变计单独安设，测量某一方向的应变，称为单向应变计。根据混凝土多维应力监测需要，由 2 支以上的应变计构成的应变监测组合体称为应变计组。

应变计主要用于混凝土建筑物或受力构件的应力应变监测。应变计标距有 100mm、150mm 和 250mm，应变测量范围由 $0 \sim \pm 1000\mu\varepsilon$ 至 $0 \sim \pm 3000\mu\varepsilon$，光纤式应变计可达 $+6000\mu\varepsilon$ 以上，差动电阻式应变计分辨力小于等于 0.3FS，振弦式应变计分辨力小于等于 0.05FS。

（2）应变计组。应变计组由安装在应变计支架上的多支应变计组成，用于监测混凝土多维应力状态，包括大、小主应力和最大剪应力等。应变计组包括两向、三向、五向、七向和九向应变计组等，常用应变计组结构型式见图 4.3-19～图 4.3-24。

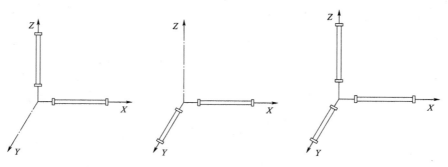

图 4.3-19　两向应变计　　　　图 4.3-20　三向应变计

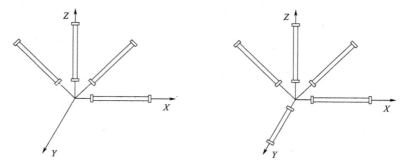

图 4.3-21　四向应变计　　　　图 4.3-22　五向应变计

（3）无应力计。为了测量混凝土由于温度、湿度、水化热、蠕变等因素对混凝土应变的影响，设计了一种锥形双层铁皮筒（图 4.3-25），将应变计固定其中，与应变计（组）同时、同高程、同区［视具体情况，其与应变计（组）相距1～2m］埋设。因双层筒空腔的缓冲作用，埋设在锥形双层套筒内的应变计仅受筒中混凝土作用而不受外部混凝土荷载

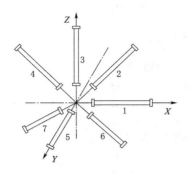

图 4.3-23 七向应变计

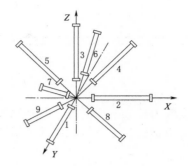

图 4.3-24 九向应变计

的影响,筒大口端与外部大体积混凝土融为一体,使得筒内外保持了相同的温度和湿度。筒内混凝土产生的变形,称之为"自由体积变形",故名无应力应变计,简称无应力计。与无应力计配套埋设的应变计(组)测得的混凝土应变扣除无应力计测得的自由体积变形后,即可得到混凝土结构受外部荷载作用后产生的应变,进而可计算混凝土的应力。

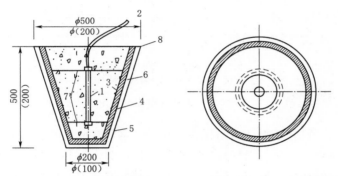

1—应变计;2—电缆;3—沥青涂层(5mm);4—内筒(δ0.5mm);5—外筒(δ1.2mm);
6—空腔(可填充木屑);7—米丝;8—内外筒焊缝

图 4.3-25 无应力计结构示意图

4.3.4.2 应力计

应力计是一种测量结构物应力的传感器,一般根据被测物命名,如混凝土应力计、钢筋应力计、锚杆应力计、钢板应力计、混凝土应力计、锚索(杆)测力计等。

(1)混凝土应力计。混凝土应力计埋设在建筑物或大体积混凝土中,直接测量混凝土内部的压应力。混凝土应力计型式与界面式土压力计基本相同。

(2)钢筋应力计。钢筋应力计简称为钢筋计,用于测量钢筋混凝土内的钢筋应力。将钢筋计两端连接杆与直径相同(近)的待测钢筋对接,直接埋入混凝土内,不管钢筋混凝土内是否有裂缝,钢筋计均能够测得钢筋受到的拉(压)应力。钢筋计包括差动电阻式钢筋计、钢弦式钢筋计、电阻应变片式、光纤光栅式等多种型式,国内常用的差动电阻式、振弦式两种型式。钢筋计与钢筋的连接有螺纹连接、坡口焊接、对焊焊接等方式,一般不采用搭焊或并联焊接方式。钢筋计连接示意见图 4.3-26。

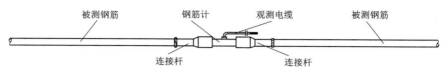

图 4.3-26 钢筋计连接示意图

（3）钢板应力计。钢板应力计简称钢板计，是由应变计、专用夹具组合而成，将夹具底座焊接在受力钢板、压力钢管或其他钢质结构物表面，监测被测物的应力或应变。钢板计结构见图 4.3-27。

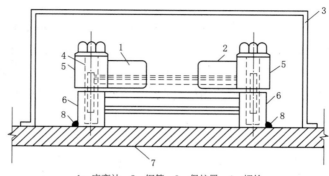

1—应变计；2—钢管；3—保护罩；4—螺栓；
5—上卡环；6—下卡环；7—被测钢板（管）

图 4.3-27 钢板计结构示意图

（4）锚杆应力计。锚杆应力计由锚杆、连接杆、钢套、应变计组成，将与锚杆直径相同的应变计按照指定观测部位与锚杆焊接或螺纹连接，制作成与待测锚杆型号直径相同的观测锚杆，然后埋入岩体或土体中，锚杆应力计会随着岩体或土体的变形产生应变，测得锚杆应力计的应变后，乘以锚杆应力计钢套的弹性模量即可得到锚杆应力计的轴向应力，也就是待测锚杆的应力。

（5）锚索（杆）测力计。锚索（杆）测力计由承压钢筒以及均布在其圆周内的多支应变计组成，应变计数量一般为 3～4 支，其结构示意图见图 4.3-28。锚杆测力计主要用于预应力锚固效果的观测，能够反应预应力荷载的形成及其变化，用于锚索拉力观测时，称其为锚索测力计。

图 4.3-28 锚索（杆）测力计结构示意图

锚索（杆）测力计套装在锚索或锚杆上，测力计承压钢筒所承受的轴向压力与锚索或锚杆所承受的轴向拉力保持一致。当承压钢筒承受压力产生轴向变形时，均布在钢筒圆周内的应变计也与钢筒同步变形，通过测量应变计应变即可以推算出钢筒所承受的荷载力，即锚索或锚杆所承受的轴向荷载。锚索测力计还可以通过测读每支应变计的应变，计算锚索测力计所承受的不均匀荷载或偏心荷载。

4.3.4.3　土压力计

土压力计用于测量土体作用在水工建筑物上的总压力和土体中的土压力分布情况，按埋设方法分为埋入式和边界式两种。埋入式土压力计埋入土体中，测量土中压力分布，也称土中压力计或介质土压力计。边界式土压力计是安装在刚性结构物表面，受压面朝向土体，测量接触应力，也称界面式土压力计或接触式土压力计。单支土压力计可用于测量与表面垂直的正压力，3支土压力计成组埋设，压力计受力面设置为水平、铅直和45°角，可用于测量大、小主应力和最大剪应力。

土压力计有立式、卧式和分离式三种结构型式，按传感原理不同又可分为振弦式、差动电阻式、电阻应变片式、电感式、气压式和电磁阻式等多种型式，国内常用的是振弦式和差阻式土压力计。

典型土压力计结构型式见图4.3-29～图4.3-30。

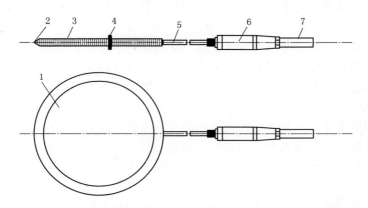

1—膜盒；2—橡胶边；3—承压膜；4—油腔；
5—连接管；6—压力传感器；7—电缆

图4.3-29　土中土压力计（振弦式）结构示意图

4.3.4.4　温度计

温度计有铜电阻式、铂电阻式、振弦式、热敏电阻式、光纤式、光纤光栅式等型式，铜电阻式在混凝土坝中常用且用量大，稳定性好，精度可达0.5℃。光纤式一般采用分布式，监测连续温度场变化，分辨率可达0.1℃或更高。温度计的选用应根据监测环境、精度、安装方式确定。

4.3.5　环境量监测仪器设备

与水闸安全有关的环境量主要包括水位、气温、降水量、冰压力、闸前淤积和下

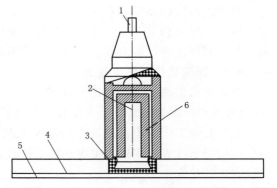

1—电缆；2—钢弦；3—压力盒；4—油腔；5—承压膜；6—磁芯

图4.3-30　界面式土压力计（振弦式）
结构示意图

游冲刷等项目，主要监测项目及常用仪器如下。

4.3.5.1　水位计（尺）

常用的水位监测仪器包括水尺、浮子式水位计、压力式水位计、超声波式水位计、雷达式和气泡式水位计等。

（1）水尺。水尺分为直立水尺和斜坡水尺。直立水尺常常成组设立，观测范围高于最高水位和低于最低水位各 0.5m，成组设置时，相邻水尺间应有 0.1～0.2m 的重合区间，分格距 1cm。斜坡式水尺设置在库岸斜坡上，水尺的刻度采用水准仪按 1m 水位标记线定位，再把相邻两个定位点等分 100 格距，油漆划分线条并在定位点标注高程数字。

（2）浮子式水位计。浮子式水位计由浮子、平衡锤、悬索、水位轮和编码器组成，应具备竖井观测条件时，应首选该型仪器。浮子式水位计测量范围一般为 10m、20m、40m、80m，分辨力为 1cm。

（3）压力式水位计。常用的压力式水位计包括压阻式、电容式和振弦式等，测量范围可根据需要选择，分辨力要求小于等于 0.05FS。采用压力式水位计监测水位时，应进行温度和气压补偿。

（4）超声波式水位计。超声波式水位计为非接触式水位计，设置在被测水面上方，水位计安装时超声波发射轴线应铅直，分辨力为 1cm，应进行温度校正。雷达式水位计与超声波式水位计相似。高寒地区库面结冰后，上述两款水位计均不能正常和准确监测水位。

4.3.5.2　温度计

温度计的型式见 4.3.4.4 小节，观测气温时，应按规范将温度计设置在百叶箱中；观测水温时，应按规范规定设置固定的水温监测点和监测断面。深水温度计的使用和温度读取应符合该型温度计的操作规程。温度计测量精度应小于等于 0.5℃。

4.3.5.3　雨量计

目前应用最多的雨量监测仪器为翻斗式雨量计，分辨力有 0.2mm、0.5mm 和 1mm 三种，分辨力越大，能够监测的雨强越大，一般测量雨强范围为 0.01～4 mm/min。

4.3.6　测量仪表

根据监测传感器型式，相应的测量仪表包括振弦式仪器测量仪表、差动电阻式测量仪表、电感式仪器测量仪表、压阻式仪器测量仪表、电容式仪器测量仪表、电位器式仪器测量仪表、光纤光栅仪器测量仪表和磁致伸缩式仪器测量仪表等。

4.3.6.1　振弦式仪器测量仪表

振弦式仪器测量仪表是振弦式仪器配套的电测读数仪表，目前，国内外一般均针对"间歇振荡型"传感器设计，大部分读数仪可人机交互，用户可以根据菜单提示设定仪表的初始参数和工作状态；内置存储器能在测量显示的同时存储测量数据；配备 RS-232 通信接口可与计算机连接，实现参数下载和数据上传；内置可充电的免维护蓄电池确保测量仪表长期稳定工作。

振弦式仪器测量仪表工作时由微控制器指令激励信号电路向连接的传感器发出电信号，激励传感器内的钢弦振动，钢弦的振荡频率经信号放大和整形电路到达微控制器，经计算再由微控制器发送显示、存储或通信等指令。仪标内部一般都置入了常用热敏电阻传感器参数，可直接测量测点温度。

振弦式读数仪激励方式一般均为低压扫频激励，高压激励方式目前已极少应用。从技术层面讲，国内外仪表虽存在一定的品质差异，但功能、性能基本相同。

典型振弦式读数仪测量原理框图见图 4.3-31。

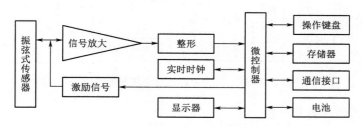

图 4.3-31　振弦式读数仪测量原理图

4.3.6.2　差动电阻式测量仪表

差动电阻式传感器又称卡尔逊式传感器。差动电阻式仪器在 20 世纪风行欧美，但在 20 世纪末，欧美国家已很少应用这类仪器，转而选择振弦式、光纤式、CCD 式。目前，我国是差动电阻式仪器的主要生产国和应用国，对差动电阻式仪器的研究比其他国家更深入，因此，差动电阻式仪器可谓发端于美国，兴盛于中国。

差动电阻式仪器的测量方式分为三线制、四线制和五线制。三线制测量方式直接受接长电缆影响，四线制则间接受接长电缆影响，理论上讲，五线制测量方式消除了接长电缆的影响。

差动电阻式仪器测量仪表是差动电阻式仪器配套的电测读数仪表。差动电阻式仪器五线制测量原理见图 4.3-32。图中 R_1、R_2 分别为差动电阻式仪器的两个差动变化的电阻，r_1、r_2、r_3、r_4、r_5 分别为五芯水工电缆的芯线电阻，R_S 为标准电阻，I_0 为恒流源。因 I_0 是恒定电流，其大小与外界电阻无关，测量时计算方式如下：

$$U_S = I_0 \times R_S \tag{4.3-1}$$
$$U_1 = I_0 \times R_1 \tag{4.3-2}$$
$$U_2 = I_0 \times R_2 \tag{4.3-3}$$

由式（4.3-1）~式（4.3-2）可求得总电阻 R 和电阻比 Z。

$$R = R_1 + R_2 = \frac{R_S(U_1 + U_2)}{U_S} \tag{4.3-4}$$

$$Z = \frac{R_1}{R_2} = \frac{U_1}{U_2} \tag{4.3-5}$$

差动电阻式仪器测量仪表工作时由恒流源向参考电阻和差动电阻式传感器提供恒定电流；传感器接入测量仪表后，功能切换及控制电路可自动判断四芯或五芯传感器，完成功能切换，控制测量电路测出的传感器电阻值 R 和

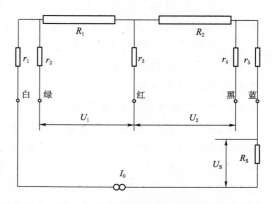

图 4.3-32　差动电阻式仪器五线制测量原理图

111

电阻比 Z；将获得的取样电压经放大器送入 A/D 转换电路；A/D 转换电路实现模拟量到数字量的转换。典型差动电阻式仪器测量原理框图见图 4.3-33。

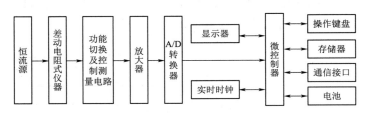

图 4.3-33　差动电阻式仪器测量原理框图

4.3.6.3　电感式仪器测量仪表

采用电感式敏感元件（压力、位移、力）和 L-C 振荡原理的传感器称为电感式传感器。电感式仪器测量仪表工作时，由内部电源系统向传感器提供激励源，激发传感器内的 L-C 振荡电路，发出频率信号，微控制器指令采集频率信号，经信号放大和整形电路达到微控制器，再由微控制器发送显示、存储或通信等指令，其测量原理见图 4.3-34。

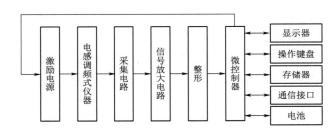

图 4.3-34　电感式仪器测量原理框图

4.3.6.4　压阻式仪器测量仪表

压阻式仪器以压敏电阻为感应元件，通常采用单晶硅材料制成传感体，传感体在力或力矩作用下压敏电阻阻值产生变化，通过电桥可将电阻变化转换为电压或电流信号。压阻式仪器测量仪表一般采用恒压源或恒流源供电。

当传感体受压力发生变化时，单晶硅不同的晶面方向上所受的应力变化是不同的，其电阻率变化也是不一样的。选择合适的方向制成与差动电阻式仪器相似两组电阻条，将其接入检测电路中，即可将传感体上所受的压力变化转换为电量变化输出。恒流源供电工作方式，压阻式仪器输出信号一般为 4～20mA 的输出，通过测量仪器输出电流即可得到压力的变化，其工作原理见图 4.3-35。

4.3.6.5　电容式仪器测量仪表

电容式仪器以电容作为感应元件，将不同的物理量的变化转换为电容量的变化。电容传感器通常可分为面积变化型、介质变化型和间隙变化型三种，安全监测仪器一般采用面积变化型、间隙变化型。将两个结构完全相同的电容式传感器共用一个活动电极，组成差动电容传感器，可提高灵敏度，改善非线性，且可补偿温度变化。

电容式仪器测量仪表工作时由微控制器指令激励信号电路向连接的传感器发出电信

号，指令数据采集电路采集传感器发出的信号，经信号放大电路、A/D 转换电路达到微控制器，再由微控制器发送显示、存储或通信等指令，其工作原理见图 4.3-36。

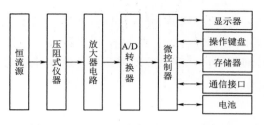

图 4.3-35　压阻式仪器测量原理框图

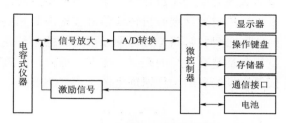

图 4.3-36　电容式仪器测量原理框图

4.3.6.6　电位器式仪器测量仪表

电位器是一种将机械运动（直线位移、旋转）转换为电阻值变化的可变电阻元件，电位器式仪器采用电位器作为传感体，把位移量转换为电阻或电阻比的变化，在给传感器施加一定的工作电压后，可把电阻的变化转换为电压的变化，通过测量电路即可得到位移变化量。电位器式仪器与差动电阻式仪器虽均为电阻式仪器，但因差动电阻式仪器电阻值很小，一般总电阻不超过 100Ω，而电位器式仪器的内阻一般在 2~5kΩ，电缆芯线的电阻对测量电路的影响较小，可采用 3 芯电缆传输。当需要精准测量，需消除接长电缆影响时，应采用五线制测量方式，其原理同差动电阻式仪器。

电位器式仪器测量原理见图 4.3-37。

4.3.6.7　光纤光栅式仪器测量仪表

光纤光栅式仪器测量仪表通过对光纤光栅传感器的中心波长进行解调，转换为数字信号。宽谱光源将具有一定带宽的光通过环行器入射到光纤光栅中，在光纤光栅对波长的选择性作用下，符合条件的光被反射回来，再通过环行器送入解调装置，测出光纤光栅的反射波长变化。以光纤光栅做成测头测量建筑物的温度、压力或应力时，光栅自身的栅距随被测温度、压力或应力的变化而发生变化，从而引起反射波长的变化，解调装置通过检测波长的变化即可推导出被测温度、压力或应力的变化。

光纤光栅式仪器测量仪表的工作原理见图 4.3-38。

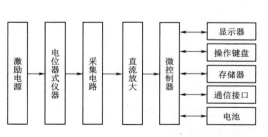

图 4.3-37　电位器式仪器测量原理框图

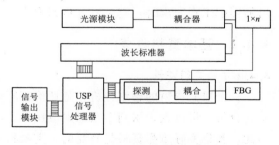

图 4.3-38　光纤光栅式仪器测量仪表原理图

4.3.6.8　磁致伸缩式仪器测量仪表

磁致伸缩式传感器主要由测杆、电子仓和套在测杆上的非接触的磁环组成，测杆内装有磁致伸缩线（波导丝），相当于游标卡尺的定尺；磁环为永磁铁材料制成，相当于游标卡尺的动尺。测量时，电子仓中激励模块在波导丝两端施加电流脉冲，该脉冲以光速在波导丝周向形成安培环形脉冲磁场，当其与游标磁环的偏置永磁铁磁场耦合时，在波导丝表面形成魏德曼效应扭转应力波，由产生点向波导丝两端传播，传向末端的扭转波被阻尼件吸收，传向激励端的扭转波信号被检波装置接收，电子仓中的控制模块计算出脉冲与接收到信号之间的时间差，再乘以扭转波的本征速率（约 2800m/s），即可得到扭转波发生位置与测量基准点间的距离，亦即游标磁环在该时刻距测量基准点的绝对距离。磁致伸缩式仪器测量仪表的工作原理见图 4.3 - 39。

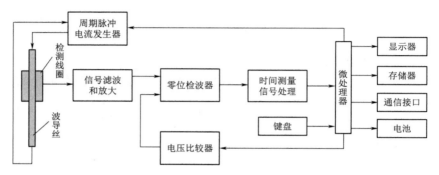

图 4.3 - 39　磁致伸缩式仪器测量仪表原理图

由于磁致伸缩式仪器是通过测量发射脉冲和返回脉冲的时间差来确定被测位移量，因此测量精度极高，分辨力可达 0.01mm 或 0.01%FS。采用磁致伸缩原理，可制成位移、水位、应变类监测成套仪器。

4.4　安全监测资料整编与分析

水闸安全监测资料整编与分析的内容包括巡视检查、变形、渗流、压力（应力）及环境量等项目的监测资料，地震反应监测、水力学观测等项目的监测资料整理分析可根据工程具体情况参照有关专业规定进行。监测资料应及时整理和整编，当监测资料出现异常并可能影响工程安全时，应及时分析原因。

4.4.1　基本资料收集

4.4.1.1　工程资料

安全监测资料的整编分析，是评价水闸运行状态的主要手段。结合工程实际情况进行资料分析，可以发现水闸存在隐患或病险，不结合工程实际情况的资料分析是无意义的。为此，收集实际工程资料是必要的，需收集的工程资料应包括：

（1）水闸工程及其有关的其他建筑物的概况和特征参数。

（2）水闸总体布置图和主要建筑物及其基础地质剖面图。

（3）工程地质条件、闸墩和闸基的主要物理力学指标、有关建筑物和岩土体的安全运行条件及允许值、安全系数等警戒性指标。

（4）工程施工期、过水试运行及运行以来，出现问题的部位、性质和发现的时间，处理情况及其效果；工程过水及各次水闸安全定期检查和安全鉴定的结论、意见和建议。

4.4.1.2　监测设施考证资料

监测设施考证资料包括监测传感器、观测设施的特性参数、埋设位置基本信息，考证资料是监测资料整编分析的前提条件。需收集的考证资料应包括：

（1）安全监测系统设计、布置、埋设、竣工等资料。

（2）监测设施及测点的平面布置图，图中应标明各建筑物所有监测项目及设备的位置。

（3）监测设备及测点的纵横剖面布置图，图中应标明建筑物的轮廓尺寸、材料分区和必要的地质情况。剖面数量以能表明监测设施和测点的位置和高程为原则。

（4）有关各水准基点、起测基点、工作基点、校核基点、监测点，以及各种监测设施的平面坐标、高程、结构、安设情况、设置日期和测读起始值、基准值等文字和考证表。

（5）各种仪器的型号、规格、主要附件、购置日期、生产厂家、仪器使用说明书、出厂合格证、出厂日期、购置日期、检验率定等资料。

（6）有关的数据采集仪表和电缆走线的考证或说明资料。

4.4.1.3　监测资料

根据实际需要，收集相应监测项目的监测资料序列，包括原始观测资料和计算成果资料。

原始资料包括现场人工观测记录的数据、录入计算机的原始监测数据库数据（含自动化采集的原始监测数据）。计算成果资料主要包括原始监测数据经换算后所得的物理量数据、特征值统计数据、物理量分布及变化过程线图、报表、年度整编报告以及历次监测分析报告等。

4.4.2　监测资料整理和整编

监测资料的整理，是指对日常检查和仪器监测数据的记录、检验，以及监测物理量的换算、填表、绘制过程线图、初步分析和异常值判别等，并将监测资料存入计算机。通俗来讲，是将现场观测到的原始资料数据加工成便于分析的成果资料的过程，属于日常性工作。

监测资料的整编，是指在监测资料整理基础上，定期对监测资料进行分析、处理、编辑、生成标准格式电子文档和刊印等，是一项周期性工作。

4.4.2.1　基本要求

各监测项目应使用标准记录表格，认真记录、填写，不得涂改、损坏和遗失。整理整编成果应做到项目齐全，考证清楚，数据可靠，方法合理，图表完整，规格统一，说明完备。

监测资料应及时整理和整编，包括施工期和运行期的日常整理和定期整编。当监测资料出现异常并影响工程安全时，应及时分析原因，并上报主管部门。

应建立监测资料数据库或信息管理系统，对监测资料进行有效的管理。

除在计算机磁、光载体内存储外，仪器监测和巡视检查的各种现场原始记录、图表、影像资料以及全部资料整编、分析成果应建档保存，并应按分级管理制度报送有关部门备案。

4.4.2.2 整理内容及方法

1. 监测数据计算与整理

每次外业监测完成后，应随即对原始记录的准确性、可靠性、完整性加以检查、检验，将其换算成所需的监测物理量测值，并判断测值有无异常，以避免漏测、误读误记。如发现漏测、误读误记或异常，应及时补测或重测、确认或更正，并记录有关情况。常见观测物理量计算方法整理如下：

（1）表面水平位移准直法。准直观测法，位移量的计算公式（计及端点位移）见式（4.4-1）和图4.4-1。

$$d_i = L + K\Delta + \Delta_{右} - L_0 \tag{4.4-1}$$

式中：d_i 为 i 点位移量，mm；K 为归一化系数，$K = S_i/D$；S_i 为测点至右端点的距离，m；D 为准直线两工作基点的距离，m；Δ 为左、右端点变化量之差，$\Delta = \Delta_{左} - \Delta_{右}$，mm；$L_0$ 为 i 点首次观测值，mm；L 为 i 点本次观测值，mm。

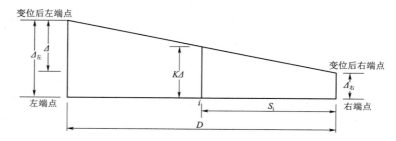

图4.4-1 准直法观测位移计算示意图

各种准直方法的观测值 L 的确定方法如下：

1）视准线活动觇标法：L 等于活动觇标读数。

2）视准线小角度法：L 值按式（4.4-2）计算。

$$L = \frac{\alpha_i''}{\rho''} S_i \tag{4.4-2}$$

式中：L 为观测值，mm；α_i'' 为观测的角度，$('')$；ρ'' 为206265（$''$）；S_i 为工作基点至测点之距离，mm。

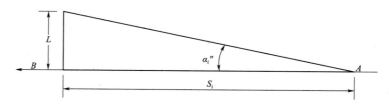

图4.4-2 小角度法观测值 L 计算示意图

（2）内部垂直位移（沉降）监测。

1）电磁式（干簧管式）沉降仪计算公式：

$$\begin{cases} L = R + K/1000 \\ H = H_k - L \\ S_i = (H_0 - H_i) \times 1000 \end{cases} \tag{4.4-3}$$

式中：L 为环所在的深度，m；H 为环所在高程，m；S_i 为测点垂直位移，mm；R 为测尺读数，m；K 为测尺零点至测头下部感应发声点的距离，mm；H_k 为孔口高程，m；H_0 为测点初始高程，m；H_i 为测点当前高程，m。

2）水管式沉降仪计算公式：

$$S_i = (H_0 - H_i) + (h_0 - h_i) \tag{4.4-4}$$

式中：S_i 为测点垂直位移，cm；H_0 为观测房基准标点起始高程，cm；H_i 为观测房基准标点当前高程，cm；h_0 为量管起始读数，cm；h_i 为量管当前读数，cm。

3）水平向固定式测斜仪（电解质式）计算公式：

$$\begin{cases} PV_i = C_5 \times EL^5 + C_4 \times EL^4 + C_3 \times EL^3 + C_2 \times EL^2 + C_1 \times EL + C_0 \\ PL_i = PV_i \times L_i \\ W_i = PV_i - PL_0 \\ ZW_i = W_1 + W_2 + W_3 + \cdots + W_n (n \text{ 为传感器个数}) \end{cases} \tag{4.4-5}$$

式中：PV_i 为 i 串测量长度的偏移率，mm/m；$C_i(i=0,1,\cdots,5)$ 为 i 串传感器系数；EL 为串传感器电压读数，V；PL 为 i 串测量长度的偏移量，mm（PL_i 为当前偏移量，PL_0 为起始偏移量）；L_i 为 i 串传感器测量长度，m；W_i 为当前 i 串测量长度的位移量，mm；ZW_i 为当前总位移量（即当前各串位移量的总和），mm。

（3）内部水平位移监测。

1）伺服加速度计式测斜仪（垂向滑动式）计算公式：

$$\begin{cases} W_A = \sum_{i=1}^{n} (CA_i - CA_0)/100 \\ W_B = \sum_{i=1}^{n} (CB_i - CB_0)/100 \\ W_H = (W_A^2 + W_B^2)^{0.5} \\ \theta_i = \theta_0 + \arctan(W_B/W_A) \end{cases} \tag{4.4-6}$$

式中：W_A 为 A 向位移，mm；W_B 为 B 向位移，mm；W_H 为合位移，mm；θ_i 为合位移方向（方位角），(°)；θ_0 为导槽 A_0 向的方位角，(°)；CA_i 为 A 向当前差值，$CA_i=$测值 A_i—测值 A_{i180}，mm；CB_i 为 B 向当前差值，$CB_i=$测值 B_i—测值 B_{i180}，mm；CA_0 为 A 向基准值，$CA_0=$初始值 A_0—初始值 A_{180}，mm；CB_0 为 B 向基准值，$CB_0=$初始值 B_0—初始值 B_{180}，mm；n 为从底部到顶部的测量次数。

2）垂向固定式测斜仪（电解质式）计算公式同式（4.4-5）。

3）正、倒垂线法监测时位移量的计算公式。

a. 倒垂测点位移量的计算。倒垂测点位移量指倒垂观测墩（所在部位）相对于倒垂锚固点的位移量，按式（4.4-7）计算：

$$\begin{cases} D_x = K_x(X_0 - X_i) \\ D_y = K_y(Y_0 - Y_i) \end{cases} \tag{4.4-7}$$

式中：X_0、Y_0 为倒垂线首次值，mm；X_i、Y_i 为倒垂线本次观测值，mm；D_x、D_y 为倒垂测点位移量，mm；K_x、K_y 为位置关系系数（其值为 -1 或 1），与倒垂观测墩布置位置（方向）和垂线坐标仪的标尺方向有关。

b. 正垂线测点相对位移量的计算。正垂线测点相对位移值指正垂线悬挂点相对于正垂观测墩的位移值，按式（4.4 - 8）计算：

$$
\begin{cases}
\delta_x = K_x(X_i - X_0) \\
\delta_y = K_y(Y_i - Y_0)
\end{cases}
\tag{4.4 - 8}
$$

式中：δ_x、δ_y 为正垂线测点相对位移量，mm；X_0、Y_0 为正垂线首次值，mm；X_i、Y_i 为正垂线本次观测值，mm；K_x、K_y 为位置关系系数（其值为 -1 或 1），与正垂观测墩布置位置（方向）和垂线坐标仪的标尺方向有关。

c. 正垂线悬挂点绝对位移量的计算。正垂线悬挂点绝对位移量指正垂线测点相对位移值与该测点所在测站的绝对位移值之和。按式（4.4 - 9）计算：

$$
\begin{cases}
D_x = \delta_x + D_{x0} \\
D_y = \delta_y + D_{y0}
\end{cases}
\tag{4.4 - 9}
$$

式中：D_x、D_y 为正垂线悬挂点绝对位移量，mm；δ_x、δ_y 为正垂线测点相对位移量，mm；D_{x0}、D_{y0} 为测点所在测站的绝对位移量，mm。

d. 一条正垂线含多个测点时，悬挂点以外测点的绝对位移量按式（4.4 - 10）计算：

$$
\begin{cases}
D_x = D_{x0} - \delta_x \\
D_y = D_{y0} - \delta_y
\end{cases}
\tag{4.4 - 10}
$$

式中：D_x、D_y 为测点绝对位移量，mm；D_{x0}、D_{y0} 为悬挂点绝对位移量，mm；δ_x、δ_y 为测点相对位移量，mm。

垂线垂直位移监测中，水准基点、工作基点、测点的引测、校测、监测的记录，按《国家一、二等水准测量规范》（GB/T 12897）中的要求执行。

（4）界面、接（裂）缝位移监测

1）振弦式测缝计（位移计）计算公式：

$$
W_i = K(R_i - R_0) + C(T_i - T_0)
\tag{4.4 - 11}
$$

式中：W_i 为当前开合度或位移，mm；R_i 为当前频模读数，$f^2 / \times 10^{-3}$，f 为频率；R_0 为初始频模读数，$f^2 / \times 10^{-3}$，f 为频率；T_i 为当前温度，℃；T_0 为初始温度，℃；K 为仪器系数，$mm/(f^2 / \times 10^{-3})$；$C$ 为温度系数，mm/℃。

2）差动电阻式测缝计（位移计）计算公式：

$$
W_i = f(Z_i - Z_0) + b(T_i - T_0)
\tag{4.4 - 12}
$$

式中：W_i 为当前开合度或位移，mm；Z_i 为当前电阻比，0.01%；Z_0 为初始电阻比，0.01%；T_i 为当前温度，℃；T_0 为初始温度，℃；f 为最小读数，mm/0.01%；b 为温度修正系数，mm/℃。

3）电位器式位移计（TS）位移监测计算公式：

$$
\begin{cases}
W_t = W_i - W_0 \\
W_i = \dfrac{C}{V_0}(V_i - C'V_0)
\end{cases}
\tag{4.4 - 13}
$$

式中：W_t 为土体位移，mm；W_i 为 t 时位移计的位移，mm；W_0 为 t_0 时位移计初读数，mm；V_i 为实测电压，V；V_0 为工作电压，V；C、C' 为位移计常数，由厂家给出。

4）旋转电位器式三向测缝计位移监测计算公式。

$$\begin{cases} dy = (s^2 - L_3^2 + L_2^2)/2s - y \\ dz = (h^2 - L_1^2 + L_2^2)/2h - z \\ dx = [L_2^2 - (dy+y)^2 - (dz+z)^2]^{1/2} - x \\ L_3 = L_{03} - (U_3 - U_{03})/K_3 \\ L_2 = L_{02} - (U_2 - U_{02})/K_2 \\ L_1 = L_{01} - (U_1 - U_{01})/K_1 \\ y = (s^2 - L_{03}^2 + L_{02}^2)/2s \\ z = (h^2 - L_{01}^2 + L_{02}^2)/2h \\ x = (L_{02}^2 - y^2 - z^2)^{1/2} \end{cases} \tag{4.4-14}$$

式中：L_1、L_2、L_3 为 1、2、3 号传感器变位后的钢丝长度，cm；L_{01}、L_{02}、L_{03} 为 1、2、3 号传感器至测点 P 的钢丝初始长度，cm；U_1、U_2、U_3 为 1、2、3 号传感器变位后的测读数，V；U_{01}、U_{02}、U_{03} 为 1、2、3 号传感器的初始读数，V；K_1、K_2、K_3 为 1、2、3 号传感器的斜率，cm/V；x、y、z 为测点 P 的初始坐标，cm；h 为坐标板上传感器 1 号与 2 号的中心距，cm；s 为坐标板上传感器 2 号与 3 号的中心距，cm；dx、dy、dz 为测点 P 在 y、z、x 方向上的位移，cm。

（5）渗压水位监测。振弦式水压力计、差动电阻式水压力计、测压管监测渗压水位分别按式（4.4-14）～式（4.4-16）计算：

$$\begin{cases} P_i = K(R_0 - R_i) - C(T_0 - T_i) \\ h_i = P_i/9.8 + h_0 \end{cases} \tag{4.4-15}$$

式中：P_i 为渗压，kPa，为正值；h_i 为渗压换算水头，m；h_0 为仪器埋设高程，m；K 为仪器系数，$kPa/(f^2/\times 10^{-3})$，f 为频率；C 为温度系数，kPa/℃；R_0 为初始频模读数，$f^2 \times 10^{-3}$，f 为频率；R_i 为当前频模读数，$f^2 \times 10^{-3}$，f 为频率；T_0 为初始温度，℃；T_i 为当前温度，℃。

$$\begin{cases} P_i = f(Z_0 - Z_i) - b(T_0 - T_i) \\ h_i = P_i/9.8 + h_0 \end{cases} \tag{4.4-16}$$

式中：P_i 为实际渗压，kPa，为正值；h_i 为实际换算渗压水头，m；h_0 为仪器埋设高程，m；f 为最小读数，kPa/0.01%；b 为温度修正系数，kPa/℃；Z_0 为初始电阻比，0.01%；Z_i 为当前电阻比，0.01%；T_0 为初始温度，℃；T_i 为当前温度，℃。

$$H_i = h_0 - h_i \tag{4.4-17}$$

式中：H_i 为测压管内水位，m；h_0 为测压管管口高程，m；h_i 为管口至孔内水面的距离，m。

（6）土压力监测。振弦式土压力计计算公式同振弦式孔隙水压力计，差动电阻式土压力计按下式计算：

$$P_i = f(Z_0 - Z_i) + b(T_0 - T_i) \tag{4.4-18}$$

式中：P_i 为土压力，MPa；f 为最小读数，MPa/0.01％；Z_0 为初始电阻比，0.01％；Z_i 为当前电阻比，0.01％；T_0 为初始温度，℃；T_i 为当前温度，℃；b 为温度修正系数，MPa/℃。

（7）应变计监测。振弦式应变计监测应变计算、差动电阻式应变计分别按式（4.4-19）、式（4.4-20）计算：

$$\varepsilon_i = K(R_i - R_0) + C(T_i - T_0) \tag{4.4-19}$$

式中：ε_i 为应变，$\mu\varepsilon$；K 为仪器系数，$\mu\varepsilon/(f^2 \times 10^{-3})$，$f$ 为频率；C 为温度系数，$\mu\varepsilon/℃$；R_0 为初始频模读数，$f^2 \times 10^{-3}$，f 为频率；R_i 为当前频模读数，$f^2 \times 10^{-3}$，f 为频率；T_0 为初始温度，℃；T_i 为当前温度，℃。

$$\varepsilon_i = f(Z_i - Z_0) + b(T_i - T_0) \tag{4.4-20}$$

式中：ε_i 为应变，$\mu\varepsilon$；f 为最小读数，MPa/0.01％；Z_0 为初始电阻比，0.01％；Z_i 为当前电阻比，0.01％；T_0 为初始温度，℃；T_i 为当前温度，℃；b 为温度修正系数，$\mu\varepsilon/℃$。

（8）钢筋（锚杆）应力监测。振弦式钢筋（锚杆、钢板）应力计、差动电阻式钢筋（锚杆）应力计分别按式（4.4-21）、式（4.4-22）计算：

$$\sigma_i = K(R_i - R_0) + C(T_i - T_0) \tag{4.4-21}$$

式中：σ_i 为应力，MPa；K 为仪器系数，$MPa/(f^2 \times 10^{-3})$；C 为温度系数，MPa/℃；R_0 为初始频模读数，$f^2 \times 10^{-3}$，f 为频率；R_i 为当前频模读数，$f^2 \times 10^{-3}$，f 为频率；T_0 为初始温度，℃；T_i 为当前温度，℃。

$$\sigma_i = f(Z_i - Z_0) + b(T_i - T_0) \tag{4.4-22}$$

式中：σ_i 为应力，MPa；f 为最小读数，MPa/0.01％；Z_0 为初始电阻比，0.01％；Z_i 为当前电阻比，0.01％；T_0 为初始温度，℃；T_i 为当前温度，℃；b 为温度修正系数，MPa/℃。

（9）预应力锚索荷载监测。振弦式锚索测力计、差动电阻式锚索测力计分别按式（4.4-23）、式（4.4-24）计算：

$$\begin{cases} P_i = K(R_0 - R_i) - C(T_0 - T_i) \\ S_i = (P_0 - P_i)/P_0 \times 100 \end{cases} \tag{4.4-23}$$

式中：P_i 为锚索荷载，kN；S_i 为荷载损失率，％；K 为仪器系数，$kN/(f^2 \times 10^{-3})$，f 为频率；C 为温度系数，kN/℃；R_0 为初始频模读数，$f^2 \times 10^{-3}$，f 为频率；R_i 为当前频模读数，$f^2 \times 10^{-3}$，f 为频率；T_0 为初始温度，℃；T_i 为当前温度，℃；P_0 为锁定卸荷后荷载，kN。

以上荷载计算可先按各单弦读数及系数求荷载，然后再将其各单弦荷载求和平均；也可先将各单弦读数及系数分别求和平均，然后再求荷载。一般宜采用前者。

$$\begin{cases} P_i = f(Z_0 - Z_i) - b(T_0 - T_i) \\ S_i = (P_0 - P_i)/P_0 \times 100 \end{cases} \tag{4.4-24}$$

式中：P_i 为锚索荷载，kN；S_i 为荷载损失率，％；f 为最小读数，kN/0.01％；Z_0 为初始电阻比，0.01％；Z_i 为当前电阻比，0.01％；T_0 为初始温度，℃；T_i 为当前温度，℃。b 为温度修正系数，kN/℃；P_0 为锁定卸荷后荷载，kN。

（10）铜电阻式温度计测量温度按式（4.4-25）计算：

$$T_i = \alpha(R_i - R_0) \tag{4.4-25}$$

式中：T_i 为温度，℃；α 为仪器温度系数，℃/Ω；R_i 为 i 时刻电阻值，Ω；R_0 为 0℃电阻值，Ω。

（11）由单轴应变 ε' 计算混凝土应力。计算混凝土应力时应有埋设应变计处混凝土弹性模数和徐变的试验资料。将时间划分为 n 个时段，每个时段的起始和终止时刻（龄期）分别为 τ_0、τ_1、τ_2、τ_3、$\cdots$、τ_{i-1}、τ_i、$\cdots$、τ_{n-1}、τ_n。各个时段中点龄期 $[\bar{\tau}_i = (\tau_i + \tau_{i-1})/2]$ 为 $\bar{\tau}_1$、$\bar{\tau}_2$、$\cdots$、$\bar{\tau}_i$、$\cdots$、$\bar{\tau}_n$。各时刻对应的单轴应变分别为 ε'_0、ε'_1、ε'_2、$\cdots$、ε'_i、$\cdots$、ε'_n。各时段单轴应变增量（$\Delta\varepsilon'_i = \varepsilon'_i - \varepsilon'_{i-1}$）为 $\Delta\varepsilon'_1$、$\Delta\varepsilon'_2$、$\cdots$、$\Delta\varepsilon'_i$、$\cdots$、$\Delta\varepsilon'_n$。

1）松弛法计算 τ_n 时刻的应力：

$$\sigma(\tau_n) = \sum_{i=1}^{n} \Delta\varepsilon'_i E(\bar{\tau}_i) K_P(\tau_{n-i}, \bar{\tau}_i) \qquad (4.4-26)$$

式中：$E(\bar{\tau}_i)$ 为 $\bar{\tau}_i$ 时刻混凝土的瞬时弹性模数；$K_P(\tau_{n-i}, \bar{\tau}_i)$ 为加荷龄期为 $\bar{\tau}_i$，持荷时间为 $\tau_n - \tau_i$ 时刻的松弛系数。

2）变形法计算 τ_n 时刻的应力：

$$\sigma(\bar{\tau}_n) = \sum_{i=1}^{n} \Delta\sigma(\bar{\tau}_i) \qquad (4.4-27)$$

$\Delta\sigma(\bar{\tau}_i)$ 为 $\bar{\tau}_i$ 时刻的应力增量，按式（4.4-27）计算：

$$\left. \begin{aligned} \Delta\sigma(\bar{\tau}_i) &= E'(\bar{\tau}_i, \tau_{i-1}) \cdot \bar{\varepsilon}_i \quad (\text{当 } i=1) \\ \Delta\sigma(\bar{\tau}_i) &= E'(\bar{\tau}_i, \tau_{i-1}) \left\{ \bar{\varepsilon}_i - \sum_{j=1}^{i-1} \Delta\sigma(\bar{\tau}_j) \times \left[\frac{1}{E(\tau_{j-1})} + c(\bar{\tau}_i, \tau_{j-1}) \right] \right\} \quad (\text{当 } i>1) \end{aligned} \right\}$$

$$(4.4-28)$$

式中：$E'(\bar{\tau}_i, \tau_{i-1})$ 为以 τ_{i-1} 龄期加荷单位应力持续到 $\bar{\tau}_i$ 时的总变形 $\left[\dfrac{1}{E(\tau_{j-1})} + c(\bar{\tau}_i, \tau_{j-1}) \right]$ 的倒数，即称为 $\bar{\tau}_i$ 时刻的持续弹性模量；$E(\tau_{j-1})$ 为 τ_{j-1} 时刻混凝土的瞬时弹性模数；$c(\bar{\tau}_i, \tau_{j-1})$ 为以 τ_{j-1} 为加荷龄期持续到 $\bar{\tau}_i$ 时的徐变度。

2. 原始监测数据的检查与检验

原始监测数据的检查与检验内容包括：①作业方法是否符合规定；②观测记录是否正确、完整、清晰；③各项检验结果是否在限差以内；④是否存在粗差；⑤是否存在系统误差，等等。

有关观测项目的限差如下：

（1）水位观测。当水位变幅 $\Delta H \leqslant 10\text{m}$ 时，观测误差应小于等于 2cm；当水位变幅在 $10\text{m} < \Delta H \leqslant 15\text{m}$ 时，观测误差应小于 $2\% \Delta H \text{cm}$；当水位变幅在 $\Delta H > 15\text{m}$ 时，观测误差应小于等于 $\leqslant 3\text{cm}$。

（2）温度观测。气温观测误差应小于等于 $0.5℃$。

（3）渗流压力观测。测压管水位平行观测两次读数（采用电测水位计、自记水位计或水压力计）差不应大于 1cm；孔隙水压力计稳定读数两次差不应大于 2 个读数单位。

采用钢尺水位计平行测量两次读数差不应大于 2cm；压力表稳定测量读数差应不低于 1.6 级；渗压计测量读数差应不低于 $0.5\% \text{FS}$。

（4）变形观测。双金属标采用人工观测时，每一测次应测读两测回，两测回观测之差不得大于 0.15mm。

静力水准采用人工观测时，每一测次应测读两测回，两测回观测之差不得大于 0.15mm。

视准线应采用视准仪或 J₁ 型经纬仪或精度不低于 J₁ 型经纬仪的全站仪进行观测。每一测次应观测二测回，采用活动觇标法时，两测回观测值之差不得超过 1.5mm；采用小角度法时，两测回观测值之差不得超过 3.0″。

采用边角交会法进行表面水平位移观测时，测角交会符合：①在交会点上所张的角不宜大于 120° 或小于 60°。工作基点到测点的距离，在观测曲线闸墩时，不宜大于 200m；在观测高边坡和滑坡体时，不宜大于 300m。当采用三方向交会时，上述要求可适当放宽。②测点上应设置觇牌、塔式照准杆或棱镜。测边交会应符合：①交会点上所张的角不宜大于 135°，或小于 45°。工作基点到测点的距离，在观测曲线闸墩时，不宜大于 400m；在观测高边坡和滑坡体时，不宜大于 600m。②测点上应埋设安置反光镜的强制对中底盘或固定棱镜。

引张线观测可采用读数显微镜、两线仪、两用仪或放大镜，也可采用遥测引张线仪。严禁单纯目视直接读数。人工观测时，每一测次应观测二测回。当使用读数显微镜时，两测回观测值之差不得大于 0.15mm；当使用两用仪、两线仪或放大镜时，两测回观测值之差不得大于 0.3mm。

测斜仪的气泡格值不应大于 5″。

多点位移计施工期间的观测，基准值确定后，当测点近区有施工扰动时，扰动前后应各观测 1 次，以观测位移增量。当扰动前后位移变化较大时，应加密观测次数。

单向机械测缝标点和三向弯板式测缝标点的观测，宜直接用游标卡尺或千分表量测。单向机械测缝标点也可用固定百分表或千分表量测。平面三点式测缝标点宜用专用游标卡尺量测。机械测缝标点每测次均应进行两次量测，两次观测值之差不得大于 0.2mm。

裂缝、结构缝开度观测，应同时观测上下游水位、气温和水温。如发现结构缝上、下缝宽差别较大，还应配合进行垂直位移观测。

倒垂线观测可采用光学垂线坐标仪、遥测垂线坐标仪，也可采用其他同精度仪器。采用人工观测时，每一测次应观测两测回，两测回观测值之差不得大于 0.15mm。

3. 现场检查资料整理

每次现场检查后，应随即对原始检查记录包括影像资料、草图等进行整理。有条件的，将检查记录录入电脑，刊印并由责任人签字。检查的各种记录、影像、草图以及报告等均应按时间先后次序整理编排。

4. 监测设施变动情况

随着时间推移，部分监测设施需要更新、变动时，应对设施进行重新检验、校测，并将检验结果连同基本资料（监测设施的图、表等）一同整理，确保资料的衔接和连续性。

4.4.2.3　整编内容及方法

将整理检验计算后的各监测物理量数据存入计算机，借助数据处理工具，绘制监测物理量过程线图、分布图及其与环境量的相关性图，如渗流量与闸前水位、降雨量的相关性图，位移量与闸前水位、气温的相关性图等。对有关图进行比较分析，判断监测物理量是否有异常。如有异常，将异常情况附上有关文字说明，及时上报主管部门。

1. 资料整编周期

施工期和初过水期，整编时段视工程施工和蓄水进程而定，一般最长不超过 1 年。在运行期，每年汛前应将上一年度的监测资料整编完毕。

第一次整编时应完整收集工程基本资料、监测设施和仪器设备考证资料等，并单独刊印成册。以后每年应根据变动情况，及时加以补充或修正。

整编资料范围应包括整编时段内的各项日常整理后的资料，包含所有监测数据、文字和图表。

2. 资料整编总体内容

（1）在收集有关资料的基础上，对整编时段内的各项监测物理量按时序进行列表统计和校对。如发现可疑数据，不宜删改，应标注记号，并加注说明。某水闸部分监测项目统计情况见表 4.4 - 1。

表 4.4 - 1　　　　　　　　　某水闸一自然年渗压水位统计表

测点编号：P01　　　　　　　　　　　　　　　　　　　　　　　　　　单位：m

月\日	1	2	3	4	5	6	7	8	9	10	11	12
1	13.26	13.24	13.08	12.99	12.73	12.59	12.34	12.42	13.65	13.43	13.35	13.43
2	13.29	13.21	13.08	13.03	12.75	12.63	12.29	12.35	13.35	13.47	13.36	13.37
3	13.26	13.20	13.09	13.04	12.75	12.60	12.23	12.43	13.33	13.48	13.37	13.37
4	13.25	13.17	13.10	13.05	12.74	12.58	12.28	12.43	13.32	13.44	13.33	13.40
5	13.23	13.20	13.04	13.07	12.69	12.59	12.26	12.45	13.33	13.38	13.32	13.43
6		13.15	13.02	13.02	12.63	12.59	12.20	12.47	13.32	13.36	13.34	13.43
7		13.15	13.06	13.00	12.62	12.59	12.17	12.47	13.28	13.38	13.34	13.45
8	13.24	13.09	13.03	13.03	12.65	12.53	12.19	12.46	13.28	13.39	13.36	13.73
9	13.29	13.20	13.09	13.02	12.59	12.55	12.22	12.50	13.34	13.37	13.36	13.88
10	13.28	13.22	13.09	13.00	12.62	12.55	12.25	12.54	13.36	13.38	13.32	13.89
11	13.20	13.24	13.05	12.99	12.63	12.56	12.25	12.58	13.35	13.40	13.31	13.70
12	13.22	13.28	12.98	12.97	12.66	12.57	12.24	12.62	13.33	13.37	13.30	13.69
13	13.22	13.23	12.97	12.96	12.69	12.54	12.25	12.66	13.29	13.33	13.33	13.53
14	13.23	13.25	13.00	12.94	12.70	12.59	12.21	12.70	13.24	13.32	13.36	13.61
15	13.31	13.24	13.07	12.93	12.69	12.58	12.27	12.74	13.25	13.29	13.38	13.72
16	13.32	13.17	13.05	12.91	12.70	12.58	12.25	12.78	13.25	13.23	13.37	13.71
17	13.32	13.13	13.05	12.90	12.65	12.57	12.19	12.82	13.47	13.33	13.33	13.57
18	13.29	13.16	12.99	12.88	12.58	12.54	12.24	12.86	13.49	13.38	13.24	13.54
19	13.28	13.15	12.99	12.87	12.61	12.52	12.25	12.89	13.43	13.37	13.28	13.52
20	13.27	13.14	12.95	12.86	12.64	12.49	12.28	12.89	13.39	13.34	13.38	13.49
21	13.26	13.13	12.99	12.85	12.69	12.45	12.30	12.90	13.36	13.32	13.40	13.48
22	13.26	13.11	13.07	12.83	12.71	12.38	12.32	12.91	13.35	13.32	13.35	13.52
23	13.25	13.07	13.06	12.82	12.73	12.32	12.33	12.94	13.35	13.30	13.37	13.48

续表

日＼月	1	2	3	4	5	6	7	8	9	10	11	12
24	13.30	13.03	13.02	12.80	12.73	12.35	12.34	12.96	13.27	13.34	13.39	13.48
25	13.30	13.10	13.08	12.79	12.71	12.39	12.31	12.99	13.37	13.40	13.37	13.51
26	13.35	13.07	13.06	12.78	12.70	12.31	12.34	13.00	13.37	13.38	13.37	13.54
27	13.36	13.01	13.04	12.77	12.69	12.33	12.35	13.00	13.36	13.37	13.31	13.52
28	13.35	13.05	13.03	12.76	12.69	12.34	12.39	13.07	13.34	13.37	13.31	13.48
29	13.33		13.07	12.69	12.68	12.35	12.41	13.17	13.34	13.35	13.34	13.50
30	13.33		13.04	12.65	12.63	12.35	12.38	13.70	13.40	13.35	13.39	13.49
31	13.30		13.01		12.57		12.41	13.73		13.37		13.46

月统计		1	2	3	4	5	6	7	8	9	10	11	12
	最大值	13.36	13.28	13.10	13.07	12.75	12.63	12.41	13.73	13.65	13.48	13.40	13.89
	日期	27	12	4	5	2	2	29	31	1	3	21	10
	最小值	13.20	13.01	12.95	12.65	12.57	12.31	12.17	12.35	13.24	13.23	13.24	13.37
	日期	11	27	20	30	31	26	7	2	14	16	18	2

年统计	最大值	13.89	日期	12/10	最小值	12.17	日期	7/7	差值	1.72

　　（2）校绘各监测物理量过程线图，以及绘制能表示各监测物理量在时间和空间上的分布特征图和与有关因素的相关图。在此基础上，分析各监测物理量的变化规律及其对工程安全的影响，并对影响工程安全的问题提出处理意见。

　　（3）整编资料的内容（包括监测项目、测次等）应齐全，各类图表的内容、规格、符号、单位，以及标注方式和编排顺序应符合有关规定和要求。

　　（4）各项监测资料整编的时间与前次整编衔接，监测部位、测点及坐标系统等与历次整编一致。

　　（5）各监测物理量的计（换）算和统计正确，有关图件准确、清晰。整编说明全面，资料初步分析结论、处理意见和建议等符合实际，需要说明的其他事项无遗漏等。

4.4.2.4　整编报告

　　资料的整编应生成标准格式电子文档，刊印成册，建档保存，还应拷贝备份。

　　刊印成册的整编报告，其主要内容和编排顺序为：封面、目录、整编说明、工程基本资料、监测项目汇总表、监测仪器设施考证资料（第一次整编时）、巡视检查资料、监测资料、分析成果、监测资料图表和封底。其中，监测资料图表（含巡视检查和仪器监测）的排版顺序可按变形、渗流、压力或应力、其他的监测项目的编排次序编印。每个监测项目中，整编图在前，统计表在后。"封面"应包括工程名称、整编时段、卷册名称与编号、编制单位、刊印日期等。"整编说明"应包括整编时段内工程变化、运行概况，现场检查与监测工作概况，资料的可靠性，监测设施的维修、检验、校验以及更新改造情况，监测中发现的问题及其分析、处理情况（含有关报告、文件的引述），对工程运行管理的建议，以及整编工作的人员与组织情况等。

4.4.3 监测资料分析

4.4.3.1 基本要求

监测资料分析分为初步分析和系统分析。

初步分析是在对资料进行整理后，采用绘制过程线、分布图、相关图及测值比较等方法对其进行分析与检查，其过程类似于整编。监测资料的日常报表（如月报表、年报表）应包括监测资料的初步分析内容。在工程施工期由监测实施单位负责监测资料初步分析，工程竣工验收后由工程管理单位负责监测资料初步分析。

系统分析是在初步分析的基础上，采用各种方法进行定性、定量以及综合性的分析，并对工作状态作出评价，一般要求出具专题分析报告。一般在以下几种情况下需要做监测资料的系统分析：①首次过水试运行时；②竣工验收时；③水闸安全鉴定时；④出现异常或险情状态时；⑤在首次过水试运行、竣工验收及水闸安全鉴定时均应先做全面的资料分析，分别为试运行、验收及水闸安全鉴定评价提供依据。

4.4.3.2 资料分析内容

资料分析内容分为两类，一类为现场检查资料分析，另一类为安全监测资料分析，两者并不是完全独立的，而是相辅相成、相互印证。

（1）现场检查资料分析。现场检查资料，是水闸运行表现的直观表现，是评价水闸安全性态的第一手资料。现场检查资料分析，就是通过水闸及其他建筑物外观异常部位、变化规律和发展趋势，定性判断与工程安危的可能联系，并为安全监测和监测数据的分析提供依据。

在第一次试运行之际，有否发生河水自闸基部位的裂隙中渗漏出或涌出；有否浑浊度变化。其他各阶段，各个排水孔的排水量之间有无显著差异；闸室有无危害性的裂缝；结构缝有无逐渐张开；混凝土有无遭受物理或化学作用的损坏迹象；水闸在遭受超载或地震等作用后，哪些部位出现裂缝、渗漏；哪些部位（或监测的物理量）残留不可恢复量；宣泄大洪水后，建筑物或下游河床是否被损坏。

（2）安全监测资料分析。监测资料分析一般包含监测资料的可靠性分析、监测量的时空分析、特征值分析、异常值分析、数学模型分析、闸室整体性分析、防渗性能分析、闸室稳定性分析以及水闸运行状况评估等。

1）监测资料的准确性、可靠性分析。在对监测资料进行分析时，首先需要对监测资料的准确性、可靠性进行甄别分析，对由于测量因素（如仪器故障、人工测读及输入错误等）产生的异常测值进行处理（如删除或修改），以保证后期分析的有效性及可靠性，避免因监测数据的错误导致水闸安全性态分析结果的错误。

如果监测资料的整理与整编中，尽管已对监测数据的可靠性开展了初步检查与检验，在监测资料分析时，仍然需要进行监测资料的准确性与可靠性分析。

2）监测物理量随时间变化规律分析。首先绘制监测物理量的过程线图，根据各物理量（或同一部位内相同的物理量）的过程线，结合外荷载的变化，分析物理量随时间的变化规律，尤其注意相同外荷载条件（如特定闸前水位）下的变化趋势和稳定性，说明该监测量随时间而变化的规律、变化趋势，判断变化趋势是否向水闸安全不利的方向发展及工程异常。

3）监测物理量随空间变化规律分析。绘制监测物理量在水闸上的分布图，如平面分布图、剖面分布图等，分析该物理量在不同部位空间分布上的情况和特点，以判断工程有无异常区或不安全部位。

4）监测物理量特征值统计分析。监测物理量的特征值一般是指年极值（年最大值、年最小值）、年变幅、年平均值及特征值发生的时间等。根据特定需要，也可以以季、月甚至旬、日为时间单位进行统计。特征值分析时，需要统计出物理量历年来的特征值，进行整体分析。必要时，可绘制特征值过程线进行分析。

5）监测物理量相关性分析。分析监测物理量的主要影响因素，通过绘制相关线、计算相关系数甚至建立统计模型等，分析物理量与影响因素的定量关系和变化规律，以寻求影响物理量变化的主要因素，考察效应量与原因量相关关系的稳定性，并判断其是否影响工程的安全运行。

6）监测物理量异常值分析。这里的"异常值"是经前期监测资料可靠性分析，非观测失误导致的异常值，而是水闸安全性态异常变化的表现。

对怀疑是水闸安全性态变化导致发生的异常监测值，应与相同条件下的设计值、试验值、模型预报值、历年变化范围、相邻测点测值等相比较。当该异常测值超出上述范围时，要及时对工程进行相应的安全复核或专题论证。

7）监测物理量变化规律的稳定性。应分析历年的效应量与原因量的相关关系是否稳定，主要物理量的时效量是否趋于稳定。

8）数学模型分析。分析各分量的变化规律及残差的随机性。定期检验已建立的数学模型，必要时予以修正。

9）闸室整体性分析。对结构缝的开度以及闸室倾斜等资料进行分析，判断闸室的整体性。

10）渗流控制、排水设施的效能分析。根据闸基内不同部位或同部位不同时段的扬压力监测资料，结合地质条件分析判断渗流控制和排水系统的效能。在分析时，还应特别注意渗漏出浑浊水的不正常情况。

11）水闸稳定性复核。当水闸闸基扬压力监测值超过设计值时，宜进行稳定性复核。

12）监测物理量综合分析。以上述分析为基础，结合水闸工程地质条件与工程质量，对水闸监测资料进行综合分析。

综合分析时，应明确监测物理量变化是否稳定或收敛、与外荷载因素的相关关系是否稳定、空间分布是否符合实际规律、水闸防渗体系是否可靠等。水闸变形还应综合纵缝、横缝的开度以及挠度等资料进行整体变形分析；根据水闸不同部位或同部位不同时段的渗流量和扬压力监测资料，分析判断排水系统的效能。在分析时，应注意渗流量随闸前水位的变化而急剧变化的异常情况，还应特别注意渗漏出浑浊水的不正常情况。

（3）水闸安全性态评估。根据以上的分析判断，最后应对水闸的工作状态作出安全评估。

4.4.3.3 资料分析方法

资料分析常用的方法有比较法、作图法、统计法及数学模型法等。

（1）比较法。比较法有监测值与监控指标相比较、监测物理量的相互对比、监测成果与理论的或试验的成果（或曲线）相对照等三种。

监控指标是在某种工作条件下（如基本荷载组合）的变形量和扬压力等的设计值，或有足够的监测资料时经分析求得的允许值（允许范围）。在运行初期可用设计值作监控指标，根据监控指标可判定监测物理量是否异常。

监测物理量的相互对比是将相同部位（或相同条件）的监测量作相互对比，以查明各自的变化量的大小、变化规律和趋势是否具有一致性和合理性。

监测成果与理论或试验成果相对照比较其规律是否具有一致性和合理性。

（2）作图法。作图法是指借助绘图工具，将监测物理量数据绘制成图的形式展现，以便总体分析监测物理量的变化趋势与规律。

根据分析的要求，画出相应的过程线图、相关图、分布图以及综合过程线图（如将上游水位、气温、监控指标以及同闸室的扬压力等画在同一张图上）等。由图可直观地了解和分析监测值的变化大小和其规律，影响监测值的荷载因素和其对监测值的影响程度，监测值有无异常等。

案例1：渗压水位过程线图。

某闸渗压水位过程线见图4.4-3，该图包含信息有不同测点渗流压力过程线、上下游水位过程线等。

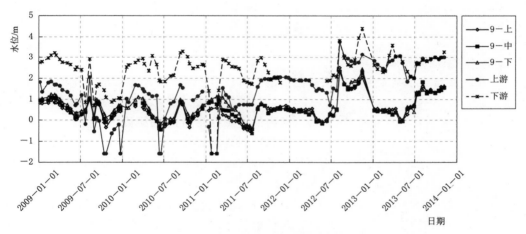

图 4.4-3　某闸渗压水位过程线图

案例2：水平位移过程线图。

某闸水平位移过程线见图4.4-4，该图包含信息有测点变形过程线等。

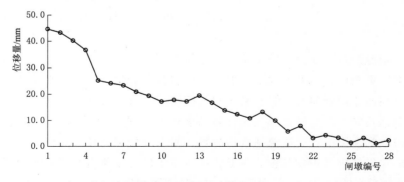

图 4.4-4　某闸水平位移过程线图（监测日期：2014年5月25日）

案例 3：垂直位移过程线图。

垂直位移主要影响因素为时效作用，也即随着时间流逝，闸室自身固结收缩引起的垂直位移。某闸典型测点垂直位移过程线见图 4.4-5。

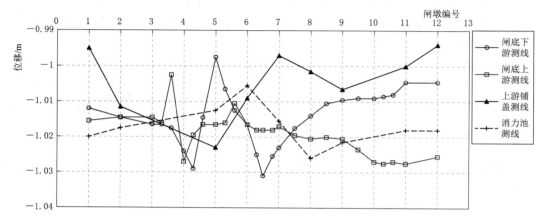

图 4.4-5　某闸典型测点垂直位移过程线图

案例 4：空间分布图。

图 4.4-6 给出了某闸温度等值线图，由图可以清晰看出闸墩温度的变化情况。

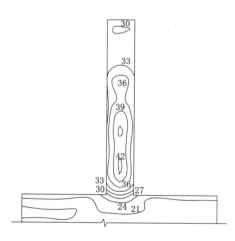

图 4.4-6　某闸温度等值线图

（3）统计法。借助数据处理工具，对单位周期内的监测物理量的特征值进行统计，并按时间序列排列或绘制特征值过程线进行分析。特征值包括各物理量历年的最大值和最小值（包括出现时间）、变幅、周期、年平均值及年变化趋势等。通过特征值的统计分析，可以看出监测物理量之间在数量变化方面是否具有一致性和合理性。

（4）数学模型法。数学模型法是通过统计回归分析、正演计算分析等，建立的监测物理量与外荷载之间的数学关系。借助数学模型可以分析各个影响因素对监测物理量的贡献大小、各影响因素的变化规律、对监测物理量进行预测预报等。监测物理量一般是指效应量，如位移、扬压力等；外荷载一般是指原因量，如上下游水位、气温等。

根据数学模型构成方法的不同，一般又可以将其分为统计模型、确定性模型及混合模型。有较长时间的监测资料时，一般常用统计模型。当有条件求出效应量与原因量之间的确定性关系表达式时（一般通过有限元计算结果得出），亦可采用混合模型或确定性模型。

运行期的数学模型中，一般包括水压分量、温度分量和时效分量三个部分。时效分量的变化形态是评价效应量正常与否的重要依据，对于异常变化需及早查明原因。

对于监测物理量的分析，一般用统计学模型，亦可用确定性模型或混合模型。应用已建立的模型做预报，其允许偏差一般采用±2s（s为剩余标准差）。

4.4.3.4　分析成果与报告

在完成上述分析工作之后，将分析成果进行整理汇总，编制成监测资料分析报告。监测资料分析报告，主要是根据监测资料的上述分析成果，对水闸当前的工作状态（包括整体安全性和局部存在问题）作出评估，并为进一步追查原因加强安全管理和监测，乃至采取防范措施提出指导性意见。

在工程的不同阶段，报告的编制内容应有所侧重，各阶段资料分析报告的主要内容还应包括以下各项：

（1）首次过水试运行。

1）试运行前的工程情况概述。

2）仪器安装埋设监测和巡视工作情况说明。

3）现场检查的主要成果。

4）试运行前各有关监测物理量测点（如扬压力、闸和地基的变形、地形标高、应力、温度等）的初始值。

5）试运行前施工阶段各监测资料的分析和说明。

6）根据现场检查和监测资料的分析，为试运行提供依据。

（2）分阶段验收、竣工验收及试运行期。

1）工程概况。

2）仪器安装埋设监测和现场检查情况说明。

3）现场检查的主要成果。

4）该阶段资料分析的主要内容和结论。

5）试运行以来，水闸出现问题的部位、时间和性质以及处理效果的说明。

6）对水闸工作状态进行评估，为分阶段验收及竣工验收提供依据。

7）提出对水闸监测、运行管理及养护维修的改进意见和措施。

（3）水闸安全鉴定时。

1）工程概况。

2）仪器更新改造及监测和现场检查情况说明。

3）现场检查的主要成果。

4）资料分析的主要内容和结论。

5）对水闸工作状态的评估。

6）说明建立、应用和修改数学模型的情况和使用的效果。

7）水闸运行以来，出现问题的部位、性质和发现的时间、处理的情况和效果。

8）拟定主要监测量的监控指标。

9）根据监测资料的分析和现场检查找出水闸潜在的问题，并提出改善水闸运行管理、养护维修的意见和措施。

10）根据监测工作中存在的问题，应对监测设备、方法、精度及测次等提出改进意见。

（4）水闸出现异常或险情时。

1）工程简述。

2）对水闸出现异常或险情状况的描述。

3）根据现场检查和监测资料的分析，判断水闸出现异常或险情的可能原因和发展趋势。

4）提出加强监测的意见。

5）对处理水闸异常或险情的建议。

4.5 安全监控信息化

4.5.1 安全监测自动化

4.5.1.1 概述

水闸安全监测自动化系统针对水闸工程、水闸安全监测和水闸安全分析的特点，采用网络、数据库、WebGIS 等技术，实现水闸及其建筑物、水闸安全监测信息和水闸安全分析成果的信息展示及预警，为水闸安全监测信息和水闸安全分析成果的直观展现提供了软件平台。

4.5.1.2 测控单元（MCU）

测控装置应具备低功耗、高速度、高集成度、高可靠性的要求，使系统配置更加灵活、方便、可靠，系统功能更加强大。同时，研制成功了系列新型智能数据采集模块，可接入多种传感器，支持多种通信方式，具有强大的自诊断功能、多级备份和防雷抗干扰保护措施，功耗低、免维护，便于扩展和升级，能适应水工恶劣环境，具有在线监控、离线分析、安全管理、网络系统管理、数据库管理、远程控制与管理等功能，包括数据的人工/自动采集、在线快速安全评估、水闸性态离线分析、模型建立与管理、预测预报、工程文档信息、测值及图形图像管理、报表/图形制作、辅助工具、帮助系统、远程通信与控制、教学演示等日常水闸安全监控和管理的所有内容。目前主要有 MCU－01/04/08/32型测控单元，具体介绍如下：

MCU－01/04/08/32 模块化智能自动测量单元，是一款分布式模块化数据采集系统，集成各种类型的测量模块和数据采集系统软件配套使用。设计用于对各类岩土工程与结构安全监测项目中的传感器信号进行实时自动数据采集/存储/传输/计算等功能，为工程施工及运行管理提供与工程现状和安全相关的数据支持和判断依据。

自动测量单元有分布式网络化测量、自动间隔测量、单次测量、连续测量、定时测量、定次测量、测量数据存储、计算机通信、人工比测等功能。自动测量单元由高品质防水工程塑料箱、主控模块、测量模块（振弦模块、电阻模块、电压模块、智能模块、水文模块、多功能模块）、电源模块、避雷模块、通信模块、接线端子等组成。主控模块可自主测量雨量计、温度计等传感器输出信号。

4.5.1.3 数据采集

数据采集软件实现计算机与测量控制单元（MCU）通信，完成监测数据的采集。其结构框图见图 4.5－1。

（1）MCU 自检。MCU 自检是通过计算机与 MCU 通信，使 MCU 进行自检，并将自检结果返回至计算机，显示给操作人员，达到远程诊断 MCU 的目的。自检的内容包括：

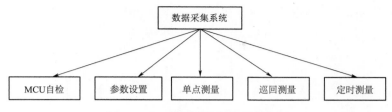

图 4.5-1　数据采集软件结构框图

1）通信。通过计算机尝试与 MCU 通信，确定计算机是否能够与 MCU 进行通信，诊断通信线路、MCU 通信模块是否存在故障。

2）MCU 内部温度。通过检测 MCU 内部温度，检查 MCU 是否异常。

3）MCU 工作电压。通过检测 MCU 工作电压，检查充电电路、蓄电池是否正常。

4）MCU 充电电压。通过检测 MCU 充电电压，检查 MCU 交流供电是否正常。

5）MCU 测量模块和通道。通过检测 MCU 测量模块和通道，识别模块和通道类型，确定其与所接传感器类型是否相符，保证测量正常。

（2）参数设置。在 MCU 能够正常工作之前，要根据工程的具体情况，对 MCU 的参数和数据库中的各测点进行设置。设置的内容有：

1）通信速率。根据计算机与 MCU 通信方式、通信介质，设置适当的传输速率，这样在保证传输的可靠性下，可使数据传输达到最快。

2）系统时间。设置 MCU 内部时间，使其与计算机时间同步。

3）通道配置。对 MCU 中各通道进行设置，主要设置的内容包括仪器类型、仪器指标、测量范围等，这样 MCU 可采取正确测量方式对通道进行测量。

4）公式设置。在数据库中设置各类型传感器从电测量到工程物理量的转换公式。数据采集软件在得到来自 MCU 的电测量时，可同时进行计算，得出工程物理量。公式组成提供非常灵活的编辑方式，可以任意输入包括（、）、＋、－、×、／、^（平方）、数字、指定参数在内的所有元数据的组合。

5）定时测量时间。设置定时测量开始时间、间隔时间，MCU 据此进行定时测量。

（3）单点测量。单点测量用于测量某种仪器的某个测点的各种电测量（如渗压计的频率和温度）和相关仪器测量（如测量测压管内的孔隙水压力计，还要测量气压计），计算出工程物理量。具有打印和保存测量数据至数据库的功能。

（4）巡回测量。巡回测量用于测量一个 MCU 或多个 MCU 上的测点，所测仪器类型可以是一种，也可以是多种。得到电测量后，计算出工程物理量，还可以直接取上一次巡回测量数据。巡回测量时，数据采集软件以列表的形式给出与各 MCU 相连的仪器类型，供操作人员选择。能够对测量数据进行检查，当测量数据超出量程范围或事先设置的安全警戒，将给出提示或警告。能够按仪器类型打印测量数据和保存测量数据至数据库。

（5）定时测量。定时测量主要用来取定时测量数据，计算出工程物理量，测量所得的电测量和工程物理量在列表中显示。能够按仪器类型打印测量数据和保存测量数据至数据库。取定时测量数据可以是计算机自动取数也可以是人工取数。

4.5.1.4　系统结构及网络流程

针对水闸工程的特点，为实现系统地实时分析与评价的目标，系统设有综合分析评价库、工程数据库和图库，另有主控（人机界面）、输入和输出等，见图 4.5-2。

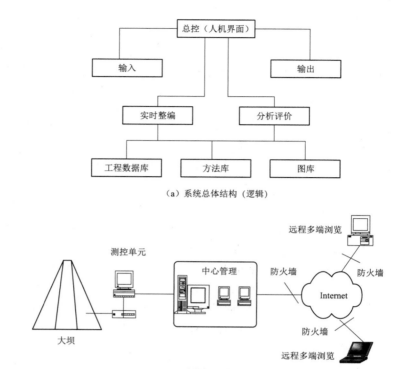

（a）系统总体结构（逻辑）

（b）系统总体结构（物理）

图 4.5-2　系统总体结构

4.5.1.5　系统防雷

系统的控制计算机、MCU 等仪器供电电源需要 220V 交流电源，而交流电源最易感应雷电流或被雷电直接击中，同时交流电源系统中会经常有浪涌过电压的出现，因此，电源系统中必须有防雷设施。为了使系统对一般的雷电有一定防护性，供电电源采取两级防雷保护措施，如图 4.5-3 所示，第一级采用 20kA 的电源避雷器，第二级采用隔离变压器。

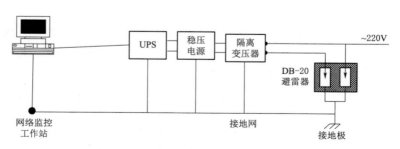

图 4.5-3　供电电源两级防雷方案示意图

在系统中，供电线路采用电缆埋入地下引入机房，其埋设长度大于 50m。在电缆进入房间的入口处，应将电缆金属保护层和加强钢芯线与地网连接。如电缆没有金属保护层，则在电缆进入房间之前，应将电缆穿入钢管中，钢管的两端都应与地网连接。

4.5.2　视频监控

4.5.2.1　概述

水闸跨度大、建筑物结构复杂，需要重点巡视、防范的部位多。视频监控能把重要部位的图像实时传到中控室，值班人员能同时观察各个重点部位，掌握现场情况，节省人力物力。如有人为破坏、安全事故，也能调取录像，方便取证。

为了增强水闸的安全防范措施、节省人力物力、提高水闸运行管理水平，需要建立视频监控系统。

4.5.2.2　视频站点布设

视频站点的布设重点是涉及水闸工程安全的重点区域，同时对水闸管理区域进行布设，以实现工程巡视检查、安防目的与功能。布设区域包括：闸门上下游侧、管理楼大门口、楼梯进出口、电梯口、走廊、会议室、机房、中控室、柴油发电机房、油库、变压器室、启闭机房、下游河道、左右岸大闸管理区等及其他需要被监控的地方，摄像机站点能无遮挡地监控这些场景。

站点摄像机选型原则：普通固定监视场景，如走廊、电梯厅、楼梯口、各类入口、停车场、闸门等宜选择枪式摄像机；有吊顶的室内场所，如机房、办公区域、走廊、机房等宜选择半球摄像机与飞碟摄像机；大范围监控并需要快速响应的场景，大堂、会议室、室内外停车场、下游河道、左右岸大闸管理区等宜选择球型摄像机。

视频监控系统应根据实用性、稳定性、可靠性、开放性、先进性、标准化、使用维护方便等设计原则，结合大闸枢纽布置实际情况进行视频点布置。

4.5.2.3　系统结构

视频监控系统由前端设备、传输通道、终端设备和控制设备4个部分构成。

前端设备是视频信息的采集端。形象地说，前端设备是系统的"眼睛"。系统的管理人员通过控制设备，对前端设备进行遥控，获取必要的影像信息。因此，前端设备的性能优与劣及其布点的合理性，对系统的质量与整体效果有很大的影响。

传输通道犹如视频监控系统的"信息高速公路"，前端摄像机采集的影像信息通过这个"信息高速公路"传输到终端设备，没有这个传输通道，影像就无法传输过来，并且也无法传递控制信号到前端。因此，传输通道的优劣直接关系到系统能否正确无误地传送影像信息和控制信号。传输方式包括同轴视频电缆、双绞线、光纤和无线等。

终端设备用来显示、存储与处理前端信息的输出设备。包括显示设备、存储设备，解码设备等。人们从终端设备获得前端的影像。终端设备配备的优劣及与前端设备搭配的合理与否，直接关系到是否丢失前端信息，能否真实再现前端信息。

控制设备能发出控制命令控制云台、镜头、光圈动作。

例如某水闸的视频监控系统主要设备包括摄像机、编码器、硬盘录像机、解码器、监视器、视频监控主机等。摄像机的视频信号通过编码器转变为标准的网络信号，通过光纤以太环网内的交换机传至输中心站内的网络录像机、监控计算机及大屏幕显示器等。图4.5-4为某水闸视频监视系统的结构图。

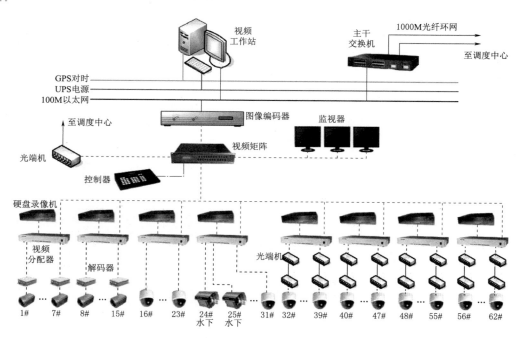

图 4.5-4　某水闸视频监视系统的结构

4.5.2.4　前端设备

1. 镜头

镜头与摄像机配合，可以将远距离目标成像在摄像机的成像靶面上。镜头、安装到摄像机的镜头、镜头成像原理见图 4.5-5。

（a）镜头　　　　　　　　　　（b）安装到摄像机的镜头

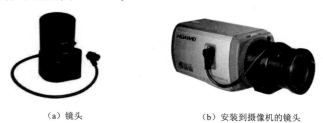

（c）镜头成像原理

图 4.5-5　镜头及成像原理

镜头光学特性包括成像尺寸、焦距、相对孔径和视场角等几个参数。

（1）成像尺寸。镜头一般可分为 1 英寸（25.4mm）、2/3 英寸（16.9mm）、1/2 英寸（12.7mm）、1/3 英寸（8.47mm）和 1/4 英寸（6.35mm）等几种规格，分别对应不同成像尺寸，选用镜头时，应使镜头成像尺寸与摄像机靶面尺寸大小相吻合。

（2）焦距。焦距决定了摄取图像大小，用不同焦距镜头对同一位置某物体摄像时，配长焦距镜头摄像机所摄取的景物尺寸大，反之，配短焦距镜头摄像机所摄取景物尺寸小。当已知被摄物体的大小及该物体到镜头的距离时，可估算选配镜头焦距。成像原理见图 4.5－6 及式（4.5－1）。

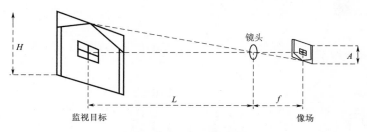

图 4.5－6　成像原理

$$f = \frac{AL}{H} \tag{4.5－1}$$

式中：L 为镜头中心到被摄物体距离，m；H 为被摄物体垂直尺寸，m；A 为靶面成像高度，m。

（3）相对孔径。为了控制通过镜头光通量大小，在镜头后部设置光圈。假定光圈的有效孔径为 d，由于光线折射关系，镜头实际孔径为 D，D 与焦距 f 之比定义为相对孔径 A，即 $A = D/f$。一般用相对孔径的倒数来表示，即 $F = f/D$。F 称为光圈数，标注在镜头调整圈上，其标值为 1.4、2、2.8、4、5.6、8、11、16、22 等序列值。F 值越小，光圈越大，到达摄像机靶面的光通量就越大。

（4）视角。镜头有一个确定视野，镜头对这个视野的高度和宽度的张角称为视角。视角示意图，见图 4.5－7。

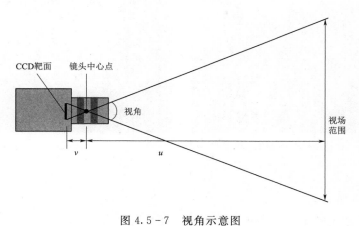

图 4.5－7　视角示意图

　　如果所选择镜头视场角太小，可能出现监视死角；若选择镜头视场角太大，可能造成监视主体画面尺寸太小，难以辨认，边缘出现畸变。因此，要根据具体应用环境选择视场角合适镜头。

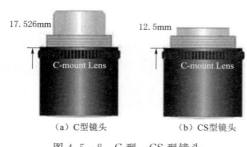

(a) C型镜头　　　　(b) CS型镜头

图 4.5-8　C 型、CS 型镜头

　　(5) 接口。镜头的安装方式有 C 型安装和 CS 型安装两种。C 型镜头安装基准面到焦点距离是 17.526mm，CS 型是 12.5mm，将 C 型镜头安装到 CS 型接口摄像机时需增配一个 5mm 厚的接圈。如果对 C 型镜头不加接圈就直接接到 CS 型接口摄像机上，可能使镜头后镜面碰到 CCD 靶面的保护玻璃，造成 CCD 摄像机的损坏。C 型、CS 型镜头见图 4.5-8。

2. 摄像机

　　摄像机是监控系统的前端，也是整个系统的眼睛，其作用是将所监视目标的光信号变为电信号，通过传输通道把图像传送到控制中心的监视器上。摄像部分是系统的信号源，因此摄像部分及其产生的图像信号的质量影响着整个系统的质量。

　　摄像机种类较多：按图像传感器可分为 CCD 和 CMOS 摄像机；按内部信号处理及外部信号输出，可分为模拟、数字摄像机；按是否具有红外功能可分为红外、非红外摄像机；按外形可分为枪型机、半球机、飞碟机、球型机；按清晰度可为标清、高清摄像机。

　　(1) CCD 和 CMOS 摄像机。摄像机是通过图像传感器将光信号转换为电信号。CCD 摄像机采用的是 CCD 图像传感器，CMOS 摄像机采用的是 CMOS 图像传感器。CCD 和 CMOS 图像传感器是一个极其重要的部件，类似于人的眼睛，其性能的好坏将直接影响到摄像机的性能。

　　图像传感器见图 4.5-9。

(a) CCD/CMOS传感器　　　　　　(b) 相机中CCD/CMOS图像传感器

图 4.5-9　图像传感器

　　CCD 和 CMOS 在制造上的主要区别：CCD 是集成在半导体单晶材料上，而 CMOS 是集成在被称作金属氧化物的半导体材料上，工作原理没有本质的区别。CMOS 容易大规模集成制造，成本低。

（2）模拟、数字、网络摄像机。

1）模拟摄像机。模拟摄像机的图像传感器将光信号转换成模拟电信号，接着由 DSP 进行 A/D 转换与色彩处理后，再做 D/A 转换，最后调制成 PAL/NTSC 制式电视标准视频信号输出。

模拟摄像机则采用隔行扫描，隔行扫描的行扫描频率为逐行扫描时的一半，隔行扫描会带来许多缺点，如会产生行间闪烁效应、边沿锯齿化现象等不良效应，隔行扫描会导致运动画面清晰度降低。

模拟摄像机输出为的模拟信号，长距离传输容易衰减，并且易受到电磁干扰。

模拟摄像机输出的是复合模拟视频信号，当信号传输到后端数字录像机等设备时，需要进行模数转换、梳状滤波处理，也就是亮色分离，由于色度信号和高频的亮度信号占用了频带中相同的频率资源，画面容易出现杂色斑点，模拟摄像机、视频线、控制线电源线都是独立的。

2）数字摄像机。数字摄像机的图像传感器直接将光信号转换成数字信号，然后由 DSP 进行图像处理与压缩，最后将压缩视频通过网络输出。其前端多数采用的是百万像素 CMOS 感光器。

数字高清摄像机采用逐行扫描，每一帧图像均是一行接着一行连续扫描而成。不需要将不同时刻奇偶场画面拼接合成视频，不需要为了消除锯齿进行视频反交错处理，清晰度没有损伤，数字摄像机输出压缩过的数字视频，后端设备不需要视频采集芯片进行 A/D 转换，直接由后端设备存储起来，不需要占用 CPU 或 DSP 资源去压缩视频，从而节省了处理器资源，减低了对后端设备的配置要求。

数字摄像机则可以将视频线、电源线、控制线合为一根网线传输，传输过程中不易受干扰。数字摄像机对网络带宽的要求较高，在许多情况下难以使用；兼容性差。

3）红外摄像机。红外摄像机一般指自带红外灯的主动红外摄像机。

摄像机的图像传感器本身具有很宽的感光光谱范围，其感光光谱不但包括可见光区域，还包括红外区域，利用此特性，可以在夜间无可见光照明的情况下，用辅助红外光源照明监视场景以使图像传感器清晰地成像。红外灯将红外光投射到目标景物上，红外光经目标景物反射后再进入摄像机进行成像。这时所看到的图像实质是由红外光反射所成的画面，而不是平常可见光反射所成的画面，以此可拍摄到黑暗环境下人眼看不到的景物。

红外摄像机自身带有光感应传感器，白天光线比较强时红外灯不工作，当光线较弱时红外灯自动开启。

常见的红外摄像机见图 4.5-10。

4）枪形摄像机、半球形摄像机、飞碟形摄像机、球形摄像机。枪形摄像机、半球形摄像机、飞碟形摄像机、球形摄像机仅是针对外形来讲的：枪形摄像机外形像枪，半球形摄像机外形像个半球，飞碟形摄像机外形像飞碟，球形摄像机外形像球。

枪形摄像机：需要配合支架安装，适用于普通固定监视场景，如走廊、电梯厅、楼梯口、各类入口、停车场等。常见枪形摄像机见图 4.5-11。

（a）红外枪形摄像机

（b）红外半球形摄像机

（c）红外球形摄像机

图 4.5-10　红外摄像机

红外枪形摄像机1

红外枪形摄像机2

红外枪形摄像机3

枪形摄像机

图 4.5-11　常见枪形摄像机

　　半球形摄像机与飞碟形摄像机：无需另外配支架，美观、安装简单，适用于有吊顶的室内场所，如机房、办公区域、走廊等。常见半球形摄像机、飞碟形摄像机见图 4.5-12。

红外半球形摄像机

半球形摄像机

飞碟形摄像机1

飞碟形摄像机2

图 4.5-12　常见半球形摄像机、飞碟形摄像机

球形摄像机：集成了摄像机、变焦镜头、云台台、解码器、防护罩于一体，只需配合支架完成安装，适用于室内、室外大范围监控并需要快速响应的场景，如各类建筑大堂、室内外停车场、小区、工厂、平安城市等。常见球形摄像机外形见图4.5-13。

球形摄像机　　　　　　　　　　　红外球形摄像机

图4.5-13　常见球形摄像机

5）标清与高清摄像机。标清：物理分辨率在1280p×720p以下的一种视频格式，是指视频的垂直分辨率为720线逐行扫描。具体来说，是指分辨率在400线左右的VCD、DVD、电视节目等"标清"视频格式，即标准清晰度。

高清：物理分辨率达到720p以上则称作为高清。关于高清的标准，国际上公认的有两条：视频垂直分辨率超过720p或1080p；视频宽纵比为16：9。

满足标清标准的摄像机称作标清摄像机，满足高清标准的摄像机称作高清摄像机。标清与高清等级划分见表4.5-1。

表4.5-1　　　　　　　　　　　　　　标清与高清等级划分

名称	水平像素	垂直像素	画幅比
标清	720	576	4：3
高清	1280	720	16：9

3. 云台

云台是承载摄像机进行水平和垂直两个方向转动装置。云台能扩大摄像机的视场范围。常见云台的外形见图4.5-14。

云台主要技术指标如下：

（1）旋转转速。以旋转的角速度表示，反映摄像系统跟踪目标的能力。在视频监控系统中，跟踪快速运动目标时，主要取决于云台的水平转速，特别是对在近距离范围内做横向快速运动的目标。但依据观察目标距摄像机的距离不同，对云台的转速要求也不同。

（2）旋转范围。云台的旋转受结构的限制，不能无限制地旋转。如果失控超出了限位，会使各种引线缠绕、断开，甚至破坏机构部件。云台可实现水平方位略小于360°，垂直方向小于±90°的旋转范围。

（3）承重。指为支撑云台上的摄像机及防护罩，云台所能承受的总重量。室内云台的承重量较小，一般为1.5~7kg。室外云台因其上面安装有防护罩的摄像机，其承重量较

（a）球机云台

（b）壁装云台

（c）吊装云台

（d）重型云台

图 4.5－14　常见云台的外形

大，一般为 7～50kg。

4. 支架

支架在视频监控系统中的作用是承载云台或摄像机等，并固定到立杆、天花板、墙壁等。从用途来分，支架大体可分为云台支架、摄像机支架和球机支架。

（1）云台支架。云台支架将安装有摄像机的云台固定在墙壁、天花板、吊装架或其他装置上，因此除考虑云台和摄像机的重量外，还应考虑、云台电机转动时的震动和抖动。云台支架能承受几千克到几十千克的重量，云台支架一般采用金属构件，尺寸较大，且在多数情况下随云台一起配套出售。

常见的云台支架见图 4.5－15。

（2）摄像机支架。摄像机支架是直接将摄像机固定到墙壁、天花板或其他吊装架上的部件，摄像机的指向可以通过调整支架上的活动帽改变。这类支架能承载摄像机、防护罩、电源等设备的总重量，摄像机支架可用金属或塑钢 ABS 塑料制造。

常见的摄像机支架见图 4.5－16。

（3）球机支架。球机支架是摄像机支架的一种特殊形式，摄像机由以枪机为主的时代逐步向多种外形发展，球机的快速发展也带动了摄像机支架的快速发展，球机支架也呈现出一些特殊的固有外形。

常见的球机支架见图 4.5－17。

5. 防护罩

防护罩能给摄像机防灰尘、雨水、低温，保证摄像机在有灰尘、雨水、低温等情况下正常使用。

（a）云台支架1   （b）半固定云台支架

（c）室外重型云台支架   （d）云台支架2

图 4.5-15 常见的云台支架

（a）万向支架   （b）弯头支架

图 4.5-16 常见的摄像机支架

（a）吊装支架   （b）壁装支架

图 4.5-17 常见的球机支架

（1）常见的防护罩外形。常见的防护罩外形见图 4.5 - 18。

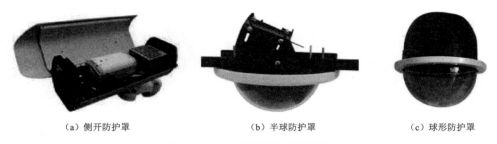

（a）侧开防护罩　　　　　　　（b）半球防护罩　　　　　　　（c）球形防护罩

图 4.5 - 18　常见的防护罩外形

（2）防护罩的性能。不同的使用环境需要不同性能的防护罩。

1）室内防护罩。室内用防护罩结构简单、价格便宜。其主要功能是防止摄像机落灰并有一定的安全防护作用，如防盗、防破坏等。

2）室外全天候防护罩。室外全天候防护罩用于室外露天场所，要能经受风沙、霜雪、炎夏、严冬等恶劣情况。根据使用地域的气候条件，可选择配置加热器、抽风机、除霜器、去雾器、雨刷、遮阳罩、隔热体。一般室外的防护罩在温度高时自动打开风扇冷却，温度低时自动加热。下雨时可以人为控制雨刷器刷雨。有的室外防护罩结霜时可以加热除霜。较好的全天候防护罩既可自动加温，也可自动降温，并且功耗较小。

3）特殊环境防护罩。特殊环境防护罩主要在某些有腐蚀性气体、易燃易爆气体、大量粉尘等环境下采用，密封性能好。

4）室内半球形、球形防护罩。为了装饰美观或是隐蔽的需要，将摄像机防护罩制成吸顶式外形，这就是各种半球形、球形的防护罩。半球形防护罩是固定安装的，摄像机镜头的视场方向也是固定，在安装好以后不便调整。球形防护罩可选择 360°连续旋转。

5）全天候球形防护罩。全天候球形防护罩带有特定的云台或标准的加热器、抽风机以及可供选择的其他附件。

6）一体化球形防护罩。一体化球形防护罩实质上是一个完整的摄像机系统，包括摄像机、电动变焦镜头、智能化云台以及微处理器芯片、存储芯片、解码器等，集成于一个球形防护罩内。

6. 视频编码器

视频编码器又叫视频服务器，简称 DVS（Digital Video Server），主要用来对模拟视频信号进行编码压缩，并提供网络传输功能。DVS 适用在监控点比较分散的应用环境中。

（1）关键指标。

1）图像质量：图像质量是编码器的根本，图像质量应该清晰、流畅。

2）延时性：视频经过编码压缩传输到网络客户端的延时不能过长。

3）网络适应性：应具有良好的网络适应性，克服抖动、丢包等现象。

4）QoS：支持服务质量控制，保证视频传输的质量。

5）开放性：能够以各种方式与不同厂商的 NVR 快速集成、整合。

（2）工作原理。编码器可以看成是视频监控系统从模拟时代到网络时代的过渡产品，利用 DVS，可以将已经存在的模拟设备升级到网络系统。通常，编码器具有 1～8 个视频输入接口，用来连接模拟摄像机信号输入；一个或两个网络接口，用来连接网络；它有内置的 Web 服务器、压缩芯片及操作系统，可实现视频的数字化、编码压缩及网络存储。除此之外，还有报警输入输出接口、串行接口、音频接口等。编码器典型应用见图 4.5－19。

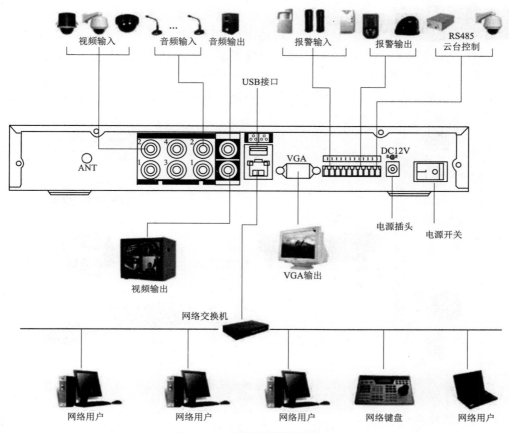

图 4.5－19　编码器的典型应用

4.5.2.5　传输通道

视频监控系统中，传输通道中的数据流主要有视频数据流、音频数据流、控制信号数据流等。其中，视频数据流从系统前端的摄像机流向视频监控系统的控制中心，控制信号数据流从控制中心流向前端的摄像机；音频数据流既可能从前端的拾音器传送到控制中心，也可能从控制中心传送到前端的喇叭等放音设备。

视频监控系统中视频信号传输方式的选择，主要由传输距离的远近、摄像机的多少决定。传输距离较近时，采用同轴电缆和双绞线视频基带传输方式；传输距离较远时，采用射频有线传输方式或光纤传输方式。

1. 同轴电缆基带传输

同轴电缆基带传输又称为"直接电缆传输"，指从摄像机输出的视频信号直接通过同轴电缆传输，是最基本的视频传输方式。

同轴视频传输是应用最早，用量最大，最容易操作的一种视频传输方式。基带传输是唯一不用传输设备而直接传输视频信号的传输方式。常用同轴电缆的型号有：SYV-75-3、SYV-75-5、SYV-75-7、SYV-75-9、SYV-75-12 等。75 表示电缆的特性阻抗为

图 4.5-20　同轴电缆

75Ω。3、5、7、9、12 表示电缆的线径，数字越大线径越粗，线径越粗传输距离越远。

同轴电缆从中心往外依次为中心导体、内层绝缘介质、金属屏蔽层、外层绝缘防护层。同轴电缆见图 4.5-20。

视频同轴电缆基带传输方式的结构见 4.5-21。

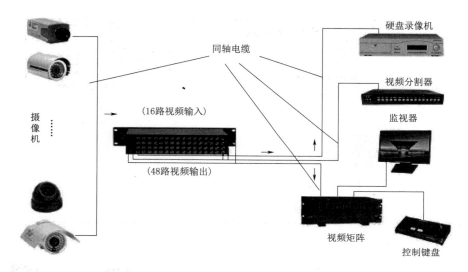

图 4.5-21　视频同轴电缆基带传输方式的结构

2. 双绞线传输

双绞线是由两条相互绝缘的导线按照一定的规格互相缠绕（一般以顺时针缠绕）在一起而制成的一种通用配线，导线两两相绞，形成双绞线对，因而得名双绞线。常用的 8 芯网线就是 4 对双绞线。双绞线具有良好的抗干扰性，两根绝缘的铜导线按一定规格互相绞在一起，可降低信号干扰，每一根导线在传输中辐射的电波会被另一根线上发出的电波抵消。

视频双绞线基带传输：双绞线两端加装双绞线转发器，进行视频信号传输。例如双绞线两端各接一个转发器，一个接摄像机，另一个接监视器，组成一个简单监视系统。

双绞线传输见图 4.5-22。

双绞线传输是解决 1km 内、复杂电磁环境中视频传输一种解决方式，具有布线简易、成本低廉、抗共模干扰性能强等优点。但只能解决 1km 以内视频监控图像传输，而且一

根双绞线只能传输一路图像，不适用于范围大、复杂的视频监控系统，双绞线质地脆弱抗老化能力差，不适用野外传输；双绞线传输高频分量衰减较大，图像颜色会受到很大损失。

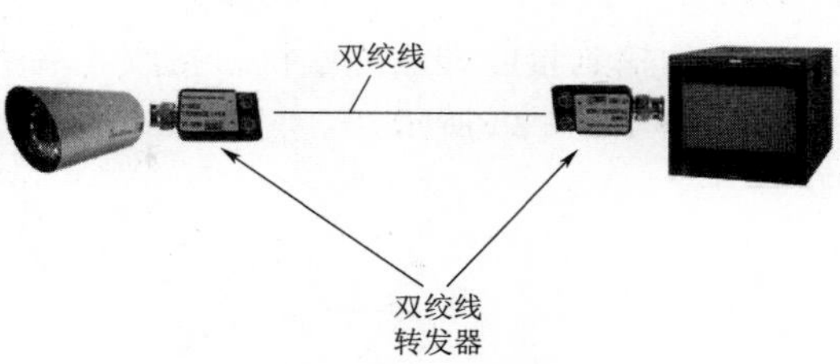

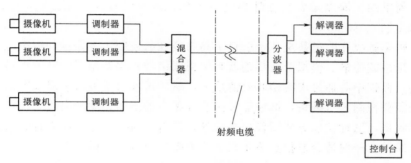

图 4.5-22 双绞线传输

3. 射频传输

射频传输可以把一路或多路视频基带信号调制并混合到一根射频电缆上传输，到末端再把一路或多路视频基带信号解调出来。射频传输主线路是一根电缆，多路信号共用一根射频电缆。

射频传输方式的信号传输距离比较远，能在一根电缆中同时传输多路视频，并可双向传输。对于摄像机分布相对集中，且集中后需要远距离传输（几公里以内）的场合，应用射频调制解调传输方式比较合理。

射频传输示意图见图 4.5-23。

```
摄像机 — 调制器 ┐
摄像机 — 调制器 ┼→ 混合器 ≈ 分波器 ┬→ 解调器
摄像机 — 调制器 ┘                   ├→ 解调器
                                    └→ 解调器
                 射频电缆            → 控制台
```

图 4.5-23 射频传输

4. 光纤传输

光纤是光导纤维的简写，是一种由玻璃或塑料制成的纤维。光纤由纤芯、包层、一次涂覆层、套层 4 部分组成。光纤的结构如图 4.5-24 所示。

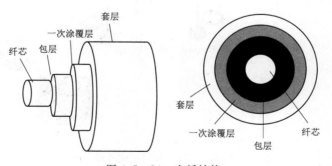

图 4.5-24 光纤结构

利用"光的全反射"原理，光可以在光纤中长距离传输。光纤传输需要光端机的配合，前端摄像机采集到的视频电信号传到光端机，光端机把电信号转换成光信号，光信号通过光纤传输到接收端的光端机，接收光端机再把光信号还原成电信号传给接受设备。光纤传输如图 4.5－25 所示。

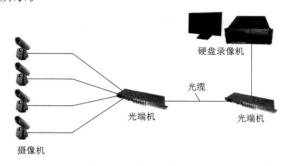

图 4.5－25　光纤传输

5. 微波传输

微波传输是利用微波传输视频信号，是开路传输。其优点是监控前端到中心监控室之间不需要任何电缆。缺点是容易受外界电磁干扰；微波信号为直线传输，中间不能有山体、建筑物遮挡。

微波传输是解决几公里甚至几十公里不易布线场所视频监控传输的解决方式之一。

（1）模拟微波传输。模拟微波传输就是把视频信号直接调制在微波的信道上，通过天线发射出去，监控中心通过天线接收微波信号，然后再通过微波接收机解调出原来的视频信号。如果需要控制云台镜头，就在监控中心加相应的指令控制发射机，监控前端配置相应的指令接收机，这种监控方式图像非常清晰，没有延时，没有压缩损耗，造价便宜，施工安装调试简单，一般适合监控点不是很多、需要中继也不多的情况下使用。模拟微波传输见图 4.5－26。

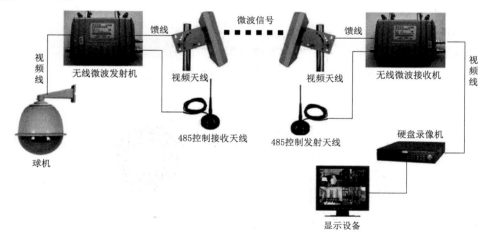

图 4.5－26　模拟微波传输

（2）数字微波传输。数字微波传输就是先把视频编码压缩，然后通过数字微波信道调制，再通过天线发射出去，接收端则相反，天线接收信号，微波解扩，视频解压缩，最后还原成模拟的视频信号，也可微波解扩后通过电脑安装相应的解码软件，用电脑软解压视频，而且电脑还支持录像，回放，管理，云镜控制，报警控制等功能；这种监控方式视频有 0.2~0.8s 的延时，造价根据实际情况差别很大，但也有一些模拟微波不可比的优点，如监控点比较多，环境比较复杂，需要加中继的情况多，监控点比较集中它可集中传输多路视频，抗干扰能力比模拟的要好一点，适合监控点比较多，需要中继也多的情况下使用。数字微波传输如图 4.5-27 所示。

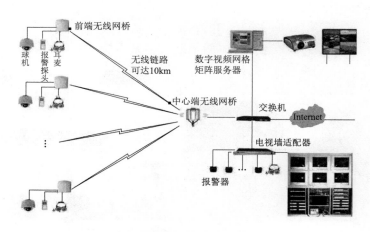

图 4.5-27 数字微波传输

（3）网络传输。网络传输是把数字化的视频信息通过有线、无线的 IP 网络进行传输。只要是网络可以到达的地方就可以实现视频监控和记录，并且这种监控还可以与很多其他类型的系统进行结合。网络传输将会是未来视频信号传输的主要方式，如图 4.5-28 所示。

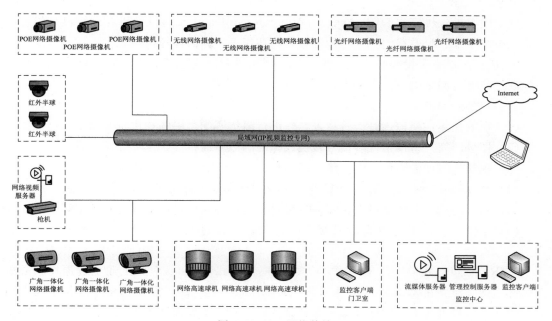

图 4.5-28 网络传输

4.5.2.6　终端设备

1. 控制键盘

控制键盘是配合硬盘录像机等来控制球机、解码器、视频服务器等设备的配套产品。在网络监控中，通过控制键盘来取代计算机键盘和鼠标的部分操作，使控制更加快捷和直观。控制键盘多是摇杆控制，控制球机更加灵活。控制键盘的实物如图所示。控制键盘及其在监控系统中的作用如图 4.5 - 29 所示。

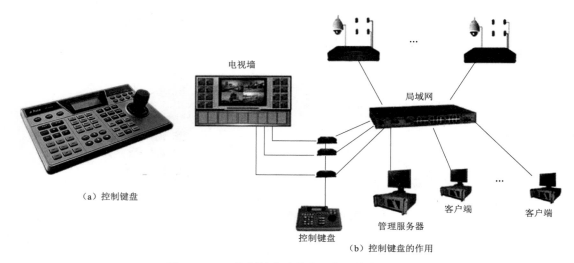

（a）控制键盘

电视墙

局域网

客户端　　客户端

管理服务器

控制键盘

（b）控制键盘的作用

图 4.5 - 29　控制键盘及其在监控系统中的作用

2. 数字硬盘录像机 DVR

数字硬盘录像机简称 DVR（Digital Video Recorder），硬盘录像机可以看成是集视频采集、编码压缩、录像存储、网络传输等多种功能于一体的计算机系统。

DVR 利用视频采集编码芯片对输入的音视频进行编码压缩，形成数字化码流，然后写到硬盘或通过网络端口发送出去。

数字硬盘录像机的内部工作流程具体如下。

（1）视频采集：模拟视频信号输入，并进行阻抗匹配、限幅和钳位等预处理过程。

（2）模数转换：将模拟视频信号转换成标准的数字信号。

（3）视频编码：数字信号输入给编码芯片，生成 MPEG - 4 或其他码流。

（4）硬盘写入：实时存储，CPU 通过 PCI 总线将编码压缩的数据写入硬盘。

（5）实时浏览：系统将编码压缩并打包封装的视频流经过网卡发送到远程客户端。

（6）录像回放：系统找到需要回放的视频流，通过网卡发送给请求回放的远程客户端。

DVR 分为 PC 式 DVR、嵌入式 DVR 两种：PC 式 DVR 一般为工业主板加视频采集卡构成，系统建立在 Windows 操作系统（或 Linux）上，由于操作系统本身是个庞大而复杂的系统，很可能由于和硬件的驱动或其他原因兼容不好而导致不稳定。软件一般都安装在硬盘上，系统的异常关机可能造成系统文件破坏或者系统硬盘被损坏，从而导致整个系统死机。嵌入式 DVR 就是基于嵌入式处理器和嵌入式实时操作系统的嵌入式系统，它采用专用芯片对图像进行压缩及解压回放。嵌入式 DVR 系统没有 PC 式那么复杂和功能强大，结构比较专一，只保留 DVR 所需要的功能，硬件软件都很精简，此类产品性能稳定。软件固化在 Flash 或 ROM 中，不可修改，基本上没有系统文件被破坏的可能，可靠性较高。但是如果嵌入式 DVR 出现问题，一般很难修复，多数需要返回厂家。嵌入式 DVR、PC 式 DVR 及应用 DVR 的监控系统如图 4.5 - 30 所示。

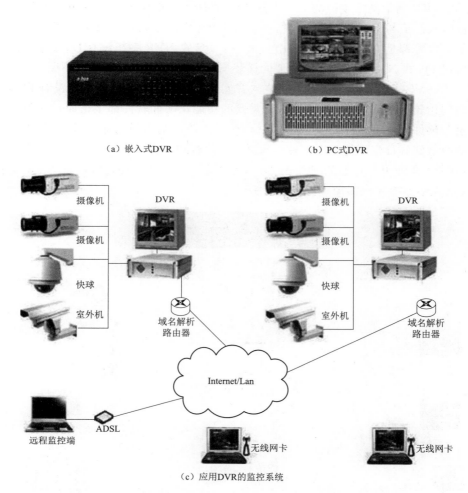

（a）嵌入式DVR　　　　　　　　　　　　（b）PC式DVR

（c）应用DVR的监控系统

图 4.5 - 30　嵌入式 DVR、PC 式 DVR 及应用 DVR 的监控系统

3. 网络硬盘录像机 NVR

NVR，全称 Network Video Recorder，即网络视频录像机，是网络视频监控系统的存储转发部分，一般同时具有管理解码等功能，NVR 与视频编码器或网络摄像机协同工作，完成视频的录像、存储及转发功能。

NVR 主要特点就是网络化。在 NVR 系统中，前端监控点安装网络摄像机或模拟摄像机配合编码器，视频信息以 IP 码流形式上传到 NVR，由 NVR 进行集中录像存储、管理和转发，NVR 不受物理位置制约，可以在网络任意位置部署 NVR 系统比模拟系统、DVR 系统等容易扩展。

NVR 主要有三种产品形式：第一种是基于 PC 服务器式的 NVR 软件产品，即厂商提供的是软件加授权，软件可以安装在任何满足要求的标准 PC 或服务器上；第二种是由厂商提供软硬件一体的 NVR 整体方案，即厂商已经将软件装在其定制的 PC 服务器上；第三种是嵌入式的 NVR 产品，即基于嵌入式硬件平台及操作系统的嵌入式设备。

PC 式 NVR 通常基于主流的 PC/服务器硬件平台，采用 Windows 操作系统，其稳定性不如嵌入式。但与 PC 式 DVR 相比，PC 式 DVR 中的主板、视频采集板卡、大量的硬盘、录像软件等都是容易出故障的环节，而对于 PC 式 NVR 系统没有 DVR 系统那样多的环节，所以 PC 式 NVR 比 PC 式 DVR 同样环境下可靠性要高。

嵌入式 NVR 基于嵌入式处理器和嵌入式实时操作系统，系统、功能没有 PC 式复杂、强大，结构比较简单，只保留 NVR 所有需要的功能，硬件软件都很精简，此类产品相对更加稳定。软件固化在 Flash 或 ROM 中，不可修改，基本没有系统文件被破坏的可能性，也不会遭到病毒程序的攻击，总体来讲，可靠性很高。

PC 式 NVR 外观与普通的 PC 一致，只是安装了 NVR 软件，嵌入式 NVR 实物、应用 NVR 的视频监控系统如图 4.5 - 31 所示。

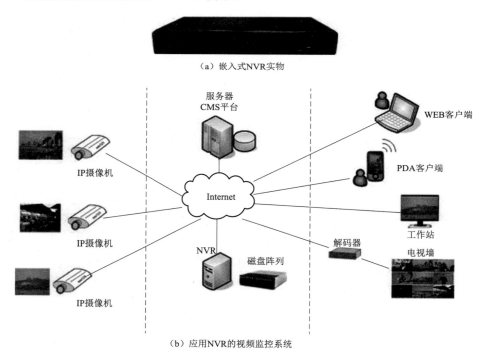

（a）嵌入式NVR实物

（b）应用NVR的视频监控系统

图 4.5 - 31　嵌入式 NVR 实物、应用 NVR 的视频监控系统

4. DAS、NAS、SAN 存储架构

目前主流的存储架构是 DAS、NAS、SAN。

（1）DAS 存储架构。DAS 即直连方式存储。DAS 是以服务器为中心的存储结构，就是将存储设备直接连在服务器主机上，然后服务器连接在网络上，网络上任何客户端要访问某存储设备上的资源时必须经过服务器。由于连接在各个节点服务器上的存储设备是独立的，因此整个网络上的存储设备是分散、独立而难以共享的。由于所有的数据流必须经过服务器转发，因此服务器的负担比较重，也是整个系统的瓶颈。服务器的 CPU、内存及 1/0 均影响 DAS 的性能。

DAS 存储架构如图 4.5-32 所示。

DAS 存储架构的优点：DAS 采用以服务器为核心的架构。系统建设初期成本比较低；维护比较简单；对于小规模应用比较合适。

DAS 存储架构的缺点：DAS 架构下，数据的读写完全依赖于服务器，数据量增长后，响应性能下降；DAS 的架构决定了其很难实现集中管理，整体拥有成本较高；没有中央管理系统，数据的备份和恢复需要在每台服务器上单独进行；不同的

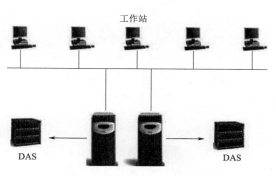

图 4.5-32　DAS 存储架构

服务器连接不同的磁盘，相互之间无法共享存储资源，容量再分配很难；DAS 连接方式导致服务器和存储设备之间的连接距离有限制。

（2）NAS 存储架构。NAS 即网络附加存储。在 NAS 存储结构中，存储系统不再通过 I/O 总线附属于某个特定的服务器或客户机，而是直接通过网络接口与网络直接相连，用户通过网络访问。

NAS 实际上是一个带有"瘦服务器"的存储设备，其作用类似于一个专用的文件服务器。为方便存储系统与网络之间以最有效的方式发送数据，专门优化了系统硬软件体系结构，多线程、多任务的网络操作系统内核特别适合于处理来自网络的 I/O 请求，不仅响应速度快，而且数据传输速率也很高。

NAS 包括存储器件和内嵌系统软件，可提供跨平台文件共享功能，允许用户在网络上存取数据，集中管理和处理网络上的所有数据。

NAS 存储架构如图 4.5-33 所示。

NAS 架构的优点：NAS 的架构将服务器解脱出来，服务器不再是系统的瓶颈；NAS 的部署简单，不需要特殊的网络建设投资、通常只需网络连接即可；成本比较低，投资主要是一台 NAS 服务器；NAS 服务器的管理非常简单，一般都支持 Web 的客户端管理；NAS 设备的物理位置是非常灵活的；NAS 允许用户通过网络存取数据，无需应用服务器的干预。

NAS 架构的缺点：NAS 下处理网络文件系统 NFS 或 CIFS 需要很大的开销；

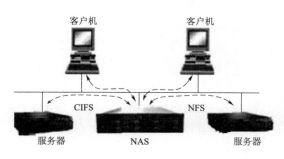

图 4.5-33　NAS 存储架构

NAS 只提供文件级而不是块级别的服务，不适合多数数据库及部分视频存储应用；客户对磁盘没有完全控制；NAS 数据传输对带宽占用较大。

（3）SAN 存储架构。SAN 是以网络为中心的存储结构，不同于普通以太网，SAN 是位于服务器后端，为连接服务器、磁盘阵列等存储设备而建立的高性能专用网络。在 SAN 这个网络中，包含了多种元素，如适配器、磁盘阵列、交换机等，因此 SAN 是一个系统而不是独立的设备。SAN 以数据存储为中心，采用可伸缩的网络拓扑结构，通过具有高传输速率的光通道直接连接，提供 SAN 内部任意节点之间的多路可选择的数据交换，并且将数据存储管理集中在相对独立的存储区域网内。SAN 存储架构如图 4.5-34 所示。

SAN 与 DAS 的区别在于 DAS 的存储设备专门服务于所连接的服务器，而 SAN 模式下所有服务器可以通过高速通道共享所有的存储设备。

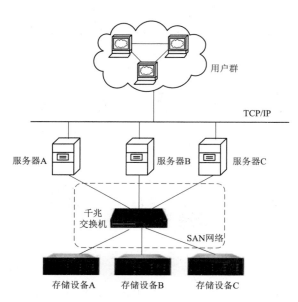

图 4.5-34　SAN 存储架构

SAN 的诞生解决了只有一个 LAN 的紧张状态，使得前线和后台分开，分别走两个网络，互不干扰、提高效率。一般结构是中心采用一台光纤交换机，存储阵列设备连接到光纤交换上，存储设备对任何节点均可见，任何节点都可以访问它们。

SAN 的架构优点是开放的后端网络共享方式，由于各个服务器后端共享存储设备，此方式在增加存储设备时具有更大的灵活性；由于建设专用存储区网络，性能高、带宽高；SAN 支持数据库等应用，几乎没有应用限制。SAN 的缺点也明显，后端光纤交换设备价格昂贵，投资较大；文件的处理在服务器上，对前端服务器配置有较高要求；对大量小文件读写性能没有优势；对管理维护人员技术水平要求比较高。

5. 视频分配放大器

视频分配器是一种把一个视频输入分配成多路视频信号输出的设备。视频放大器是放大视频信号，用以增强视频的亮度、色度、同步信号。视频分配放大器兼具视频分配器和视频放大器的功能。

摄像机采集的视频信号或矩阵输出的视频信号，可能要送往监视器、录像机、传输装置等终端设备，完成图像的显示与记录功能。经常会遇到同一个视频信号同时发送几个不同终端设备，在终端设备为两个时，可以利用转接插头或者某些终端设备上配有的环路来完成，但在终端较多时，因为并联视频信号衰减较大，发送多个输出设备后由于阻抗不匹配等原因，图像会严重失真，线路也不稳定。使用视频分配器，可以实现一路视频输入、多路视频输出的功能，并且视频信号无扭曲、无清晰度损失。通常视频分配器除提供多路独立视频输出外，具有视频信号放大功能，所以也称为视频分配放大器。

视频分配放大器在系统中的作用见图 4.5－35。

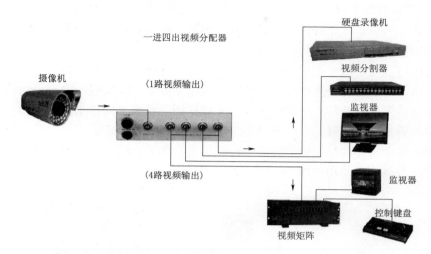

图 4.5－35　视频分配放大器在系统中的作用

6. 解码器

视频解码器是把网络摄像机或编码器的视频码流还原成图像，发送至监视器进行显示。视频解码是视频编码的反过程。视频解码也有硬解码和软解码之分，硬解码通常由 DSP 完成，软解码通常由 CPU 完成，硬解码的输出通常进行电视墙模拟显示，软解码直接利用电脑工作站进行显示。

（1）硬解码器。硬解码器通常应用于监控中心，一端连接网络，一端连接监视器。视频信号经过编码器的编码压缩、上传、网络传输、存储转发等环节后，由解码器进行视频还原显示给最终用户。硬解码器有两种，即嵌入式解码器及 PC 式解码器。

嵌入式解码器的主要功能如下：实时解码显示、轮询；可同时进行多种码流的解码，如支持 MJPEG 和 MPEG－4 解码；支持 OSD（屏幕显示）功能，并支持中文字幕；支持多种分屏显示方式，支持全屏模式或者四画面模式；支持复合模拟输出，也可以支持 DVI/VGA 视频输出；通常具备虚拟视频矩阵技术轻松实现任意视频的切换显示。

PC 式硬件解码器通常采用工业计算机加视频解码板卡实现，主要功能如下：实时解码显示，包括实时、轮询、预案；可以实现高级回放操作，如视频正常回放、暂停、快进、快退、快速回放等；可以进行高级视频报警管理显示，如显示视频分析报警提示（告警圈、尾巴线等）；可同时进行多种码流的解码，如支持 MJPEG 和 MPEG－4 解码；支持 OSD（屏幕显示）功能，并支持中文字幕；支持多种分屏显示方式，支持全屏模式或者四画面模式；支持复合模拟输出，也可以支持 DVI/VGA 视频输出。

（2）软解码器。软解码通常是基于主流计算机、操作系统、处理器，运行解码程序实现视频的解码、图像还原过程，多数情况下其实质是视频工作站，解码后的图像直接在工作站的视频窗口进行浏览显示，而不是像硬件解码器那样输出到监视器（电视墙上）。软件解码过程需要大量的运算处理资源（一个 3GHz 双核 CPU 总共能够解码约 20Mbps 的码流——参考值），如常见的 3GHz 处理能力的 CPU，通常可以实时解码 4 路 4CIF 视频，如果是分辨率或码流更低，那么相应地可以增加解码路数，如 CIF 视频，则可以同时解码 16 路，如果需要更多路，通常需要提高 CPU 处理能力或降低码流。

（3）万能解码器。万能解码器自身集成了多家厂商的解码库，根据视频码流调用相应的解码库，完成视频解码。

在网络视频监控系统应用中的一个突出问题就是不同厂商编解码设备之间的"互联互通"问题。由于行业自身发展中标准的缺失，导致了各个厂商之间的编码解码设备无法通用，而在实际应用中对此却有广泛的需求，万能解码器就是在此背景下产生的。

万能解码器的工作流程是：在解码系统接收到视频流后，首先需要判断该视频流的厂家，然后再去调用相应的厂家的解码库对该视频进行解码，再还原输出到显示设备上去。

解码器在系统中的作用如图 4.5 - 36 所示。

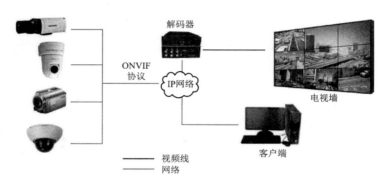

图 4.5 - 36　解码器在系统中的作用

7. 显示终端

视频监控系统中，视频图像显示是最终环节，也是系统中重要的一环，经历了编码、传输、存储、解码之后，显示才是用户的最终应用界面。显示设备有监视器、拼接屏等。

监视器、拼接屏的作用是对前端传输过来的视频信号进行还原显示，供操作人员或值班人员进行视观看。监视器、拼接屏的实物如图 4.5 - 37 所示。

（1）监视器。监视器包括模拟显像管的彩色监视器（CRT）和液晶显示屏（LCD），LCD 比 CRT 辐射小、节能、环保及图像质量更好。

CRT 采用磁偏转驱动实现行场扫描的方式（也称模拟驱动方式），一般使用"电视线"来定义其清晰度；LCD 采用"点阵驱动"的方式（也称数字驱动方式），通过"像素数"来定义其分辨率。CRT 监视器的清晰度主要由监视器的通道带宽和显像管的点距和会聚误差决定，而液晶显示屏（LCD）则由所使用 LCD 屏的像素数决定。CRT 监视器具有价格低廉、亮度高、视角宽、色彩还原好，使用寿命较长的优点，而 LCD 监视器则有体积小（平板形）、重量轻、分辨率高、图像无闪动无辐射、节省能耗的优点。目前，LCD 监视器是主流产品，CRT 监视器运用相对较少。

（2）拼接屏。大屏幕拼接墙主要由多个显示单元及图像控制器构成，可用于一个画面全屏幕超大显示或者多个画面多个窗口显示。输入可以是监控摄像机视频输入、计算机输入等，输入信号通过图像处理器分配输出到投影单元，每个单元显示图像的一部分，全部

（a）CRT监视器

（b）LCD监视器

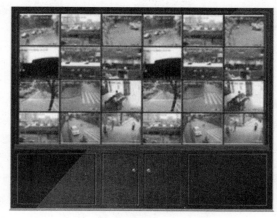
（c）拼接屏

图 4.5-37 监视器、拼接屏

显示单元整体合成构成完整的大画面，大画面的分辨率为单个显示单元分辨率的对应倍数。当然，各个单元亦可各自显示一个完整的视频源图像。各个视频信号图像以窗口形式显示在屏上，窗口的位置、大小、格局等可以根据需要改变、调整。大屏幕软件可以实现拼接墙的布局调整、窗口调用、矩阵切换等功能，也可以预设"预案"功能。

目前，比较常见的大屏幕拼接系统，根据显示单元的工作方式分为三个主要类型：即液晶显示屏（LCD）拼接系统、等离子显示屏（PDP）拼接系统和数字光处理背投（DLP）拼接系统（LCD、PDP、DLP指的是显示单元，前二者属于平板显示单元拼接系统，后者属于投影单元拼接系统）。

大屏幕拼接系统的构成主要包括显示单元、拼接处理器、接口设备、软件。大屏幕拼接系统结构如图 4.5-38 所示。

4.5.2.7 中央管理系统（CMS）

中央管理系统（Central Manage System，CMS），主要实现对系统资源的集中管理并提供用户程序接口。

在数字化、网络化视频监控时代，系统的架构变得网络化、分布化、功能专一化，因此，CMS的主要是利用数据库、软件及服务，在分散的设备与用户之间建立一个服务平台，通过这个平台，完成系统中所有 DVR、DVS、NVR、IPC 等设备的统一管理与集中控制，并可

155

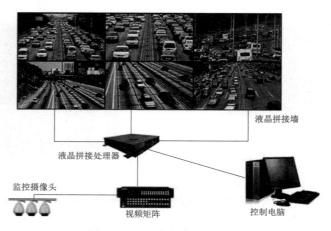

液晶拼接墙

液晶拼接处理器

监控摄像头

视频矩阵

控制电脑

图 4.5 - 38　大屏幕拼接系统

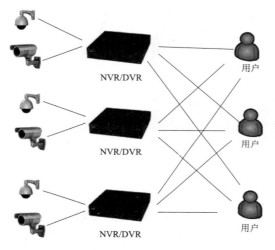

NVR/DVR

用户

NVR/DVR

用户

NVR/DVR

用户

图 4.5 - 39　非 CMS 平台的系统架构

以对大量用户提供统一的接口应用及媒体分发服务。非 CMS 平台的系统架构如图 4.5 - 39 所示，CMS 平台系统架构如图 4.5 - 40 所示。

CMS 是服务器、数据库、核心程序、媒体交换服务、虚拟矩阵服务、Web 服务、时间同步服务、PTZ 控制服务、客户应用软件等多个功能模块构成的集合体。

CMS 提供良好的人机界面，操作简便；可兼容不同厂家各种前端底层设备，可集中管理大量分散的设备，具有视频的存储与转发服务和多用户并发访问服务等功能，实现多用户、多部门、多级别的权限管理；提供系统设备的运营管理、故障报警、日志管理等服务。

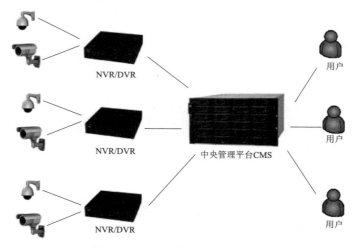

NVR/DVR

用户

NVR/DVR

中央管理平台CMS

用户

NVR/DVR

用户

图 4.5 - 40　CMS 平台系统架构

4.5.2.8 防雷

1. 雷电过电压的成因

雷击主要分为直击雷、感应雷、地电位反击。视频监控防雷主要是针对这三种情况。

（1）直击雷。直击雷是雷电直接击中摄像机上造成设备损坏，或雷电直接击中线缆电流造成线缆熔断。直击指雷云直接向地面、建筑物或其他属体放电并产生力效应、热效应和电磁效应，直击雷属云地闪电。直击雷如图 4.5-41 所示。

（2）感应雷。雷云对大地未放电前对附近的导体产生的静电感应电压；雷云对大地、雷云对雷云放电时产生交变磁场，磁场中的导体就会感应出电压。在电源线及各种信号线上感生高压脉冲而破坏弱电设备，称之为感应雷击。

1）静电感应。由于雷云的作用，使附近导体上感应出与雷云相反的电荷，在导体上的感应电荷如得不到释放，就会产生很高的感应电势。当雷云放电完成后，导体上的电荷将向周围放电，将造成敏感电子设备的损坏。静电感应的电压比电磁感应的电压大得多，所以产生的危害相对较大。静电感应如图 4.5-42 所示。

图 4.5-41　直击雷

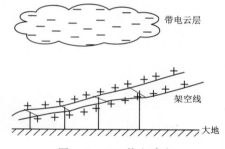

图 4.5-42　静电感应

2）电磁感应。电磁感应又称二次雷击，指雷云间放电或雷云向地面物体放电时所产生的频谱极宽的瞬变强电磁场，使处于该磁场内的导体上感应出很高的电动势，并沿线路进入设备，造成设备损坏。研究表明，电磁感应是主要的雷击灾害的形式，在雷击中心 2～3km 范围内都可能因电磁感应产生过电压，从而损坏仪器设备。电磁感应如图 4.5-43 所示。

（3）地电位反击。地电位反击是高电位向低电位击穿放电。地电位的反击通常存在两种形式：①雷电流流入大地时，由于接地电阻的存在，产生较大的压降，使地电位抬高，反向击穿设备；②两个地网之间，由于没有离开足够的安全距离，其中一个地网接受了雷电流，产生高电位，则向没有接受雷击的地网产生反击，使得该接地系统上带有危险的电压。地电位反击如图 4.5-44 所示。

2. 前端设备防护

前端设备包括室外和室内设备：室内前端设备不易遭受直击雷，只需考虑雷电过电压侵入波对设备的损害；室外的设备则需同时考虑防止直击雷和感应雷对设备的危害。

室外独立架设的摄像机应考虑安装直击雷防护设备，如安装接闪器。前端设备应置于接闪器有效保护范围之内。当摄像机独立架设时，避雷针最好距摄像机 3～4m 的距离；如有困难，避雷针也可以架设在摄像机的支撑杆上，引下线可直接利用金属杆本身或选用

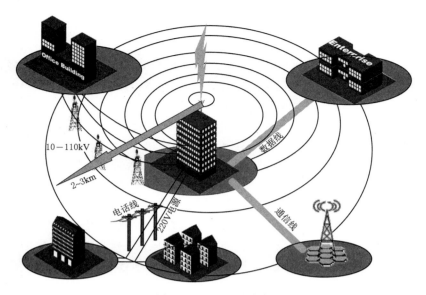

图 4.5-43　电磁感应

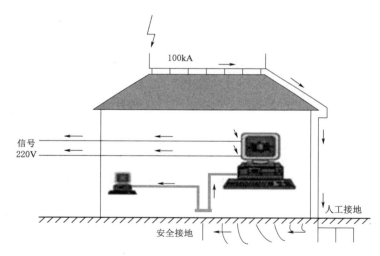

图 4.5-44　地电位反击

$\phi 8$ 的镀锌圆钢，沿杆引上摄像机的电源线和信号线应穿金属管屏蔽。

为防止雷电波沿线路侵入并损害前端设备，应在电源线、视频线、信号线和云台控制线上加装合适的雷电浪涌保护器 SPD。接地电阻不大于 4Ω，在高土壤电阻率地区，接地电阻可适当放宽至 10Ω。监控前端防雷如图 4.5-45 所示。

3. **外部线路的防护**

视频监控系统的传输线主要有信号线、控制线和电源线等。传输线路应穿钢管埋地并接地。传输线埋地敷设并不能阻止雷击设备的发生，实践表明，雷击造成的埋地线缆故障大约占总故障的 30%，即使较远的地方雷击，仍然会有部分雷电流侵入电缆。如果采用带屏蔽层的线缆或线缆穿钢管埋地敷设，并保持钢管的电气上连通，对电磁干扰和电磁感应非常有效，这主要是因为金属管的屏蔽作用和雷电流的集肤效应。

架空电缆吊线的两端和架空电缆线路的金属管道应接地。架空线容易遭受雷击，并且波及范围广、破坏性大，为避免前端、终端设备的损坏，架空线的每一电杆应做接地处理，架空线缆的吊线和架空线缆线路中的金属管道也均应做接地处理。中间放大器输入端的信号源和电源均应分别接入合适的避雷器。

用光缆传输时，光端机外壳、金属加强芯及架空光缆接续护套也应作接地处理。

4. 室内电子设备防护

在视频监控系统中，监控中心的防雷最为重要，应从直击雷防护、雷电波侵入、等电位连接和电涌保护多方面进行。监控中心所在建筑物应有防直击雷的避雷针、避雷带或避雷网。进入监控中心的各种金属管线应

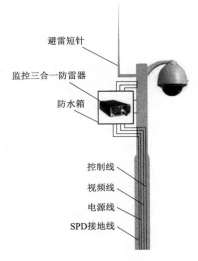

图 4.5-45　前端防雷

接到防感应雷的接地装置上。架空电缆线直接引入时，在入户处应加装相应 SPD，并将线缆金属外护层及自承钢索接到接地装置上。

监控中心应设置等电位连接母线，该等电位连接母线应与建筑物防雷接地、低压配电保护线、设备保护地、防静电地等连接到一起。各种避雷器的接地线应以最直和最短的距离与等电位连接母线进行电气连接。

由于 80% 的雷击高电位是从电源线侵入的，为保证设备安全，一般应在电源上设置三级避雷保护。在视频传输线、信号控制线、入侵报警信号线进入前端设备之前或进入中心控制台前应加装相应的 SPD。

避雷器都是对地放电的，因此接地电阻值越小，过电压值越低。监控中心采用专用接地装置时接地电阻不得大于 4Ω，采用综合接地网时接地电阻不得大于 1Ω。

4.5.2.9　系统安装与集成

1. 摄像机安装

安装摄像机前应进行如下检查：①将摄像机逐个通电进行检测和粗调，在摄像机处于正常工作状态后，方可安装；②检查云台的水平、垂直转动角度，并根据设计要求定准云台转动起点方向。

在高压带电设备附近架设摄像机时，根据设备来确定安全距离。摄像机及其前端附属设备的安装应牢靠、稳固，并避开强电磁干扰源；摄像机的设置位置、摄像方向及光线条件应满足下列规定：摄像机宜安装在监控目标附近不易受外界影响的地方，安装位置应不影响现场设备运行和人员正常活动，安装的高度，室内宜距地面 2.5～5m，室外宜距地面 3.5～10m；摄像机视场内不应有遮挡监控目标的物体；镜头应避免强光直射、避免逆光安装。

2. 通信线路安装

电缆或光缆线路的敷设，有管道内、直埋、架空和隧道缆线等途径，室外电缆线路的

路径选择应以现有地形、地貌、建筑设施为依据，并按以下原则确定。

电缆的敷设应符合下列要求：电缆的弯曲半径应大于电缆直径的 15 倍；电源线宜与信号线、控制线分开敷设。

管道敷设应符合下列要求：管道管口无毛刺，防止刮破电缆；管内预设一根铁丝来抽带电缆；穿长管宜涂抹滑石粉减小摩擦力；进入管内电缆应保持平直，并应采取防腐蚀、防鼠等处理措施。

直埋电缆的埋入深度不小于 0.8 m，应埋在冻土层以下；紧靠电缆处应用沙或细土覆盖，其厚度应大于 0.1m；横穿道路时应穿钢管保护；电缆转弯处的地面上应有电缆标志标明走向。管道电缆或直埋电缆在引出地面时应采用钢管保护。钢管伸出地面不宜小于 2.5 m，钢管埋入地下宜为 0.3～0.5 m。

架设架空电缆时，应将电缆吊线固定在电杆上，再用电缆挂钩把电缆线挂上。挂钩的间距宜为 0.5～0.6m。根据气候条件应留出余兜。

光缆的敷设应符合下列规定：敷设光缆前，应对光缆进行检查，光缆应无断点，其衰耗值应符合设计要求；敷设光缆时，其弯曲半径应不小于光缆外径的 20 倍；架空光缆应在杆下设置伸缩余兜；光缆架设完毕，应将余缆端头塑料胶带包扎，盘成圈置于光缆预留盒中；地下光缆引上电杆，采用钢管保护；光缆接头的预留长度应不小于 8m；光缆敷设完毕，应检查光缆有无损伤，并对光缆敷设损耗进行抽测，确认没有损伤时，再进行接续；接续时应采用光功率计或其他仪器进行监控，使接续损耗达到最小，接续后应做好接续保护，并安装好光缆接头护套；光缆敷设好后，应测量通道的总损耗，并用光时域反射计观察光缆通道全程波导衰减特性曲线，在光缆的接续点和终端应做永久性标志。

3. 中控室设备安装

中控室设备包括机架、控制台，室内走线，数字录像机（DVR）、网络录像机（NVR）、解码器、监视器等终端设备。

机架安装应符合设计要求：应竖直平稳，垂直偏差不得超过 1%；机架的底座应与地面固定；几个机架并排在一起，面板应在同一平面上并与基准线平行。

控制台安装应安放竖直，台面水平，台内接插件和设备接触应可靠，安装应牢固，内部接线应符合设计要求，无扭曲脱落现象。

在监控室内电缆敷设应符合下列要求：采用地槽或墙槽时，电缆应从机架、控制台底部引入，将电缆顺着所盘方向理直，按电缆的排列次序放入槽内，拐弯处应符合电缆曲率半径要求；电缆离开机架和控制台时，应在距起弯点 10mm 处成捆扎，根据电缆的数量应隔 100～200mm 捆扎一次；采用活动地板时，电缆在地板下可灵活布放，应顺直无扭绞。

监控室内光缆的敷设：在电缆走道上时，光端机上的光缆宜预留 10m，余缆盘成圈后妥善放置。

监视器的安装应符合下列要求：当装在柜内时，应采用通风散热措施；监视器的安装位置应使屏幕不受外来光直射，当有不可避免的光时，应加遮光罩遮挡。

其他终端设备应安装于机架中。

4. 系统的集成调试

系统的集成调试分为分项调试和系统联调。分项调试就是对摄像机、通信系统、供电、终端设备等进行单独调试。系统联调就是把各分项集成起来再联调。

（1）分项调试。前端摄像机经通电检查各项功能，例如调焦、转动等功能是否正常，观察监控区域的覆盖范围和图像质量是否符合要求。

分系统的调试难点一般在于传输系统，特别是摄像机路数多传输距离又远的系统。进行通、断、短路测试并做出标记，有助于传输系统的调试。另外一个问题是阻抗匹配问题，即当由于传输线本身的质量原因阻抗不匹配时，会产生高频振荡而严重影响图像质量。在保证线路质量的前提下，传输系统在调试中常遇到的问题就是噪声干扰问题，需要采取措施切断噪声的耦合路径。

中控室正确安装硬盘，录像方式设置，IP地址设置，各种线路的连接。

（2）系统联调。在系统联调中，首先，最重要的就是正常供电电源，不能短路、断路，供电电压必须满足设备的要求；其次，信号线路的正确连接、极性的正确连接、对应关系的正确连接。当系统联调出现问题时，应判断是哪个分系统出现的问题，检查供电电源和信号线路的连接是否正确无误。逐步找出原因并纠正。

4.5.2.10 系统运行维护

视频监控系统的运行维护需要配备工具、检修仪器和备件。工具、检修仪器包括：各种钳子、螺丝刀、测电笔、电烙铁、胶布、万用表、视频测试仪、光纤测试仪器等。备件主要是一些比较重要而损坏后不易马上修复的设备，如摄像机、避雷器、编码器、光端机、交换机、监视器等。这些设备一旦出现故障就可能使系统不能正常运行，必须及时更换，因此必须具备一定数量的备件。

视频监控系统的运行维护包括以下内容：室内设备除尘，户外设备防潮、防尘、防腐，系统运行情况，设备电源电压、接地电阻检查，工作温度、湿度检查，接线紧固，锈蚀、氧化情况检查。

室内设备除尘：每季度一次清理，扫净监控设备显露的尘土，对工控机、磁盘阵列要彻底吹风除尘，防止由于机器运转、静电等因素将尘土吸入监控设备机体内，确保机器正常运行。

户外设备防潮、防尘、防腐：户外设备需要重点做好防潮、防尘、防腐的维护工作。如接线箱安装于室外，长期日晒雨淋，箱盖密封圈老化损坏，雨水很容易渗入，从而使箱内的设备、接线端子锈蚀而造成信号传输的故障。安装于室外的摄像机有灰尘，会吸收、阻挡进入镜头的光线，使图像暗淡、模糊。因此户外设备需要重点做好防潮、防尘、防腐。

系统运行检查：打开工控机视频监控软件，图像应清晰稳定，云台控制灵活自如，远程及本地录像正常。如不正常应首先检查各设备参数是否正确。通过本地设置检查软件视频参数、录像设置等情况；通过IE远程登录视频服务器检查各参数设置或在视频监控软件里通过远程参数设置检查有无异常情况（管理员权限）。通过磁盘阵列软件检查各硬盘是否正常，参数是否正确。

设备电源电压、接地电阻检查：设备包括监控主机、存储设备、传输设备、摄像机等，使用数字万用表测量各个设备的电源电压，检查是否在设备工作范围内，如不再需要及时更换电源，防止损坏设备。用接地电阻测试仪测量接地电阻，接地电阻小于等于 4Ω 为合格。

工作温度、湿度检查：室外温度应在 $-20\sim +60℃$，相对湿度应在 $10\%\sim 100\%$；室内温度应控制在 $+5\sim +35℃$，相对湿度应控制在 $10\%\sim 80\%$。

接线紧固，锈蚀、氧化情况检查：接线包括各种设备的电源线、数据线、控制线、接地线，如双绞网线、显示器视频线、显示器电源线、磁盘阵列机数据线、监控工控机键盘鼠标线、摄像机电源线、摄像机视频线等接插件。端子均应牢靠可靠，使用手轻轻的摇线头，看看线头是否松动脱落，如有线头松动脱落，使用螺丝刀进行紧固。再查看线头焊接部分有无锈蚀、氧化情况。如有锈蚀、氧化情况，先使用除锈剂除锈，再使用无水酒精清洗焊接部分。

4.5.3 闸门自动监控

4.5.3.1 概述

闸门一般主要由活动部分、埋设部分、启闭设备三大部分组成。

用于实现各种闸门开启和关闭的起重设备称作闸门启闭机。通常根据布置形式可分为固定式和移动式两种。固定式包括螺杆式、液压式和卷扬式三种。

闸门自动化监控也称为闸门计算机监控系统，是利用计算机对闸门进行自动化启闭，从而达到调节水位过程的一种控制。采用闸门计算机控制的目的，是为了提高水闸的自动化水平，提升水闸的安全运行水平，提高水闸的劳动生产率和经济效益。

4.5.3.2 系统结构与功能

1. 系统架构

闸门自动化监控系统一般由现地控制站、远程控制站、调度站组成，典型结构如图 4.5 - 46 所示。

现地控制站由传感器、动力柜、现地控制单元和通信设备等组成。传感器有闸位计、水位计、荷载仪、压力表等，测量闸门开度、闸前水位、卷扬机荷载、油压等。动力柜设备包括交流接触器、热继电器、空气开关、转换开关、按钮、指示灯等，具有手动控制闸门升、降、停等功能，动力柜设备可以安装在现地控制单元（柜）内。现地控制单元包括 PLC、中间继电器、人机界面、电源、指示灯等，现地控制单元与上位机通信，接收上级开、停机、工况调节等命令，根据上级控制命令，实施机组自动开、停、调节等操作，采集和发送实时运行信息，具有运行状态识别，故障多重保护功能，有人机界面的现地控制单元还可以通过人机界面对闸门进行控制，显示闸门运行状态。

远程控制站由工业控制计算机、打印机、通信设备等。在远程控制站，通过监控主机（工业控制计算机）的远程监控软件，显示现场设备的运行参数与状态，同时下发控制命令，现地监控单元按下发的控制命令执行，实现了闸门远程控制。远程控制站可以提供基于 Web 的远程监控。

调度站由计算机、网络设备等组成，计算机通过计算机网络（局域网或 Internet）与远程控制站连接，通过监控软件的客户端或直接访问远程控制站的 Web 监控软件，监视

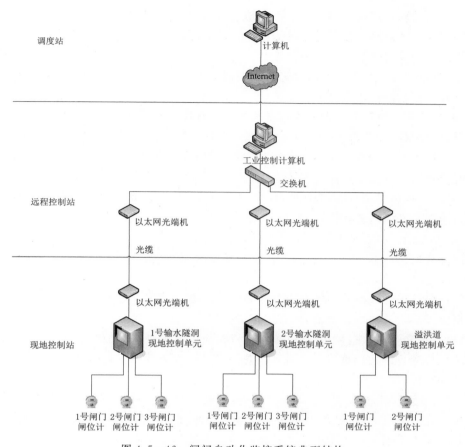

图 4.5-46　闸门自动化监控系统典型结构

和控制闸门运行，根据实际情况可以禁用控制功能。

　　闸门自动化监控系统控制优先顺序为现地控制站手动、现地控制站人机界面、远程控制站、调度站，无论闸门处于哪一级控制下，监控中心的监控主机均能对闸门的运行状态实时监测。

　　2. 系统功能

　　闸门自动化监控系统主要帮助闸门进行自动化监控，并为集中控制、区域调度提供技术手段。系统的主要功能包括：数据采集、数据处理、报警管理、控制功能、辅助监控、人机界面、系统通信、系统模拟仿真与操作指导等。

　　（1）数据采集。包括系统现地级控制设备状态、相关系统实时设备状态、报警、故障、事件等；远程控制级上实时采集、接受命令、交换信息等。具体包括以下内容：

　　1）模拟量：电气模拟量（闸位、电压等）、非电气模拟量（智能仪表等）。

　　2）开关量：状态信号（开关状态等）、报警和事故信号（超限、超重等）。

　　3）事件记录：特定状态触发的时间信息及状态值（调令、下滑等）。

　　4）外部数据：水位监测量、压力量等。

　　5）计算量：通过公式计算得到的数据（流量、弧门开度等）。

（2）数据处理。包括对每一个设备和每一种数据类型的数据处理能力和方式的设计，用于支持完成系统监测、控制和记录等功能；收集闸门各种实时数据与状态信号，进行必要的数据预处理并建立当地实时数据库和历史数据库，包括以下内容：

1）实时数据库：对采集到的开关量、模拟量等经过工程转换、判断等步骤预处理后，选择部分或全部数据存入实时数据库。

2）数据计算：通过公式和采集数据获取计算数据，包括流量、水量等。

3）历史数据统计及趋势分析：对实时数据进行统计和计算处理，形成历史数据记录，并提供数据检索和查询等功能。对于某些有趋势变化的监测数据可以绘制实时过程趋势及历史过程趋势图，方便进行趋势分析。

4）日志处理：对部分有事件性质的状态变化，通过附加上时间标签实现事件记录，比如闸门动作上升的启动和停止等。

5）事故追忆：对各种事故产生过程的相关数据进行短时段记录，当事故真的发生时，将这个部分数据保存下来。事故追忆记录分事故前和事故后连个时段，通常采样频率为1s，时间段可以进行自定义，一般不超过180s（前60s，后120s）。

（3）报警管理。包括对设备自身的故障状态和数据计算、处理后判断出的系统异常都应给出报警提醒，并提供报警消除功能，包括以下包容：

1）事故报警：对象报警分为事故报警和故障报警两种。事故报警的安全级别更高，危害情况比故障也更加严重。对于两种报警都应该提供语音报警和信息提示手段，并将两种情况区别对待。

2）报警显示：报警提醒信息应该在人机界面上显示报警记录（包括报警发生时间、对象名称、性质等）。显示颜色应随报警信息类别而改变。若当前画面报警未被运行人员取消，则会采用定期闪烁提醒的方式持续报警。系统具有模拟量的越限报警、复限提示以及有关参数的趋势报警，事故、故障顺序记录及监控系统自诊报警等功能，一旦报警发生，在相关界面上弹出报警提示和简要报警说明，同时可在报警菜单内查询详细资料。

3）报警配置：通过人机界面对报警触发条件进行预定义，使系统可以根据设定阈值或要求进行报警，同时还包括报警的语音内容，闪烁间隔等；报警信息处置设置为信息提交提供方便的配置手段，使得报警内容可以按照要求以电话、短信、电子邮件等方式提交给有关人员，提醒其完成善后处理。

（4）控制功能。监控系统主要实现三种方式的控制功能，分别是现地级控制、监控中心站级控制、远程调度站级控制。三种控制方式的优先级，从现地级开始向上，逐步递减。从监控中心站级控制以上由于采用组态软件等技术手段能为水闸和上级主管部门提供更好的支持手段，为更加复杂水闸调度工作服务。包括以下内容：

1）控制方式选择：可以通过切换开关，切换操作方式为现地、远方等。要求切换后，不同的操作方式之间没有关联或应该以各自独立方式运行。

2）指令控制：操作员根据闸门当前的运行情况和控制命令，对闸门的运行进行控制。控制的内容包括机组的开（升/降）、停机操作等（包括各公用设备）。可以直接控制闸门升、降、停，也可以通过设置闸位（含全开、全关）、流量来控制闸门升降。

3）自动控制：操作员只要指定闸门开度或闸门下泄流量等参数，而无需考虑闸门的具体操作过程，对闸门的运行按设计要求步骤完成控制。现地 PLC 控制单元根据闸门操作的具体步骤自动的操作启闭机或液压阀等设备，将闸门（升/降）到相应位置。另外，如需其他闸门辅助系统配合时，自动运行闸门辅助系统完成包括润滑水注入、延时等待、纠偏调整等一系列操作。

4）事故停机：系统能实现闸门操作的事故停机或应急处置，包括关闭闸门、阀门，实现断路器自动断开等保护措施。

5）联动操作：通过输出控制与闸门操作相关的系统配合闸门操作任务。例如操作闸门时对应摄像头自动转动到闸门视角（视频联动）等。

6）维护改善操作：按预先定义好的操作流程，在系统运行或停止时，采用输出等操作，维护或改善系统当前状态的操作。例如闸门下滑后自动复位、液压油定期循环过滤等。

（5）辅助监控。通常在一些规模较小的闸门控制系统中，闸门控制系统不仅需要实现闸门（阀门）的可靠运行，还需要配合监控现地低压配电系统、景观照明系统以及其他可实现通信的自动化装置系统的运行。

（6）人机界面。在闸控自动化系统中，除了现地控制的手动部分外，基本上所有的控制操作、应用配置等都是在人机界面上完成的。这里的人机界面包括触摸屏仿真控制界面、上位机组态控制界面、远程网页控制界面等，主要完成设备控制操作、设置修改给定值或限值、报警点退出与恢复、监控系统维护等。功能包括：

1）用户权限与控制区：系统需根据不同的使用人划分不同的使用权限，同时也需要对不同的控制对象划分相应的控制区。将两者结合起来的权限控制可以更加细化和贴近系统功能实现的要求。

2）设备运行记录管理：对各设备的运行情况进行记录，某些信息还将自动提示给操作值守人员。记录的类型包括设备正常及非正常次数、设备运行时间等；对于各主设备及各主要辅助设备的状态变化数值及变化起始时间的统计，必要时产生报警；对数据超出参数越限及定值设置等情况作出统计记录等。

3）操作画面：界面是实现闸门自动化系统的主要功能，界面调用有选择或弹出两种方式。弹出方式是指当有事故发生时或进行某些操作时有关画面的自动推出，选择方式由操作员直接操作某些功能键或以菜单方式调用所需画面。画面种类包括各单线图、曲线、报警画面、运行指导、表格等。系统图类主要有电气接线图、闸门剖面图、闸门模拟显示图等。曲线图类，通过数据库调用，系统提供了负荷曲线以及各类运行图，计算机监控系统将能按操作运行人员的要求，自动地组织有关数据及其相应时间区间，并显示在屏幕上。棒图类，通过数据库调用，系统提供了各类运行参数的棒图，包括主要运行参数。报警画面类，系统具有模拟量的越限报警、复限提示以及有关参数的趋势报警，事故、故障顺序记录及监控系统自诊报警等功能，一旦报警发生，在各界面上均弹出报警提示和简要报警说明，同时可在报警菜单内查询详细资料。

4）报表打印：在实时记录数据库的基础上对数据进行处理、分类和统计后，生成闸门运行记录、闸门操作记录、事故故障统计表、参数超限统计表、人员值班记录、水位统计表、流量统计表、设备维护记录表等。闸门运行记录，记录的内容包括当班、当日、当月、当年的机组、闸门运行记录。其初值及时间区段的设置可通过调度或由运行值班人员通过人机对话方式实现。操作记录，对各种操作进行统计和记录，包括手动方式开、停机，断路器的手动合、跳闸等。定值变更记录，对所有的定值变更情况做记录，并存入数据库以备随时查询。事故及故障统计记录，对当班、当日、当月、当年的各类事故及故障的内容和次数进行统计，作为资料保存。运行日志及报表打印，按时运行操作人员的管理和要求打印运行日志和报表。打印内容以及打印格式可以事先设定，打印方式将有定时自动打印、随机召唤打印等形式。统计报表型式还包括日报表、月报表、年报表等。统计报表对象包括水位、流量、开度、电压等信息。

5）系统状态与自检：系统具有自检功能，可通过读取 PLC 固定寄存器的状态进行通道故障检测。通过 API 函数可以了解当前主工作站故障（包括内存、磁盘、I/0 及 CPU等的故障和软件任务执行异常等）等。并可以完成以下操作，设置、修正或标记这些系统状态，对通道数据有效性进行合理性判断，实现故障点自动查找及故障自动报警等功能。

（7）系统通信。系统通信包括数据采集通信系统、现地控制通信系统（总线通信、工业以太网等），远程调度通信系统等，要求满足闸门自动化系统的遥测、遥信、遥调和遥控等功能。监控系统要实时接收调度命令，并能实时发送工况、运行参数、报警提醒等有关信息。

（8）系统模拟仿真与操作指导。系统应具有运行人员操作培训功能。可通过组态软件对系统的组成、控制方式、操作手段、系统配置等进行模拟，要求尽量展现系统的真实情况，达到模拟仿真的要求。同时根据系统的特点，对一些常见问题和故障处理分步骤给出处理指导办法。要求实现让观看者直观了解系统并可以方便地查找解决基础问题的方案。

闸门自动化监控系统对系统的安全性、稳定性、可靠性要求较高。监控软件开发可以基于组态软件。组态软件的优点是稳定、可靠，在组态软件基础上开发监控软件简单、快捷。部分组态软件支持 Web 发布，监控系统可以容易地完成监控功能的网络发布，且为综合自动化软件提供闸门监控接口。

3．性能要求

闸门自动化监控系统要完全满足实时性、可靠性、可维护性、实用性、安全性、可扩性、可变性等要求。这些性能要求目前基本上都是参照水电站的相关规范进行设置。

（1）实时性。

1）现场控制及装置的响应能力应满足控制过程的数据采集时间或控制命令执行时间的要求。其中数据采集时间中：状态和报警点采集小于等于 1s；模拟量点采集小于等于2s。控制命令执行时间要求应小于 1s。

2）数据采集后入库时间小于 2s。

3）数据通信时间满足现场控制要求。

4）人机界面响应时间。页面刷新时间小于等于 1s；新页面打开时间小于等于 2s；从出现报警信号到画面上显示并发音响报警的响应时间小于等于 2s。

5）双机热备切换时间，应保证实时任务不中断。

（2）可靠性。

1）系统中的任何设备出现故障都不能造成系统关键事故。

2）系统各操作模式之间应该尽可能独立，不造成串联故障。

3）闸门监控系统能适应周围的工作环境，具有高抗干扰能力，能长期可靠地运行。

计算机监控设备的要求为：主控机：MTBF≥8000h；现地控制单元：MTBF≥16000h；传感器应尽可能坚固耐用。

（3）可维护性。

1）系统中的任何设备平均修复时间最好低于1h，此时间不包括管理和设备运行时间。

2）要求系统建设中应尽量考虑系统备品备件和安装工具配置。

（4）实用性。采用高可靠性现地控制单元和上位机系统软件，技术成熟、可靠。整个系统的年可利用率不低于99.95%。

（5）安全性。

1）对系统每一功能和操作提供检查和校核，发现有误或受阻时能自动报警，撤销。

2）当操作有误时，能自动或手动地被禁止并报警。

3）一旦设备功能失灵，系统将自动报警，并记录下来，一直到操作员发现为止。

4）对任何自动或手动操作可作提示指导和存贮记录。

5）对不同级别的操作具有闭锁功能，此时仅允许当前控制级进行操作。

6）人机接口设备需要一定的操作员控制权限及口令。

7）硬件、软件和固件安全的措施。

8）具有电源故障保护和自动重新启动。

9）能预置初始状态和重新预置。

10）有自检查能力，检出故障时能自动报警。

11）软件的一般性故障可以登录且具有无扰动自恢复能力。

（6）可扩性。系统具有合理的软件和硬件结构，具有足够的冗余能力及扩充能力。其中，I/O测点通常预留10%~15%的备用容量，系统有预留接口，期望的通道利用率小于50%，计算机存储容量应有40%的裕度。

（7）可变性。主要应考虑现地控制机装置中采集参数或结构配置可以改变，例如点说明、限值、死区等。

4. 典型案例

某水闸自动化控制及安全监测系统是一个由闸门自动化监控系统、水闸安全监测系统、视频监视系统、水情水文自动测报系统和综合信息管理系统等组成的综合自动化平台。

闸门控制系统是综合自动化平台的重要组成部分。此系统采用自动化控制技术对某水闸的管理楼低压馈线柜、主坝泄洪闸闸门、主坝泄洪隧洞闸门、主坝涵洞闸门、东副坝涵洞闸门、西副坝涵洞闸门、上珠岗闸闸门等设施实施自动化监控。系统采用开放、分层分布式计算机监控系统结构，分为现地级、远控级，由远程调度站、中心控制站和现地控制站组成，各级站点通过网络互联。

闸门监控系统的硬件监控设备包括现地控制柜、闸门开度仪、闸门荷载仪、超声波闸前水位计、手动控制屏、低压馈线柜、现地PLC控制柜等；系统软件中操作系统采用Windows 2018 Server、闸门监控软件的组态软件采用Wonderware Intouch、历史数据库采用Historian Server、后台数据库使用MicroSoft SQL Server。

（1）系统结构。在某水闸闸门自动化监控系统中，5个现地站分别为主坝泄洪闸启闭机室、东副坝涵洞启闭机室、西副坝涵洞启闭机室、上珠岗闸启闭机室、新管理大楼底层配电室，中心站位于水闸新管理大楼中；中心站交换机和现地控制站中交换机组成光纤以太环网进行通信；远程调度站的通信计算机通过 Internet 或专网接入中心站局域网。某水闸闸门自动化监控系统的网络结构如图 4.5 - 47 所示。

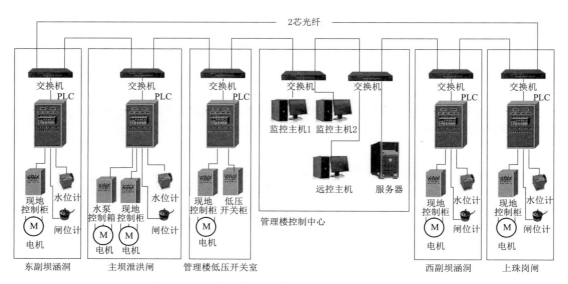

图 4.5 - 47　某水闸闸门自动化监控系统的网络结构

现地控制站：主要设备包括触摸屏、可编程控制器（PLC）、传感器、智能设备、低压电器、工业机柜等，其中主坝泄洪闸现地站增设闸前水位监测，上珠岗闸现地站增设闸前和闸后水位监测各一套。现地控制站的 PLC 柜一方面接收监控计算机的指令对启闭设备进行控制，采集闸前水位、电机参数、闸位等信息，并实时传送至监控计算机；另一方面，操作人员也可以通过现地 PLC 控制柜上的触摸屏操作，实现对闸门设备的控制、调节。现地 PLC 控制柜的触摸屏内嵌 HMI 软件，该软件可以模拟现场设备的动态运行，并提供按钮等功能发出的升、降、停指令。当出现异常情况并报警时，现地 PLC 控制柜会根据故障的等级及处理方式给出停机等操作。低压电器包括中间继电器、按钮、转换开关、指示灯、断路器、电压表、电流表等，用于实现闸门升、降、停等操作，指示闸门运行状态。工业机柜将这些现地设备全部集成起来，以完成现场级的监控功能。

中心控制站：位于水闸新管理大楼一楼，对整个闸门监控系统集中控制。中心控制站的主控计算机采用双机热备方式，通过网络与 PLC 通信，对现场设备进行监视与控制。上位机操作包括以下两种方式：自动控制模式，控制中心主控级计算机按预先给定的流量、闸位和其他限制条件，完成对闸门的升、降、停；手动控制，操作人员通过显示器、键盘、鼠标等设备对启闭设备进行操作，可实现全部过程分步顺序执行，即每一步或每一顺序组完成后需经操作人员确认，才能进行下一步或下一顺序组的操作。另外，中心控制站的通信计算机负责与其他系统及控制中心通信，为其他系统提供数据服务。

远程调度：系统软件通过 Wonderware Intouch 组态软件将现场组态控制界面直接发布到 web 服务器中。远程调用人员可以在验证通过后进行远程控制；同时也可以通过指令调度等方式要求现场操作人员在中心站或现地站完成调度指令。

（2）系统软件。闸门自动化监控系统人机界面软件和监控软件包括：PLC监控软件、触摸屏监控软件、上位机监控软件、Web发布远程监控界面。各功能软件在适合计算机系统本身操作系统的前提下进行设计，不要求更改操作系统。软件高度模块化，修改时不致对其他部分产生影响，测试、调整、维修程序简化。在应用程序、操作系统和数据库之间具有简明的接口。程序之间数据实现共享。

PLC控制软件完成以下功能：与闸位计通信，实时查询并记录各闸门开度值；与监控主机和触摸屏通信，完成数据上报任务；与监控主机和触摸屏通信，接收控制指令；根据控制逻辑，发出控制信号；通过对动力柜的控制，实时控制各闸门开、关、停；接收限位和过载信号，产生报警信息，并停止相关操作。PLC控制软件采用PLC编程软件开发，通过编写梯形图完成。

触摸屏监控软件完成以下功能：通过触摸屏向PLC发出闸门控制指令；与PLC通信，接收闸位、闸门运行、按钮状态等参数；数字显示闸门开度；采用虚拟技术，动态显示闸门状况。触摸屏监控软件采用与触摸屏内嵌的HMI编程软件开发。

远程监控软件完成以下功能：与现地控制柜通信，查询并记录现地控制柜运行情况；向PLC发送遥控指令控制各闸门升降；数字显示闸门开度；动态显示闸门开度；接收限位和过载信号，产生报警信息，获取闸前水位；计算流量；完成对水位、闸位、流速、流量的查询、报表工作；支持Web，允许远程监控计算机通过监控主机显示闸门状态，控制闸门升降。监控主机测控软件采用组态技术开发，组态软件采用Wonderware Intouch软件开发。

Web发布远程监控界面：测控软件引入虚拟仪器技术，即网页显示的控制面板完全是虚拟仪器软面板，软面板上类似常规仪器的旋钮、按钮、开关、显示表头等，图形化人机界面十分友好。通过登录验证后获取相应的操作权限后，操作者可以通过点击网页上的按钮等实现闸门操作，页面上的闸门开度和闸前水位等监测数据可连续局部刷新，达到跟踪监测的效果。

（3）软件界面。触摸屏闸门操作界面如图4.5-48所示。

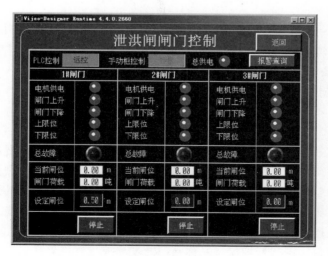

图4.5-48 触摸屏闸门操作界面

上位机闸门操作界面如图 4.5-49 和图 4.5-50 所示。

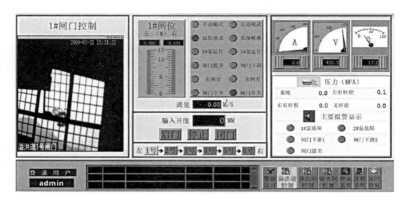

图 4.5-49　上位机闸门操作界面 1

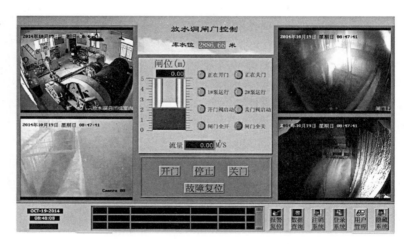

图 4.5-50　上位机闸门操作界面 2

Web 远控操作界面如图 4.5-51 所示。

4.5.3.3　系统设备

闸门自动化监控系统中的设备包括传感器、现地控制单元、通信设备和监测工作站等。

1. 传感器

闸门自动化监控系统中的传感器主要包括闸门开度仪、水位计、闸门荷重传感器以及配套的测量仪等。闸门开度仪用于测量闸门位置的设备,与之配套的测量仪表是闸门开度测量仪;水位计通常用于闸前水位或闸后渠道水位的测量,与之配套的测量仪表是水位测量仪;闸门荷重传感器一般用于卷扬式启闭机用于测量闸门启闭时钢缆受力的情况,与之配套的测量仪表是闸门荷载测控仪。

(1) 闸门开度仪。闸门开度仪,又称闸门开度测控仪。以卷扬启闭平板闸门为例,闸门开度仪的测量精度要求不低于 1cm,监测工作原理是通过与卷扬启闭机卷扬轴相连,监

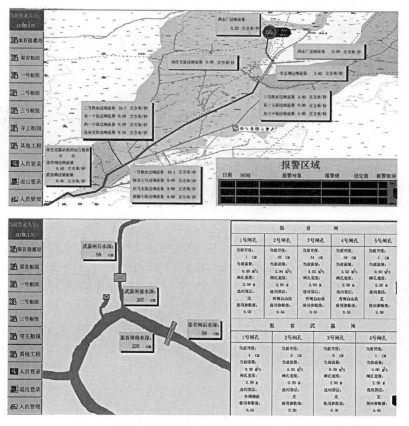

图 4.5-51 Web 远控操作界面

测卷筒的圈数与传感器的圈数匹配后计算闸门的实际开度，如图 4.5-52 所示。

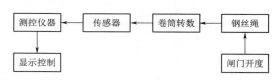

图 4.5-52 闸门开度仪工作原理

闸门开度仪目前绝大部分都是由绝对值型旋转编码器、自动收缆装置或其他形式的耦合器等部分组成，当闸门运动通过自动收缆装置或耦合器带动传感器旋转，即可输出与闸位相对应的格雷码编码信号。除此之外，还有一些较为特殊的闸位传感器型式，比如液压杆的磁力行程测量器等。

在闸门开度仪的安装需要根据现场的具体情况进行调整。通常的安装方法包括直接连接法（轴连接、自动收绳连接）、齿轮连接法、吊装法、链条链轮法等。其中直接连接法和齿轮连接法见图 4.5-53。

（2）闸门开度测量仪。闸门开度测量仪集测量、显示、非线性查表计算、升降控制输出、网络通信等多种功能为一体，安装简便，工作可靠，无需软件编程，只需设置几个参数即可对现地闸门进行数字自动控制。主要用在平板闸门、弧形闸门等闸门控制中，既能显示提升高度，还可以控制闸门的升降至给定的高度，并能显示实际开度值，见图 4.5-54。

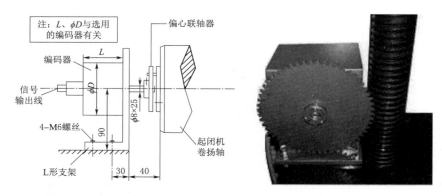

图 4.5-53　闸门开度仪直接连接法和齿轮连接法

图 4.5-54　闸门开度测量仪

（3）水位计。水位计包括闸前水位计和闸后水位计。闸前水位计主要用于测量闸门上游水位，用于计算闸门过闸流量，要求测量精度不低于 1cm。闸前水位需布置在距离闸门有一定距离，不受闸门启闭影响的上游位置，以便于测量处于相对静止时的闸前水位。闸后水位通常用于船闸等有些特殊情况，需要对闸后水位也进行测量的情况。水位计种类主要包括浮子式液位传感器、压力式液位传感器、超声波液位传感器等。

浮子式液位传感器，采用编码器配以精密变速机构和挂轮、测绳、重锤和浮子构成。其原理是浮子以稳定的吃水线漂浮在水面上，当水位变化时，浮子也随之上升或下降，同浮子连接的测绳带动挂轮做旋转运动，并通过传感器内部的变速机构带动编码盘转动，从而输出与水位对应的数字编码。通过格雷码或电流 4~20mA 输出。可用于测量库水位、闸前水位和闸后渠道水位，如图 4.5-55 所示。

压力式液位传感器采用硅传感技术或不锈钢膜片技术，全不锈钢双层密封结构，具有良好的防水防腐性能。采用温度补偿技术，在较宽的温度范围内零点和灵敏度都十分稳定，变送电路的关键部位选用高精度运算放大器，除了具有通常的零点和满量程调整功能，使变送器有较高的测量精度。采用含通气管的电缆传输出信号，并对大气气压的变化进行合理修正，消除了大气气压对测量精度的影响。通过电流 4~20mA 输出。可用于测量库水位、闸前水位和闸后渠道水位，见图 4.5-56。

超声波式液位传感器是一种非接触式的测量仪器，在测量的过程中不触及被测物质，且与被测介质的压力、温度、密度等无关。超声波传感器主要由压电晶片组成，既可以发射超声波，也可以接收超声波。超声波碰到杂质或分界面会产生显著反射形成反射成回波。如果是在室外使用超声波液位传感器，建议在超声波液位传感器计上安装一个遮阳板，这样可以有效地阻止阳光对仪器的直接照射，保护了设备并延长了超声波液位传感器计的使用寿命。通过电流 4~20mA 输出。可用于测量库水位、闸前水位和闸后渠道水位，见图 4.5-57。

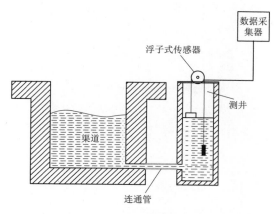

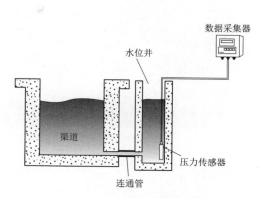

图 4.5-55　浮子式液位传感器　　　　　　　图 4.5-56　压力式液位传感器

（4）水位测量仪。水位测量仪集测量、显示、非线性查表计算、报警输出、网络通信等多种功能为一体，安装简便，工作可靠，无需软件编程，只需设置几个参数即可对现地水位进行数字自动控制。数字式水位测量仪能够将格雷码数据、模拟量数据转化成数字量的水位数据，通过 LED 显示出来。通过设置上、下限位报警阈值，提供超限报警输出，并应提供 4～20mA 输出、并行 BCD 码输出、MODBUS 通信接口。水位测量仪如图 4.5-58 所示。

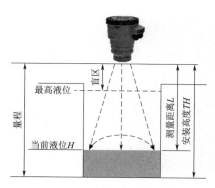

图 4.5-57　超声波式液位传感器　　　　　　图 4.5-58　水位测量仪

（5）闸门荷重传感器。闸门荷重传感器是通过检验受力载体所受的载荷来完成对起重机载重量的测量。传感器以 mV 模拟量输出供信号转换变送装置采集。经变送器信号处理后以 4～20 mA 信号输出。可直接供仪表或 PLC 及其他系统采集。适用于各种卷扬式启闭机、桥门式起重机、电动葫芦的荷载测量。闸门荷重传感器的类型包括轴销式荷重传感器、旁压式荷重传感器、滑轮式荷重传感器、轴承座式荷重传感器、扭矩荷重传感器，如图 4.5-59 所示。

1）轴销式荷重传感器特别适合安装在轴孔内，代替原有轴功能，又能起到称重测力传感器的作用，广泛应用于各种闸门的重量检测等场合。

2）旁压式荷重传感器专门用于钢丝绳和柔性绳索的张力测试，适用于各种卷扬式起重设备的安全保护，安装于钢丝绳的固定端或定滑轮附近。

（a）轴销式荷重传感器

（b）旁压式荷重传感器

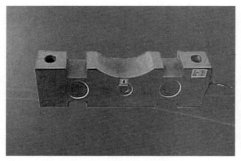
（c）滑轮式荷重传感器

（d）轴承座式荷重传感器

（e）扭矩荷重传感器

图 4.5-59　闸门荷重传感器

3）滑轮式荷重传感器主要安装于定滑轮轴下，也可以用于在平衡滑轮轴等其他形式的轴下，常用于起重限制器的传感器。

4）轴承座式荷重传感器主要用于轴承座中心高不够的场合，或把传感器作为启闭机的轴承座使用。

5）扭矩荷重传感器是一种测量各种动力机械转动力矩的精密传感器，特别适用于螺杆启闭荷重的测量。

（6）闸门荷重测控仪。闸门荷重测控仪采用嵌入式微电脑控制技术、模拟和数字多重滤波，功能完善，性能稳定可靠，精度高，抗干扰能力强，广泛用于各种平板闸门、弧形闸门、人字门、门机、吊车、船闸、水闸等的荷重测量与控制。闸门荷重测控仪也是一种对闸门升降过程中启闭力测量与过载保护的仪器，通过 LED 数码管显示实时荷载值，并通过输出过载保护信号，也可同时发出声光报警信号等，如图 4.5-60 所示。

图 4.5-60　闸门荷重测控化

2. 现地控制单元

在闸门计算机监控系统中现地控制单元是对闸门及附属设备进行监控的核心，提供管理控制接口，是系统中最具面向对象分布特征的控制设备。现地控制单元主要是由现地监控对象和现地控制装置组成。

（1）现地监控对象。主要包括以下几个部分：①闸门，主要包括闸门、阀门等设备的启闭装置；②传感器，主要包括水位、闸位、闸门荷载等仪表；③公用设备，主要包括用电系统、油系统、水系统、消防系统、报警系统、灯光控制系统、直流辅助配电系统等设备监测。

（2）现地控制装置。一般布置在监控对象附近，就地对被控对象的运行工况进行实时监视和控制，是水闸闸门自动化监控系统较底层的控制部分。底层监控数据在此进行采集和处理，各种控制调节命令都通过它发出和完成控制闭环，它是整个监控系统中很重要、对可靠性要求很高的控制设备。现地控制单元按监控对象和安装的位置可分为闸门 PLC 控制柜、公用 PLC 控制柜、报警 PLC 控制柜等。而按照现地控制单元本身的结构和配置，则可以分为基于单片机控制、可编程逻辑控制器（PLC）控制、智能型工业 PC 等三种。第一种为自动化控制初期的产品，目前还有部分地方使用，但其局限性非常明显。第二种为可编程逻辑控制器（PLC），使用非常广泛，绝大部分水闸闸门自动化监控系统都采用这种方式实现，具有模块化、简便易用、安全稳定、扩展性等优点。对于第三种，随着科技的进步嵌入式 PC 系列也已成为可能，低功率处理器与外壳散热的设计，闪速存储卡取代常规硬盘等。大型水利枢纽自动控制的集成度也越来越高，使用者不再满足于完成现场控制，更多的是对现场控制的规律性和智能化的要求，因此工业 PC 应运而生。工业 PC 包括非常简洁、强大和坚固的嵌入式自动化系统可用于机器层级，可基于紧凑型嵌入式操作系统，使用控制软件、可视化软件和运动控制功能等。

1）单片机控制。自 20 世纪 70 年代单片机诞生以来，单片机技术在与其他科学技术的融合中不断发展，已经成为一门应用广泛的成熟技术，广泛应用于智能仪表、机电一体化、实时控制、分布式多机系统及人们日常生活等各个领域。单片机通过开发通用 MODBUS 协议的接口与水位采集仪、闸门开度测量仪等智能仪表通信，获取水位、闸门开度等数据；单片机输出控制信号以控制电机的启动，从而改变闸门的开度以精确控制闸门；系统还具有相应的显示和报警功能，如图 4.5-61 所示。

图 4.5-61　单片机控制的现地控制装置

2）可编程控制器（PLC）。可编程控制器（Programmable Controller）是目前使用最为广泛的闸门自动化监控系统核心设备。为了避免与个人计算机（Personal Computer）的简称混淆，将可编程控制器简称为PLC。PLC主要品牌有ABB、松下、西门子、三菱、欧姆龙、台达、富士、施耐德、GE、信捷等。PLC由CPU、存储器、输入输出模块、功能模块、通信模块、电源等组成。中央处理单元（CPU）是PLC的控制中枢。它按照PLC系统程序赋予的功能接收并存储从编程器键入的用户程序和数据；检查电源、存储器、I/O以及警戒定时器的状态，并能诊断用户程序中的语法错误。当PLC投入运行时，首先它以扫描的方式接收现场各输入装置的状态和数据，并分别存入I/O映象区，然后从用户程序存储器中逐条读取用户程序，经过命令解释后按指令的规定执行逻辑或将算数运算的结果送入I/O映象区或数据寄存器内。等所有的用户程序执行完毕之后，最后将I/O映象区的各输出状态或输出寄存器内的数据传送到相应的输出装置，如此循环运行，直到停止运行。存放系统软件的存储器称为系统程序存储器。存放应用软件的存储器称为用户程序存储器。输入接口模块由光耦合电路和微机的输入接口电路组成，是PLC与现场控制的接口界面的输入通道。输出接口模块由输出数据寄存器、选通电路和中断请求电路集成，它向现场的执行部件输出相应的控制信号。功能模块，如计数、定位等；通信模块，如以太网、RS485、Profibus－DP等。PLC控制的现地控制装置如图4.5－62所示。

　　3）工业PC。当前计算机工业控制领域围绕着计算机和控制系统硬件/软件、网络技术、通信技术、自动控制技术等方面迅速地发展。随着水闸综合管理能力的提升，对计算机监控系统的要求也随之转变，希望自动化系统及其自动控制装置应具备高度可靠性、自治性、开放性，发展成为一个集计算机、控制、通信、网络、电力电子等新技术为一体的综合系统。PLC和智能现地控制器都在朝着适应新的应用需求的方向发展，结合PLC技术和IPC技术开发出相当于智能现地控制器的工业PC是当前流行的趋势。PLC解决了自动控制系统的设备自动化控制，而工业PC将为过程自动化控制和管理自动化的发展做出贡献。现阶段主流的工业PC包括Schneider公司的Magelis HMI等，SIMENS公司的SI-MATIC HMI IPC等，GE公司的RXi IPC Box等。以Schneider Magelis平板电脑为例，是适用于自动化领域的工业计算机产品，是集成有工业计算主机和10″、15″或19″真彩触摸屏的"一体化"产品，如图4.5－63所示。

图4.5－62　PLC控制的现地控制装置

图4.5－63　PC智能现地控制装置

3. 通信设备

目前的工业控制领域有两种较为流行的技术方案，一个是现场总线技术，另一个就是工业以太网技术。

以太网通信主要使用网络交换机进行通信，按照 OSI 的七层网络模型，交换机又可以分为第二层交换机、第三层交换机、第四层交换机等，一直到第七层交换机。基于 MAC 地址工作的第二层交换机最为普遍，用于网络接入层和汇聚层。基于 IP 地址和协议进行交换的第三层交换机普遍应用于网络的核心层，也少量应用于汇聚层。部分第三层交换机也同时具有第四层交换功能，可以根据数据帧的协议端口信息进行目标端口判断。第四层以上的交换机称之为内容型交换机，主要用于互联网数据中心

现场总线通信主要包括 485 总线通信、HART 总线通信、FieldBus 总线通信等。现场总线通信协议的结构同样也是根据国际标准化组织 ISO 的开放互连系统模型 OSI 来制定的。它结合工业控制的需要，对 OSI 的体系结构进行了优化组合，主要包括物理层 (the physical layer)、数据链路层 (the data link layer)、应用层 (the application layer)、用户层 (the user layer) 4 个部分。这种优化保证了通信的速度。

（1）以太网交换机。以太网交换机是基于以太网传输数据的交换机，以太网采用共享总线型传输媒体方式的局域网。以太网交换机的结构是每个端口都直接与主机相连，并且一般都工作在全双工方式。交换机能同时连通许多对端口，使每一对相互通信的主机都能像独占通信媒体那样，进行无冲突地传输数据。

按照交换机的可管理性，又可把交换机分为可管理型交换机和不可管理型交换机，它们的区别在于对 SNMP、RMON 等网管协议的支持。相对集线器和不可管理型交换机，可管理型交换机拥有更多更复杂的功能，价格也高出许多——通常是一台不可管理型交换机的 3～4 倍。可管理型交换机提供了更多的功能，通常可以通过基于网络的接口实现完全配置。它可以自动与网络设备交互，用户也可以手动配置每个端口的网速和流量控制。绝大多数可管理型交换机通常也提供一些高级功能，如用于远程监视和配置的 SNMP（简单网络管理协议），用于诊断的端口映射，用于网络设备成组的 VLAN（虚拟局域网），用于确保优先级消息通过的优先级排列功能等。利用可管理型交换机可以组建冗余网络。使用环形拓扑结构，可管理型交换机可以组成环形网络。每台可管理型交换机开启生成树协议后能自动判断最优传输路径和备用路径，当优先路径中断时自动阻断备用路径。

工业以太网交换机是指技术上与商用以太网（即 IEEE802.3 标准）兼容，但在产品设计时，在材质的选用、产品的强度、适用性以及实时性等方面能满足工业现场的需要。简言之，工业以太网是将以太网应用于工业控制和管理的局域网技术。同时工业以太网交换机也常用于环网冗余自愈方案中，典型的结构是将网管型交换机串联起来，然后首尾相接。工业以太网主要的冗余方式有链路层冗余、环网冗余和主干冗余等。链路层冗余由于恢复速度慢，在很多工业环境中并不适用。环网冗余是使用环网提供高速冗余的一种技术，网络中断恢复时间在 300ms 以下。主干冗余是将不同交换机的多个端口设置为 Trunking 主干端口，并建立连接，在交换机之间形成一个高速骨干链接，不但增强了网络吞吐量，也实现了冗余功能，它的网络中断恢复时间一般在 10ms 以下。主干冗余本身不是

177

为工业网络研发的，它只是一种"假冗余"技术。因此在工业控制网络中多采用环网冗余方式，如图 4.5 - 64 所示。

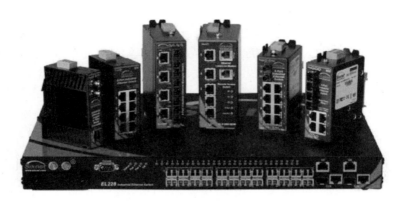

图 4.5 - 64　工业以太网交换机

（2）现场总线设备。现场总线是指安装在制造或过程区域的现场装置与控制室内的自动装置之间的数字式、串行、多点通信的数据总线。它是一种工业数据总线，是自动化领域中底层数据通信网络。简单说，现场总线就是以数字通信替代了传统 4～20mA 模拟信号及普通开关量信号的传输，是连接智能现场设备和自动化系统的全数字、双向、多站的通信系统。主要解决工业现场的智能化仪器仪表、控制器、执行机构等现场设备间的数字通信以及这些现场控制设备和高级控制系统之间的信息传递问题。

目前世界上存在着大约四十余种现场总线，如法国的 FIP，英国的 ERA，德国西门子公司的 ProfiBus，挪威的 FINT，RoberBosch 公司的 CAN，Rosemount 公司的 HART、MODBus、SDS、Arcnet，国际标准组织-基金会现场总线 FF（FieldBusFoundation），美国的 DeviceNet 与 ControlNet 等。这些现场总线大都用于过程自动化、医药领域、加工制造、交通运输、国防、航天、农业和楼宇等领域，大概不到十种的总线占有 80%左右的市场。目前闸门自动化控制现场总线主要是以 485 总线为主。

485 网络：RS485/MODBUS 是现在流行的一种工业组网方式，其特点是实施简单方便，而且支持 RS485 的仪表又特别多。仪表商也纷纷转而支持 RS485/MODBUS，原因很简单，RS485 的转换接口不仅便宜而且种类繁多。至少在低端市场上，RS485/MODBUS 仍将是最主要的工业组网方式（图 4.5 - 65 和图 4.5 - 66）。

图 4.5 - 65　RS485/MODBUS 总线设备

现场总线的使用非常广泛，但由于现场总线标准太多，形同没有标准，作为连接传感器的设备级网络还可以胜任，但作为数据传输的主干网络，则无论在传输速率上、传输距离和链路冗余等方面都不能满足需要。而工业以太网为了应用于严酷的工业环境，确保工业应用的安全可靠，具有应用广泛、通信速率高、资源共享能力强、可持续发展潜力大等特点，对水闸闸门计算机监控系统非常适用。

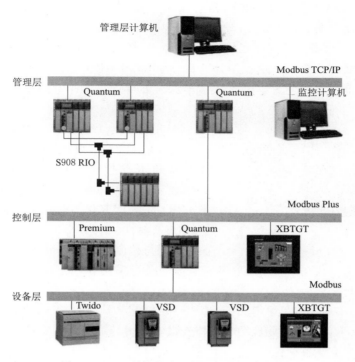

管理层计算机

Modbus TCP/IP

管理层

Quantum   Quantum   监控计算机

S908 RIO

Modbus Plus

控制层

Premium   Quantum   XBTGT

Modbus

设备层

Twido   VSD   VSD   XBTGT

图 4.5-66 现场 RS485/MODBUS 总线结构

4. 监控工作站

监控工作站应选用适合实时控制、能满足系统功能和性能要求的机型。监控工作站一般可分为现地控制级计算机、中心站控制级计算机（又称上位机）。

（1）现地控制级计算机。一般放置在闸门现地控制室内，由于一般来说现场的环境不能满足国标计算机场地通用规范的要求，因此要求选用工业控制计算机（IPC），对工业控制计算机类型的主要技术性能要求如下。

1）处理器字长：32 位。

2）机内总线标准化。

3）具有局域网通信接口。

4）具有与智能电子设备的接口。

5）必要时，应具有现场总线接口。

6）能实现时钟同步校正，其精度应与事件的分辨率配合。

（2）中心站控制级计算机。一般放置在水闸控制中心内，一般来说现场的环境能满足国标计算机场地通用规范的要求，可以使用普通 PC 机，但推荐使用工业控制计算机（IPC）。对本级计算机的主要技术性能要求如下。

1）处理器字长：64 位、32 位。

2）浮点计算：硬件。

3）计算机内的内存应有足够的容量，存储器容量分配中应留有 40% 以上的裕量。

4）计算机内的硬盘应有足够的容量，以支持实时控制系统的资源文件、应用软件、历史数据库等存储管理工作的需要，不能小于 80G。

5）计算机内的硬盘宜配置磁盘阵列。

（3）工业控制计算机。工业控制计算机（Industrial Personal Computer，IPC）简称工控机，具有可靠性、实时性、扩充性、兼容性等特点，因此价格也比 PC 机高，如图 4.5 - 67 所示。

图 4.5 - 67　工业控制计算机

1）可靠性：工控机具有在粉尘、烟雾、高/低温、潮湿、震动、腐蚀环境中的工作能力及快速诊断和可维护性，其 MTTR（Mean Timeto Repair）一般为 5min，MTTF 为 10 万 h 以上，而普通 PC 的 MTTF 仅为 10000～15000h。

2）实时性，工控机对工业生产过程进行实时在线检测与控制，对工作状况的变化给予快速响应，及时进行采集和输出调节，遇险自复位，保证系统的正常运行。

3）扩充性，工控机由于采用底板＋CPU 卡结构，因而具有很强的输入输出功能，最多可扩充 20 个板卡，能与工业现场的各种外设、板卡与道控制器、视频监控系统、车辆检测仪等相连，以完成各种任务。

4）兼容性，工控机能同时利用 ISA 与 PCI 及 PICMG 资源，并支持各种操作系统，多种语言汇编，多任务操作系统。

4.5.3.4　系统集成与安装

闸门自动化监控系统的集成和安装过程从标识、生产、包装、安装、技术文件提供等方面都应符合国家标准的有关规定。

监控系统中标识是指每个独立装置的产品标识应符合国家规范要求，而且为了安全和识别需要系统设备和主要设备上还应该加上警示标、色标、名称标签、部件号或与说明书对应的标识等。生产主要指的是主要设备产品采购、现地 PLC 柜组柜、自动化软件编程等应满足规范要求。包装应按照 GB/T 13384 执行，对于设备有特殊要求的需要在包装箱上注明。安装包括闸门开度率定、控制柜就位并与现场设备连接、系统联调等。技术文件提供应包括 5 个基本部分设计文件、安装文件、操作文件、维护文件和试验文件。

1. 组柜

组柜是安装过程中一项非常重要的工作，包括手动柜组柜和现地 PLC 柜组柜。组柜工作需根据现场的需要完成组柜设计，包括控制原理图、设备选型、设备原理图、机柜布置图、端子图及内部连接图、安装开孔和固定连接图、设备接地连接图、安装说明书等。

现地 PLC 柜组柜与内部接线的主要设计图标包括：PLC 信号统计表、PLC 机柜布置图、PLC 模块配置图、PLC 开关量输入模块原理图、PLC 开关量输出模块原理图。

在 PLC 组柜与接线时，按照表 4.5 - 2 要求和图 4.5 - 68 进行。

表 4.5 - 2 　　　　　PLC 信 号 统 计 表

序号	信号名称	开关量输入（DI）		开关量输出（DO）		模拟量输入（AI）	通信	
		设备回讯（常开）	故障信号	常开	常闭	4~20MA	RS-485	以太网
一	涵洞现地控制柜							
1	转换开关现地状态	1						
2	转换开关远程状态	1						
3	QL 开关状态	1						
4	1QL 开关状态	1						
5	2QL 开关状态	1						
6	闸门升（1KM）	1						
7	闸门降（2KM）	1						
8	电机故障		1					
9	闸门开度					1		
10	闸门荷重					1		
11	QL 远程合闸			1				
12	QL 远程分闸			1				
13	闸门升			1				
14	闸门降			1				
15	闸门停				1			
二	故障灯			1				
三	视频联动							
1	涵洞机房摄像机			1				
2	户外摄像机			1				
四	语音提示器							
1	闸门电机故障			1				
2	闸门超限			1				
3	荷重超限			1				
4	闸门超时运行			1				
5	闸门操作失败			1				
五	UPS 进线	1						
六	触摸屏						1	
七	上位机							1

2. 闸门开度率定

对闸门开度进行率定，即对闸门开度仪测值和实际闸门开度之间的数据建立换算管理。完成闸门开度率定，包括测量方法选择、测量方式选择、开度计算等。

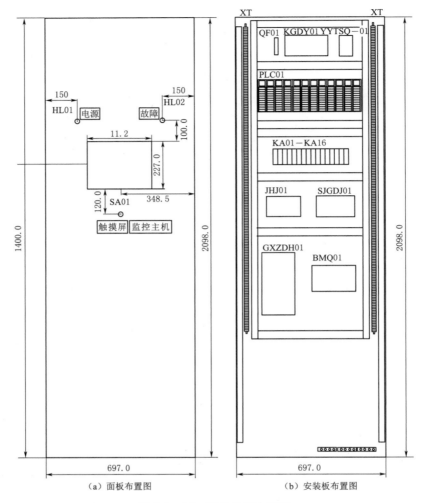

（a）面板布置图　　　　（b）安装板布置图

图 4.5-68　PLC 机柜布置图

（1）闸门开度的测量方法。

1）直接测量法。直接测量闸门的开启度，传感器直接安装在闸门上。

2）间接测量法。传感器不直接安装在闸门上，而是安装在卷扬机轴或是液压臂上，或是通过其他可变化部位的测量，利用给定的变比或计算方法，换算出闸门的开启度。

（2）闸门开度的测量方式。

1）弹簧自动收缆式。一般都用直接测量法，测缆随闸门移动而拉出，由弹簧力拉回，测缆的变化反映了闸门的开启度。

2）重力自动收缆式。一般都用直接测量法，测缆随闸门移动而拉出，收缆是通过重锤等重力装置进行。

3）直接位移测量式。利用特别的传感方式，直接测出闸门的位移，比如在闸门侧壁上直接安装位移传感器，或是利用激光等直接测量闸门位移。

4）同轴连接式。一般为间接测量法，将位移传感器和卷扬机轴或其他随闸门变化的轴用合适的联轴方式连接（联轴节、齿轮齿条、链轮、摩擦等），测量出的结果经换算就是闸门开启度。

5）其他方式。如磁感应式、变阻式、行程开关式、指针式、光电编码器、接触式编码器等。

（3）闸门开度的计算。直接测量的计算过程是：首先应当在闸门上选好测量点，以此点的变化代表闸门的变化，因此应当尽量选取在测量范围内同步线性变化的点，将此点的变化引入数字式传感器，一般是用测量缆的一端固定在此点上。当闸门启闭时，其运动使测量缆的变化带动传感器中的编码器旋转，编码器实时输出闸门开度的数字量。此种直接测量原理要求传感器在规定的分辨率条件下的全量程必须大于测量缆的变化量。

间接测量一般都是将数字式传感器和除了闸门以外的其他运动部件连接，注意选择容易安装又容易计算的部位，比如卷筒轴。（有时在闸门上连接或安装传感器是非常困难的）当卷筒转动吊动闸门的钢缆时，其旋转的变化传给了编码器，根据所选的编码器和连接传动比以及卷筒周长经过一系列换算就可以得出此时的闸门开启度。如果被测闸门是弧形闸门，其开度应当是闸门底部到闸底的距离。直接测量的测量缆的变化和间接测量编码器的输出可能代表了闸门弧形运动的弧长，还要换算成垂直高度的变化。特别是间接测量，很可能在局部测量范围内有部分测量段的运动轨迹会出现非线性变化，如果精度要求不高可以忽略，但在高精度测量时必须加以修正。弧形闸门开度测量如图4.5-69所示。

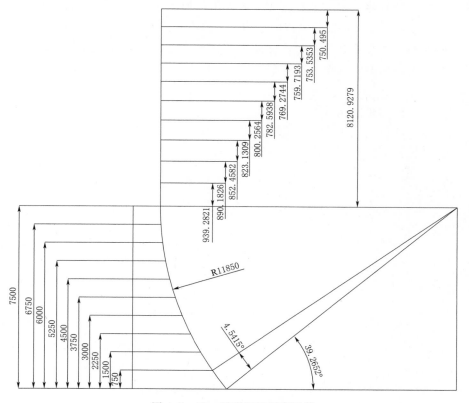

图 4.5-69 弧形闸门开度计算

（4）闸门开度计算的例子。

1）设弧形闸门半径为 $R = 11850mm$，闸门最大开度 7500mm，传感器安装在水平径线和圆弧交点的切线正上方，其连接测缆固定于闸门底端，顺闸门弧面引上。将弧形闸门开启的全高度分为 10 等分，每等分的高度就对应了一段弧长的变化，若其对应的闸门角度变化为 α，则编码器测缆变化引出的编码器输出 C 为 $C = 2\pi R * \alpha / 360°$。根据公式，可计算出各等分高度的对应编码器变化数值如图。

2）在每个等分的高度内，是将编码器的变化数值平均分配的，比如上例的 0～750mm 段，对应编码器变化为 0～939.2821mm，编码器的显示如为 cm 级，则显示 0～94，将 94 除以 75，求出编码器的单位变化量，有多少个单位变化量，就代表了当时的闸门开启高度，每个分段都如此计算。

3）以上第一项的计算，是手工完成的。第二项的计算是在显示仪表中由软件完成的，也可以事先全部计算完，用查表的方式实现。

4）由于传感器不能安装在弧形闸门水平径线通过圆弧的切点正上方，所以测量缆除了有垂直的变化外，还会有水平方向的摆动，这种非线性的变化应当进行补偿。

3．自动化监控软件介绍

闸门自动化监控系统软件包括 PLC 监控软件、触摸屏监控软件、上位机监控软件以及远程 Web 访问软件等。

（1）PLC 监控软件。PLC 监控程序一般采用梯形图编程。梯形图是 PLC 的第一编程语言。梯形图与电器控制系统的电路图很相似，具有直观易懂的优点，很容易被电气人员掌握，特别适用于开关量逻辑控制。梯形图常被称为电路或程序，梯形图的设计称为编程。PLC 监控软件梯形图程序示例如图 4.5-70 所示。

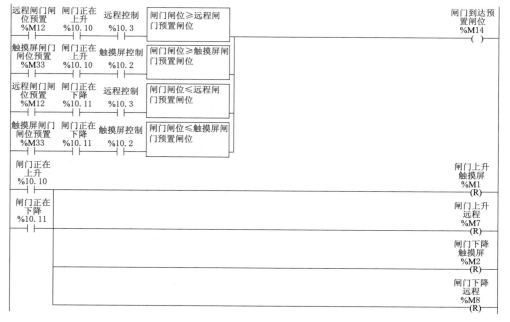

图 4.5-70　梯形图程序示例

（2）触摸屏监控程序。触摸屏监控程序是连接可编程序控制器（PLC）、变频器、直流调速器、仪表等工业控制设备，利用显示屏显示，通过输入单元（如触摸屏、键盘、鼠标等）写入工作参数或输入操作命令，实现人与机器信息交互的数字设备。

从严格意义上来说，触摸屏监控程序和触摸屏是有区别的。触摸屏仅是人机界面产品中可能用到的硬件部分，它替代鼠标及键盘部分功能，安装在显示屏前端的输入设备；而触摸屏监控程序则是使用触摸屏内嵌的编程软件实现现场模拟展示和操作的人机界面。

触摸屏监控程序由硬件和软件两部分组成，硬件部分包括处理器、显示单元、输入单元、通信接口、数据存贮单元等，其中处理器的性能决定了 HMI 产品的性能高低，是 HMI 的核心单元。HMI 软件通过运行于 HMI 硬件中的系统软件提供的画面组态等功能。使用者都必须先使用 HMI 的画面组态软件制作"工程文件"，再通过 PC 机和 HMI 产品的串行通信口，把编制好的"工程文件"下载到 HMI 的处理器中运行。触摸屏监控程序运行示意图如图 4.5－71 所示。

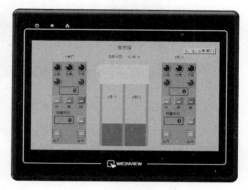

图 4.5－71　触摸屏监控程序
运行示意图

（3）上位机组态软件。监控主机（上位机）的监控软件一般基于组态软件。组态软件是实时监测和过程控制的通用计算机软件，是自动控制系统中监控层一级的软件平台和开发环境。组态软件支持各种工控设备和通信协议，提供分布式数据管理和网络功能，具有功能完善、操作简便、可靠性高、可视性好、可维护性强的突出特点。利用组态软件的灵活组态方式，无需手工编程，即可快速构建所需的自动控制系统。外国的组太软件有 Wonderware 公司的 InTouch、Intellution 公司的 iFix、CiT 公司的 Citech 和 Simens 公司的 WinCC，国内的组态软件有亚控公司的组态王、华富计算机公司的 Controx、大庆三维公司的 ForceControl 和昆仑通态公司的 MCGS。

监控主机（上位机）的监控软件采用组态软件技术开发，所开发的软件具有高可靠性，能避免手工编程所产生的错误，具有用户界面统一、开发速度快、维护方便等优点。监控软件运行示意图如图 4.5－72 所示。

4. 系统联调

水闸闸门计算机监控系统现场调试工作主要分为各分部系统调试和系统整体联调两部分工作。一般先做分部系统调试，后做联调。

分部系统调试指的是系统到现场后，对系统硬件、监控软件等进行现场检验的过程，以确保供应的硬件、软件满足用户的要求。包括现地控制单元在内和各启闭设备、传感器、测试仪表、电系统、油系统、水系统、消防系统、报警系统、灯光控制系统、门禁控制系统、语音对讲系统、直流辅助配电系统等单独的设备或系统完成各自的现场调试、联网调试工作，同时形成调试文档。

185

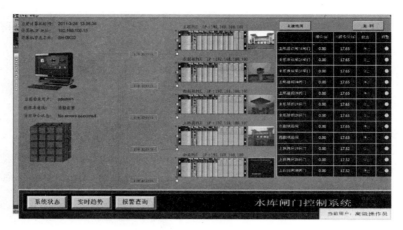

图 4.5-72　监控软件运行示意图

　　联机调试指的是按照调试计划分层次、分步骤的将所有分部系统的通信、相互制约关联以及协同操作等逐步逐级的调试完成，同时形成调试文档。联机调试过程中每一步调试过程都应有记录，而且记录可以分为调试前准备、调试过程、调试结果三部分来进行记录。调试前准备记录表上应该已经列好了需要提前检查和测试的内容，必须全部完成填写后，先判读是否进行调试，然后再开始调试。调试步骤的调试前文档中，均应包括调试内容、调试方法及调试结果预期，如调试结果不符合预期，则需要相关人员检查原因，并在修改后，才可以继续。

　　(1) 硬件设备调试。闸门自动化系统的硬件设备包括传感器、采集仪表、各分部系统的控制屏、通信设备等。硬件设备现地调试通常包括产品外观检查、设备软硬配置检查、产品技术文件的检查、现场安装及接线、接线检查、绝缘电阻测试、功能与性能测试等，见表 4.5-3。

表 4.5-3　　　　　　　　　　各类试验、验收推荐项目

推 荐 检 验 项 目				
检验项目	型式试验	工厂试验及验收	出厂验收	现场试验及验收
产品外观、软硬件配置及技术文件检查				
现场开箱、安装、接线检查				
绝缘电阻测试				
电源适应能力测试				
环境试验				
可用性（或可利用率）考核				

　　功能与性能测试的内容将会根据系统具体情况进行设置，要求内容覆盖监控的全部范围，且试验要求满足规范要求，例如 PLC 控制柜回路试验表（表 4.5-4）。

表 4.5-4   **PLC 控制柜的控制回路的现地调试表**

试验单位：   第 01 页

试验日期：

回路名称		回路接线是否正确	回路通电是否正常	验收情况	备注
总电源					
闸门控制	1号闸门运行方式切换开关				
	1号闸门控制回路电源监视				
	1号闸门电动机故障				
	1号闸门上升信号				
	1号闸门下降信号				
	1号闸门上升自动控制回路				
	1号闸门下降自动控制回路				
结论：					

校核人：   试验人：

（2）监控软件调试。水闸闸门计算机监控系统软件包括 PLC 控制程序、触摸屏控制程序、上位机控制程序等。现场软件调试通常应按照规范、合同内容及现场需求完成对功能调试规划。

PLC 控制程序调试，指的是在调试 PLC 与各设备、测试仪表联机时对程序进行的一些功能调试。在 PLC 调试时，PLC 内部信号点接收是否正确、PLC 程序动作是否与设备操作情况相符、各开关量输出模块可不挂载输出继电器、通过 PLC 上相应指示灯检查开关量闭合情况、磁性开关模拟开关量输入、使用标准电流电压发生器来模拟模拟量输入。推荐检验项目见表 4.5-5。

表 4.5-5   **PLC 控制程序调试推荐检验项目**

检验项目	型式试验	工厂试验及验收	出厂验收	现场试验及验收
模拟量数据采集与处理功能				
数字量数据采集与处理功能				
计算量数据采集与处理功能				
数据输出通道测试				
其他数据处理功能测试				
控制功能测试				
通信功能测试				
软件编辑设置功能测试				
实时性性能指标检查和测试				

触摸屏控制程序调试，主要指的是调试触摸屏与 PLC 或其他智能设备通信情况，以及触摸屏上组态界面功能等。触摸屏与 PLC 或其他智能设备通常采用以太网通信或 MODBUS 协议通信，要求根据具体的通信协议，在触摸屏端进行选择，如果使用 Modb-

us 协议，需要继续完成串口参数设置，要求参数必须与另一端保持一致。触摸屏在与
PLC 通信失败时会弹出通信失败对话框。触摸屏组态功能测试主要完成内容包括，选择
器、显示框、按钮、指示灯状态、运行逻辑等测试。推荐检验项目见表 4.5－6。

表 4.5－6　　　　　　　　　　　触摸屏控制程序调试推荐检验项目

检验项目	型式试验	工厂试验及验收	出厂验收	现场试验及验收
人机接口功能测试				
实时性性能指标检查和测试				
数据处理及记录功能测试				
控制功能测试				
软件编辑设置功能测试				
系统时间及事件记录测试				
通信功能测试				
报警诊断功能测试				

上位机控制程序调试，上位机控制软件的组成更加灵活，可以包括组态软件、视频插
件、应用程序、数据库、web 服务等。具体的调试过程可以根据系统建设的情况进行选
择，通常需要完成对调试包括：通信测试、数据库读写测试、组态功能操作测试、数据计
算测试、权限测试、报警测试等。推荐检验项目见表 4.5－7。

表 4.5－7　　　　　　　　　　　上位机控制程序调试推荐检验项目

检验项目	型式试验	工厂试验及验收	出厂验收	现场试验及验收
人机接口功能测试				
实时性性能指标检查和测试				
数据处理及记录功能测试				
控制功能测试				
软件编辑设置功能测试				
系统时间及事件记录测试				
通信功能测试				
系统自诊断及自恢复测试				
网络系统测试				
报表打印功能测试				
历史、趋势图形绘制测试				
报警功能测试				
操作权限匹配测试				
双机热备功能测试				

（3）现场联调。现场联调是当所有分部系统调试完成后，确保现场所有分部系统同时

正确运行的关键。联调工作的主要是确认各分部系统之间配合良好，没有相互干扰或制约的情况。调试的办法为：①先进行通电测试；②在针对各分部在所有系统运行情况下的功能操作进行调试；③完成需要几个分部系统配合的联合调试；④汇总所有调试结果的记录表，分析联合调试是否成功。

现场联调的调试原则是先期做好调试记录安排，调试过程中严格按照调试步骤进行。调试内容出现与预期要求不符合时及时修正或停止，调试结果需进行存档。

4.5.3.5 系统防雷

随着闸门计算机监控系统在水闸、灌区管理中的迅速普及与应用，系统因雷击破坏的可能性就大大增加了。系统遭受雷击后，可能会使整个系统运行失灵、设备寿命减少甚至会导致大规模的设备损坏，并造成难以估计的经济损失。

为了对计算机监控系统采取有效的防雷保护措施，保障系统正常可靠的运行，首先应明确系统遭受雷击损害的主要原因，即雷电可能的侵入途径。

尤其是雷击损坏较为严重的室外监控设备，在分析其损坏原因的基础上，正确选择和使用监控系统设备的防雷保护装置，以及研究和探讨信号、电源线路的布放、屏蔽及接地方式等。可以使各安防工程公司，对提高监控系统的抗雷电能力，优化系统的防雷水平起到很好的作用。防雷设施布置如图 4.5-73 所示。

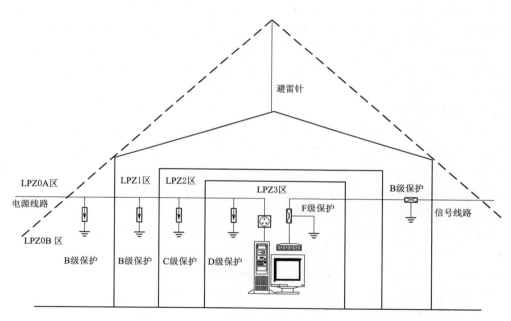

图 4.5-73 闸控系统防雷设施布置图

1. 传输线路的防雷

计算机监控系统的传输线路主要是传输信号线、电源线、通信电缆。传输信号线一般选用铜芯屏蔽软线，通信线最好选用通信光纤、电源线应从满足供电要求的接口接取，线缆通过桥架或走线槽架设在前端与终端之间，从防雷角度看，如果采用架空线方式最容易遭受雷击，并且破坏性大，波及范围广。为避免设备损坏，架空线传输时应在每一电杆上做接地处理，架空线缆的吊线和线路中的金属管道均应接地。两端线路进线处均应分别接入合适的避雷器并接地。

2. 前端设备的防雷

前端设备有室外和室内安装两种情况，安装在室内的设备一般不会遭受直击雷击，但需考虑防止雷电过电压对设备的侵害，而室外的设备则同时需考虑防止直击雷击，如前端设备水位计、闸位计应置于接闪器（避雷针或其他接闪导体）有效保护范围之内。为防止电磁感应，沿杆引上的电源线和信号线应穿过金属管屏蔽。信号线传输距离长，耐压水平低，极易感应雷电流而损坏设备，为了将雷电流从信号传输线传导入地，信号过电压保护器须快速响应，在设计信号传输线的保护时必须考虑信号的传输速率、信号电平、启动电压以及雷电通量等参数。

3. 终端的防雷和监控室改造

在监控系统中，监控室的防雷最为重要，应从直击雷防护、雷电波侵入、等电位连接和电涌保护多方面进行。由于有 80% 雷击高电位是从电源线侵入的，为保证设备安全，一般电源上应设置三级避雷保护。监控室所在建筑物应有防直击雷的避雷针、避雷带或避雷网。其防直击雷措施应符合 GB 50057—94 中有关直击雷保护的规定。进入监控室的各种金属管线应接到防感应雷的接地装置上。监控室内应设置一等电位连接母线（或金属板），该等电位连接母线应与建筑物防雷接地、PE 线、设备保护地、防静电地等连接到一起防止危险的电位差。各种电涌保护器（避雷器）的接地线应以最直和最短的距离与等电位连接母排进行电气连接。良好的接地是防雷中至关重要的一环。接地电阻值越小过电压值越低。监控中心采用专用接地装置时，其接地电阻不得大于 4Ω。采用综合接地网时，其接地电阻不得大于 1Ω。

4.5.3.6　系统运行维护

水闸闸门计算机监控系统的运行维护有着自身的特点，通常会根据不同类型的水闸，有不同运行维护特点及作用。但是对于水闸管理人员来说，管好、用好闸门自动化监控系统，工作中做到"三勤""三忌"，是保证系统安全可靠运行的关键。另外就是要求管理工作人员有较强的业务素质，具有较强的责任心，能有充足的工作热情。

系统运行维护中的"三勤"是，勤于检查、勤于维护、勤于研究。

系统运行维护中的"三忌"是，忌疏忽操作前准备、忌操作过程盲目、忌操作完成后不检查。

针对这些情况水闸管理者应及时的出台一些管理规程或工作规章，并通过贯彻这些规程、规章完善水闸闸门的运行维护制度。下文将就几种常见的规程、规章的框架加以说明。

1. 闸门监控操作规程

（1）闸门启闭前的准备工作。

1）严格执行启闭制度。

2）认真进行检查工作。

（2）闸门的操作运用原则。

1）工作闸门可以在动水情况下启闭；船闸的工作闸门应在静水情况启闭。

2）检修闸门一般在静水情况启闭。

（3）闸门的操作运用。

1）工作闸门的操作。

2）多孔闸门的运行。

（4）水闸操作运用应注意的事项。

1）在操作过程中，不论是遥控、集中控制或机旁控制，均应有专人在机旁和控制室进行监护。

2）闸门启动后应注意事项。

3）闸门启闭完毕后应注意事项。

4）应校核闸门的开度。水闸的操作是一项业务性较强的工作，要求操作人员必须熟悉业务，思想集中，操作过程中，必须坚守工作岗位，严格按操作规程办事，避免各种事故的发生。

2. 日常维护与检查

水闸闸门计算机监控系统日常维护和检查包括硬件检查维护、软件维护等。其中硬件检查维护包括传感器、启闭机、闸门、报警器、现地控制单元等内容；软件维护包括各分部系统运行检查、系统维护等。

（1）简单的日常维护从维护的时间和项目可分为：

1）日常巡视检查。

2）月巡视检查。

3）每年定期对传感器、启闭机、闸门、报警器、现地控制单元等进行大规模维护，包括更换和更新。

4）备品备件检查，检查是否需要补充。

（2）下面以仪器检测日常维护规程为例介绍日常维护与检查的规章内容。

1）仪器设备定期校验管理制度。

2）维护记录应汇编成年度报表存档。

为确保大闸设备仪器的测量、控制、显示、计量准确有效，保持良好工况，特制定本制度。

3. 常规检查及安全保障措施

水闸闸门计算机监控系统的常规检查，是对整个系统的常规状态的监测，通常依据报警信息和监测数据挖掘情况进行检查，对采集数据存在异常（传感器、LCU 等），需及时的进行检查问题的来源，评估是否影响系统安全，及时提出整改意见。

安全保障措施，主要针对的是管理操作人员、下游影响人员、系统设备安全等。

（1）管理操作人员的安全保障措施包括，制定操作记录的规范流程、定期开展操作规程培训和宣讲、做好启闭闸门前准备工作、配备充足的安全防护器具、完成后进行检查并记录、配合合理的值班制度等。

（2）下游影响人员的安全保障措施包括，启闭闸门前提前进行报警、定期对下游影响人员进行安全宣传、通过人工或自动方式进行巡查确保无人员危害、操作人员操作前提前观察、操作人员严格按照规定要求操作，不能出现重大偏差等。

（3）系统设备安全保障措施包括，备品备件制度、定期巡检制度、系统维护上报审批制度、定期系统操作人员培训等。

4.5.4 综合管理自动化及安全预警

4.5.4.1 概述

随着水闸安全监控信息化水平的不断提高，水闸安全监控手段不断完善，水闸管理单位建立了各种水闸安全监控系统，各个系统积累了大量数据。但是由于系统设计、承建单位、建设时期等因素的差异，各个子系统之间信息不共享，业务应用分离，不能满足水闸安全综合管理的需要。

为了实现水闸安全监控信息共享、业务应用系统联动，信息综合管理已成为水闸安全监控信息化发展的新趋势。信息综合管理将水闸安全监测、视频监控、闸门监控等业务应用系统通过硬件、数据与应用层面的集成，在统一的综合信息管理平台上进行展示。

4.5.4.2 信息管理架构

1. 系统框架

水闸信息综合管理框架见图 4.5-74。

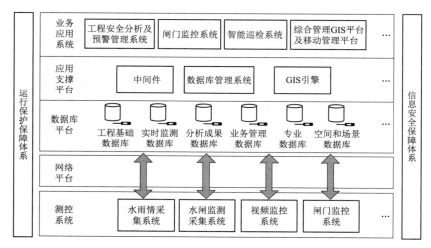

图 4.5-74 水闸信息综合管理框架

测控系统与数据库平台通过网络平台联通，数据库平台提供数据管理、数据存储等服务，并与应用支撑平台一起为业务应用系统提供支持。信息安全保障体系通过软硬件手段，为总体架构中各个平台、系统提供系统性的安全保障；运行维护保障体系负责修复、完善、更新框架范围内的软硬件设备，保障信息综合管理框架的正常运转。

测控系统是整个框架的底层，是信息的来源，它通常包括工程安全分析与预警系统、闸门监控系统、视频监视系统、智能巡检系统、综合管理 GIS 平台等。

网络平台是数据传输的载体，串联了各种软硬件设备，包括局域网硬件（网卡、传输介质、交换机、路由器等）、局域网软件（网络操作系统等）、网络安全设备（防火墙、VPN 设备、网闸等）等，数据的迁移、共享等均依赖于网络平台。

数据库平台将各类信息按照其对应的数据结构特点进行组织、存储和管理。它包括工程基础数据、实时监测数据、分析成果数据、业务管理数据、模型和知识、空间和场景数据等。

应用支撑平台沟通数据库平台与业务应用系统的桥梁，为业务应用系统的运行提供基础性的技术支撑，它一般包括应用服务器（中间件）、地理信息系统、三维图形引擎、数据库管理系统等。

业务应用平台通过人机交互等方式为用户提供业务应用服务，一般包括工程安全分析与预警、视频监控、WebGIS平台、智能巡检系统等。

2. 建设原则

水闸信息综合管理建设一般遵循下列原则：

（1）规范性和专业性：系统的设计和开发均需严格遵循水利行业的各项规范和标准；系统中采用的算法等需符合水利相关专业理论。

（2）适用性：系统的开发目标是服务于业务管理、领导决策和社会公众，其功能必须实用、完整，能够满足不同用户业务需求。

（3）成熟性和先进性：系统设计应优先选用成熟的技术，确保系统的有效运转；其次，应兼顾新技术的发展潮流，适当选用适合系统需求的新技术、新设备。

（4）稳定性和可靠性：软件设计必须保证系统的稳定性和可靠性，需要建立完备的负载均衡机制。

（5）高效性：在对数据库及程序流程的设计中，应充分考虑对业务数据（含历史数据）进行高效录入、查询、统计、分析，系统响应速度快，减少用户等待时间，以便提高工作效率。

（6）可扩展性：系统的功能设计、数据库设计等方面需具备良好的扩展性。

（7）易用性：本系统的用户界面设计友好、美观，操作简单、实用。

（8）易维护性：为维护人员提供对系统进行日常运维的工具，并结合设计制定切实可行的应急恢复方案。

（9）准确性：采取有效措施，对系统及数据的准确性进行甄别，确保数据的准确性。

（10）开放性：数据可以方便地导出为通用格式。

（11）安全性：系统需建立完备的信息安全保障体系，使系统风险达到可控标准，进一步保障系统的运行效率，维护敏感数据安全。

4.5.4.3 计算机网络

网络集成通过使用网络传输介质和网络传输设备，采用网络交换技术和网络接入技术，将孤立的计算机组成局域网，将局域网组成广域网，使计算机能够互访。

网络集成的体系架构由传输、交换、接入、布线、测试、安全、网管和服务等子系统组成，涉及网络传输介质、网络传输设备、网络交换技术、网络接入技术、网络安全与管理等。

水闸安全监控系统可以部署在分布式环境中，可以由一个或多个局域网组成网络平台，并通过互联网向上级部门提供信息查询和数据服务。

1. 网络分类

（1）按分布地域划分。计算机网络按分布地域划分为局域网（LAN）、城域网（MAN）、广域网（WAN）等。

各类网络的特征参数见表 4.5-8。

表 4.5-8　　　　　　　　　　网络特征参数表（按分布地域）

网络分类	缩写	分布距离	计算机分布范围	传输速率范围
局域网	LAN	10m 左右 100m 左右 1000m 左右	房间 楼寓 跨楼寓	4Mbit/s～1Gbit/s
城域网	MAN	10km	城市	50kbit/s～100Mbit/s
广域网	WAN	100km 以上	国家或全球	9.6kbit/s～45Mbit/s

1）局域网。局域网（Local Area Network，LAN）是指传输距离有限，传输速度较高，以共享网络资源为目的的网络系统。局域网投资规模较小，网络实现简单，适用于水闸管理单位内部网络组建，其特点如下：

a. 分布范围有限。纳入局域网的计算机通常处在几千米的范围内。通常分布在一个学校、企业、社会单位，为本单位使用。

b. 有较高的通信带宽，数据传输率高。一般为 1Mbit/s 以上，最高已达 1000Mbit/s。

c. 数据传输可靠，误码率低。误码率一般为 $10^{-4}\sim10^{-6}$。

d. 通常采用同轴电缆或双绞线作为传输介质。跨楼寓时使用光纤。

e. 拓扑结构简单，大多采用总线型、星型、树型等，系统容易配置和管理。网上的计算机一般采用多路控制访问技术或令牌技术访问信道。

f. 网络的控制一般趋向于分布式，减少了对某个节点的依赖性，避免并减小了因某个节点故障对整个网络的影响。

g. 通常网络归单一组织所拥有和使用，不受任何公共网络管理机构的规定约束，易于设备更新和增强网络功能。

2）城域网。城域网（Metropolitan Area Network，MAN）是规模介于局域网和广域网之间的一种较大范围的高速网络，一般覆盖临近的多个单位或城市，为接入网络的企业、机关、公司及社会单位提供文字、声音和图像的集成服务。

3）广域网。广域网（Wide Area Network，WAN）又称远程网，它是覆盖范围广、传输速率相对较低、以数据通信为主要目的的数据通信网。其特点为：

a. 分布范围广。加入广域网中的计算机通常处在数公里到数千公里的各地，因此网络所涉及的范围可为市、地区、省、国家、世界。

b. 数据传输率低。一般为几十 Mbit/s 以下。

c. 数据传输可靠性随着传输介质的不同而不同。使用光纤的误码率一般为 $10^{-6}\sim10^{-11}$ 之间。

d. 广域网常常借用传统的公共传输网来实现；单独构建广域网成本极高。

e. 拓扑结构较为复杂，多采用"分布式网络"，所有计算机都与交换节点相连，从而实现网络中任两台计算机可以进行通信。

广域网布局不规则，因此通信控制较为复杂，尤其使用公共传输网，要求连接到网上的任何用户都必须遵守各种标准和规程，设备更新及新技术引用难度大。广域网可将一个集团公司、团体或一个行业的各个部门与子公司连接起来。一般要求兼容多种网络系统（异构网络）。

（2）按传输方式划分。计算机网络按传输方式划分为以太网、ATM、FDDI、无线网络等。

1）以太网。以太网（Ethernet）是一种计算机局域网组网技术，它的技术标准包含在 IEEE 802.3 标准中，它规定了包括物理层的连线、电信号和介质访问层协议的内容。以太网是当前应用最普遍的局域网技术，水闸管理单位组建局域网一般均采用以太网的方式。

以太网包括标准以太网（10Mbit/s）、快速以太网（100Mbit/s）、千兆以太网和万兆以太网（10Gbit/s）。

标准的以太网只有 10Mbps 的吞吐量，使用的是带有冲突检测的载波侦听多路访问（CSMA/CD）的访问控制方法，可以使用粗同轴电缆、细同轴电缆、非屏蔽双绞线、屏蔽双绞线和光纤等多种传输介质进行连接。

快速以太网是为了满足日益增长的网络数据流量速度需求而建立的，是替代昂贵的、基于 100Mbps 光缆的光纤分布式数据接口（FDDI）的方案之一，可以利用现有设备，并有效的保障用户在布线基础设施上的投资，支持 3、4、5 类双绞线以及光纤的连接。

千兆以太网依然采用了与标准以太网相同的帧格式、帧结构、网络协议、全/半双工工作方式、流控模式以及布线系统，可以很好地和标准以太网、快速以太网配合工作。万兆以太网技术与千兆以太网类似，仍然保留了以太网帧结构，通过不同的编码方式或波分复用提供 10Gbit/s 传输速度。

2）ATM。异步传输模式（Asynchronous Transfer Mode，ATM），又叫信元中继。ATM 采用电路交换的方式，以信元（cell）为单位，能够比较理想地实现各种 QoS（Quality of Service，服务质量），既能够支持有连接的业务，又能支持无连接的业务，是宽带 ISDN（Integrated Services Digital Network，综合业务数字网）技术的典范。ATM 在传送资料时，先将数位资料切割成多个固定长度的封包，之后利用光纤或 DS1/ DS3 传送，到达目的地后，再重新组合。ATM 网络可同时将声音、影像及资料等资讯形态整合在一起，提供最佳的传输环境。

3）FDDI。光纤分布式数据接口（Fiber Distributed Data Interface，FDDI）是于 80 年代中期发展起来一项局域网技术，它提供的高速数据通信能力要高于当时的以太网（10Mbps）和令牌网（4 或 16Mbps）的能力，支持长达 2KM 的多模光纤。FDDI 网络的主要缺点是成本相对较高，且因为它只支持光缆和 5 类电缆，所以使用环境受到限制、从以太网升级更是面临大量移植问题。

4）无线网络。无线网络（Wireless network）指的是任何型式的无线电电脑网络，普遍和电信网络结合在一起，不需电缆即可在节点之间相互链接。它既包括允许用户建立远距离无线连接的全球语音和数据网络，也包括为近距离无线连接进行优化的红外线技术及射频技术。无线网络与有线网络的用途类似，最大的不同在于传输媒介的不同，它利用无线电技术取代网线，可以和有线网络互为备份。

在不具备布线条件的情况下，无线网路是组网的选择之一，但须注意无线网络传输距离受限于设备，稳定性和安全性不如有线网络，且易受干扰。

（3）按拓扑结构划分。网络拓扑结构是指网络中通信线路和节点的几何排序，用以表示整个网络的结构外貌，反映各个节点之间的结构关系。它是影响整个网络的设计、功能、可靠性和通信费用等方面的重要要素。

计算机网络按拓扑结构分为总线型、星型、树型等，如图 4.5 - 75 所示。

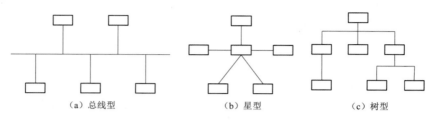

（a）总线型　　　　（b）星型　　　　（c）树型

图 4.5 - 75　计算机网络拓扑结构

1）总线型。总线型网络使用单根传输线作为总线，所有工作站都共用一条总线结构，如图 4.5 - 75（a）所示，其特点为：

a. 总线型拓扑结构中只有一条双向通路，便于进行广播式传送信息。

b. 属于分布式控制，无需中央处理器，结构简单。

c. 节点的增、删和位置变动较为容易，变动中不影响网络的正常运行，系统扩展性能好。

d. 节点的接口通常采用无源线路，可靠性高。

e. 设备少，价格低，安装使用方便。

f. 因电气信号通路多，干扰较大，对信号质量要求较高。

g. 高负载时，线路利用率较低，网上的信息延迟时间不确定，故障隔离和检测较困难。

2）星型。星型结构使用中央交换单元以放射状连接到网中的各个节点，如图 4.5 - 75（b）所示。中央单元采用电路交换方式建立需要通信的两个节点之间的专用路径，通常用双绞线连接节点与中央单元。其特点为：

a. 维护管理容易，重新配置灵活。

b. 故障隔离和检测容易。

c. 网络延迟时间短。

d. 各节点与中央交换单元直接连通，各节点之间通信必须经过中央单元转换。

e. 网络共享能力差。

f. 线路利用率低，中央单元负荷重。

3）树型。树型结构是总线型结构的扩充形式，传输介质是不封闭的分支电缆。它主要用于多个网络组成的分级结构中，特点与总线型类似。

4）按使用范围划分。计算机网络按使用范围划分：公用网、专用网。

公用网是指网络服务提供商建设，供公共用户使用的通信网络。公用网络的通信线路是共享给公共用户使用的，如电信网、广电网、联通网等。

专用网是指某个部门为本单位特殊工作的需要而建立的网络。这种网络不向本单位以外的人提供服务，例如，军队，铁路，电力系统专用网等，水利行业的防汛专网属于专用网。

2. 网络通信协议

为进行网络中的数据交换而建立的规则、标准或约定称为网络协议，简称为协议，它为连接不同操作系统和不同硬件体系结构的互联网络引提供通信支持，是一种网络通用语言。网络协议主要由三个要素组成：

语法：数据与控制信息的结构或格式。

语义：需要发出何种控制信息，完成何种动作，作出何种响应。

同步：事件实现顺序的详细说明。

由于相互通信的计算机系统必须高度协调才能正常工作，为了简化计算机通信问题，提出了网络协议分层的方法。国际标准化组织 ISO（International Standard Organization）研究并提出了开放系统互连参考模型 OSI/RM，定义了异种计算机连接标准的框架结构，任何两个系统只要遵守参考模型和有关标准，都能进行互联。

由于 OSI 参考模型过于复杂，现在流行的因特网体系结构中已经不使用 OSI 参考模型的表示层和会话层，得到最广泛应用的是非国际标准 TCP/IP（事实上的国际标准）。

（1）IOS/OSI 体系结构。IOS/OSI 参考模型共有 7 层，如图 4.5-76 所示。分别为：物理层、数据链路层、网络层、传输层、会话层、表示层、应用层。

1）物理层。物理层是 OSI 参考模型的第一层，为设备之间的数据通信提供传输媒体及互联设备，为数据传输提供可靠的环境。

2）数据链路层。数据链路层是 OSI 参考模型中的第二层，介乎于物理层和网络层之间，负责建立、维护和释放网络实体间的数据链路。

3）网络层。网络层是 OSI 参考模型中的第三层，介于传输层和数据链路层之间，负责管理网络中的数据通信，向运输层提供最基本的端到端的数据传送服务。

4）传输层。传输层是 OSI 参考模型中的第四层，实现端到端的数据传输，为会话层等高三层提供可靠的传输服务，对网络层提供可靠的目的地站点信息。

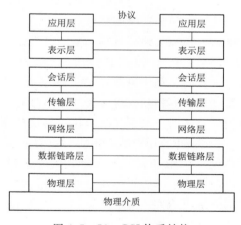

图 4.5-76 OSI 体系结构

5）会话层。会话层是 OSI 参考模型中的第五层，建立在传输层之上，利用传输层提供的服务，使应用建立和维持会话，并能使会话获得同步。

6）表示层。表示层是 OSI 参考模型中的第六层，向上对应用层服务，向下接受来自会话层的服务。

7）应用层。应用层是 OSI 参考模型中的第七层，为用于通信的应用程序和用于消息传输的底层网络提供接口，提供常见的网络应用服务。

（2）TCP/IP 体系结构。TCP/IP 体系结构共有 4 层，分别为：网络接口层、网际层 IP、运输层（TCP 或 UDP）、应用层（各种应用层协议，如 TELNET、FTP、SMTP 等）。

TCP/IP 协议不仅应用于 Internet，也广泛应用于各种类型的局域网络，几乎成为局域网中惟一的网络协议。TCP/IP 体系结构如图 4.5 - 77 所示。

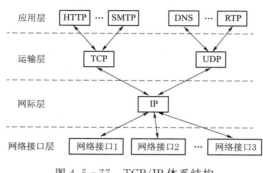

图 4.5 - 77 TCP/IP 体系结构

1）HTTP。文本传输协议（Hyper Text Transfer Protocol，HTTP）是互联网上应用最为广泛的一种网络协议。所有的 WWW 文件都必须遵守这个标准。

2）SMTP。简单邮件传输协议（Simple Mail Transfer Protocol，SMTP）是一组用于由源地址到目的地址传送邮件的规则，由它来控制信件的中转方式。它帮助每台计算机在发送或中转信件时找到下一个目的地。

3）DNS。域名系统（Domain Name System，DNS）是因特网上作为域名和 IP 地址相互映射的一个分布式数据库，能够使用户更方便地访问互联网，而不用去记住能够被机器直接读取的 IP 数串。通过主机名，最终得到该主机名对应的 IP 地址的过程叫作域名解析（或主机名解析）。

4）RTP。实时传输协议（Real-time Transport Protocol，RTP）详细说明了在互联网上传递音频和视频的标准数据包格式。RTP 广泛应用于流媒体相关的通信和娱乐，包括电话、视频会议、电视和基于网络的一键通业务（类似对讲机的通话）。

5）TCP。传输控制协议（Transmission Control Protocol，TCP）是一种面向连接的、可靠的、基于字节流的传输层通信协议。TCP 协议中包含了专门的传递保证机制，当数据接收方收到发送方传来的信息时，会自动向发送方发出确认消息；发送方只有在接收到该确认消息之后才继续传送其他信息，否则将一直等待直到收到确认信息为止。

6）UDP。用户数据报协议（User Datagram Protocol，UDP）是一种无连接的传输层协议。UDP 协议并不提供数据传送的保证机制，如果在从发送方到接收方的传递过程中出现数据报的丢失，协议本身并不能做出任何检测或提示。因此，通常人们把 UDP 协议称为不可靠的传输协议。UDP 易出现丢包现象，可靠性低于 TCP，但传输速度优于 TCP。

7）IP。网际协议，或称互联网协议（Internet Protocol，IP），是用于报文交换网络的一种面向数据的协议。IP 协议是因特网的核心协议，任务是仅仅根据源主机和目的主机的地址传送数据。为此目的，IP 定义了寻址方法和数据报的封装结构。

现在使用的 IP（即 IPv4）是在 20 世纪 70 年代末设计的，仍然是最主要的互联网协议，但渐渐已不再适应计算机本身、因特网规模和网络传输速率的发展，主要问题是 IP 地址（32 位）耗尽；IPv6 是具有更大地址空间的新版本 IP 协议，由 128 位二进制数码表示，极大地扩展了地址空间，现阶段正逐步推广到社会经济发展的各个领域。

3．网络设备

（1）局域网硬件。

1）网卡。网卡也称网络接口卡，是计算机与局域网相互连接的接口，如图4.5-78所示。

网卡常用性能指标如下：

a．总线类型：网卡目前主要有 ISA、PCI、PCI-X、PCMCIA 和 USB 等总线类型。其中，PCI 类型最为常见。

b．以太网协议：指网卡支持的局域网标准，如有线标准 IEEE802.3、IEEE802.3u 等，无线标准：IEEE 802.11b、IEEE 802.11g 等。

图 4.5-78　网卡

c．网络传输速率：网卡速率是指网卡每秒钟接收或发送数据的能力，单位是 Mbps（兆位/秒）。目前网卡在标准以太网中速度为 10Mbps，在快速以太网中速度为 100Mbps，在千兆以太网中速度为 1000Mbps，最近也出现了万兆网卡。

2）传输介质：双绞线（图4.5-79）、光缆（图4.5-80）和无线电波。

图 4.5-79　双绞线

图 4.5-80　光缆

a．双绞线。双绞线是一种综合布线工程中最常用的传输介质，是由两根具有绝缘保护层的铜导线组成的。

双绞线性能指标包括衰减、近端串扰、直流电阻、特性阻抗等，一般根据其电气性能将其分类。常用的双绞线为五类线（CAT5）和超五类线（CAT5e），以及六类线（CAT6），类型数字越大、版本越新，技术越先进、带宽也越宽，价格越高。

b．光缆。光缆是利用置于包覆护套中的一根或多根光纤作为传输媒质并可以单独或成组使用的通信线缆组件。

光缆性能指标包括芯数、结构形式、原材料、生产工艺等。一般网络级光缆选用束管式（一般12芯以下）和层绞式光缆（芯数较多），前者直径小、重量轻、容易敷设、成本低，后者敷设方式多，适用于架空、直埋、管道、水下等各种场合。

c．无线电波。无线电波是指在自由空间（包括空气和真空）传播的射频频段的电磁波。水利行业常用的无线电波是超短波和微波（卫星通信、WIFI 等）。

3）集线设备。集线设备将网络中所有设备连接起来，有集线器和交换机两种。集线器采用共享带宽的工作方式（一个端口占用了大部分带宽后，另外的端口速度下降）；交换机为通信双方提供一条独占的线路，能够确保每个端口使用的带宽。因此，集线器已逐渐被交换机取代。

a. 集线器。集线器（Hub）是一个多端口的转发器（图 4.5 - 81），当以其为中心设备时，网络中某条线路产生了故障，并不影响其他线路的工作，广泛应用于局域网的星型与树型网络拓扑结构中，以 RJ45 接口（或 BNC 接口）与各主机节点相连。

b. 交换机。交换机（Switch）是一种用于电信号转发的网络设备（图 4.5 - 82）。它可以为接入交换机的任意两个网络节点提供独享的电信号通路。最常见的交换机是以太网交换机（其他常见的还有电话语音交换机、光纤交换机等）。

交换机主要性能指标如下：

（a）端口数量：交换机端口数量，标准的固定端口交换机端口数有 8、12、16、24、48 等几种。

（b）传输速率：交换机端口的数据交换速度，目前常见的有 10Mbps、100Mbps、1000Mbps 等几类。

（c）背板带宽：交换机接口处理器或接口卡和数据总线间所能吞吐的最大数据量。背板带宽标志了交换机总的数据交换能力，单位为 Gbps，也叫交换带宽，一般的交换机的背板带宽从几 Gbps 到上百 Gbps 不等。一台交换机的背板带宽越高，所能处理数据的能力就越强。

（d）包转发速率：交换机转发数据包能力的大小，单位一般为 pps（包每秒），一般交换机的包转发率在几十 kpps 到几百 Mpps 不等。

图 4.5 - 81　集线器

图 4.5 - 82　交换机

4）路由器。路由器：用于连接不同类型的网络和用于隔离广播域以避免广播风暴，局域网之间连接和局域网接入 Internet，都离不开路由器，见图 4.5 - 83。

路由器主要性能指标如下：

图 4.5 - 83　路由器

（a）端口种类与数量：包括广域网端口数和局域网端口数。

（b）吞吐量：路由器每秒能处理的数据量。

（c）处理性能：一般不同品牌、不同型号的路由器处理性能不同。

　　（d）支持网络协议：路由器支持的网络协议，常见的协议有：TCP/IP 协议、IPX/SPX 协议、NetBEUI 协议等。

　　（e）线速转发能力：达到端口最大速率的时候，路由器传输的数据没有丢包的能力。

　　5）服务器。用于向用户提供各种网络服务，如文件服务、Web 服务、FTP 服务、E-mail 服务、数据库服务、打印服务等。通常分为塔式服务器（图 4.5-84）和机架式服务器（图 4.5-85）。

　　6）网络存储设备。网络存储设备包括磁带机、磁盘阵列（图 4.5-86）、光盘阵列、NAS（Network Attached Storage：网络附属存储）、SAN（Storage Area Network，存储局域网）等。网络存储设备性能一般与磁盘大小、读写速度有关。

　　7）工作站。在网络中享有服务，并用于直接完成某种工作和任务的计算机，如图 4.5-87 所示。

图 4.5-84　塔式服务器

图 4.5-85　机架式服务器

图 4.5-86　磁盘阵列

图 4.5-87　工作站

　　（2）局域网软件。

　　1）网络操作系统。网络操作系统是一种能代替操作系统的软件程序，是网络的心脏和灵魂，它为网络计算机提供服务，决定计算机在网络中地位。网络操作系统使网络上各计算机能方便而有效地共享网络资源，为网络用户提供所需的各种服务的软件和有关规程的集合，它与通常的操作系统有所不同，除了通常操作系统应具有的处理机管理、存储器管理、设备管理和文件管理外，还应具有以下两大功能：①提供高效、可靠的网络通信能力；②提供多种网络服务功能，如：远程作业录入并进行处理的服务功能、文件转输服务功能、电子邮件服务功能、远程打印服务功能等。

　　2）通信协议。通信协议：通过通信信道和设备互连起来的多个不同地理位置的数据通信系统，要使其能协同工作实现信息交换和资源共享，它们之间必须具有共同的语言，解决交流什么、怎样交流及何时交流的问题。这种双方实体完成通信或服务所必须遵循的规则和约定称为通信协议。

（3）网络安全设备。

1）防火墙。防火墙用于抵御外来非法用户的入侵，是内部网络与外部网络直接的安全屏障，如图 4.5-88 所示。

图 4.5-88　防火墙

防火墙主要性能指标是吞吐量（常用带宽计量，单位是 Mbps 或 Gbps），指防火墙在每秒内所能够处理的最大流量或者说每秒内能处理的数据包个数。

2）VPN 设备。VPN 设备可以通过特殊的加密的通信协议使连接在 Internet 上的位于不同地方的两个或多个企业内部网之间建立一条专有的通信线路，就好比是架设了一条专线，但它并不需要真正地去铺设光缆之类的物理线路，如图 4.5-89 所示。

VPN 设备主要性能指标包括接口数量、吞吐量、最大并发会话数、加密速度、并发 SLL 用户数等。

3）网闸。网闸是一种由带有多种控制功能专用硬件在电路上切断网络之间的链路层连接，并能够在网络间进行安全适度的应用数据交换的网络安全设备，如图 4.5-90 所示。

网闸性能指标包括系统数据交换速率、硬件切换时间等。

图 4.5-89　VPN 设备

图 4.5-90　网闸

4. 计算机网络系统案例

（1）案例 1——网络组建。某水闸网络结构示意图如图 4.5-91 所示。

该水闸网络系统连接了管理处、闸门管理所 A 和闸门管理所 B。水闸网站、水闸安全监测等子系统与核心交换机相连，安置于水闸管理处；综合信息管理系统通过扩展交换机与核心交换机相连；因特网通过路由器与核心交换机相连，提供整个核心交换机下设备与因特网的互联。

核心交换机与位于闸门管理所 A 的交换机通过光纤介质、光纤调制解调器互联。闸门管理所 A 的交换机下连接闸控系统、视频系统、各个工作站。

闸门管理所 A 和 B 的交换机通过微波互联，闸门管理所 B 的交换机连接闸门 B 的闸控系统、视频系统、各个工作站。

IP10.32.183.1～10.32.183.254 的设备位于同一子网中；IP198.168.1.1～198.168.1.254 的设备位于同一子网中。同一子网下的计算机、服务器等设备可以通过 IP 地址实现互访。

（2）案例 2——网络安全。某水闸枢纽网络结构示意图如图 4.5-92 所示。各监控系统布置在电站厂房和管理楼，枢纽工程管理局和市水务局通过电信专线访问这些系统。电站厂房局域网和管理楼局域网通过光纤互联。

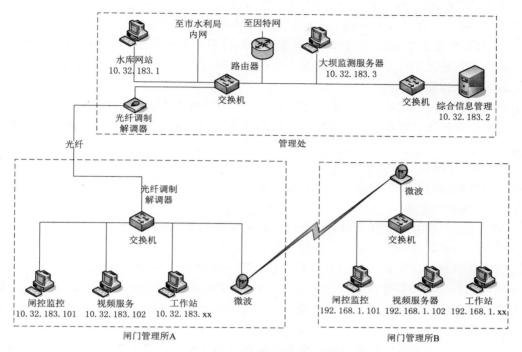

图 4.5-91 某水闸网络结构示意图

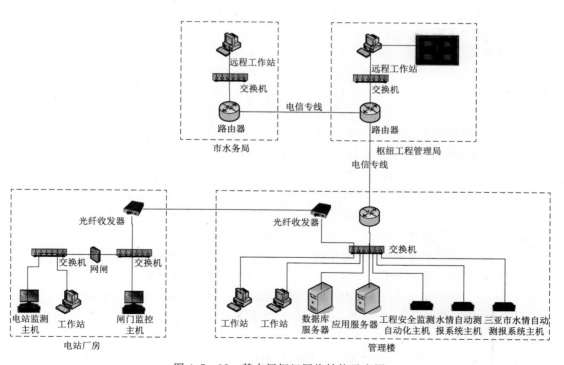

图 4.5-92 某水闸枢纽网络结构示意图

由于系统要通过 Internet 实现数据采集和信息服务，数据库和信息安全是系统正常运行的一个关键点。通过下列措施为系统提供安全保障：

1）数据库服务器通过网闸与局域网连接，任何用户不能直接访问数据库，只有应用服务器上管理信息系统和数据公共服务平台通过网闸，经过协议转换才能从数据库获取数据，保证了数据库的安全。

2）通过 SSL，VPN 将客户端计算机与中心局域网构成虚拟专用网络，用户只有在拥有电子密钥和密码，才能通过 VPN 访问管理信息系统，保证非授权用户不能获取水闸数据。

3）用户管理采用角色体系，一个角色含有两个属性：操作权限和操作范围，登录系统用户只能对授权范围的信息进行已授权操作。

4.5.4.4　综合数据库

数据集成是以共享数据资源为出发点，运用技术手段将不同系统的数据集成为一个整体，使用户能够有效地对数据进行操作。数据集成主要有两种方法，一种方法是将一个系统的数据移植到另一个系统中，另一种方法是利用中间件集成异构数据库。在数据集成中，数据存取一般采用开放式数据库互连（Open Data Base Connection，ODBC）标准，数据库管理系统一般都提供 ODBC 驱动程序；数据传输和交换一般都基于 XML（eXtensible Markup Language）。

水闸安全监控系统的数据集成一般采用数据移植方法，采用这种方法比集成异构数据库技术难度小，成本低，且能对监测数据进行备份。在水闸安全监控系统中，一般建立一个综合数据库，数据传输系统建设各子系统的监控数据存储至综合数据库，实现数据集成，数据传输格式采用 XML。

1. 数据库

数据库是长期存储在计算机内、有组织的、统一管理的相关数据的集合。数据库能为各种用户共享，具有较小冗余度、数据间联系紧密而又有较高的数据独立性等特点。

（1）数据描述。

数据库中数据描述的形成历经三个抽象级别（概念设计中的数据描述、逻辑设计中的数据描述和物理设计中的数据描述）及数据之间的联系。

1）概念设计中的数据描述。概念设计是根据用户需求设计数据库的概念结构，一般用实体（Entity）、实体集（Entity Set）、属性（Attribute）和实体标识符（Identifier）表示。

2）逻辑设计中的数据描述。逻辑设计根据概念设计得到的概念结构设计，一般用字段（Field）、记录（Record）、文件（File）和关键码（Key）表示。

3）物理设计中的数据描述。物理设计是设计数据库的物理结构，一般用位（Bit）、字节（Byte）、字（Word）、块（Block）、桶（Bucket）和卷（Volume）表示。

4）数据联系的描述。数据联系是为了在数据库中反映现实世界中事物之间的相互联系。

（2）数据库体系结构。数据库的体系结构分成三级：外部级、概念级和内部级。

从某个角度看到的数据特性成为数据视图。外部级最接近用户，是单个用户能看到的数据特性（外模式）；概念级设计所有用户全局性的数据视图（概念模式）；内部级最接近于物理存储设备，涉及物理数据存储的结构（内模式）。

三级模式把数据的具体组织交给数据库管理系统，用户只需抽象地处理数据，不必关心数据在计算机中的表示和存储，减轻用户使用系统的负担。

为了实现三个级别的联系和转换，数据库管理系统提供两个层次的映像：外模式/概念模式映像、概念模式/内模式映像。

如图 4.5-93 所示，数据库体系结构相关定义如下：

1）外模式：用户与数据库系统接口，用户用到的部分数据的描述。数据按外模式描述提供给用户。

2）概念模式：数据库中所有数据的整体逻辑结构。

3）内模式：数据库在物理存储方面的描述定义所有内部记录类型、索引和文件组织方式，以及数据控制细节。数据按内模式描述存储在磁盘中。

4）外模式/概念模式映像：定义外模式和概念模式对应性。

5）概念模式/内模式映像：定义概念模式和内模式对应性。

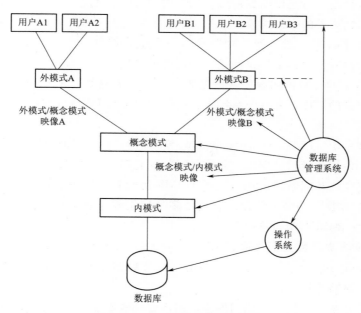

图 4.5-93　数据库体系结构

（3）数据库基本组成。数据库是相关数据的集合，一个数据库含有各种成分，包括数据表、记录、字段、索引等。

1）数据库（Database）。一般使用的数据库都是关系数据库，一个数据库由一个或一组数据表组成，每个数据库都以文件的形式存放在磁盘上，即对应于一个物理文件。不同的数据库，与物理文件对应的方式也不一样。

2）数据表（Table）。数据表由一组数据记录组成，数据库中的数据是以表为单位进行组织的。一个表是一组相关的按行排列的数据；每个表中都含有相同类型的信息。表实际上是一个二维表格，例如，一个水闸单位所有职工的基本信息，可以存放在一个表中，表中的每一行对应一位职工，这一行包括职工的编号，姓名及所属部门等。

3）记录（Record）。表中的每一行称为一个记录，它由若干个字段组成。

4）字段（Field）。字段也称域，表中的每一列称为一个字段。每个字段都有相应的描述信息，如数据类型、数据宽度等。

5）索引（Index）。为了提高访问数据库的效率，可以对数据库使用索引。当数据库较大时，为了查找指定的记录，则使用索引和不使用索引的效率有很大差别。索引实际上是一种特殊类型的表，其中含有关键字段的值（由用户定义）和指向实际记录位置的指针，这些值和指针按照特定的顺序（也由用户定义）存储，从而可以以较快的速度查找到所需要的数据记录。

6）查询（Query）。一条 SQL（结构化查询语言）命令，用来从一个或多个表中获取一组指定的记录，或者对某个表执行指定的操作。当从数据库中读取数据时，往往希望读出的数据符合某些条件，并且能按某个字段排序。使用 SQL，可以使这一操作容易实现而且更加有效。SQL 是非过程化语言（有人称为第四代语言），在用它查找指定的记录时，只需指出做什么，不必说明如何做。每个语句可以看作是一个查询（query），根据这个查询，可以得到需要的查询结果。

7）过滤器（Filter）。过滤器是数据库的一个组成部分，它把索引和排序结合起来，用来设置条件，然后根据给定的条件输出所需要的数据。

8）视图（View）。数据的视图指的是查找到（或者处理）的记录数和显示（或者进行处理）这些记录的顺序。在一般情况下，视图由过滤器和索引控制。

2. 数据库管理系统

数据库管理系统（Database Management System）是一种操纵和管理数据库的大型软件，用于建立、使用和维护数据库，简称 DBMS。它对数据库进行统一的管理和控制，以保证数据库的安全性和完整性。用户通过 DBMS 访问数据库中的数据，数据库管理员也通过 DBMS 进行数据库的维护工作。它可使多个应用程序和用户用不同的方法在相同或不同时刻去建立、修改和询问数据库。

大部分 DBMS 提供数据定义语言 DDL（Data Definition Language）和数据操作语言 DML（Data Manipulation Language），供用户定义数据库的模式结构与权限约束，实现对数据的追加、删除等操作。

数据库管理系统是数据库系统的核心，用于管理数据库，实现把用户意义下抽象的逻辑数据处理，转换成为计算机中具体的物理数据处理。有了数据库管理系统，用户就可以在抽象意义下处理数据，而不必顾及这些数据在计算机中的布局和物理位置。

（1）常用数据库管理系统。常用数据库管理系统包括 Access、Microsoft SQL Server、MySQL、SYBASE、Oracle 等。其中，Access、Microsoft SQL Server、Oracle 在水利行业应用较为广泛。

1）Access。Access 全称为 Microsoft Office Access，是由微软发布的关系数据库管理系统，结合了 Microsoft Jet Database Engine 和图形用户界面两项特点，是 Microsoft Office 的系统程序之一。

Access 主要用于两个方面：一是数据分析：Access 具有强大的数据处理、统计分析能力，可以方便地进行各类汇总、平均等统计，并可灵活设置统计的条件，在统计分析上万条记录、十几万条记录及以上的数据时速度快且操作方便；二是软件开发：Access 能够为应用软件的开发提供数据库支持。

Access 简单易学，开发和维护成本低，常用于低成本、低数据量的小型管理软件开发。但它的数据文件不能突破 2G 的限制，结构化查询语言（JET SQL）能力有限，因此不适合大型数据库处理应用。

2）Microsoft SQL Server。Microsoft SQL Server 是 Microsoft 公司推出的关系型数据库管理系统，具有使用方便可伸缩性好与相关软件集成程度高等优点，可跨越小型计算机到服务器等多种 Windows 平台。

Microsoft SQL Server 是一个全面的数据库平台，使用集成的商业智能（BI）工具提供了企业级的数据管理。Microsoft SQL Server 数据库引擎为关系型数据和结构化数据提供了更安全可靠的存储功能，使您可以构建和管理用于业务的高可用和高性能的数据应用程序。常用版本包括 SQL Server 2000、SQL Server 2005、SQL Server 2008、SQL Server 2012 等。

Microsoft SQL Server 具备图形操作界面，开发和维护成本不高，且与 Windows 平台兼容性强，适用于中型数据库处理应用。

3）Oracle。Oracle 是 Oracle Database 的简称，是美国 ORACLE 公司（甲骨文）开发的一款以分布式为核心的关系数据库管理系统，是目前最流行的客户/服务器（CLIENT/SERVER）或 B/S 体系结构的数据库之一。Oracle 具备可用性强、可扩展性强、安全性强、稳定性强等优点，但技术层次深、开发维护成本高，一般用于海量数据管理、灾备机制、安全性、分布式要求高的系统。

（2）数据库管理系统选用。水闸管理单位数据库一般用于安全监控、日常管理信息的存储，数据库管理系统的选用一般依据数据量大小进行选择。

信息量较小时（监控设施布设少，监控频次不高），宜采用 Access、Microsoft SQL Server 等中小型数据库，一般适用于中小型水闸；信息量较大时（监控设施布设较多、监控频次较高），宜采用 Microsoft SQL Server、MySQL 等中小型数据库，大多数大中型水闸均在此列；信息量很大时（监控设施多，监控频次高），宜采用 Oracle 等大型数据库，特大型水闸或区域水闸综合管理系统适用。

此外，数据库管理系统的选用还需综合考虑构造数据库的难易程度、程序开发的难度、性能分析、分布式应用支持、并行处理、可扩展性、数据完整性约束、并发控制、容错、安全性、汉字处理能力、系统平台、后期维护等因素。

（3）数据库维护。数据库维护是指当一个数据库被创建后的工作，包括备份系统数据、恢复数据库系统、产生用户信息表并授权、监视系统运行状况和及时处理系统错误、保证系统数据安全等。

1）备份数据库。在数据库的运行过程中，难免会出现计算机系统的软、硬件故障，这些故障会影响数据的正确性，甚至破坏数据库，使数据部分或完全丢失，因此，备份数据是保护数据安全、正确、完整的重要手段。

备份数据库一般分为手动和自动方式。手动备份数据库是数据库管理员根据实际数据备份需求进行的非计划性操作；自动备份数据库作为日常数据库维护的重要环节，是数据库管理系统根据管理员设置进行的自动、计划性的操作。

2）恢复数据库。恢复数据能够在系统出现故障后，通过选择事先备份的数据恢复时间点使数据库恢复到故障发生前的状态。

3）产生用户信息表并授权。系统维护人员的另一个日常事务是为用户创建新的信息表，并为之授权，不同用户可以被单独或同时授予读、写等权限。

4）监视系统运行状况和及时处理系统错误。监视系统运行状况和及时处理系统错误是为了解决数据库在长时间运行情况下可能出现的各种问题。一般包括监视当前用户以及进程的信息、监视目标占用空间情况、监视统计数字（包括系统本次运行统计的上一次时间、本次时间、间隔秒数、CPU 占用、IO 占用、收发包情况、系统读入写出情况等信息）等。

5）保证系统数据安全。为了保障系统的数据安全系统，管理员必须依据系统的实际情况，执行一系列的安全保障措施，如周期性的更改用户口令等。

3. 数据库标准化

（1）标准化目的。水闸安全监控信息具有以下特点：

1）安全监控信息多，包括监测数据、分析结论、决策支持信息等。

2）安全监控信息类型多，有数据、文字、图片、音频和视频。

3）安全监控信息分布在全国各地，从基层管理单位到各级主管部门，从科研设计单位到技术主管部门。

4）安全监控信息存储位置多，有的保存在资料室，有的保存在技术人员书架上、电脑里、大脑里，有的存储在已建系统的数据库里。

5）安全监控信息提供者多，有资料员、技术人员、行业管理人员、测控系统和分析系统。

6）由于信息在内容、领域、类型、分布、保存和提供者等方面存在上述差异，同一信息在逻辑上和物理表示上可能存在差异。

信息在逻辑上可能存在以下差异：①同一事务，所包含属性个数不同。②同一概念，在文字描述上不一样，信息系统无法确认它们为同一概念。③同一属性，名称不同，值域不同。④同一属性，有不同分类标准，等级数量和等级边界均有可能不同。⑤信息在物理表示上可能存在以下差异。⑥信息存储方式不同，有的用数据库，有的用文本文件，有的用 Excel 文件，有的用 Word 文件。⑦同一属性，类型不同，有的用字符串型表示，有的用数值型表示，有的用逻辑型表示。⑧同一属性，长度不同，数值型的小数位数不同。⑨图片、音频和视频等存储方式不同，有的存储在数据库里，有的存储在文件系统中。

由于信息在逻辑上和物理上存在上述差异，不同的系统在共享信息时，可能对信息不能理解，或理解错误，有的信息可能根本无法共享。因此，不同系统在共享信息时，需针对信息源开发特定数据交换系统，将源数据转换为符合本系统的数据，这样，信息的数据交换成本很大，而且，在多个信息源之间实现共享时，不仅难度增大，数据转换出错概率也增大。这势必将增加水闸安全监控信息共享的难度和成本，妨碍水闸安全监控信息化顺利进行。

通过对水闸安全监控信息的标准化，各信息在全国范围内进行唯一定义，制定相关标准，各信息系统只要遵循相关标准，就能进行信息共享，无需数据转换或数据转换很少。因此，水闸安全监控信息标准化最终目的是在全国范围内建立统一的安全监控信息存储、传输与交换标准与机制，实现安全监控信息平滑交互，减少信息共享成本，降低信息共享难度，减少数据交换出错概率，提高数据共享效率和实时性。同时，水闸安全监控信息标准化是水闸安全监控信息化的基础，水闸安全监控信息标准化将产生各种标准，这些标准将是水闸安全监控信息化的指导性文件。遵循这些标准的系统不仅能成为共享平台的一部分，同时能够从共享平台获取所需信息。

（2）标准化原则。

信息标准化遵循以下原则：

1）信息采用关系数据库来组织，数据库的表是信息的集合，表的字段是信息的一个属性，是信息的最小单位。

2）通过制定数据库表结构和标识符标准来实现信息标准化，表描述内容包括中文表名、表主题、表标识（英文表名）、表编号、表体和字段描述，表体按字段在表中次序描述每个字段，字段描述包括中文名称、标识符、数据类型、有无空值、计量单位、是否为主键和在索引中的次序号等。

3）表结构和标识符标准针对的是数据库逻辑结构，字段的数据类型采用通用类型，所制定的标准能够适用于不同的关系数据库管理系统。

4）数据库逻辑结构应满足第二范式，并尽可能满足第三范式，对连接频繁的相关表，范式要求可适当降低。

5）需共享的信息一定要标准化，其他信息尽可能标准化。

6）在信息标准化前提下，保留一定的可扩展性，以满足各个信息的特殊需求，提高标准的适应性。

7）如已有相关标准，应直接采用，并对未覆盖的信息进行补充。

8）各专业制定的标准应引用本专业相关的规范和标准。

（3）标准化方法。由于数据库依赖于数据库管理系统，针对某一种特定数据库管理系统建立的标准化数据库结构与其他数据库管理系统不完全兼容，不具备开放性。因此，水闸安全监控信息标准化，是建立若干个标准化的数据库逻辑结构。在建立数据库时，可以根据标准化的数据库逻辑结构和选用的数据库管理系统，构建相应的数据库结构。信息共享时，可以采用 XML 进行数据交换，也可以采用标准数据库连接接口，如 ODBC（开放式数据库连接）和 JDBC（Java 数据库连接），直接与不同数据库管理系统的数据库进行连接。

信息标准化，是根据信息内容，设计标准化的数据库逻辑结构。数据库逻辑结构设计按以下步骤进行：

1）确定信息的内容，包括信息的名称、描述、属性、属性类型和属性值域。

2）根据信息的内容，绘制实体-联系图，确定实体及其之间的联系。

3）为每个实体设计一个表。

4）为每个表选定或创建一个主键。

5）依据实体之间的一对多和一对一关系，添加外键。

6）设计新表替代实体之间的多对多关系。

7）通过定义外键，定义表之间内在的约束。

8）对设计的数据库逻辑结构进行评估，并进行必要的改进。

9）为每个字段选择恰当的数据类型和值域。

（4）数据库标识符命名规则。由于各数据库逻辑结构标准由不同专业人员制定，要使各数据库逻辑结构标准在命名上尽可能一致，需要采用统一的命名规则。水利信息系统数据库标识符命名规则应参照《水利信息数据库表结构及标识符编制规范》（SL 478—2010）执行。

1）表名设计。表名设计包括中文表名、表标识、表编号三项。

a. 中文表名，用简短的中文文字对表中所描述的属性内容进行概括。

b. 表标识，即英文表名，用作数据库表的名称，其格式如下：

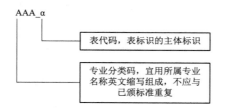

c. 表编号，表标识的数字化识别代码，由 10 位字符或数字组成（10 位不能满足需求可以此扩展建立三级、四级分类），格式如下：

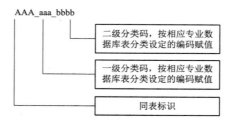

2）字段设计。字段设计包含字段标识、字段类型及长度。

字段标识：不宜超过 10 个字符（不能满足需求可适当扩展）。

字段类型及长度：

a. 字段数据类型：C（d）或 VC（d）。其中，C 表示定长字符串型；VC 表示变长字符串型；"（）"固定不变；d 为十进制数，定义字符串长度或最大可能字符串长度。

b. 数值数据类型：N（D［，d］）。其中，N 表示数值型；"（）"固定不变；"［］"表示小数位描述，可选；D 表示总位数（不含小数点位）；","固定不变，分隔符；d 表示小数位数。

c. 日期时间类型：Date（日期型），8 位，如 YYYY‐MM‐DD（年‐月‐日）；Time（时间型），14 位，如 YYYY‐MM‐DD hh‐mm‐ss（年‐月‐日 时：分：秒）。

d. 空间数据：S（用于存储空间信息）。

e. 二进制数据：B（用于存储音频、视频、图片、文档等多媒体数据）。

f. 字段取值范围：可用抽象连续数字、枚举等方式描述取值范围；属于代码的，应给出相应代码解释。

4.5.4.5　应用软件

应用软件位于水闸信息综合管理框架的最高层，它是依据用户需求开发的各个功能模块的集合。软件架构抽象了应用软件的运行方式，软件集成技术为应用软件提供了开发、应用平台，应用业务系统实现了具体功能与服务。

1. 软件架构

（1）C/S架构。C/S结构（Client/Server Structs，客户机和服务器模式），是软件系统体系结构的一种，通过它可以充分利用两端硬件环境的优势，将任务合理分配到客户端（Client端）和服务端（Server端）来实现，降低了系统的通信成本。

目前软件应用系统正在向分布式的Web应用发展，Web和C/S应用都可以处理同样的业务、应用不同的模块共享逻辑组件，因此，内部和外部用户都可以访问现有的和新的应用系统，并通过现有应用系统中的逻辑扩展成新的应用系统。

客户端和服务器端常常分别处在相距很远的两台计算机上，客户端程序的任务是将用户的要求提交给Server程序，再将Server程序返回的结果以特定的形式显示给用户；Server程序的任务是接收客户程序提出的服务请求，进行相应的处理，再将结果返回给客户程序。

（2）B/S架构。B/S结构（Browser/Server，浏览器/服务器模式）统一了客户端，将系统功能实现的核心部分集中到服务器上，简化了系统的开发、维护和使用。Web浏览器（如Internet Explorer、Chrome等）是客户端最主要的应用软件，浏览器通过Web Server同数据库进行数据交互；服务器上只需安装数据库管理系统（如SQL Server、Oracle、MYSQL等）。

B/S可以在任何地方进行操作而不用安装任何专门的软件，只要有一台能上网的电脑就能使用，客户端不需要专门安装、维护，系统的扩展也非常容易。

当前，B/S结构的使用越来越广泛，特别是AJAX技术的发展，使程序也能在客户端电脑上进行部分处理，大大减轻了服务器的负担；同时增加了程序的交互性，Web页面能够局部实时刷新。

（3）C/S架构与B/S区别。C/S和B/S并没有本质的区别：B/S是基于特定通信协议（HTTP）的C/S架构，也就是说B/S包含在C/S中，是特殊的C/S架构，B/S中的浏览器仅仅是一种特殊的通用客户端。

在C/S架构上提出B/S架构，是为了满足瘦客户端、一体化客户端的需要，最终目的节约客户端更新、维护等的成本，及广域资源的共享。

它们的主要区别是：

1）硬件环境不同。C/S一般建立在专用的网络上，小范围里的网络环境，局域网之间再通过专门服务器提供连接和数据交换服务；B/S可以建立在广域网上，不必是专门的网络硬件环境，具有更强的适用范围，一般只要有操作系统和浏览器就可以部署B/S架构。

2）对安全要求不同。C/S 一般面向相对固定的用户群，对信息安全的控制能力很强；B/S 建立在广域网之上，对安全的控制能力相对较弱。

一般高度机密的信息系统适宜采用 C/S 结构，通过 B/S 发布部分可公开信息。

3）对程序架构不同。C/S 程序可以更加注重流程，可对权限多层次校验，对系统运行速度可以较少考虑；B/S 对安全以及访问速度的多重的考虑，建立在需要更加优化的基础之上。

4）软件重用不同。C/S 程序需要进行整体性考虑，构件的重用性不如 B/S 结构；B/S 的多重结构要求构件具有相对独立的功能，重用性较好。

5）系统维护不同。C/S 程序维护需要进行整体考量，处理问题、系统升级均较为困难，甚至超过重新开发全新的系统。

B/S 构件相对独立，便于更换个别构件，易于实现系统的无缝升级。系统维护开销也减到最小，用户可自行从网上下载安装升级。

6）处理问题不同。C/S 程序可以处理用户面固定、安全要求高、需求与操作系统相关的系统；B/S 面向不同的用户群、分散地域，与操作系统平台关系较小。

7）用户接口不同。C/S 多是建立在 Window 平台上，表现方法有限，对程序员普遍要求较高；B/S 建立在浏览器上，有更加丰富和生动的表现方式与用户交流。B/S 程序的开发难度、成本均低于 C/S 程序。

8）信息流不同。C/S 程序一般是典型的中央集权的机械式处理，交互性相对低；B/S 信息流向可变化，交互性高。

2. 软件集成技术

应用集成的主要技术有三种：对象管理组织的公共对象请求代理架构（Common Object Request Broker Architecture，CORBA），微软的 COM/DCOM 和 Windows DNA (Distributed Network Architecture) /COM＋以及 . Net 应用架构（以下简称微软平台应用集成技术），Java 平台的 Java Bean 和 EJB（Enterprise Java Bean）（以下简称 Java 平台应用集成技术），其中，CORBA 技术使用越来越少。近年来，在应用集成中，面向服务架构（Service Oriented Architecture，SOA）的方法越来越得到采用。

在安全监控系统开发中，如果所有子系统都是新建设的，应根据系统结构，选用微软平台应用集成技术或 Java 平台应用集成技术开发各子系统，便于整个系统集成。

（1）微软平台应用集成技术。

1）COM/DCOM/COM＋。COM（Component Object Model，组件对象模型）是一种面向对象的编程模式，它定义了对象在单个应用程序内部或多个应用程序之间的行为方式，是微软对于网页服务器与客户端、增益集与 Office 系列软件之间交互的一项软件组件技术。

COM 要求软件组件必须遵照一个共同的接口，该接口与实现无关，因此可以隐藏实现属性，并且被其他对象在不知道其内部实现的情形下正确的使用。COM 提供跟编程语言无关的方法实现一个软件对象，可实现于多个平台之上，并不限于 Windows 操作系统之上，但还是只有 Windows 最常使用 COM，且某些功能已被 . NET 平台取代。

DCOM（Distributed Component Object Model 分布式组件对象模型）是 COM 的无缝

扩展，支持在局域网、广域网甚至 Internet 上不同计算机对象之间的通信，它将基于 COM 的应用、组件、工具以及知识转移到标准化的分布式计算领域中，能够满足客户和应用的分布式需求。

COM＋通过操作系统的支持，将 COM 建立在应用层上，所有组件的底层细节由操作系统实现。COM＋综合了 COM、DCOM 和 MTS（Microsoft Transaction Server）等技术，具有很强的扩展能力，更注重于分布式网络应用的设计和实现。

2）Windows DNA（Distributed Network Architecture）/COM＋。Windows DNA（Distributed interNet Applications Architecture，分布式集成网络应用体系结构），是微软在 Windows NT 与 Windows 2000 时期，配合 Microsoft BackOffice、COM、MTS、COM＋等技术所规划的分散式应用程序开发架构，它将个人计算机和 Internet 统一和集成起来，能够同时充分发挥个人计算机和 Internet 的能力。

3）NET 架构。.NET 架构（.NET Framework）是由微软开发的一个致力于敏捷软件开发（Agile software development）、快速应用开发（Rapid application development）、平台无关性和网络透明化的软件开发平台。它提供了一个跨语言的统一编程环境，致力于简化 Web 应用程序和 Web 服务的开发。

（2）JAVA 平台应用集成技术。

1）Java Bean。Java Bean 是一种 JAVA 语言写成的可重用组件。它可以紧凑、方便地创建和使用，具备完全的可移植性、继承了 Java 的强大功能、支持应用程序构造器和分布式计算。

2）EJB。EJB（Enterprise Java Bean）是 SUN 公司开发的 J2EE（javaEE）服务器端组件模型，它的设计目标和核心应用是部署不限于特定平台的分布式系统，它定义了一个用于开发基于组件的企业多重应用程序的标准。

3）SOA。SOA（Service Oriented Architecture，面向服务架构）本质上是一个组件模型，它将应用程序的不同功能单元（称为服务）通过这些服务之间定义良好的接口和契约联系起来。接口独立于实现服务的硬件平台、操作系统和编程语言，使得不同系统的服务可以使用一种统一和通用的方式进行交互。

SOA 是一种粗粒度、松耦合服务架构，服务之间通过简单、精确定义接口进行通信，不涉及底层编程接口和通信模型。它是 B/S 模型、XML（标准通用标记语言的子集）/Web Service 技术之后的自然延伸。

向服务架构，它可以根据需求通过网络对松散耦合的粗粒度应用组件进行分布式部署、组合和使用。服务层是 SOA 的基础，可以直接被应用调用，从而有效控制系统中与软件代理交互的人为依赖性。

SOA 将能够帮助软件工程师们站在一个新的高度理解企业级架构中的各种组件的开发、部署形式，它将帮助企业系统架构者以更迅速、更可靠、更具重用性架构整个业务系统。较之以往，以 SOA 架构的系统能够更加从容地面对业务的急剧变化。

3. 应用业务系统

信息综合管理中的应用业务系统在数据层次、架构层次、应用层次统一了各个分治、独立的应用业务系统，并在此基础上进行了进一步的应用挖掘。

应用业务系统主要包含以下子系统：

（1）工程安全分析评价与预警系统。工程安全分析评价与预警系统是在水闸安全监测数据资料整编的基础上，进一步挖掘水闸安全性态，并对隐患实时预警的系统。一般包括渗流分析模块、变形分析模块、结构分析模块、抗震稳定分析、现场检查信息模块及综合分析模块等。图 4.5-94 为某工程安全分析评价与预警系统功能结构图。

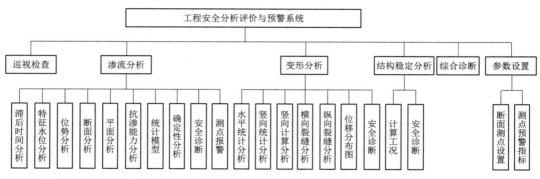

图 4.5-94　某工程安全分析评价与预警系统功能结构图

（2）智能巡检系统。智能巡检系统包括手持设备客户端与巡查管理系统。日常巡查人员通过手持设备，如智能手机或 PDA 设备，按照日常巡查任务，将巡查记录的文本、照片、视频信息传输到巡查管理数据库；巡查管理系统可查看、统计、分析日常巡查的结果，打印统计报表，为库区日常管理提供重要依据。主要包含基础数据管理、巡查任务管理、巡查记录、实时巡检、智能隐患分析、报表等功能。

（3）移动管理平台。移动管理平台是将工程各类业务系统的主要监测数据进行整理展示于手机客户端上，一般采用模块化设计，分为视图层、控制层、网络层等，同时可对预警信息进行实时推送，保证工程数据及时、有效的获取，为工程安全运行提供保障。

（4）其他系统。应用业务系统还包括洪水预报系统、洪水演进与风险分析系统、视频监控系统、精细化（元素化）管理系统、WebGIS 系统、办公自动化系统、门户网站等，这些系统均可集成在信息综合管理框架内，对各类信息进行综合化管理，并在统一的平台上进行展现。

第5章　水闸安全检测与安全评价

5.1　依据及程序

5.1.1　安全检测与安全评价依据

为了保证水闸安全运行，更加规范的开展水闸安全鉴定工作，在《水闸技术管理规程》（SL 75）的基础上，水利部在 1998 年制定了《水闸安全鉴定规定》（SL 214—88），并于 2015 年发布了修订版本《水闸安全评价导则》（SL 214—2015）。

根据《中华人民共和国水法》《中华人民共和国防洪法》及《中华人民共和国河道管理条例》等规定，水利部以水建管〔2008〕214 号发布了关于印发《水闸安全鉴定管理办法》的通知，发布施行。该办法适用于全国河道（包括湖泊、人工水道、行洪区、蓄滞洪区）、灌排渠系、堤防（包括海堤）上依法修建的，由水利部门管理的大、中型水闸，小型水闸、船闸和其他部门管辖的各类水闸参照执行，以加强水闸安全管理，规范水闸安全鉴定工作，保障水闸安全运行。

配套的《水闸安全评价导则》（SL 214—2015）适用于大、中型水闸的安全评价。水闸安全评价范围应包括：闸室，上、下游连接段，闸门，启闭机，机电设备，管理范围内的上下游河道、堤防，管理设施和其他与水闸工程安全有关的挡水建筑物。水闸安全评价内容应包括：现状调查、安全检测、安全复核和安全评价等。

5.1.2　安全检测与安全评价程序

水闸实行定期安全鉴定制度。首次安全鉴定应在竣工验收后 5 年内进行，以后应每隔 10 年进行 1 次全面安全鉴定。运行中遭遇超标准洪水、强烈地震、增水高度超过校核潮位的风暴潮、工程发生重大事故后，应及时进行安全检查，如出现影响安全的异常现象的，应及时进行安全鉴定。闸门等单项工程达到折旧年限，应按有关规定和规范适时进行单项安全鉴定。

国务院水行政主管部门负责全国水闸安全鉴定工作的监督管理。县级以上地方人民政府水行政主管部门负责本行政区域内所辖的水闸安全鉴定工作的监督管理。流域管理机构负责其直属水闸安全鉴定工作的监督管理，并对所管辖范围内的水闸安全鉴定工作进行监督检查。

水闸管理单位负责组织所管辖水闸的安全鉴定工作（以下称鉴定组织单位）。水闸主管部门应督促鉴定组织单位及时进行安全鉴定工作。

县级以上地方人民政府水行政主管部门和流域管理机构按分级管理原则对水闸安全鉴定意见进行审定（以下称鉴定审定部门）。省级地方人民政府水行政主管部门审定大型及其直属水闸的安全鉴定意见；市（地）级及以上地方人民政府水行政主管部门审定中型水闸安全鉴定意见。流域管理机构审定其直属水闸的安全鉴定意见。

水闸安全鉴定包括水闸安全评价、水闸安全评价成果审查和水闸安全鉴定报告书审定三个基本程序。

（1）水闸安全评价：鉴定组织单位进行水闸工程现状调查，委托符合相关资质要求的有关单位开展水闸安全评价（以下称鉴定承担单位）。鉴定承担单位对水闸安全状况进行分析评价，提出水闸安全评价报告。

（2）水闸安全评价成果审查：由鉴定审定部门或委托有关单位，主持召开水闸安全鉴定审查会，组织成立专家组，对水闸安全评价报告进行审查，形成水闸安全鉴定报告书。

（3）水闸安全鉴定报告书审定：鉴定审定部门审定并印发水闸安全鉴定报告书。

鉴定组织单位的职责：制订水闸安全鉴定工作计划；委托鉴定承担单位进行水闸安全评价工作；进行工程现状调查；向鉴定承担单位提供必要的基础资料；筹措水闸安全鉴定经费。

大型水闸的安全评价，由具有水利水电勘测设计甲级资质的单位承担。中型水闸安全评价，由具有水利水电勘测设计乙级以上（含乙级）资质的单位承担。经水利部认定的水利科研院（所），可承担大、中型水闸的安全评价任务。鉴定承担单位的职责：在鉴定组织单位现状调查的基础上，提出现场安全检测和工程复核计算项目，编写工程现状调查分析报告；按有关规程进行现场安全检测，评价检测部位和结构的安全状态，编写现场安全检测报告；按有关规范进行工程复核计算，编写工程复核计算分析报告；对水闸安全状况进行总体评价，提出工程存在主要问题、水闸安全类别鉴定结果和处理措施建议等，编写水闸安全评价总报告；按鉴定审定部门的审查意见，补充相关工作，修改水闸安全评价报告。

鉴定审定部门的职责：成立水闸安全鉴定专家组；组织召开水闸安全鉴定审查会；审查水闸安全评价报告；审定水闸安全鉴定报告书并及时印发。

水闸安全鉴定审定部门组织的专家组应由水闸主管部门的代表、水闸管理单位的技术负责人和从事水利水电专业技术工作的专家组成，并符合下列要求：水闸安全鉴定专家组应根据需要由水工、地质、金属结构、机电和管理等相关专业的专家组成；大型水闸安全鉴定专家组由不少于9名专家组成，其中具有高级技术职称的人数不得少于6名；中型水闸安全鉴定专家组由7名及以上专家组成，其中具有高级技术职称的人数不得少于3名；水闸主管部门所在行政区域以外的专家人数不得少于水闸安全鉴定专家组组成人员的三分之一；水闸原设计、施工、监理、设备制造等单位的在职人员以及从事过本工程设计、施工、监理、设备制造的人员总数不得超过水闸安全鉴定专家组组成人员的三分之一；水闸安全鉴定专家组成员应当遵循客观、公正、科学的原则履行职责，审查水闸安全评价报告，形成水闸安全鉴定报告书。

水闸安全鉴定工作内容应按照《水闸安全评价导则》（SL 214）执行，工作内容包括现状调查、现场安全检测、工程复核计算、安全评价等。

5.2　现状调查及基础资料收集

水闸安全评价主要依赖于各种影响因素的调查和检测资料的归纳，资料越丰富越详细，则使得最后评价的结果越能反映工程实际情况。但是，在实际工程中收集资料工程量的大小受经费和工程现场条件限制，因此，为了尽可能最大限度得到影响水闸工程安全主要因素的基本资料，需要在条件许可的基础上对水闸工程病害严重处进行详细检查和重点检测。

现状调查应进行设计、施工、管理等技术资料收集，在了解工程概况、设计和施工、运行管理等基本情况基础上，初步分析工程存在问题，提出现场安全检测和工程复核计算项目，编写工程现状调查分析报告。

水闸工程现状调查分析由水闸管理单位负责实施和完成报告编写。水闸工程现状调查分析的内容，包括技术资料的收集，工程现状的全面检查以及对工程存在的问题进行初步分析并提出意见。

水闸技术资料包括工程（含改扩建、除险加固）设计、建设、运行管理和规划与功能变化等资料（图 5.2-1）。在收集资料过程要特别注重水闸技术管理资料的收集。收集的资料，应真实、完整，力求满足安全鉴定需要。

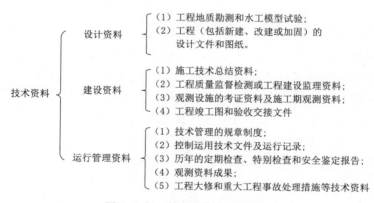

图 5.2-1　技术资料组成体系图

工程设计资料应包括工程地质勘测资料、水工模型试验资料、工程设计文件和图纸以及其他相关资料。

工程建设资料应包括下列主要内容：工程施工技术总结；工程检测、监理和质量监督资料；工程安全监测设施的安装埋设与监测资料；金属结构与机电设备的制造、安装资料；工程质量事故和处理资料；工程竣工验收资料和工程竣工图。

工程运行管理资料应包括下列主要内容：管理单位机构设置、人员配备和经费安排情况，工程管理确权划界情况；运行管理的规章制度；控制运用技术文件和运行记录；历年的定期检查、特别检查、专项检测和历次安全鉴定资料；工程安全监测数据整编和分析资料；工程养护、修理、大修和重大工程事故处理资料；应急预案和遭遇洪水、地震、台风等应急处理资料。

工程规划与功能变化资料应包括下列主要内容：水文、气象资料；水利规划变化情况和最新规划数据；环境条件变化情况，包括河道淤积与冲刷、水质等；工程运用条件、运用方式和功能指标变化情况。

现场检查包括土工建筑物、石工建筑物、混凝土建筑物、金属结构、机电设备、工程管理和安全监测设施等。重点检查建筑物、设备、设施的完整性和运行状态等。

工程现状全面检查应在原有检查观测成果基础上进行，应特别注意检查工程的薄弱部位和隐蔽部位（图 5.2-2）。对检查中发现的工程存在问题和缺陷，应初步分析其成因和对工程安全运用的影响。根据初步分析结果，提出需进行现场安全检测和工程复核计算项目及对工程大修或加固的建议。

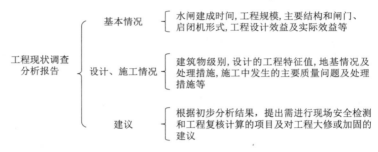

图 5.2-2　工程现状调查分析报告主要提纲

土工建筑物现场检查应包括水闸两侧岸、翼墙后回填土，水闸管理范围内上下游河道堤防等。石工建筑物现场检查应包括水闸两侧岸、翼墙，上下游护坡和砌体结构的其他建筑物。混凝土建筑物现场检查应包括闸墩、岸墙、底板、胸墙、工作桥、排架、检修便桥、交通桥等。金属结构现场检查主要包括闸门和启闭机。闸门检查应包括闸门门体、埋件、支承行走结构、止水装置等。启闭机检查应包括动力系统、传动部件、制动装置和附属设备等。机电设备现场检查应包括电动机、柴油发电机、变配电设备、控制设备（含自动化监控）和辅助设备等。工程管理设施现场检查应包括办公、生产和辅助用房、通信设施、水文测报系统、交通道路与交通工具、维修养护设备等。工程安全监测现场检查应包括安全监测项目、监测设施（含自动化监测）、监测流程和资料整编分析等。

现状调查分析应结合工程存在的安全问题、隐患和疑点，对工程安全管理进行初步评价，提出进一步安全检测项目和安全复核内容的建议。水闸安全管理应按《水闸技术管理规程》（SL 75）和《水闸工程管理设计规范》（SL 170）重点分析评价下列内容：管理范围是否明确可控，技术人员是否满足管理要求，运行管理和维修养护经费是否落实；安全管理制度是否完备，水闸控制运用计划是否审批并满足标准要求；工程建筑物、金属结构和机电设备是否经常维护，并处于安全和完好的工作状态；管理设施是否满足要求，工程安全监测是否按要求开展。

5.3 安全检测

5.3.1 概述

5.3.1.1 主要检测内容

水闸安全检测需视现状调查情况确定检测内容，一般主要包括以下内容：①地基土、回填土的工程性质；②防渗、导渗与消能防冲设施的完整性和有效性；③砌体结构的完整性和安全性；④混凝土与钢筋混凝土结构的耐久性；⑤金属结构的安全性；⑥机电设备的可靠性；⑦监测设施的有效性；⑧其他有关设施专项测试，如应力检测、腐蚀检测、结构振动检测、水质与底质检测、特殊项目检测等。

5.3.1.2 安全检测要求

水闸安全检测应满足下列要求：①检测项目应和安全复核内容相协调；②检测点选择应能真实反映工程实际安全状态；③检测工作宜选在对检测条件有利和对水闸运行干扰较小的时段进行；④现场检测宜采用无损检测方法，如采用有损检测应及时修复；⑤对于多孔水闸，应选取能较全面反映工程实际安全状态的闸孔进行抽样检测。抽样比例应综合闸孔数量、运行情况、检测内容和条件等因素确定，并符合表5.3-1的规定。

表 5.3-1　　多孔水闸闸孔抽样检测比例

多孔水闸闸孔数	≤5	6～10	11～20	≥21
抽样比例/%	100～50	50～30	30～20	20

5.3.2 工程地质勘察及土工建筑物检测

当土工建筑物工程结构存在质量隐患或缺陷，且已有工程地质勘察资料不能满足安全评价需要时，需对工程质量问题或缺陷部位进行地质勘察或检测；而对无地质勘察资料的，或地质勘察资料缺失、不足的或闸室、岸墙、翼墙发生异常变形的，在补充地质勘察的同时，还需检测地基土和回填土的基本工程性质指标。

工程地质勘察方法包括工程地质测绘、工程地质勘探、实验室或现场试验、长期观测（或监测）等。

5.3.2.1 工程地质测绘

在一定范围内调查研究与工程建设活动有关的各种工程地质条件，测制成一定比例尺的工程地质图，分析可能产生的工程地质作用及其对设计建筑物的影响，并为勘探、试验、观测等工作的布置提供依据，它是工程地质勘察的一项基础性工作。

测绘范围和比例尺的选择，既取决于建筑区地质条件的复杂程度和已有研究程度，也取决于建筑物的类型、规模和设计阶段。工程地质测绘所需调研的内容有地层岩性、地质构造、地貌及第四纪地质、水文地质条件、天然建筑材料、自然（物理）地质现象及工程地质现象。对所有地质条件的研究，都必须以论证或预测工程活动与地质条件的相互作用或相互制约为目的，紧密结合该项工程活动的特点。当露头不好或这些条件在深部分布不明时，需配合以试坑、探槽、钻孔、平洞、竖井等勘探工作进行必要的揭露。

工程地质测绘通常是以一定比例尺的地形图为底图，以仪器测量方法来测制。采用卫星像片、航空像片和陆地摄影像片，通过室内判读调绘成草图，到现场有目的的复查，与进一步的照片判读反复验证，可以测制出更精确的工程地质图，并可提高测绘的精度和效率，减少地面调查的工作量。

5.3.2.2　工程地质勘探

包括工程地球物理勘探、钻探和坑探工程等内容。

1. 工程地球物理勘探

简称工程物探，其目的是利用专门仪器，测定各类岩、土体或地质体的密度、导电性、弹性、磁性、放射性等物理性质的差别，通过分析解释判断地面下的工程地质条件。它是在测绘工作的基础上探测地下工程地质条件的一种间接勘探方法。按工作条件分为地面物探和井下物探（测井）；按被探测的物理性质可分为电法、地震、声波、重力、磁法、放射性等方法。工程地质勘察中最常用的地面物探为电法中的视电阻率法，地震勘探中的浅层折射法，声波勘探等；测井则多采用综合测井。

物探的优点在于能经济而迅速地探测较大范围，且通过不同方向的多个剖面获得的资料是三维的。以这些资料为基础，在控制点和异常点上布置勘探、试验工作，既可减少盲目性，又可提高精度。测井则可增补钻探工作所得资料并提高其质量。开展多种方法综合物探，根据综合成果进行对比分析，可以显著提高地质解释的质量，扩大物探解决问题的范围，缩短工程地质勘探周期并降低其成本。由于物探需要间接解释，所以只有地质体之间的物理状态（如破碎程度、含水率、喀斯特化程度）或某种物理性质有显著差异，才能取得良好效果。

2. 钻探和坑探

采用钻探机械钻进或矿山掘进法，直接揭露建筑物布置范围和影响深度内的工程地质条件，为工程设计提供准确的工程地质剖面的勘察方法。其任务是：查明建筑物影响范围内的地质构造，了解岩层的完整性或破坏情况，为建筑物探寻良好的持力层（承受建筑物附加荷载的主要部分的岩土层）和查明对建筑物稳定性有不利影响的岩体结构或结构面（如软弱夹层、断层与裂隙）；揭露地下水并观测其动态；采取试验用的岩土试样；为现场测试或长期观测提供钻孔或坑道。

钻探比坑探工效高，受地面水、地下水及探测深度的影响较小，故广为采用。但不易取得软弱夹层岩心和河床卵砾石层样品，钻孔也不能用来进行大型现场试验。因此，有时需采用大孔径钻探技术，或在钻孔中运用钻孔摄影，孔内电视或采用综合物探测井以弥补其不足。但在关键部位还需采用便于直接观察和测试目的层的平洞、斜井、竖井等坑探工程。

钻探和坑探的工作成本高，因此，需在工程地质测绘和物探工作的基础上，根据不同工程地质勘探阶段需要查明的问题，合理设计洞、坑、孔的数量、位置、深度、方向和结构，以尽可能少的工作量取得尽可能多的地质资料，并保证必要的精度。

勘探点位置由专业测量人员施放，勘探点应按照建筑物周边线和角点布置，对无特殊要求的其他建筑物可按建筑物或建筑物群的范围布置。同一建筑范围内的主要受力层或有影响的下卧层起伏较大时，应加密勘探点，查明其变化。重大设备基础应单独布置勘探点，重大动力机器基础勘探点不宜少于 3 个。勘探手段易宜采用钻探与触探相配合，在复杂地质条件、湿陷性土、膨胀岩土、风化岩和残积土地区，宜布置适量探井。

勘探孔深度应能控制地基主要受力层，当基础地面宽度不大于 5m 时，勘探孔深度对条形基础不应小于基础地面宽度的 3 倍。对需做变形验算的地基，控制性勘探孔深度应超过地基变形计算深度。当有大面积地面堆载或有软弱下卧层时，应适当加深控制性勘探孔深度

5.3.2.3 原位测试和实验室试验

获得工程地质设计和施工参数，定量评价工程地质条件和工程地质问题的手段，是工程地质勘察的组成部分。室内试验包括：岩、土体样品的物理性质、水理性质和力学性质参数的测定。现场原位测试包括：触探试验、承压板载荷试验、原位直剪试验以及地应力量测等。

设计建筑物规模较小，或大型建筑物的早期设计阶段，且易于取得岩、土体试样的情况下，往往采用实验室试验。但室内试验试样小，缺乏代表性，且难以保持天然结构，因此必须在现场对有代表性的天然结构的大型试样或对含水层进行测试。要获取液态软黏土、疏松含水细砂、强裂隙化岩体之类的、不能得到原状结构试样的岩土体的物理力学参数，必须进行现场原位测试。

采取土样和进行原位测试的勘探孔数量，应根据底层结构、地基土的均匀性和工程特点确定，且不应少于勘探孔总数的 1/2，钻探取土式样孔的数量不应少于勘探孔总数的 1/3；每个场地每一主要土层的原状土式样或原位测试数据不应少于 6 件（组），当采用连续记录的静力触探或动力触探为主要勘探手段时，每个场地不应少于 3 个孔；在地基主要受力层内，对厚度大于 0.5m 的夹层或透镜体，应采取土式样或进行原位测试；当土层性质不均匀时，应增加取土式样或原位测试数量。

5.3.2.4 现场检测与监测

用专门的观测仪器对建筑区工程地质条件各要素或对工程建筑活动有重要影响的自然（物理）地质作用和某些重要的工程地质作用随时间的发展变化，进行长时期的重复测量的工作。观测的主要内容有：岩、土体位移范围、速度、方向；岩、土体内地下水位变化；岩体内破坏面上的压力；爆破引起的质点速度；峰值质点加速度；人工加固系统的载荷变化等。工程地质作用的观测则往往在施工和建筑物使用期间进行。长期观测取得的资料经整理分析，可直接用于工程地质评价，检验工程地质预测的准确性，对不良地质作用及时采取防治措施，确保工程安全。

5.3.3 石工建筑物检测

石工建筑物安全检测可参照《砌体工程现场检测技术标准》（GB/T 50315）对砌体完整性、接缝防渗有效性进行检测，必要时可取样进行砌体密度、强度检测。按测试内容，砌体工程的现场检测方法可分为下列 5 类。

5.3.3.1　检测砌体抗压强度

包括原位轴压法、扁式液压顶法、切制抗压试件法。

1. 原位轴压法

原位轴压法是采用原位压力机在墙体上进行抗压测试，检测砌体抗压强度的方法，主要用于检测普通砖和多孔砖砌体的抗压强度，同时还被用于火灾、环境侵蚀后的砌体剩余抗压强度，其适用于推定240mm厚普通砖砌体或多孔砖砌体的抗压强度。

2. 扁式液压顶法

采用扁式液压千斤顶在墙体上进行抗压测试，检测砌体的受压应力、弹性模量、抗压强度的方法，简称扁顶法，适用于推定普通砖砌体或多孔砖砌体的受压弹性模量、抗压强度或墙体的受压工作应力。

3. 切制抗压试件法

从墙体上切割、取出外形几何尺寸为标准抗压砌体试件，运至试验室进行抗压测试的方法，该方法适用于推定普通砖砌体和多孔砖砌体的抗压强度。

5.3.3.2　检测砌体工作应力、弹性模量

主要采用扁顶法，即扁式液压顶法，具体检测方法见上。

5.3.3.3　检测砌体抗剪强度

主要包括原位单剪法、原位双剪法。

1. 原位单剪法

在墙体上沿单个水平灰缝进行抗剪测试，检测砌体抗剪强度的方法，该方法适用于推定砖砌体沿通缝截面的抗剪强度。

2. 原位双剪法

采用原位剪切仪在墙体上对单块或双块顺砖进行双面抗剪测试，检测砌体抗剪强度的方法，因此可分为原位单砖双剪法和原位双砖双剪法。原位单砖双剪法适用于推定各类墙厚的烧结普通砖或烧结多孔砖砌体的抗剪强度，原位双砖双剪法仅适用于推定240m厚墙的烧结普通砖或烧结多孔砖砌体的抗剪强度。

5.3.3.4　检测砌筑砂浆强度

主要包括推出法、筒压法、砂浆片剪切法、砂浆回弹法、点荷法、砂浆片局压法。

由于检测砌筑砂浆强度在水闸石工建筑物检测中应用较多，以下对各方法检测内容及检测结果计算进行详细说明。

1. 推出法

采用推出仪从墙体上水平推出单块丁砖，测得水平推力及推出砖下的砂浆饱满度，以此推定砌筑砂浆抗压强度的方法，该方法适用于推定240mm厚烧结普通砖、烧结多孔砖、蒸压灰砂砖或蒸压粉煤灰砖墙体中的砌筑砂浆强度，所测砂浆的强度以1～15MPa为宜。

检测时，将推出仪安放在墙体的孔洞内，推出仪主要由钢制部件、传感器、推出力峰值测定仪等组成，仪器及测试安装示意图见图5.3-1。

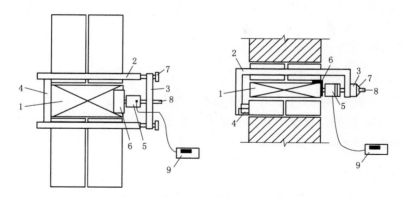

图 5.3-1　推出仪及测试安装示意图

1—被推出丁砖；2—支架；3—前梁；4—后梁；5—传感器；

6—垫片；7—调平螺钉；8—加荷螺杆；9—推出力峰值测定仪

单个测区的推出力平均值，应按式（5.3-1）计算：

$$N_i = \xi_{2i} \frac{1}{n_1} \sum_{j=1}^{n_1} N_{ij} \qquad (5.3-1)$$

式中：N_i 为第 i 个测区的推出力平均值，kN，精确至 0.01kN；N_{ij} 为第 i 个测区第 j 块测试砖的推出力峰值，kN；ξ_{2i} 为砖品种的修正系数，对烧结普通砖和烧结多孔砖，取 1.00，对蒸压灰砂砖或蒸压粉煤灰砖，取 1.14；n_1 为测区数。

测区的砂浆饱满度平均值，应按式（5.3-2）计算：

$$B_i = \frac{1}{n_1} \sum_{i=1}^{n_1} B_{ij} \qquad (5.3-2)$$

式中：B_i 为第 i 个测区的砂浆饱满度平均值，以小数计；B_{ij} 为第 i 个测区第 j 块测试砖下的砂浆饱满度实测值，以小数计；n_1 为测区数。

当测区的砂浆饱满度平均值不小于 0.65 时，测区的砂浆强度平均值，应按式（5.3-3）计算：

$$f_{2i} = 0.30 \left(\frac{N_i}{\xi_{3i}} \right)^{1.19}$$

$$\xi_{3i} = 0.45 B_i^2 + 0.90 B_i \qquad (5.3-3)$$

式中：f_{2i} 为第 i 个测区的砂浆强度平均值，MPa；ξ_{3i} 为推出法的砂浆强度饱满度修正系数，以小数计。

需要指出的是，推出法不适用于测区砂浆饱满度平均值小于 0.65 的情况，该情形下应选用其他方法推定砂浆强度。

2. 筒压法

将取样砂浆破碎、烘干并筛分成符合一定级配要求的颗粒，装入承压筒并施加筒压荷载，检测其破损程度（筒压比），根据筒压比推定砌筑砂浆抗压强度。该方法适用于推定烧结普通砖或烧结多孔砖砌体中砌筑砂浆的强度，不适用于推定高温、长期浸水、遭受火灾、环境侵蚀等砌筑砂浆的强度。

检测时，应从砖墙中抽取砂浆试样，并应在试验室内进行筒压荷载测试，应测试筒压比，然后换算为砂浆强度。

标准试样的筒压比，应按下式计算：

$$\eta_{ij} = \frac{t_1 + t_2}{t_1 + t_2 + t_3} \quad\quad (5.3-4)$$

式中：η_{ij} 为第 i 个测区中第 j 个试样的筒压比，以小数计；t_1、t_2、t_3 分别为孔径 5（4.75）mm、10（9.5）mm 筛的分计筛余量和底盘中剩余量，g。

测区的砂浆筒压比，应按下式计算：

$$\eta_i = \frac{1}{3}(\eta_{i1} + \eta_{i2} + \eta_{i3}) \quad\quad (5.3-5)$$

式中：η_i 为第 i 个测区的砂浆筒压比平均值，以小数计精确至 0.01；η_1、η_2、η_3 分别为第 i 个测区三个标准砂浆试样的筒压比。

测区的砂浆强度平均值应按下列公式计算：

（1）水泥砂浆：

$$f_{2i} = 34.58(\eta_i)^{2.06} \quad\quad (5.3-6)$$

（2）特细砂水泥砂浆：

$$f_{2i} = 21.36(\eta_i)^{3.07} \quad\quad (5.3-7)$$

（3）水泥石灰混合砂浆：

$$f_{2i} = 6.10\eta_i + 11.0(\eta_i)^{2.0} \quad\quad (5.3-8)$$

（4）粉煤灰砂浆：

$$f_{2i} = 2.52 - 9.40\eta_i + 32.80(\eta_i)^{2.0} \quad\quad (5.3-9)$$

（5）石粉砂浆：

$$f_{2i} = 2.70 - 13.90\eta_i + 44.90(\eta_i)^{2.0} \quad\quad (5.3-10)$$

3. 砂浆片剪切法

采用砂浆测强仪检测砂浆片的抗剪强度，以此推定砌筑砂浆抗压强度的方法，该方法适用于推定烧结普通砖或烧结多孔砖砌体中的砌筑砂浆强度。

检测时，应从砖墙中抽取砂浆片试样，并应采用砂浆测强仪测试其抗剪强度，然后换算为砂浆强度，其工作原理如图 5.3-2 所示。

砂浆片试件的抗剪强度，应按下式计算：

$$\tau_{ij} = 0.95 \frac{V_{ij}}{A_{ij}} \quad\quad (5.3-11)$$

式中：τ_{ij} 为第 i 个测区第 j 个砂浆片试件的抗剪强度，MPa；V_{ij} 为试件的抗剪荷载值，N；A_{ij} 为试件破坏截面面积，mm^2。

测区的砂浆片抗剪强度平均值，应按下式计算：

$$\tau_i = \frac{1}{n_1} \sum_{j=1}^{n_1} \tau_{ij} \quad\quad (5.3-12)$$

式中：τ_i 为第 i 个测区的砂浆片抗剪强度平均值，MPa。

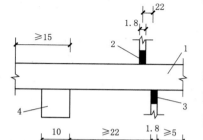

图 5.3-2　砂浆测强仪工作原理

1—砂浆片；2—上刀片；

3—下刀片；4—条钢块

测区的砂浆抗压强度平均值，应按下式计算：

$$f_{2i} = 7.17\tau_i \qquad\qquad (5.3-13)$$

当测区的砂浆抗剪强度低于 0.3MPa 时，上式的计算结果需乘以表 5.3-2 中的修正系数。

表 5.3-2　　　　　　　　　　低强砂浆的修正系数

τ_i/MPa	>0.30	0.25	0.20	<0.15
修正系数	1.00	0.86	0.75	0.35

4. 砂浆回弹法

采用砂浆回弹仪检测墙体、柱中砂浆表面的硬度，根据回弹值和碳化深度推定其强度的方法，该方法适用于推定烧结普通砖或烧结多孔砖砌体中砌筑砂浆的强度，不适用于推定高温、长期浸水、遭受火灾、环境侵蚀等砌筑砂浆的强度。

检测前，应宏观检查砌筑砂浆质量，水平灰缝内部的砂浆与其表面的砂浆质量应基本一致。当墙体水平灰缝砌筑不饱满或表面粗糙且无法磨平时，不得采用砂浆回弹法检测砂浆强度。检测时，应用回弹仪测试砂浆表面硬度、并应用浓度为 1‰～2‰ 的酚酞酒精溶液测试砂浆碳化深度应将回弹值和碳化深度两项指标换算为砂浆强度。

从每个测位的 12 个回弹值中分别除去最大值、最小值，将余下的 10 个回弹值计算算术平均值，应以 R 表示，并应精确至 0.1。

每个测位的平均碳化深度，应取该测位各次测量值的算术平均值，应以 d 表示，并应精确至 0.5mm。

第 i 个测区第 j 个测位的砂浆强度换算值，应根据该测位的平均回弹值和平均碳化深度值，分别按下列公式计算：

（1）$d \leqslant 1.0$mm 时：

$$f_{2ij} = 13.97 \times 10^{-5} R^{3.57} \qquad\qquad (5.3-14)$$

（2）1.0mm $< d <$ 3.0mm 时：

$$f_{2ij} = 4.85 \times 10^{-4} R^{3.04} \qquad\qquad (5.3-15)$$

（3）$d \geqslant 3.0$mm 时：

$$f_{2ij} = 6.34 \times 10^{-5} R^{3.60} \qquad\qquad (5.3-16)$$

式中：f_{2ij} 为第 i 个测区第 j 个测位的砂浆强度值，MPa；d 为第 i 个测区第 j 个测位的平均碳化深度，mm；R 为第 i 个测区第 j 个测位的平均回弹值，MPa。

测区的砂浆抗压强度平均值，应按式（5.3-17）计算：

$$f_{2i} = \frac{1}{n_1} \sum_{j=1}^{n_1} f_{2ij} \qquad\qquad (5.3-17)$$

5. 点荷法

在砂浆片的大面上施加点荷载，推定砌筑砂浆抗压强度的方法，该方式适用于推定烧结普通砖或烧结多孔砖砌体中的砌筑砂浆强度。

检测时，应从砖墙中抽取砂浆片试样，并应采用试验机或专用仪器测试其点荷载值，然后换算为砂浆强度。

砂浆强度的抗压强度换算值，可按式（5.3-18）计算：

$$f_{2ij} = (33.30\xi_{4ij}\xi_{5ij}N_{ij} - 1.10)^{1.09}$$

$$\xi_{4ij} = \frac{1}{0.05r_{ij} + 1} \qquad\qquad (5.3-18)$$

$$\xi_{5ij} = \frac{1}{0.03\tau_{ij}(0.10\tau_{ij} + 1) + 0.04}$$

式中：N_{ij} 为点荷载值，kN；ξ_{4ij} 为荷载作用半径修正系数；ξ_{5ij} 为试件厚度修正系数；r_{ij} 为荷载作用半径，mm；τ_{ij} 为试件厚度，mm。

测区的砂浆抗压强度平均值，可按式（5.3-17）计算。

6. 砂浆片局压法

采用局压仪对砂浆片试件进行局部抗压测试，根据局部抗压荷载值推定砌筑砂浆抗压强度的方法，该方法适用于检测烧结普通砖和烧结多孔砖体中的砂浆强度。

5.3.3.5　检测砌筑块体抗压强度

主要包括烧结砖回弹法和取样法两种方法，其中烧结砖回弹法采用专用回弹仪检测烧结普通砖或烧结多孔砖表面的硬度，根据回弹值推定其抗压强度的方法。

5.3.4　混凝土及钢筋混凝土结构检测

水闸安全检测中对混凝土及钢筋混凝土的检测内容主要包括以下内容：①对混凝土性能指标的检测，包括强度、抗冻、抗渗性能等；②混凝土外观质量和内部缺陷检测，包括裂缝检测、碳化深度等，对于有防渗要求的混凝土结构，出现破坏结构整体性或影响工程安全运用的裂缝，应检测裂缝的分布、宽度、长度和深度；③钢筋保护层厚度及钢筋锈蚀程度检测，对主要结构构件表面发生锈胀裂缝或剥蚀、磨损、保护层破坏较严重的，应检测钢筋保护层厚度、钢筋的锈蚀程度以及混凝土碳化深度等；④结构变形和位移检测、基础不均匀沉降检测，尤其是对于承重结构荷载超过原设计荷载标准而产生明显变形的，应检测结构的应力和变形值。

以下对水闸混凝土检测过程中常采用的几种主要方法进行详细说明。

5.3.4.1　抗压强度检测

常采用回弹法、超声回弹综合法、射钉法或钻芯法等方法对混凝土抗压强度进行检测。

1. 回弹法

回弹法作为检查混凝土质量的一种辅助手段，适用于抗压强度为 $10\sim60$MPa 的混凝土。

在被测混凝土结构或构件上均匀布置测区，测区数不小于 10 个。每个测区应弹击 16 点。两测点间距一般不小于 50mm，当一个测区有两个测面时，每一个测面弹击 8 点；不具备两个面的测区，可在一个测面上弹击 16 点。回弹值测试面要清洁、平整，测点应避开气孔或外露石子。一个测点只允许弹击一次。弹击时，回弹仪的轴线应垂直于结构或构件的混凝土表面，缓慢均匀施压，不宜用力过猛或突然冲击。当出现回弹值过高或过低时，应查明原因，可在该测点附近（约 30mm）补测，舍弃原测点。

在每一个测区内用回弹仪弹击 16 个测点并读取回弹测值（N），剔除 3 个最大值和 3 个最小值，将剩余的 10 个测值的平均值作为该测区的回弹值，同时测量碳化深度值（H）。根据回弹值（N）、碳化深度值（H）与混凝土强度（f）的关系曲线计算得到测区混凝土强度值。

各构件混凝土强度平均值 $m_{f_{cu}}$、标准差 $s_{f_{cu}}$ 和强度推定值 $f_{cu,e}$ 分别由下式计算：

$$m_{f_{cu}^c} = \frac{\sum_{i=1}^{n} f_{cu,i}^c}{n} \tag{5.3-19}$$

$$s_{f_{cu}^c} = \sqrt{\frac{\sum_{i=1}^{n} (f_{cu,i}^c)^2 - n(m_{f_{cu}^c})^2}{n-1}} \tag{5.3-20}$$

式中：$m_{f_{cu}}$ 为结构或构件测区混凝土强度换算值的平均值，精确至 0.1MPa；n 为对于单个检测的构件，取一个构件的测区数；对批量检测的构件，取被抽检构件测区数之和；$s_{f_{cu}^c}$ 为结构或构件测区混凝土强度换算值的标准差，精确至 0.01MPa。

结构或构件混凝土强度推定值（$f_{cu,e}$）按下列公式确定：

（1）当结构或构件测区数少于 10 个时：

$$f_{cu,e} = f_{cu,\min}^c \tag{5.3-21}$$

（2）当构件测区强度值中出现小于 10.0MPa 时，应按下式确定：

$$f_{cu,e} < 10.0\text{MPa} \tag{5.3-22}$$

（3）当结构或构件测区不少于 10 个或按批量检测时，按下列公式计算：

$$f_{cu,e} = m_{f_{cu}^c} - 1.645 s_{f_{cu}^c} \tag{5.3-23}$$

式中：$f_{cu,e}$ 为结构或构件的混凝土强度推定值，它是指相应于强度换算值总体分布中保证率不低于 95% 的结构或构件中的混凝土抗压强度值。

2. 超声回弹综合法

超声回弹综合法是现场实测超声波在混凝土中的传播速度（简称波速）推求结构混凝土强度。本方法不宜用于抗压强度在 45MPa 以上或在超声传播方向上钢筋布置太密的混凝土。

在采用超声法进行混凝土强度检测时，被测体与换能器接触处应平整光滑，若混凝土表面粗糙不平而又无法避开时，应将表面铲磨平整，或用适当材料（熟石膏或水泥浆等）填平、抹光。同时，在测量过程中应注意波形的变化和波速的大小，如发现异常形和过低的波速时，应反复测量并检查测点的平整程度是否良好。现场测试一般按以下步骤进行：

（1）在建筑物相对的两面均匀地划出网格，网格的交点即为测点。相对两测点的距离即为超声波的传播路径长度 L。此长度的测量误差应不超过 1%。网格的大小，即测点疏密，视建筑物尺寸、质量优劣和要求的测量精度而定。网格边长一般为 20～100cm。

（2）在测点处涂上耦合剂，将换能器压紧在相对的测点上调整仪器增益，使接收信号第一个半波的幅度至某幅度（与测试试件时同样大小），读取传播时间 t，按下式计算该点的波速：

$$v = \frac{L}{t} \times 1000 \qquad\qquad (5.3-24)$$

式中：v 为超声波速度，km/s；L 为超声波在试件上的平均传播距离，m；t 为超声波在试件上的传播时间，μs。

（3）按比例绘制被测物体的图形及网格分布，将得到的波速标于图中的各测点处。在数值偏低的部位，可根据情况加密测点，再行测试。

（4）将现场测得波速加以必要的修正后，按强度-波速关系式（或曲线）换算出各测点处的混凝土强度。

3. 射钉法

即通过射钉装置检测混凝土强度，一般适用于抗压强度为 10～50MPa 混凝土的现场检测。为建立混凝土强度与射钉外露长度的关系，需制作一批大试件和同条件的小试件，分别用于射钉和强度试验。试件的材料和养护条件应与现场混凝土相同，且大、小试件的拌和、振捣和养护情况也必须相同。其中：大试件采用边长为 400mm 立方体，立方体的 4 个浇注侧面用于射钉（也可采用其他形状尺寸的试件，如壁形试件）；小试件尺寸为边长 150mm 的立方体。

大试件的每一浇注侧面与相应 3 个同条件小试件为一对应试验组，试验组不宜少于 30 组。标定用的试件应具有不同的强度，且有较大变化范围，至少应覆盖需检测的构筑物混凝土强度的变化范围。测点布置在大试件的侧面，每个测试面布置 5 个射击点，为一试验组。试件平稳放置于坚硬平地上，使测试面向上。将射钉、射钉弹先后装入经检验为标准状态的射钉仪，按画定位置把射钉仪对准混凝土测试面射击点，射钉仪压紧在测试面上击发，把射钉射入混凝土。射钉嵌入不牢固者不得作为试验结果，应在附近补射。在射钉上套入测量基准板，以游标卡尺测量射钉外露尾端至基准板面的垂直距离，并做记录。计算外露长度值时应加上基准板厚度。如果射钉周围有混凝土鼓起，应处理平整后再测量。射钉试验后，应随即进行小试件的强度试验。

检查每一试验组的 5 个射钉外露长度值的极差是否满足表 5.3-3 给出的容许极差，超出规定时，应将 5 个测值平均，剔除离平均值最远的那个测值，若所剩测值仍不满足，再按以上方法进行剔除。所剩测值满足极差要求且不少于 3 个，以满足极差要求测值的平均值作为该试验组的外长度值 L_i。与大试件对应的 3 个小试件的强度平均值为 m_{fcu}。采用最小二乘法原理回归出曲线的方程式。回归线的精度应不大于两倍的剩余标准差。

表 5.3-3　　　　　　　　　　　　外露长度的容许极差　　　　　　　　　　　　单位：mm

材　料			3 个测值的容许极差
砂浆			6
混凝土	骨料最大粒径	20	8
		40	11
		80	15
		150	15

将满足极差规定的 3 个外露长度的平均值作为该测区的试验结果。按强度-外露长度

的关系式换算出各测区的混凝土强度值。统计计算被测构件的平均强度，用以推定该构件混凝土现有强度。

4. 钻芯法

用于测定混凝土圆柱体芯样试件的抗压强度，将混凝土芯样按长径比（长度与直径的比值）不小于 1.0 的尺寸要求截取试样，截取长径比为 2 的试样测定的抗压强度为轴心抗压强度。芯样的直径一般应为骨料最大粒径的 3 倍，至少也不得小于 2 倍。

抗压试验以 3 个试件为一组。将试样两端在磨石机上磨平，或用稠水泥浆（砂浆）抹平，端面平整度误差应大于直径的 1/10，两端面与中轴线垂直，并作为试件的承压面。试件四周不得有缩颈、鼓肚或其他缺陷（如裂缝等）。在试件侧面不同位置量测长度两次，准确至 1mm，取两个测值的平均值作为试件的长度；在试件中部量测直径两次（两次测量方向相垂直），准确至 1mm，取两个测值的平均值作为试件的直径。试件在试验前需在标准养护室养护一周，然后再进行芯样试件的抗压强度试验。

抗压强度可按式（5.3-25）计算：

$$f_c = \frac{4P}{\pi D^2} = 1.273 \frac{P}{D^2} \tag{5.3-25}$$

式中：f_c 为抗压强度，MPa；P 为破坏荷载，N；D 为试件直径，mm。

5.3.4.2 混凝土外观质量和内部缺陷检测

1. 碳化深度检测

在有代表性的测区上测量碳化深度值，测点数不应少于构件测区数的 30%，应取其平均值作为该构件每个测区的碳化深度值。当碳化深度值极差大于 2.0mm 时，应在每一测区分别测量碳化深度值。

在对混凝土碳化深度进行检测时，可按以下步骤进行：

（1）可采用工具在测区表面形成直径约 15mm 的孔洞，其深度大于混凝土的碳化深度；

（2）清除孔洞中的粉末和碎屑，且不得用水擦洗；

（3）采用浓度为 1%～2% 的酚酞酒精溶液滴在孔洞内壁的边缘处，当已碳化与未碳化界线清晰时，采用碳化深度测量仪测量已碳化与未碳化混凝土交界面到混凝土表面的垂直距离，并测量 3 次，每次读数精确至 0.25mm；

（4）取三次测量的平均值作为检测结果，并精确至 0.5mm。

2. 内部缺陷检测

可利用超声波检测混凝土内部缺陷，如蜂窝、空洞、架空、夹泥层、低强区等，超声波检测适用于能进行穿透测量以及经钻孔或预埋管可进行穿透测量的构筑物和构件。

由于混凝土为非均质体，内部各处质量有正常的波动与离散，因此不同测点处的测值存在波动与离散，为从这些正常的波动与离散中分辨出那些非正常的测值，常采用概率法进行判断。按比例绘制构件侧面轮廓图，将实测的各测点参数值点绘在图上。以阴影线勾画出异常点的位置及范围。若是孔中测量，则绘制出沿孔深变化的测值变化图，并标出单点临界值 X_{L1} 和相邻点临界值 X_{L2} 两条临界值线。

经上述方法确定的异常值，表明该测点内部混凝土情况异常。结合结构施工过程的实际情况、施工记录、异常点所处部位判定缺陷的类型、范围及严重程度。

3. 裂缝深度检测

常采用超声波平测法测量混凝土建筑物中深度不大于 50cm 的裂缝。当裂缝内有水或穿过裂缝的钢筋太密时，本方法不适用。

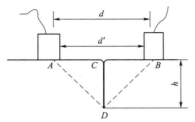

图 5.3-3　裂缝深度测试装置
布置示意图

d'—两换能器之间的净距；

d—超声传播的实际距离

采用超声波检测混凝土垂直裂缝深度时，其装置布置如图 5.3-3 所示。

垂直裂缝深度按下式计算：

$$h = \frac{d}{2}\sqrt{(t_1/t_0)^2 - 1} \qquad (5.3-26)$$

式中：h 为垂直裂缝深度，cm；t_1 为绕缝的传播时间，s；t_0 为相应的无缝平测传播时间，s；d 为相应的换能器之间声波的传播距离，cm。

根据换能器在不同距离下测得的 t_1、t_0 和 d 值，可算出一系列的 h 值。把凡是 $d < h$ 和 $d > 2h$ 的数据舍弃，取其余（不少于两个）h 值的算术平均值作为裂缝深度的测试结果。

在进行跨缝测量时注意观察接收波首波的相位。当换能器间距从较小距离增大到裂缝深度的 1.5 倍左右时，接收波首波会反相。当观察到这一现象时，可以用反相前、后两次测量结果计算裂缝深度，并以其平均值作为最后结果。

采用超声波检测混凝土倾斜裂缝深度时，其测试示意图如图 5.3-4 所示。

倾斜裂缝深度用作图法求得，见图 5.3-5。

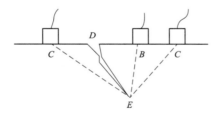

图 5.3-4　裂缝深度测试示意图

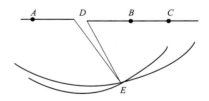

图 5.3-5　椭圆交会法

在坐标纸上按比例标出换能器及裂缝顶的位置（按超声传播距离 d 计）。以第一次测量时两换能器位置 A、B 为焦点，以 t_1、v 为两动径之和作一椭圆。再以第二次测量时两换能器的位置 A、C 为焦点，以 t_2、v 为两动径之和作另一椭圆。两椭圆的交点 E 即为裂缝末端，DE 为裂缝深度 h。

5.3.4.3　钢筋保护层厚度及钢筋锈蚀程度检测

1. 钢筋保护层厚度检测

钢筋保护层厚度的测量分为两个步骤：

（1）探测钢筋的位置：用电磁感应探头在混凝土表面缓缓移动，当探头探测面靠近钢筋位置时，探头输出的电信号增加，若探头位于钢筋的正上方时，输出的电信号最大，该电信号被放大处理后在仪表上读出，即可确定钢筋的位置。

（2）在仪表上选择与所测钢筋直径相同的测量档，将探头置于钢筋位置的正上方，这时即可在仪表上测读到钢筋的保护层厚度。

　　2. 钢筋锈蚀程度检测

　　钢筋锈蚀状况的检测可根据测试条件和测试要求选择剔凿检测方法或电化学测定方法，并遵守下列规定：

　　(1) 钢筋锈蚀状况的剔凿检测方法，剔凿出钢筋直接测定钢筋的剩余直径。

　　(2) 钢筋锈蚀状况的电化学测定方法可配合剔凿检测方法的验证。

　　(3) 钢筋锈蚀状况的电化学测定可采用极化电极原理的检测方法，测定钢筋锈蚀电流和测定混凝土的电阻率，也可采用半电池原理的检测方法，测定钢筋的电位。

5.3.5　金属结构检测

　　水闸金属结构检测主要包括以下内容：①外观检测（含生物影响）；②材料检测；③无损探伤；④门启闭力检测；⑤启闭机考核；⑥其他项目检测。

5.3.5.1　外观检测

　　金属结构外观检测包括：①闸门门体外观检测；②闸门支承及行走装置外观检测；③闸门吊杆、吊耳外观检测；④闸门止水装置外观检测；⑤闸门埋件外观检测；⑥闸门平压设备（充水阀或旁通阀）外观检测；⑦闸门锁定装置外观检测。

　　(1) 闸门门体外观检测包括：① 门体的变形、扭曲等；② 主梁、支臂、纵梁、边梁、小横梁、面板等构件的损伤、变形等；③ 主要受力焊缝的表面缺陷；④ 连接螺栓的损伤、变形、缺件及紧固状况等；⑤ 门体主要构件及连接螺栓的腐蚀状况。

　　(2) 闸门支承及行走装置外观检测包括：① 门主轮（滑道）、侧向支承、反向支承的转动、润滑、磨损、表面裂纹、损伤、缺件及腐蚀状况等；② 闸门支铰的转动、润滑状况，支铰的变形、损伤及腐蚀状况；③ 人字闸门顶枢、底枢的转动、润滑及腐蚀状况。

　　(3) 闸门吊杆、吊耳外观检测包括：① 吊杆的损伤和变形，吊杆之间的连接状况；② 吊耳的损伤和变形，吊耳与闸门的连接状况；③ 吊杆与吊耳的连接状况；④ 吊杆、吊耳的腐蚀状况。

　　(4) 闸门止水装置外观检测包括：① 柔性止水的磨损、老化、龟裂、破损、脱落等；② 刚性止水的磨蚀、变形等；③ 止水压板、垫板、挡板的损伤、变形、缺件及腐蚀状况等；④ 螺栓的损伤、变形、缺件、紧固状况及腐蚀状况等。

　　(5) 闸门埋件外观检测包括：① 主轨、侧轨、反轨、止水座板、闸槽护角的磨损、脱落、错位等；铰座的表面缺陷、损伤等；② 底槛的变形、损伤、错位等；③ 门楣、钢胸墙的变形、磨损、错位等；④ 埋件的腐蚀状况。

　　(6) 闸门平压设备（充水阀或旁通阀）外观检测包括：① 设备的完整性及操作方便性；② 吊杆和阀体的变形、损伤及腐蚀状况等

　　(7) 闸门锁定装置外观检测包括：① 锁定装置的操作方便性和灵活性；② 锁定装置的变形、损伤、缺件及腐蚀状况等。

5.3.5.2　材料检测

　　运行管理单位所提供的材料质量证明书和制造安装竣工文件等资料，能够证明闸门和

启闭机主要结构件的材料型号和性能符合设计图纸要求时，可不进行材料检测。闸门和启闭机主要结构件材料型号不清或对材料型号有疑义时，应进行材料检测并确定材料型号和性能。

现场条件允许取样时，按机械性能试验要求取样进行机械性能试验，同时分析材料的化学成分确定材料型号和性能。

现场条件不允许取样进行机械性能试验时，采用光谱分析仪或在受力较小的部位钻取屑样分析材料的化学成分，同时测定材料硬度，换算得到材料的抗拉强度值，经综合分析确定材料型号和性能。

5.3.5.3　无损探伤

无损探伤主要用于检测闸门和启闭机主要结构的一类、二类焊缝和受力复杂、易于产生疲劳裂纹的零部件。无损检测之前清除检测区域表面的附着物、污泥、腐蚀物，必要时对检测区域表面进行修整打磨处理。

焊缝表面有疑似裂纹缺陷时，选用磁粉检测或渗透检测。

焊缝内部缺陷选用超声波检测或射线检测。

对于受力复杂，易于产生疲劳裂纹的零部件，采用渗透检测或磁粉检测进行表面裂纹检查；发现裂纹时，进行超声波检测或射线检测，以确定裂纹走向、长度和深度。

5.3.5.4　启闭力检测

启闭力检测应包括启门力检测、闭门力检测和持住力检测。检测工况要符合或接近设计工况。当检测工况与设计工况相差较大时，可根据检测数据推算设计工况的启闭力。推算时，应考虑止水装置和支承装置局部损坏对启闭力的影响。

根据启闭机的型式和现场条件，启闭力检测可采用直接检测法或间接检测法。

（1）直接检测法：采用测力计或拉压传感器直接测量启闭力。

（2）间接检测法：采用动态应力检测系统，通过测量吊杆（吊耳）、传动轴的应力换算得到启闭力。对于液压启闭机，通过测量液压缸的油压间接得到启闭力。

每次检测时，各测点的应力应变数据连续采集，以得到完整的启闭力变化过程线，确定最大启闭力。检测应重复进行 3 次。

5.3.5.5　启闭机考核

启闭机考核试验主要针对移动式启闭机进行，而固定卷扬式启闭机、液压启闭机、螺杆启闭机等其他类型启闭机不需进行启闭机考核试验。

启闭机考核试验在完成启闭机运行状况检测工作后进行。考核试验前，启闭机各机构运转正常，保护装置运行可靠，电气设备接线正确，接地可靠。

启闭机考核试验的荷载采用专用配重试块；静载试验荷载分为 50％、75％、90％、100％、110％、125％额定荷载共六级，动载试验荷载分为 50％、75％、90％、100％、110％额定荷载共五级。试验时逐级增加荷载。

（1）静载试验：荷载离开地面 100～200mm，保持时间应不少于 10min，并测量机架挠度。然后卸去荷载，再测量机架的变形。试验重复 3 次。必要时应进行机架结构应力检测。

（2）动载试验时，启闭机在全扬程范围内进行重复的起升、下降、停车等动作。

（3）行走试验：最大荷载为 1.10 倍设计行走荷载。

5.3.5.6 其他项目检测

如启闭机运行状况检测，包括：①启闭机的运行噪音；②制动器的制动性能；③滑轮组的转动灵活性；④双吊点启闭机的同步偏差；⑤移动式启闭机的行走状况；⑥荷载限制装置、行程控制装置、开度指示装置的精度及运行可靠性；⑦移动式启闭机缓冲器、风速仪、火轨器、铺定装置的运行可靠性；⑧电动机的电流、电压、温升、判速；⑨现地控制设备或集中监设备的运行可靠性。

5.3.6 机电设备检测

机电设备检测主要包括：①绝缘电阻；②三相电流；③三相电压；④接地电阻；⑤直流电阻。

5.3.6.1 绝缘电阻

通过测量绝缘电阻，可以判断绝缘有无局部贯穿性缺陷、绝缘老化和受潮现象。如测得的绝缘电阻急剧下降，说明绝缘受潮、严重老化或有局部贯穿性缺陷。绝缘电阻的数值与温度有很大关系，当线圈温度升高时，绝缘电阻下降很快。一般采用 75℃ 为测量线圈绝缘电阻的标准温度。参照有关试验公式，75℃时线圈绝缘电阻应大于 $0.5M\Omega$。使用绝缘电阻仪测量启闭机设备的绝缘电阻。

5.3.6.2 三相电流

将三相电流中任何一相电流与三相电流平均值之差与三相电流平均值相比，称为电流不平衡度 k，记三相电流中的最大不平衡度为 k_{max}。《水利水电工程启闭机制造、安装及验收规范》（SL 381—2007）规定固定卷扬式启闭机三相电流不平衡度不超过 $\pm 10\%$。使用钳形电流表测量启闭机的三相电流。

5.3.6.3 三相电压

电源三相电压不平衡，会使电机额外发热、噪音增加、出力不够。参照有关规定，一般要求三相电源电压中任何一相电压与三相电压平均值之差不超过平均值的 5%。使用数字万用表测量启闭机的三相电压。

5.3.6.4 接地电阻

接地电阻是电流由接地装置流入大地再经大地流向另一接地体或向远处扩散所遇到的电阻。接地电阻值体现电气装置与"地"接触的良好程度和反映接地网的规模。使用数字接地电阻测试仪测量接地电阻情况。

5.3.6.5 直流电阻

直流电阻就是元件通上直流电，所呈现出的电阻，即元件固有的、静态的电阻。通过测量电机的直流电阻，主要达到以下目的：①检查绕组接头的焊接质量和绕组有无匝间短路；②分接开关的各个位置接触是否良好以及分接开关的实际位置与指示位置是否相符；③引出线有无断裂；④多股导线并绕的绕组是否有断股的情况等。使用直流电阻测试仪进行测量。

5.3.7 水下检测

水下检测可采用水下目视、水下摄像、声呐等方法进行。水下检测内容包括缺陷、形态结构、状态等。

（1）缺陷检测包括：①混凝土表面蜂窝、麻面、孔洞、露筋、腐蚀、裂缝、疏松区、剥蚀、脱落及冲坑等情况，及缺陷的分布、数量、走向、长度、宽度等；②钢筋锈蚀情况；③结构缝充填材料破损情况；④点、线或面渗漏情况。

（2）形态结构、状态等检测包括：外观尺寸、沉降变形、生物附着物、淤积物、平整度以及表面磨蚀、空蚀情况。

水下检测可选择水下摄像、二维图像声呐、三维成像声呐、多波束声呐、侧扫声呐等方法。

5.3.8　案例分析

5.3.8.1　概述

1. 工程概况

沙坪水闸工程位于广东省江门市鹤山市沙坪河下游出口约 1km 处，距沙坪街道东北方向 6km，沙坪水闸于 1958 年年底动工兴建，后因资金器材不足而下马，1962 年 10 月重新开工，1964 年年底基本完成并开始发挥作用，2009 年 4 月 3 日，鹤山市沙坪水闸除险加固达标工程通过了由江门市水利局组织的竣工验收，工程坝址以上集雨面积 328km^2，多年平均流量为 10.17m^3/s。

鹤山沙坪水闸是鹤山市沙坪河下游出口的控制闸，属于平原地区的拦河水闸，闸坝全长 105.6m，正常水位高程为 2.40m（珠基，下同），设有 7 孔泄洪闸（每孔净宽 8m）和 1 孔船闸（布置在右岸，闸孔净宽 10m），总净宽 66m。

拦河闸为开敞式，钢筋混凝土结构，闸室长 18m，闸室宽 72.94m，闸墩厚 2.42m，每个闸墩中部设有沉降缝。闸底板混凝土厚 1.7~2.0m，左岸闸底板薄，右岸闸底板厚，左岸基础底下打入了木桩，左岸闸底板顶部设有一层钢筋网。闸址处地基为软弱淤泥层，厚 1~9m，其下为花岗岩风化土。水闸基础类型为浅基础（筏板基础），建闸时对水闸基础进行了换砂及打木桩处理，闸基置于换填砂基上，砂基为褐黄色粗砂（含细粒土级配良好粗砂），厚度 0.9~2.1m，底面高程为 −5.00~−6.08m，饱和，松散。水闸基础持力层为泥质土层。闸上设有公路桥（布置在上游，宽 8m，已废弃）和行人桥，行人桥下游设有防浪墙；闸底板高程为 −2.00m，闸墩顶及行人桥顶高程 7.50m，下游防浪墙顶高程 9.00m，公路桥顶高程 12.12m，闸门启闭机支架平台顶高程 20.00m。7 扇闸门均为倒挂式液压启闭机垂直升降平板钢闸门，门槽中心线距闸墩上游面 11.1m，闸门尺寸 8.72m×8.75m×0.74m（宽×高×厚），采用液压站集中启闭方式启闭。

拦河闸上游为长 10m、厚 1.0m 的钢筋混凝土铺盖连接闸室，铺盖前设有深 1.4m、宽 1m 的齿墙；铺盖上游设长 10m、厚 0.6m 的钢筋混凝土护底，护底前设有深 1m、宽 1m 的齿墙；护底上游设置长 5.5m、厚约 0.8m 的干砌块石防冲槽，防冲槽由多个深 2m、宽 1m 的钢筋混凝土井字地梁组成，地梁间设置干砌块石。铺盖及护底的底板高程均为 −2.00m，铺盖与闸室底板之间及上游护底与铺盖之间的止水采用锌片止水。

闸室下游连接段总长 36m，包括护坦及干砌块石海漫。闸室后接护坦，护坦分 3 段，均为钢筋混凝土结构，护坦底板高程 −2.00m，总长 26m；第一段护坦长 10m，厚 1.2m、第二段护坦长 10m，厚 0.8m、第三段护坦长 6m，厚 0.5m，每段护坦下游均设有深1.2m，宽 1m 的齿墙；护坦之间的止水采用锌片止水。护坦末端接干砌块石海漫，海漫长 10m，干砌石厚约 1.2m，底板高程−2.00m，海漫由多个深 2m，宽 1m 的钢筋混凝土井字地梁组成，地梁间设置干砌块石。海漫末端与现河床面相接。

船闸布置在河床右岸，左侧紧靠泄水闸，交通桥从闸室中部通过，船闸建筑物包括上下闸首、闸室及上下游引航道等。上闸首位于闸室的上游，进口净宽 10m，门槛高程为−2.00m，设有平板钢闸门一道，上闸首为整体式钢筋砼结构，宽 17.2m，顺流方向为18.0m，上闸首顶部高程 7.50m，门槛下游为消能室，室底高程为−2.8m，闸室是采用从闸门底直接集中输水的方式，从上游面直接取水，由平板工作闸门控制水流，进入消能室，泄水时经消能室直接排到上游。在上闸首顶布置有闸门启闭机室，闸门检修平台设在闸首的右侧，高程为 4.90m，15.50m 高程的启闭机室设有一台 2×400kN 的移动式卷扬机。上闸首基础置于强风化岩，基础高程为−4.3m。

闸室紧接着上闸首，闸室尺寸（长×宽）91.4m×10m，闸室底板高程为−2.0m，闸室侧墙顶高程为 7.5m，右侧墙体为扶壁式及空箱式挡土墙，基础置于填筑土上；左侧墙体为浆砌石外包砼结构，闸室底板与侧墙为分离式结构，整个闸室共分为 6 段，每段长 14～18m，每段之间设有伸缩缝，闸室墙缝间均设有止水铜片一道。闸室墙与底板、底板与底板之间的伸缩缝不设止水。闸室基础持力层多为风化基岩，个别段为风化残积土。

下闸首在闸室的下游，同时也是挡水（西江水）前沿的一部分，门孔宽 10m，下闸首总宽 17.2m，顺水流方向长度为 18m，下闸首门槛底高程为−2.00m，门孔内布置平板工作闸门一道，闸首顶部高程为 9.0m，门槛上游为消能室，室底高程为−2.8m，下闸首布置有上闸首一样的充泄水系统，均由闸门控制直接充水或泄水。下闸首基础置于强风化岩，基础高程为−4.3m。

上游引航道总长为 52m，下游引航道总长为 50m，引航道与上下闸首连接处设有护坦及消力池（消力池连接上下闸首）。引航道底部为干砌石护底（厚 0.5m），护坦及消力池为钢筋混凝土结构（厚度均为 0.6m），引航道及护坦顶高程−2.00m，消力池顶高程−2.50m。上游左侧钢筋砼导航墙长 31m，宽 1m，顶高程 6.0m；下游左侧钢筋混凝土导航墙长 30m，宽 1m，顶高程 7.50m。

鹤山市沙坪水闸是一座以防洪为主，结合蓄水灌溉、改善航运等综合利用的中型水闸，可防御西江 50 年一遇的设计洪水，闸前外江设计洪水位为 7.28m，水闸设计最大泄洪量 822 m³/s。沙坪水闸是沙坪河流域防洪体系"上蓄、中防、下排、外挡"中的骨干工程之一，它抵挡西江洪水入侵沙坪河，减轻沙坪河下游两岸 74.02km 堤围的防洪压力，捍卫鹤山城区及沙坪、古劳、雅瑶、龙口、桃源 5 个镇 3900hm² 耕地及 20 多万人民群众生命财产安全。沙坪水闸保障地区工农业生产发展，对改善鹤山投资环境，发展地区经济起到积极作用。

2. 防洪标准

鹤山市沙坪水闸 2009 年除险加固后设计防洪标准为防西江 50 年一遇洪水，设计洪水位 7.28m；校核防洪标准为防西江 100 年一遇洪水，校核洪水位为 7.54m；沙坪水闸设计排洪标准为沙坪河 50 年一遇洪水遇西江 10 年一遇洪水，水闸设计泄洪流量 822 m³/s，根据《防洪标准》（GB 50201—2014）、《水利水电工程等级划分及洪水标准》（SL 252—2017）、《水闸设计规范》（SL 265—2016），沙坪水闸工程等别为Ⅲ等，工程规模为中型，因为沙坪水闸为西江大堤穿堤建筑物，工程级别应与堤防一致，所以，沙坪水闸主要建筑物为 2 级，次要建筑物为 3 级，临时建筑物为 4 级。

根据《中国地震动参数区划图（1∶400 万）》（GB 18306—2015），工程区域地震基本烈度为Ⅵ度。

5.3.8.2　混凝土检测及高程复核

1. 外观检查

外观检查结果见表 5.3 - 4。

表 5.3 - 4　　　　　　　　　　　　外观检查结果一览表

构件名称		状 态 描 述
泄水闸	闸墩	1 号孔右边墩下游侧局部长有杂草； 底部由于常年水位及水流变化导致闸墩混凝土表面防碳化粉刷层脱落
	胸墙	整体结构完好，底部局部混凝土表面防碳化粉刷层脱落
	翼墙	整体结构完好； 下游左岸翼墙砌石挡墙末端存在孔洞、砌缝较大；局部长有杂草
	启闭支架	整体结构完好，未见蜂窝麻面、孔洞、露筋、破损、倾斜变形、裂缝、疏松区等缺陷
	上下游人行桥	整体结构完好，未见蜂窝麻面、孔洞、露筋、破损、倾斜变形、裂缝、疏松区等缺陷
	防浪墙	整体结构完好，未见蜂窝麻面、孔洞、露筋、破损、倾斜变形、裂缝、疏松区等缺陷
船闸	闸墩	整体结构完好，未见蜂窝麻面、孔洞、露筋、破损、倾斜变形、裂缝、疏松区等缺陷
	左岸导航墙	靠近下闸首处（左侧面向泄水闸面）局部长有杂草
	右岸空箱	整体结构完好，未见蜂窝麻面、孔洞、露筋、破损、倾斜变形、裂缝、疏松区等缺陷
	启闭机房	整体结构完好，未见蜂窝麻面、孔洞、露筋、破损、倾斜变形、裂缝、疏松区等缺陷

各部位、构件现状见图 5.3 - 6～图 5.3 - 31。

图 5.3 - 6　沙坪水闸上游视图

图 5.3 - 7　沙坪水闸下游视图

图5.3-8 船闸（上闸首）整体视图

图5.3-9 船闸（下闸首）整体视图

图5.3-10 泄水闸闸墩现状

图5.3-11 泄水闸闸墩（表面防碳化层脱落）

图5.3-12 泄水闸胸墙底部

图5.3-13 泄水闸上游左岸翼墙

图 5.3-14　泄水闸上游右岸翼墙（船闸）

图 5.3-15　泄水闸下游左岸翼墙

图 5.3-16　泄水闸下游右岸翼墙（船闸）

图 5.3-17　泄水闸下游左岸翼墙砌石挡墙孔洞

图 5.3-18　泄水闸启闭支架

图 5.3-19　泄水闸启闭支架顶部

图 5.3-20 泄水闸上游人行桥

图 5.3-21 泄水闸下游人行桥

图 5.3-22 泄水闸防浪墙

图 5.3-23 船闸（上闸首）左侧闸墩

图 5.3-24 船闸（上闸首）右侧闸墩

图 5.3-25 船闸（下闸首）左侧闸墩

图 5.3-26　船闸（下闸首）右侧闸墩

图 5.3-27　船闸左岸导航墙

图 5.3-28　船闸右岸空箱

图 5.3-29　船闸整体通道

图 5.3-30　船闸（上闸首）启闭机房

图 5.3-31　船闸（下闸首）启闭机房

2. 混凝土抗压强度

（1）钻芯法检测混凝土抗压强度。钻芯法检测闸墩、胸墙的混凝土抗压强度；现场共抽检混凝土芯样 6 组,检测结果见表 5.3 - 5。

表 5.3 - 5　　钻芯法检测混凝土抗压强度结果(试验日期:2021 年 4 月 9 日)

检测部位	高程/m	混凝土设计强度等级	试件尺寸/mm	测试龄期抗压强度/MPa	测试龄期抗压强度平均值/MPa
泄水闸1 号闸孔右边墩	8.0	C25	ϕ100×100 ϕ100×100 ϕ100×100	45.6 43.2 46.5	45.1
泄水闸7 号闸孔右边墩	8.0	C25	ϕ100×100 ϕ100×100 ϕ100×100	48.2 43.8 44.9	45.6
泄水闸7 号闸孔胸墙(下游侧)	7.5	C25	ϕ100×100 ϕ100×100 ϕ100×100	41.2 42.9 44.2	42.8
泄水闸3 号闸孔胸墙(下游侧)	7.5	C25	ϕ100×100 ϕ100×100 ϕ100×100	39.8 43.2 41.6	41.5
泄水闸5 号闸孔胸墙(上游侧)	7.5	C25	ϕ100×100 ϕ100×100 ϕ100×100	42.9 45.1 39.7	42.6
船闸上闸首左边墩	7.5	C25	ϕ100×100 ϕ100×100 ϕ100×100	45.8 46.3 42.1	44.7

(2) 回弹法检测混凝土抗压强度。回弹法检测闸墩、翼墙、启闭支架、人行桥横梁、启闭机大梁及导航墙的混凝土抗压强度;现场共抽检 12 个构件,检测结果见表 5.3 - 6。

表 5.3 - 6　　　　　　回弹法检测混凝土抗压强度结果一览表

检测部位	高程/m	测区混凝土抗压强度换算值/MPa			构件现龄期混凝土强度推定值/MPa	混凝土设计强度等级
		平均值	标准差	最小值		
泄水闸 5 号闸孔左边墩	0.5~1.5	43.8	1.95	38.7	40.6	C25
泄水闸上游左岸翼墙	0.5~1.5	42.9	1.58	37.8	40.3	C20
泄水闸上游右岸翼墙(船闸)	0.5~1.5	43.5	1.68	38.1	40.7	C20
泄水闸下游左岸翼墙	0.5~1.5	41.8	1.71	36.9	39.0	C20
泄水闸下游右岸翼墙(船闸)	0.5~1.5	40.3	1.62	35.7	37.6	C20
泄水闸 7 号闸孔右侧启闭支架	8.0~9.5	45.9	1.08	42.6	44.1	C25
泄水闸 7 号闸孔启闭支架下游侧连系横梁	19.0~20.0	42.8	1.32	38.5	40.6	C25

续表

检测部位	高程/m	测区混凝土抗压强度换算值/MPa			构件现龄期混凝土强度推定值/MPa	混凝土设计强度等级
		平均值	标准差	最小值		
泄水闸6号闸孔上游人行桥横梁	7.0～7.5	46.8	1.52	42.3	44.3	C25
泄水闸2号闸孔下游人行桥横梁	7.0～7.5	45.7	1.48	41.5	43.3	C25
船闸上游侧启闭机大梁（上闸首）	15.0～15.5	44.2	1.19	40.3	42.2	C25
船下游侧启闭机大梁（下闸首）	17.0～17.5	43.2	1.26	39.2	41.1	C25
船闸左侧导航墙（上闸首）	0.5～1.5	42.6	1.68	38.3	39.8	C20

3. 混凝土碳化深度

碳化深度检测结果见表 5.3-7。

表 5.3-7　　　　碳化深度检测结果一览表

测试部位	碳化深度/mm	测试部位	碳化深度/mm
泄水闸1号闸孔右边墩	5.5	泄水闸下游左岸翼墙	3.0
泄水闸7号闸孔右边墩	5.0	泄水闸下游右岸翼墙（船闸）	3.0
泄水闸7号闸孔胸墙（下游侧）	6.0	泄水闸7号闸孔右侧启闭支架	2.0
泄水闸3号闸孔胸墙（下游侧）	5.5	泄水闸7号闸孔启闭支架下游侧连系横梁	2.5
泄水闸5号闸孔胸墙（上游侧）	6.5	泄水闸6号闸孔上游人行桥横梁	5.0
船闸上闸首左边墩	5.0	泄水闸2号闸孔下游人行桥横梁	4.4
泄水闸5号闸孔左边墩	5.0	船闸上游侧启闭机大梁（上闸首）	5.0
泄水闸上游左岸翼墙	3.0	船下游侧启闭机大梁（下闸首）	4.0
泄水闸上游右岸翼墙（船闸）	3.5	船闸左侧导航墙（上闸首）	4.4

4. 钢筋混凝土保护层厚度

混凝土钢筋保护层厚度检测结果见表 5.3-8。

表 5.3-8　　　　混凝土钢筋保护层厚度检测结果一览表

测试部位	钢筋类型	测试点数	厚度值范围/mm	设计值/mm	允许偏差/mm	合格率/%
泄水闸1号闸孔右边墩	主筋	10	42～60	50	±12.5	100
泄水闸7号闸孔右边墩	主筋	10	43～59	50	±12.5	100
泄水闸7号闸孔胸墙（下游侧）	主筋	10	26～35	未见图纸	—	—
泄水闸3号闸孔胸墙（下游侧）	主筋	10	27～35	未见图纸	—	—
泄水闸5号闸孔胸墙（上游侧）	主筋	10	28～36	未见图纸	—	—
船闸上闸首左边墩	主筋	10	44～58	50	±12.5	100
泄水闸5号闸孔左边墩	主筋	10	41～58	50	±12.5	100
泄水闸上游左岸翼墙	主筋	10	37～42	50	±12.5	100

测试部位	钢筋类型	测试点数	厚度值范围/mm	设计值/mm	允许偏差/mm	合格率/%
泄水闸7号闸孔右侧启闭支架	主筋	10	41～56	50	±12.5	100
泄水闸7号闸孔启闭支架下游侧连系横梁	主筋	10	40～52	50	±12.5	100
船闸左侧导航墙（上闸首）	主筋	10	52～61	50	±12.5	100

5. 混凝土抗氯离子渗透性能

混凝土抗氯离子渗透性能检测结果见表5.3－9。

表 5.3－9　　　混凝土抗氯离子渗透性能检测结果一览表

部位	试件尺寸/mm	试验日期	电通量/C	电通量平均值/C	评定等级
泄水闸1号闸孔右边墩	$\phi100\times50$	2021年4月10日—2021年4月13日	792	787	Q-Ⅳ（评价：很低）
	$\phi100\times50$		801		
	$\phi100\times50$		769		
泄水闸7号闸孔胸墙（下游侧）	$\phi100\times50$	2021年4月10日—2021年4月13日	806	796	Q-Ⅳ（评价：很低）
	$\phi100\times50$		766		
	$\phi100\times50$		817		

6. 基础和建筑结构高程复核

基础和建筑结构高程复核检测结果见表5.3－10。

表 5.3－10　　　基础和建筑结构高程复核检测结果一览表

部　　位	设计高程/m	实测高程/m	部　　位	设计高程/m	实测高程/m
泄水闸1号闸孔左边墩	7.50	7.61	泄水闸5号闸孔闸室底板	－2.00	－2.05
泄水闸1号闸孔右边墩	7.50	7.68	泄水闸6号闸孔闸室底板	－2.00	－2.04
泄水闸2号闸孔右边墩	7.50	7.64	泄水闸7号闸孔闸室底板	－2.00	－2.05
泄水闸3号闸孔右边墩	7.50	7.61	泄水闸上游人行桥桥面	7.50	7.61
泄水闸4号闸孔右边墩	7.50	7.60	泄水闸下游人行桥桥面	8.00	8.01
泄水闸5号闸孔右边墩	7.50	7.59	泄水闸下游防浪墙	9.00	9.01
泄水闸6号闸孔右边墩	7.50	7.66	船闸上闸首左边墩	7.50	7.50
泄水闸7号闸孔右边墩	7.50	7.61	船闸上闸首右边墩	7.50	7.50
泄水闸1号闸孔闸室底板	－2.00	－2.02	船闸下闸首左边墩	9.00	9.06
泄水闸2号闸孔闸室底板	－2.00	－2.03	船闸下闸首右边墩	9.00	9.02
泄水闸3号闸孔闸室底板	－2.00	－2.06	船闸上闸首闸室底板	－2.00	－2.01
泄水闸4号闸孔闸室底板	－2.00	－2.07	船闸下闸首闸室底板	－2.00	－2.02

5.3.8.3 金属结构及机电设备检测

鹤山市沙坪水闸为中型水闸，水闸设有 7 孔泄水闸，每孔闸门净宽 8m，工作闸门主要采用平面钢闸门。水闸设有 1 孔船闸，净宽 10m，分为船闸上闸首、船闸下闸首，闸门均采用平板钢闸门。水闸金属结构主要包括船闸工作闸门及配套移动式固定卷扬式启闭机、泄水闸工作闸门及配套液压启闭机。

本工程金属结构安全检测抽检了 2 号、5 号泄水闸工作闸门，船闸下闸首工作闸门，泄水闸液压启闭机系统，船闸上下闸首工作闸门移动式卷扬式启闭机。

1. 泄水闸工作闸门

（1）外观检测。本工程水闸设有 7 孔泄水闸，本次抽检 2 号泄水闸工作闸门、5 号泄水闸工作闸门进行外观现状检查，检查结果见表 5.3-11、表 5.3-12。

表 5.3-11　　　　　　　　　2 号泄水闸工作闸门外观现状检查结果表

构件名称	检测项目	检查结果状态描述
闸门	门体	闸门门体结构完好，无变形、扭曲等情况
	面板、梁板、翼板等构件	各构件结构完好，无损伤、变形等情况，闸门定期进行防腐处理，表面未见明显锈蚀、防腐涂层无异常脱落
	焊缝及热影响区	主要受力焊缝表面无明显缺陷、热影响区未见明显异常
	吊耳	吊耳未见明显变形、开裂及轴孔磨损，未见明显锈蚀
	螺栓	连接螺栓无损伤、变形、缺件等情况，螺栓紧固
止水装置	橡胶止水	两侧橡胶止水无磨损、老化、龟裂、破损、脱落等情况
	压板、垫板、挡板	止水压板、垫板、挡板无损伤、变形、缺件等情况
	螺栓	固定螺栓无损伤、变形、缺件、局部腐蚀，螺栓紧固

表 5.3-12　　　　　　　　　5 号泄水闸工作闸门外观现状检查结果表

构件名称	检测项目	检查结果状态描述
闸门	门体	闸门门体结构完好，无变形、扭曲等情况
	面板、梁板、翼板等构件	各构件结构完好，无损伤、变形等情况，闸门定期进行防腐处理，表面未见明显锈蚀、防腐涂层无异常脱落
	焊缝及热影响区	主要受力焊缝表面无明显缺陷、热影响区未见明显异常
	吊耳	吊耳未见明显变形、开裂及轴孔磨损，未见明显锈蚀
	螺栓	连接螺栓无损伤、变形、缺件等情况，螺栓紧固
止水装置	橡胶止水	两侧橡胶止水无磨损、老化、龟裂、破损、脱落等情况
	压板、垫板、挡板	止水压板、垫板、挡板无损伤、变形、缺件等情况
	螺栓	固定螺栓无损伤、变形、缺件、局部腐蚀，螺栓紧固

（2）板材厚度检测。对本工程泄水闸 2 号工作闸门、5 号工作闸门进行板材厚度检测，每扇闸门抽检 11 个主要构件，检测结果见表 5.3-13。

表 5.3 - 13　　　　　　　　　泄水闸工作闸门板材厚度检测结果表

闸门名称	检测部位	实测厚度/mm						设计厚度/mm
		1	2	3	4	5	平均厚度	
泄水闸2号工作闸门	面板	9.74	9.77	9.73	9.81	9.81	9.77	10
	主梁 1 腹板	15.63	15.64	15.64	15.60	15.59	15.62	16
	主梁 1 后翼缘	19.72	19.71	19.74	19.69	19.66	19.70	20
	主梁 2 腹板	15.67	15.64	15.64	15.62	15.67	15.65	16
	主梁 2 后翼缘	19.71	19.72	19.68	19.69	19.68	19.70	20
	主梁 3 腹板	15.63	15.62	15.64	15.62	15.61	15.62	16
	主梁 3 后翼缘	19.73	19.71	19.69	19.68	19.72	19.71	20
	左边梁腹板	15.62	15.63	15.65	15.63	15.62	15.63	16
	左边梁后翼缘	19.56	19.62	19.63	19.59	19.61	19.60	20
	右边梁腹板	15.63	15.65	15.61	15.65	15.62	15.63	16
	右边梁后翼缘	19.61	19.52	19.59	19.65	19.64	19.60	20
泄水闸5号工作闸门	面板	9.74	9.71	9.75	9.81	9.67	9.74	10
	主梁 1 腹板	15.71	15.63	15.66	15.67	15.62	15.66	16
	主梁 1 后翼缘	19.74	19.75	19.79	19.69	19.64	19.72	20
	主梁 2 腹板	15.61	15.63	15.64	15.63	15.64	15.63	16
	主梁 2 后翼缘	19.68	19.67	19.69	19.65	19.64	19.67	20
	主梁 4 腹板	15.63	15.62	15.62	15.65	15.64	15.63	16
	主梁 4 后翼缘	19.72	19.74	19.72	19.71	19.72	19.72	20
	左边梁腹板	15.63	15.61	15.64	15.65	15.61	15.63	16
	左边梁后翼缘	19.64	19.65	19.59	19.59	19.64	19.62	20
	右边梁腹板	15.71	15.64	15.63	15.63	15.62	15.65	16
	右边梁后翼缘	19.68	19.59	19.57	19.59	19.62	19.61	20

（3）焊缝内部质量检测。对本工程 2 号泄水闸工作闸门、5 号泄水闸工作闸门焊缝内部质量进行焊缝超声波探伤检测，探伤位置如图 5.3 - 32、图 5.3 - 33 所示，检测结果见表 5.3 - 14、表 5.3 - 15。依据《水利水电工程钢闸门制造、安装及验收规范》（GB/T 14173—2008）和《焊缝无损检测超声检测验收等级》（GB/T 29712—2013），被检测焊缝内部质量均符合规范要求。

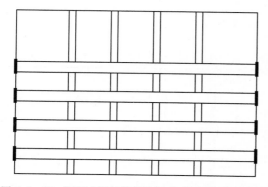

图 5.3 - 32　闸门主梁结构焊缝超声波探伤位置示意图

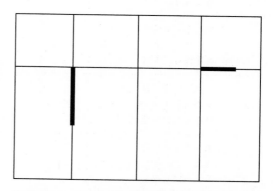

图 5.3 - 33　闸门面板焊缝超声波探伤位置示意图

表 5.3－14　　　　　　　　　泄水闸 2 号工作闸门焊缝超声波探伤结果表

检测部位：2 号工作闸门		
焊缝种类：对接焊缝	材料牌号：Q235A	厚度：面板 10mm；后翼缘板 20mm
探伤面状态：修整、打磨	探伤方式：斜角、单探头	焊接方法：二氧化碳气体保护焊
仪器型号：HS620	试块：CSK－ⅠA、RB－2	探头规格：2.5P9×9K2.5
检测灵敏度：Ø3×40	耦合剂：化学浆糊	探伤面：单面双侧
时基线调节：声程	扫描调节：深度 1：1	传输修正：4dB
检验规程：GB/T 11345—2013 验收规程：GB/T 29712—2013 GB/T 14173—2008	检测等级：B 级	验收等级：2 级

焊缝序号	焊缝名称	焊缝类别	探伤长度/mm	缺陷位置/mm			评定等级/dB	最大回波波幅 H/dB	结论
				缺陷位置	缺陷长度	缺陷深度			
1	面板对接焊缝	二类	3000	—	—	—	H_{0-14}	$<H_{0-14}$	合格
2	第一根主梁后翼缘板与左边梁后翼缘板对接焊缝	一类	360	—	—	—	H_{0-14}	$<H_{0-14}$	合格
3	第一根主梁后翼缘板与右边梁后翼缘板对接焊缝	一类	360	—	—	—	H_{0-14}	$<H_{0-14}$	合格
4	第二根主梁后翼缘板与左边梁后翼缘板对接焊缝	一类	360	—	—	—	H_{0-14}	$<H_{0-14}$	合格
5	第二根主梁后翼缘板与右边梁后翼缘板对接焊缝	一类	360	—	—	—	H_{0-14}	$<H_{0-14}$	合格
6	第三根主梁后翼缘板与左边梁后翼缘板对接焊缝	一类	360	—	—	—	H_{0-14}	$<H_{0-14}$	合格
7	第三根主梁后翼缘板与右边梁后翼缘板对接焊缝	一类	360	—	—	—	H_{0-14}	$<H_{0-14}$	合格
8	第四根主梁后翼缘板与左边梁后翼缘板对接焊缝	一类	360	—	—	—	H_{0-14}	$<H_{0-14}$	合格
9	第四根主梁后翼缘板与右边梁后翼缘板对接焊缝	一类	360	—	—	—	H_{0-14}	$<H_{0-14}$	合格

表 5.3 - 15 　　　　　　泄水闸 5 号工作闸门焊缝超声波探伤结果表

检测部位：5 号工作闸门

焊缝种类：对接焊缝	材料牌号：Q235A	厚度：面板 10mm，后翼缘板 20mm
探伤面状态：修整、打磨	探伤方式：斜角、单探头	焊接方法：二氧化碳气体保护焊
仪器型号：HS620	试块：CSK - ⅠA、RB - 2	探头规格：2.5P9×9K2.5
检测灵敏度：Ø3×40	耦合剂：化学浆糊	探伤面：单面双侧
时基线调节：声程	扫描调节：深度 1:1	传输修正：4dB
检验规程：GB/T 11345—2013 验收规程：GB/T 29712—2013 GB/T 14173—2008	检测等级：B 级	验收等级：2 级

焊缝序号	焊缝名称	焊缝类别	探伤长度/mm	缺陷位置/mm			评定等级/dB	最大回波波幅 H/dB	结论
				缺陷位置	缺陷长度	缺陷深度			
1	面板对接焊缝	二类	3000	—	—	—	H_{0-14}	$<H_{0-14}$	合格
2	第一根主梁后翼缘板与左边梁后翼缘板对接焊缝	一类	360	—	—	—	H_{0-14}	$<H_{0-14}$	合格
3	第一根主梁后翼缘板与右边梁后翼缘板对接焊缝	一类	360	—	—	—	H_{0-14}	$<H_{0-14}$	合格
4	第二根主梁后翼缘板与左边梁后翼缘板对接焊缝	一类	360	—	—	—	H_{0-14}	$<H_{0-14}$	合格
5	第二根主梁后翼缘板与右边梁后翼缘板对接焊缝	一类	360	—	—	—	H_{0-14}	$<H_{0-14}$	合格
6	第三根主梁后翼缘板与左边梁后翼缘板对接焊缝	一类	360	—	—	—	H_{0-14}	$<H_{0-14}$	合格
7	第三根主梁后翼缘板与右边梁后翼缘板对接焊缝	一类	360	—	—	—	H_{0-14}	$<H_{0-14}$	合格
8	第四根主梁后翼缘板与左边梁后翼缘板对接焊缝	一类	360	—	—	—	H_{0-14}	$<H_{0-14}$	合格
9	第四根主梁后翼缘板与右边梁后翼缘板对接焊缝	一类	360	—	—	—	H_{0-14}	$<H_{0-14}$	合格

（4）防腐涂层厚度检测。对工程泄水闸 2 号工作闸门、5 号工作闸门进行防腐涂层厚度检测，闸门防腐涂层厚度设计值为 260μm，检测结果均低于设计值，检测结果见表 5.3 - 16~表 5.3 - 17。

表 5.3－16 　　　　　　　　　　泄水闸 2 号工作闸门防腐涂层厚度检测结果表

检测部位	测区	基准面测量值/μm					
		1	2	3	4	5	局部厚度
面板	1	219	218	202	281	247	233
	2	253	218	258	219	292	248
	3	215	277	241	280	241	251
	4	204	245	238	245	229	232
	5	250	211	209	264	238	234
主梁后翼缘板	1	213	278	298	222	277	258
	2	226	260	228	214	216	229
	3	295	222	253	291	234	259
	4	298	240	218	216	272	249
主梁腹板	1	233	256	204	212	221	225
	2	245	256	233	294	247	255
	3	234	294	242	206	294	254
	4	293	260	243	202	244	248
边梁后翼缘板	1	252	260	288	229	268	259
	2	211	267	209	286	267	248
	3	218	283	215	228	233	235
	4	269	210	286	297	225	257
边梁腹板	1	241	252	277	278	204	250
	2	237	210	215	271	281	243
	3	202	283	280	265	255	257
	4	299	227	259	238	232	251

表 5.3－17 　　　　　　　　　　泄水闸 5 号工作闸门防腐涂层厚度检测结果表

检测部位	测区	基准面测量值/μm					
		1	2	3	4	5	局部厚度
面板	1	202	221	261	227	225	227
	2	223	249	284	228	279	253
	3	224	232	203	298	213	234
	4	234	228	261	283	247	251
	5	229	216	215	220	254	227
主梁后翼缘板	1	206	263	219	216	221	225
	2	243	239	258	210	246	239
	3	244	222	231	206	295	240
	4	268	257	226	250	237	248

检测部位	测区	基准面测量值/μm					
		1	2	3	4	5	局部厚度
主梁腹板	1	212	285	246	267	288	260
	2	225	271	270	229	213	242
	3	237	296	255	251	252	258
	4	274	209	226	275	252	247
边梁后翼缘板	1	298	226	218	294	253	258
	2	225	300	230	252	272	256
	3	260	295	210	210	270	249
	4	209	270	288	219	246	246
边梁腹板	1	244	265	295	279	202	257
	2	227	280	228	289	235	252
	3	224	210	293	297	209	247
	4	257	287	204	216	208	234

2. 船闸下闸首工作闸门

（1）外观检测。本次抽检船闸下闸首工作闸门进行外观现状检查，检查结果见表5.3-18。

表5.3-18　　　　　　　船闸下闸首工作闸门外观现状检查结果表

构件名称	检测项目	检查结果状态描述
闸门	门体	闸门门体结构完好，无变形、扭曲等情况
	面板、梁板、翼板等构件	各构件结构完好，无损伤、变形等情况，闸门定期进行防腐处理，表面未见明显锈蚀、防腐涂层无异常脱落
	焊缝及热影响区	主要受力焊缝表面无明显缺陷、热影响区未见明显异常
	吊耳	吊耳未见明显变形、开裂及轴孔磨损，未见明显锈蚀
	螺栓	连接螺栓无损伤、变形、缺件等情况，螺栓紧固
止水装置	橡胶止水	两侧橡胶止水无磨损、老化、龟裂、破损、脱落等情况
	压板、垫板、挡板	止水压板、垫板、挡板无损伤、变形、缺件等情况
	螺栓	固定螺栓无损伤、变形、缺件、局部腐蚀，螺栓紧固
埋件、支撑及行走装置	主轮（滑道）	主轮转动正常，主轮（滑道）表面润滑，无磨损、裂纹、损伤、缺件等情况
	侧（反）向支承	支承表面润滑，无磨损、裂纹、损伤、缺件等情况

（2）板材厚度检测。对本工程船闸下闸首工作闸门进行板材厚度检测，闸门抽检11个主要构件，检测结果见表5.3-19。

表 5.3 - 19　　　　　　　　　　船闸下闸首工作闸门板材厚度检测结果表

闸门名称	检测部位	实测厚度/mm						设计厚度/mm
		1	2	3	4	5	平均厚度	
船闸下闸首工作闸门	面板	9.71	9.72	9.72	9.66	9.67	9.70	10
	主梁 1 腹板	13.59	13.58	13.65	13.66	13.67	13.63	14
	主梁 1 后翼缘	21.65	21.63	21.59	21.59	21.62	21.62	22
	主梁 3 腹板	13.62	13.64	13.57	13.64	13.66	13.63	14
	主梁 3 后翼缘	21.59	21.62	21.58	21.65	21.61	21.61	22
	主梁 4 腹板	13.66	13.67	13.71	13.62	13.67	13.67	14
	主梁 4 后翼缘	21.61	21.55	21.54	21.56	21.52	21.56	22
	左边梁腹板	13.65	13.59	13.58	13.61	13.64	13.61	14
	左边梁后翼缘	21.63	21.59	21.64	21.67	21.64	21.63	22
	右边梁腹板	13.64	13.67	13.68	13.67	13.65	13.66	14
	右边梁后翼缘	21.65	21.67	21.59	21.65	21.64	21.64	22

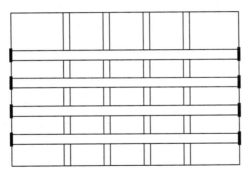

图 5.3 - 34　闸门主梁结构焊缝超声波探伤
位置示意图

（3）焊缝内部质量检测。对本工程船闸下闸首工作闸门焊缝内部质量进行焊缝超声波探伤检测，探伤位置见图 5.3 - 34～图 5.3 - 36，检测结果见表 5.3 - 20。依据《水利水电工程钢闸门制造、安装及验收规范》（GB/T 14173—2008）和《焊缝无损检测-超声检测-验收等级》（GB/T 29712—2013），被检测焊缝内部质量均符合规范要求。

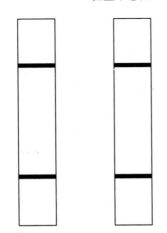

图 5.3 - 35　闸门边梁腹板对接焊缝
超声波探伤位置示意图

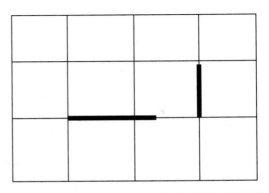

图 5.3 - 36　闸门面板焊缝超声波探伤位置示意图

表 5.3 - 20　　　　　　**船闸下闸首工作闸门焊缝超声波探伤结果**

检测部位：船闸下闸首工作闸门			
焊缝种类：对接焊缝	材料牌号：Q235	厚度：面板10mm；腹板14mm；后翼缘板22mm	
探伤面状态：修整、打磨	探伤方式：斜角、单探头	焊接方法：二氧化碳气体保护焊	
仪器型号：HS620	试块：CSK-ⅠA、RB-2	探头规格：2.5P9×9K2.5	
检测灵敏度：Ø3×40	耦合剂：化学浆糊	探伤面：单面双侧	
时基线调节：声程	扫描调节：深度1:1	传输修正：4dB	
检验规程：GB/T 11345—2013　验收规程：GB/T 29712—2013　GB/T 14173—2008	检测等级：B级	验收等级：2级	

焊缝序号	焊缝名称	焊缝类别	探伤长度/mm	缺陷位置/mm			评定等级/dB	最大回波波幅 H/dB	结论
				缺陷位置	缺陷长度	缺陷深度			
1	面板对接焊缝	二类	4000	—	—	—	H_{0-14}	$<H_{0-14}$	合格
2	第一根主梁后翼缘板与左边梁后翼缘板对接焊缝	一类	380	—	—	—	H_{0-14}	$<H_{0-14}$	合格
3	第一根主梁后翼缘板与右边梁后翼缘板对接焊缝	一类	380	—	—	—	H_{0-14}	$<H_{0-14}$	合格
4	第二根主梁后翼缘板与左边梁后翼缘板对接焊缝	一类	380	—	—	—	H_{0-14}	$<H_{0-14}$	合格
5	第二根主梁后翼缘板与右边梁后翼缘板对接焊缝	一类	380	—	—	—	H_{0-14}	$<H_{0-14}$	合格
6	第三根主梁后翼缘板与左边梁后翼缘板对接焊缝	一类	380	—	—	—	H_{0-14}	$<H_{0-14}$	合格
7	第三根主梁后翼缘板与右边梁后翼缘板对接焊缝	一类	380	—	—	—	H_{0-14}	$<H_{0-14}$	合格
8	第四根主梁后翼缘板与左边梁后翼缘板对接焊缝	一类	380	—	—	—	H_{0-14}	$<H_{0-14}$	合格
9	第四根主梁后翼缘板与右边梁后翼缘板对接焊缝	一类	380	—	—	—	H_{0-14}	$<H_{0-14}$	合格
10	边梁腹板对接焊缝	一类	3600	—	—	—	H_{0-14}	$<H_{0-14}$	合格

（4）防腐涂层厚度检测。对工程船闸下闸首工作闸门进行防腐涂层厚度检测，闸门防腐涂层厚度设计值为 $260\mu m$，大部分涂层厚度低于设计值，检测结果见表5.3-21。

表 5.3 - 21　　　　　船闸下闸首工作闸门防腐涂层厚度检测结果表

检测部位	测区	基准面测量值/μm					
		1	2	3	4	5	局部厚度
面板	1	258	299	244	273	281	271
	2	296	261	289	265	264	275
	3	244	258	273	233	249	251
	4	298	235	248	215	242	248
	5	218	234	215	212	218	219
主梁后翼缘板	1	271	296	260	274	236	267
	2	236	261	262	237	249	249
	3	258	299	244	273	281	271
	4	289	239	242	269	210	250
	5	273	249	223	222	203	234
主梁腹板	1	207	222	217	248	293	237
	2	214	200	207	265	231	223
	3	282	200	253	277	297	262
	4	265	264	287	232	265	263
	5	270	280	268	218	222	252
边梁后翼缘板	1	219	259	247	202	259	237
	2	270	252	216	244	267	250
	3	244	269	206	224	291	247
	4	230	225	282	207	233	235
边梁腹板	1	256	261	299	285	225	265
	2	258	251	260	285	202	251
	3	287	212	214	249	289	250
	4	219	259	247	202	259	237

3. 泄水闸工作闸门启闭机

本工程泄水闸工作闸门配套 2 套液压启闭机系统，2 号、4 号、6 号工作闸门启闭为 1 号液压启闭机系统；1 号、3 号、5 号、7 号工作闸门启闭为 2 号液压启闭机系统。两套液压启闭机系统铭牌参数均相同，见表 5.3 - 22。

表 5.3 - 22　　　　　泄水闸工作闸门液压启闭机系统铭牌参数表

序号	设备名称	主　要　参　数	
1	油压系统	型号：QPPYD - 2×250kN - 10M	系统压力：18MPa
		流量：40L/min	油箱容积：2.5m³
		生产厂家：常州液压成套设备厂有限公司	生产日期：2006 年 3 月 8 日

序号	设备名称	主 要 参 数	
2	配套电动机	型号：YYB160L-4	数量：每套液压系统配2台
		功率：15kW	额定电压：380V
		额定电流：30.3A	绝缘等级：B
		功率因素：0.83	转速：1460r/min
		生产厂家：南通电机制造有限公司	生产日期：2005年05月
3	油泵	型号：25SCY-Y160L-4	数量：每套液压系统配2台
		油泵额定压力：31.5MPa	公称排量：25mL/r
		油泵电机组额定压力：22MPa	生产日期：2005年12月
		生产厂家：启东高压油泵有限公司	

对工程泄水闸2套液压启闭机系统进行检测，结果见表5.3-23和表5.3-24。

表5.3-23　　　　　　　　　　1号液压启闭机系统检测结果表

序号	检测内容	检 测 情 况
1	主要受力构件的承载性能	液压启闭机启闭设备基础防腐涂层脱落，表面明显锈蚀；但主要受力构件未见明显的连接缺陷和锈蚀、变形、开裂等缺陷
2	活塞杆	①启闭机活塞杆表面光洁，无锈蚀，已用保护套防护 ②启闭机运行时，活塞杆顶起过程无抽动、卡阻现象 ③启闭机活塞杆无刮碰，润滑良好
3	液压缸	①启闭机液压缸表面无裂纹 ②启闭机液压缸表面无磨损，刷漆良好 ③启闭机顶起过程液压缸不漏油
4	管路	启闭机管路外壁防腐涂层维护良好，管路无漏油、无锈蚀
5	高度指示器和主令开关	①启闭机电气控制柜开度指示值准确 ②启闭机均安装多功能行程开关，上下极限位能自动切断主回路
6	负荷控制器	启闭机液压系统压力保护装置已安装
7	供电线路	启闭机开关出线端未连接与启闭机无关的用电设备
8	电气设备	①电气设备的金属外壳、线管、电气控制柜等均与金属结构体可靠接地连接，金属结构体采用接地保护。接地线未用作载流零线 ②1号液压启闭系统1号油泵电动机定子绕组绝缘电阻为458.3MΩ，2号油泵电动机定子绕组绝缘电阻为381.2MΩ，均符合规范要求 ③启闭机电气元件动作灵活，无黏滞、卡阻，触头接触良好、无烧灼现象 ④启闭机电缆（线）护套无砸伤、刺破、龟裂老化现象 ⑤启闭机电气设备无异常发热
9	电路和保护	①启闭机电气控制柜上设紧急停止按钮，用作紧急断电开关 ②启闭机控制柜上设有空气开关，用作控制回路短路保护等
10	带闸门动水状态下启闭试验	①1号液压启闭系统在动水状态下带闸门启闭试验各机构运转正常，油泵电动机和其他零部件无异常声音、发热。1号油泵电动机运行噪声为81dB（A），2号油泵电动机运行噪声为80dB（A） ②启闭机多功能行程开关均能可靠工作，闸门锁定装置运行正常

表 5.3 - 24　　　　　　　2 号液压启闭机系统检测结果表

序号	检测内容	检 测 情 况
1	主要受力构件的承载性能	液压启闭机启闭设备基础防腐脱层脱落，表面明显锈蚀；但主要受力构件未见明显的连接缺陷和锈蚀、变形、开裂等缺陷
2	活塞杆	①启闭机活塞杆表面光洁，无锈蚀，已用保护套防护 ②启闭机运行时，活塞杆顶起过程无抽动、卡阻现象 ③启闭机活塞杆无刮碰，润滑良好
3	液压缸	①启闭机液压缸表面无裂纹 ②启闭机液压缸表面无磨损，刷漆良好 ③启闭机顶起过程液压缸不漏油
4	管路	启闭机管路外壁防腐涂层维护良好，管路无漏油、无锈蚀
5	高度指示器和主令开关	①启闭机电气控制柜开度指示值准确 ②启闭机均安装多功能行程开关，上下极限限位能自动切断主回路
6	负荷控制器	启闭机液压系统压力保护装置已安装
7	供电线路	启闭机开关出线端未连接与启闭机无关的用电设备
8	电气设备	①电气设备的金属外壳、线管、电气控制柜等均与金属结构体可靠接地连接，金属结构体采用接地保护。接地线未用作载流零线 ②1 号液压启闭系统 1 号油泵电动机定子绕组绝缘电阻为 258.2MΩ，2 号油泵电动机定子绕组绝缘电阻为 351.7MΩ，均符合规范要求 ③启闭机电气元件动作灵活，无黏滞、卡阻，触头接触良好、无烧灼现象 ④启闭机电缆（线）护套无砸伤、刺破、龟裂老化现象 ⑤启闭机电气设备无异常发热
9	电路和保护	①启闭机电气控制柜上设紧急停止按钮，用作紧急断电开关 ②启闭机控制柜上设有空气开关，用作控制回路短路保护等

4. 船闸上闸首工作闸门启闭机

对本工程船闸上闸首工作闸门启闭机运行性能进行安全检测，启闭机主要参数见表 5.3 - 25，检测结果见表 5.3 - 26。

表 5.3 - 25　　　　　船闸上闸首工作闸门移动式卷扬式启闭机铭牌参数表

序号	名称	铭 牌 参 数			
1	固定卷扬式启闭机	型号	QPT2×400kN 移动固定卷扬式启闭机		
		台数	1 台	启门速度	1.47m/min
		启门力	2×400kN	启门高度	9.6m
		生产厂家/日期	常州市武进第一水利机械有限公司 2006.3		
2	三相异步电动机（启闭电机）	型号	YZ200L - 8 三相异步电动机		
		台数	1 台	功率	22kW
		定子电压	380V	定子电流	34.5A
		频率	50Hz	转速	696r/min
		连接方式	Y	绝缘等级	F 级
		生产厂家/日期	无锡天宝电机有限公司 2006.2		

序号	名称	铭 牌 参 数		
3	三相异步电动机（移动电机）	型号	YZ160M1-6 三相异步电动机	
		台数	1 台	功率	5.5kW
		功率	380V	定子电流	13A
		频率	50Hz	转速	905r/min
		转速	Y	绝缘等级	F级
		生产厂家/日期	无锡市大力电机厂 2005.11	

表 5.3 - 26　　船闸上闸首工作闸门移动式卷扬式启闭机检测结果表

序号	检测内容	检 测 情 况
1	主要受力构件承载性能	启闭机主要受力构件未见连接缺陷和腐蚀、变形、开裂等缺陷
2	钢丝绳	①启闭机吊点在下极限位时，卷筒左右两侧钢丝绳余留圈数均不小于3圈 ②启闭机钢丝绳未见明显断丝，钢丝绳直径未见明显减少 ③启闭机钢丝绳无明显扭结、压扁、弯折、笼状畸变、断股、波浪形 ④启闭机钢丝绳无锈蚀、刮碰，润滑良好 ⑤启闭机钢丝绳末端固定可靠
3	卷筒	①启闭机卷筒未见裂纹 ②启闭机卷筒表面未见明显磨损 ③启闭机钢丝绳压板无缺损或松动
4	制动器	①启闭机制动轮无裂纹和破损，表面平滑，未见制动带固定铆钉引起的划痕 ②启闭机制动带与制动轮接触均匀，无影响制动性能的缺陷或油污 ③启闭机运行时制动器开闭灵活，制动平稳可靠 ④启闭机制动带及制动轮轮缘未见明显磨损 ⑤启闭机制动器杆件无变形，零件均无损坏，弹簧表面无裂纹、伤痕、锈蚀及塑性变形
5	开式齿轮	①启闭机开式齿轮啮合平稳、良好，无裂纹、无断齿 ②启闭机开式齿轮齿面未见明显磨损或损伤 ③启闭机开式齿轮已装设防护罩
6	减速器	①启闭机减速器壳体连接螺栓稳固 ②启闭机减速器油量合适，工作时无异常响声、振动、发热和漏油 ③启闭机减速器齿轮啮合平衡、良好、无裂纹、无断齿 ④启闭机减速器齿面无明显磨损或损伤
7	高度限制器	已安装多功能行程限位器，启闭到达上下极限限位时，能自动切断主回路
8	联轴器	运行时无撞击、振动、零件损坏，连接无松动情况
9	供电线路	启闭机开关出线端未连接与启闭机无关的用电设备
10	电气设备	①启闭机控制柜、启闭机机架、电动机外壳等均已可靠接地 ②启闭机接地线未用作载流零线 ③运行时电气元件动作灵活，无黏滞、卡阻，触头接触良好，无严重烧灼 ④启闭机电缆（线）护套无砸伤、刺破、龟裂老化现象 ⑤启闭机所有电气设备无异常发热

续表

序号	检测内容	检 测 情 况
11	电路和保护	①总电源回路设有空气开关作短路保护 ②启闭机控制台上设停止按钮作启闭机紧急断电开关
12	带闸门启闭试验	①启闭机在无水状态下带闸门启闭试验，各机构运转正常，电动机和其他零部件无异常发热异常声音，启闭机运行噪声为 86dB（A） ②启闭机在无水状态下带闸门启闭试验时，三相电流不平衡度符合规范要求。电动机三相电流分别为 $I_a=29.3A$、$I_b=29.2A$、$I_c=29.2A$ ③启闭机运行时，多功能行程限位器能可靠工作

5. 船闸下闸首工作闸门启闭机

对本工程船闸下闸首工作闸门启闭机运行性能进行安全检测，启闭机主要参数见表 5.3－27，检测结果见表 5.3－28。

表 5.3－27　　　　　船闸下闸首工作闸门移动式卷扬式启闭机铭牌参数表

序号	名称	铭 牌 参 数			
1	固定卷扬式启闭机	型号	QPT2×400kN 移动固定卷扬式启闭机		
		台数	1 台	启门速度	1.47m/min
		启门力	2×400kN	启门高度	9.6m
		生产厂家/日期	常州市武进第一水利机械有限公司 2006.3		
2	三相异步电动机（启闭电机）	型号	YZ200L－8 三相异步电动机		
		台数	1 台	功率	22kW
		定子电压	380V	定子电流	34.5A
		频率	50Hz	转速	696r/min
		连接方式	Y	绝缘等级	F 级
		生产厂家/日期	无锡天宝电机有限公司 2006.3		
3	三相异步电动机（移动电机）	型号	YZ160M1－6 三相异步电动机		
		台数	1 台	功率	5.5kW
		功率	380V	定子电流	13A
		频率	50Hz	转速	905r/min
		转速	Y	绝缘等级	F 级
		生产厂家/日期	无锡市大力电机厂 2005.11		

表 5.3－28　　　　　船闸下闸首工作闸门移动式卷扬式启闭机检测结果表

序号	检测内容	检 测 情 况
1	主要受力构件承载性能	启闭机主要受力构件未见连接缺陷和腐蚀、变形、开裂等缺陷
2	钢丝绳	①启闭机吊点在下极限位时，卷筒左右两侧钢丝绳余留圈数均不小于 3 圈 ②启闭机钢丝绳未见明显断丝，钢丝绳直径未见明显减少 ③启闭机钢丝绳无明显扭结、压扁、弯折、笼状畸变、断股、波浪形 ④启闭机钢丝绳无锈蚀、刮碰，润滑良好 ⑤启闭机钢丝绳末端固定可靠

续表

序号	检测内容	检 测 情 况
3	卷筒	①启闭机卷筒未见裂纹 ②启闭机卷筒表面未见明显磨损 ③启闭机钢丝绳压板无缺损或松动
4	制动器	①启闭机制动轮无裂纹和破损，表面平滑，未见制动带固定铆钉引起的划痕 ②启闭机制动带与制动轮接触均匀，无影响制动性能的缺陷或油污 ③启闭机运行时制动器开闭灵活，制动平稳可靠 ④启闭机制动带与制动轮轮缘未见明显磨损 ⑤启闭机制动器杆件无变形，零件均无损坏，弹簧表面无裂纹、伤痕、锈蚀及塑性变形
5	开式齿轮	①启闭机开式齿轮啮合平稳、良好，无裂纹、无断齿 ②启闭机开式齿轮齿面未见明显磨损或损伤 ③启闭机开式齿轮已装设防护罩
6	减速器	①启闭机减速器壳体连接螺栓稳固 ②启闭机减速器油量合适，工作时无异常响声、振动、发热和漏油 ③启闭机减速器齿轮啮合均平衡、良好、无裂纹、无断齿 ④启闭机减速器齿面无明显磨损或损伤
7	高度限制器	已安装多功能行程限位器，启闭到达上下极限位时，能自动切断主回路
8	联轴器	运行时无撞击、振动、零件损坏，连接无松动情况
9	供电线路	启闭机开关出线端未连接与启闭机无关的用电设备
10	电气设备	①启闭机控制柜、启闭机机架、电动机外壳等均已可靠接地 ②启闭机接地线未用作载流零线 ③运行时电气元件动作灵活，无黏滞、卡阻，触头接触良好、无严重烧灼 ④启闭机电缆（线）护套无砸伤、刺破、龟裂老化现象 ⑤启闭机所有电气设备无异常发热
11	电路和保护	①总电源回路设有空气开关作短路保护 ②启闭机控制台上设停止按钮作启闭机紧急断电开关
12	带闸门启闭试验	①启闭机在无水状态下带闸门启闭试验，各机构运转正常，电动机和其他零部件无异常发热异常声音，启闭机运行噪声为85dB（A） ②启闭机在无水状态下带闸门启闭试验时，三相电流不平衡度符合规范要求。电动机三相电流分别为 $I_a=26.5A$、$I_b=26.4A$、$I_c=26.5A$ ③启闭机运行时，多功能行程限位器能可靠工作

6. 启闭机启闭力、持住力测量

对本工程泄水闸 2 套液压系统在动水状态下，进行工作闸门启闭机启门力、闭门力检测，启闭机最大启门力检测结果见表 5.3-29，均在设计范围内。

表 5.3-29　　泄水闸工作闸门液压启闭机系统启门力、闭门力检测结果表

启闭闸门编号	闭门时油路表计压力/MPa	启门时油路表计压力/MPa	左侧活塞杆最大启门力/kN	右侧活塞杆最大启门力/kN	设计启门力/kN
1号闸门	4.4	12.0	182.8	183.3	2×250
2号闸门	4.4	13.5	191.4	191.5	2×250

续表

启闭闸门编号	闭门时油路表计压力/MPa	启门时油路表计压力/MPa	左侧活塞杆最大启门力/kN	右侧活塞杆最大启门力/kN	设计启门力/kN
3 号闸门	4.4	13.5	186.2	186.8	2×250
4 号闸门	4.4	13.6	186.3	185.7	2×250
5 号闸门	4.4	14.0	186.4	185.9	2×250
6 号闸门	4.4	14.0	191.0	189.7	2×250
7 号闸门	4.4	14.0	190.8	192.5	2×250

对本工程船闸上闸首工作闸门卷扬式启闭机、船闸下闸首工作闸门卷扬式启闭机在动水状态下，进行启门力、闭门力、持住力测量，结果均符合设计要求，测量结果见表 5.3-30。

表 5.3-30　　　船闸工作闸门卷扬式启闭机启闭力、持住力检测结果表

启闭机名称	启门力/kN		闭门力/kN		持住力/kN		设计启门力/kN
	左侧	右侧	左侧	右侧	左侧	右侧	
船闸上闸首工作闸门卷扬式启闭机	310.6	307.2	171.2	172.4	220.5	222.3	2×400
船闸下闸首工作闸门卷扬式启闭机	334.4	337.1	183.9	184.7	242.2	243.4	2×400

7. 机电设备检测

（1）启闭机电动机。对本工程 2 套液压启闭机系统配套 4 台油泵电动机、船闸上闸首启闭机配套 2 台电动机、船闸下闸首启闭机配套 2 台电动机定子绕组进行绝缘电阻测量，检测结果见表 5.3-31。

表 5.3-31　　　启闭机配套电动机定子绕组绝缘电阻检测结果表

启闭机编号	电动机名称	检测部位	绝缘电阻/MΩ
1 号液压启闭机系统	1 号电动机	定子绕组（三相）对地	458.3
	2 号电动机	定子绕组（三相）对地	381.2
2 号液压启闭机系统	1 号电动机	定子绕组（三相）对地	258.2
	2 号电动机	定子绕组（三相）对地	351.7
船闸上闸首启闭机	启闭电动机	定子绕组（三相）对地	909.3
	移动电动机	定子绕组（三相）对地	259.0
船闸下闸首启闭机	启闭电动机	定子绕组（三相）对地	387.4
	移动电动机	定子绕组（三相）对地	222.9

（2）启闭机控制柜。泄水闸工作闸门液压启闭机系统每套系统均单独设 1 个控制柜。控制柜面整洁无锈蚀，开关按钮名称清晰，柜内电气设备动作灵活可靠，测量仪表测量值准确，柜内接线整齐，触点无烧灼痕迹，运行正常，屏柜外壳已可靠接地连接。控制柜内设有空气开关作控制回路短路保护，测量控制回路绝缘电阻均符合规范要求，测量结果见表 5.3-32。

表 5.3-32　　　　　　启闭机控制柜控制回路绝缘电阻检测结果表

控制柜名称	检测部位	绝缘电阻/MΩ
1 号液压启闭机系统控制柜	控制回路对地	897.3
2 号液压启闭机系统控制柜	控制回路对地	834.4
船闸上闸首启闭机控制柜	控制回路对地	131.9
船闸下闸首启闭机控制柜	控制回路对地	189.2

泄水闸工作闸门启闭机、船闸工作闸门启闭机配套控制柜，见图 5.3-37～图 5.3-42。

图 5.3-37　泄水闸液压启闭系统控制柜外观

图 5.3-38　泄水闸液压启闭系统控制柜内部结构

图 5.3-39　船闸上闸首启闭机控制柜外观

图 5.3-40　船闸上闸首启闭机控制柜内部布置

图 5.3-41　船闸下闸首启闭机控制柜

图 5.3-42　船闸上闸首启闭机控制柜内部布置

5.3.8.4　基础勘探与水下探测

1. 地质勘探

本次勘探主要采用地质钻探、原位测试及室内试验相结合的方法，勘探点位布置根据需要确定，共计布置 5 个勘探点，其中水上勘探孔 3 个，陆上勘探孔 2 个。勘探点深度根据设计方要求进入强风化基岩以下 2m。

（1）勘探点定位。勘探点位置由专业测量人员采用天宝 GPS-RTK 仪器施放。坐标系统为相对坐标系，高程系统为珠海高程基准。

（2）工程钻探。本次钻探采用 XY-150 型钻机 1 台，钻孔开孔孔径为 130mm，终孔孔径为 91mm。采用回转钻进的方式进行勘探作业。

（3）取样。本次勘察采用静压法采取原状土试样，采用薄壁取土器静压取土，采取土试样等级为Ⅰ级，如存在粉土及砂类土层，采取扰动土试样进行颗粒分析试验。在岩石地层中采取块状以及完整岩芯。

（4）原位测试。本次勘察采用的原位测试工作为标准贯入试验。标准贯入试验地层一般为粉土、砂土地层。使用 $\phi42$mm 钻杆、63.5kg 吊锤自由下落 76cm。试验时先将标准贯入器预击进入土层 15cm 不计数，再击入 30cm，记录后 30cm 的锤击数为试验击数。50 击后不足 30cm 进尺时可终止试验，测记贯入量，换算每 30cm 的击数，成果标记可为 $N>50$（换算击数）。

（5）室内试验。原状土试样：天然重度、天然含水量、比重、孔隙比、饱和度、液限、塑限、液性指数、塑性指数、压缩试验、直剪快剪试验。

水、土腐蚀性试验：pH 值、Ca^{2+}、Mg^{2+}、HCO_3^-、CO_3^{2-}、SO_4^{2-}、Cl^- 等离子含量及总矿化度。

（6）岩土性质指标。

1）地基土承载力。根据土工试验及原位测试统计结果，结合地区经验提供场地各土层的承载力特征值（f_{ak}）和压缩模量（E_s）见表 5.3-33。

表 5.3 - 33　　　　　　　　　　承载力特征值、压缩模量表

层号	岩性	承载力特征值 f_{ak}/kPa	压缩模量 E_s/MPa
②₁	粗砂	170	
②₂	淤泥质粉质黏土	80	3.3
③	粉质黏土	150	4.7
④	全风化花岗岩	430	
⑤	强风化花岗岩	2700	

2) 岩石抗压强度参数。根据钻探揭露岩芯性状，结合有关规范及岩石试验数据，提供场地岩层的单轴抗压强度值以及岩石饱和吸水率值见表 5.3 - 34。

表 5.3 - 34　　　　　　　　　　岩石抗压强度参考值

层号	岩性	单轴抗压强度值/MPa				饱和吸水率/%	
		天然状态		饱和状态			
		单值	平均值	单值	平均值	单值	平均值
⑤	强风化花岗岩	28.5	32.2	6.95	8.33	3.99	3.24
		33.5		7.87		3.11	
		34.7		10.2		2.61	

3) 地层土的渗透性参数。根据钻探揭露以及土工试验指标，各地层土的渗透性指标见表 5.3 - 35。

表 5.3 - 35　　　　　　　　　　各土层渗透性指标统计表

层号	岩性	渗透系数（室内）平均值 /(×10⁻⁶cm/s)	渗透性等级
①₂	填土	14.5	微透水性
②₁	粗砂		中等透水性
②₂	淤泥质粉质黏土	0.4	极微透水性
③	粉质黏土	28.7	微透水性
④	全风化花岗岩		中等透水性

2. 场地水、土的腐蚀性评价

(1) 地下水腐蚀性。根据《岩土工程勘察规范》（GB 50021—2001）（2009 版），按Ⅱ类环境进行评价，根据本工程场地采取的共 2 件水样水质分析检测结果，依据《岩土工程勘察规范》（GB 50021—2001）2009 年版第 12.2.1~12.2.4 条规定判定环境水对混凝土结构、钢筋混凝土结构中的钢筋的腐蚀性，依据《油气田及管道岩土工程勘察规范》附录 A.0.1 判定水对钢结构的腐蚀性评价见表 5.3 - 36、表 5.3 - 37。

表 5.3-36　按环境类型（Ⅱ）干湿交替条件下场地环境水对混凝土结构的腐蚀性评价表

项目		SO_4^{2-}	Mg^{2+}	pH 值	总矿化度/(mg/L)	
		mg/L	mg/L	B	B	腐蚀等级
评价标准	微	<300	<2000	>5.0	<20000	
	弱	300~1500	2000~3000	5.0~4.0	20000~50000	
	中	1500~3000	3000~4000	4.0~3.5	50000~60000	
	强	>3000	>4000	<3.5	>60000	
水质分析结果	ZK01	35.65	4.41	7.14	226.75	微
	ZK03	33.67	5.01	7.13	227.09	微

表 5.3-37　环境水对钢筋混凝土结构中的钢筋及钢结构腐蚀性评价表

项目		对钢筋混凝土结构中的钢筋		对钢结构
		Cl^- 含量/(mg/L)	Cl^- 含量/(mg/L)	pH 值，Cl^- + SO_4^{2-} 含量
		长期浸水	干湿交替	/(mg/L)
评价标准	微	<10000	<100	
	弱	10000~20000	100~500	pH3~11，$(Cl^- + SO_4^{2-})$<500mg/L
	中	—	500~5000	pH3~11，$(Cl^- + SO_4^{2-})$≥500mg/L
	强	—	>5000	pH<3，$(Cl^- + SO_4^{2-})$ 任何浓度
水质分析	ZK01	46.69		7.14　82.35
	ZK03	48.49		7.13　82.16
腐蚀等级		微	微	弱

综合评价：长期浸水状态下，地下水对混凝土结构具有微腐蚀性，对钢筋混凝土结构中的钢筋具有微腐蚀性；干湿交替条件下，地下水对混凝土结构具有微腐蚀性，对钢筋混凝土结构中的钢筋具有微腐蚀性。地下水对钢结构具有弱腐蚀性。

（2）场地土腐蚀性。根据本次勘察场地所取 2 件易溶盐样品易溶盐含量分析结果，依据《岩土工程勘察规范》（GB 50021—2001）2009 年版表 12.2.2~表 12.2.5 对场地土混凝土结构、钢筋混凝土结构中的钢筋的腐蚀性进行评价，评价结果分别见表 5.3-38 和表 5.3-39。

表 5.3-38　场地土（环境类型Ⅱ）对混凝土结构腐蚀性评价表

项　目		SO_4^{2-}	Mg^{2+}	pH 值	
		mg/kg	mg/kg	B	腐蚀等级
评价标准	微	<450	<3000	>5.0	
	弱	450~2250	3000~4500	4.0~5.0	
	中	2250~4500	4500~6000	3.5~4.0	
	强	>4500	>6000	<3.5	
易溶盐分析结果	ZK04	109	15	7.24	微
	ZK05	49	15	7.89	微

表 5.3 - 39　　场地土（环境类型Ⅱ）对钢筋混凝土结构中的钢筋腐蚀性评价表

项　　目		土中的 Cl⁻ 含量/(mg/kg)
		B
评价标准	微	＜250
	弱	250～500
	中	500～5000
	强	＞5000
分析结果	ZK04	25
	ZK05	23
腐蚀等级		微

据上综合评价：场地土对混凝土结构具微腐蚀性，对钢筋混凝土结构中钢筋具微腐蚀性。

3. 水下结构和基础探测

依据《水利水电工程物探规程》（SL 326—2005）规定：测网布置应根据任务要求、探测方法、探测目的体的规模与埋深等因素综合确定。

结合水闸建筑物的尺寸等现场实际情况，测线 1～11 从左岸往右岸垂直于水流方向布置，测线 12～29 从上游往下游沿水流方向布置，见图 5.3 - 43。

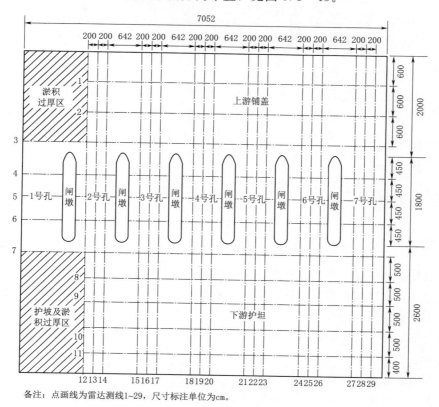

备注：点画线为雷达测线1～29，尺寸标注单位为cm。

图 5.3 - 43　探地雷达测线布置示意图

对本次探地雷达的资料整理按以下步骤和原则进行：

（1）对现场采集到的原始数据进行预处理，包括删除无用数据道、水平归一化，编辑各类标识，编辑起止桩号等。

（2）根据实际需要对信号进行增益调整，零点调整，叠加，频率滤波等处理。

最终处理后测线雷达剖面代表波形图，详见图 5.3 - 44 和图 5.3 - 45。

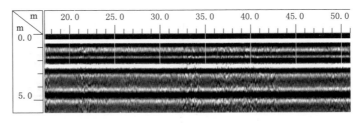

图 5.3 - 44　测线 1 雷达剖面代表波形图

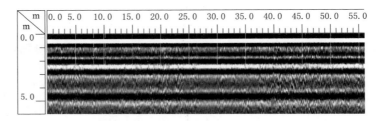

图 5.3 - 45　测线 10 雷达剖面代表波形图

所测雷达剖面二维波形图中，波形整体有规律，结合已知底板 1.4m 厚，塔尺测深求的底板高程，判断其水闸水下结构上游铺盖、底板、护坦介质较均匀，表面混凝土局部冲刷不均匀，底部与垫层衔接较为均匀，推定混凝土结构较为密实，推定水闸水下结构上游铺盖、底板、护坦和垫层间均无明显脱空。

5.4　安全复核

5.4.1　概述

安全复核目的是复核水闸各建筑物与设施能否按标准与设计要求安全运行。安全复核除复核计算外，尚应包括结构布置、构造要求等内容。安全复核应根据实际情况，在现状调查基础上，确定复核计算内容。

水闸安全复核包括防洪标准、渗流安全、结构安全、抗震安全、金属结构安全、机电设备安全等。安全复核一般按防洪标准、渗流安全、结构安全、抗震安全、金属结构安全、机电设备安全复核的顺序依次进行。

应根据相关标准、设计资料、施工资料、运行管理资料、安全检测成果等进行安全复核。在对基本资料核查的基础上，根据现状调查、安全检测和计算分析等进行专项复核。

重点分析现场检查发现的问题、运行中的异常情况、运行中发生的事故或险情的处理效果。复核计算有关的荷载、参数，应根据观测试验或安全检测的结果确定；缺乏实测资料或检测资料时，可参考设计资料确定，并应分析对复核计算结果的影响。评价范围包括其他挡水建筑物时，应分别进行复核。对尚无标准可参照的专项复核内容可复核其是否满足设计要求。安全复核应对基本资料进行核查，在此基础上，根据现场检查、安全检测和计算分析等技术资料，进行复核。

当依据标准（规划）确定的荷载标准超过原设计荷载，或水闸出现异常变形、渗流、锈蚀、淤积、冲刷时，应进行复核计算。应根据各项安全复核结果，分别进行安全性分级。

安全复核应重点分析现场检查发现的问题或疑点，以及历史重大质量缺陷、验收遗留问题与运行中异常、事故或险情的处理措施与效果分析。安全复核有关的荷载、计算参数，应根据观测试验或安全检测的结果确定；缺乏实测资料或检测资料时，可参考设计资料取用，但必须分析对复核结果的影响。

5.4.2 防洪标准复核

防洪标准复核包括洪（潮）水标准、闸顶与堤顶高程、过流能力复核。

（1）洪（潮）水标准复核包括下列内容：

1）水闸工程等别与建筑物级别应按《防洪标准》（GB 50201）、《水利水电工程等级划分及洪水标准》（SL 252）及《水闸设计规范》（SL 265）的规定确定，特殊水闸工程的等别可按主管部门批准的等别和级别确定。

2）水闸洪水标准应按《水利水电工程等级划分及洪水标准》（SL 252）和《水闸设计规范》（SL 265）的规定并兼顾流域规划确定。

3）防洪规划未改变的或无近期防洪规划的，应按《水利水电工程设计洪水计算规范》（SL 44）规定计算设计洪水；防洪规划已有调整的，按新的规划数据复核。

（2）闸顶高程应按《水闸设计规范》（SL 265）的规定进行复核计算，堤顶高程应按《堤防工程设计规》（GB 50286）和《海堤工程设计规范》（SL 435）的规定进行堤顶高程复核计算，并满足相应标准的要求。

水闸闸顶计算高程应根据挡水和泄水运用情况确定。挡水时，闸顶高程不应低于水闸正常蓄水位或最高挡水位加波浪计算高度与相应安全加高值之和；泄水时，闸顶高程不应低于设计洪水位或校核洪水位与相应安全加高值之和。水闸安全加高下限值应符合表 5.4-1 的规定。

表 5.4-1 水闸安全加高下限值 单位：m

运用情况		水 闸 级 别			
		1 级	2 级	3 级	4 级
挡水时	正常蓄水位	0.7	0.5	0.4	0.3
	最高挡水位	0.5	0.4	0.3	0.2
泄水时	设计洪水位	1.5	1.0	0.7	0.5
	校核洪水位	1.0	0.7	0.5	0.4

位于防洪、挡潮堤上的水闸，其闸顶高程不应低于防洪、挡潮堤堤顶高程。除闸顶高程还应考虑下列因素：软弱地基上闸基沉降；多泥沙河流上、下游河道变化引起水位升高或降低；防洪、挡潮堤上水闸两侧堤顶可能加高。

（3）当规划数据变化，水闸上、下游河床发生冲淤变化或潮水位发生变化时，应按《水闸设计规范》（SL 265）的规定复核过流能力。规划数据系指水闸工程规划所确定的过闸流量和上下游水位等特征值而言。在水闸管理运用中，由于规划数据改变而影响安全运用的事例，主要有洪水位超过设计最高水位、闸下水位消落、超标准泄流、水闸由单向运用改为双向运用等。为了使水闸安全鉴定的复核计算成果正确可靠，故规定复核计算应以最新修正的规划数据为依据。

5.4.3　渗流安全复核

水闸渗流安全复核应包括水闸基底渗流稳定、侧向渗流稳定复核。

5.4.3.1　水闸基底渗流稳定

水闸基底的渗流压力按《水闸设计规范》（SL 265）附录 C 规定的公式或数值法计算。岩基上水闸基底渗透压力计算可采用全截面直线分布法，但应考虑设置防渗帷幕和排水孔时对降低渗透压力的作用和效果。土基上水闸基底渗透压力可采用改进阻力系数法或流网法计算；复杂土质地基上的重要水闸渗流压力应采用数值法计算。

1. 全截面直线分布法

当岩基上水闸闸基设有水泥灌浆帷幕和排水孔时，闸底板底面上游端的渗透压力作用水头为 $H-h_s$，排水孔中心线处为 $a(H-h_s)$，下游端为零，其间各段依次以直线连接（图 5.4-1）。作用于闸底板底面上的渗透压力可按式（5.4-1）计算：

$$U=\frac{1}{2}\gamma(H-h_s)(L_1+aL) \qquad (5.4-1)$$

式中：U 为作用于闸底板底面上的渗透压力，kN/m；L_1 为排水孔中心线与闸底板底面上游端的水平距离，m；a 为渗透压力强度系数，可采用 0.25；L 为闸底板底面的水平投影长度，m。

当岩基上水闸闸基设有水泥灌浆帷幕而未设排水孔时，或排水幕失效时，闸底板底面上游端的渗透压力作用水头为 $H-h_s$，帷幕中心线处为 $a(H-h_s)$，下游端为零，其间各段以直线连接（图 5.4-2）。作用于闸底板底面上的渗透压力可按式（5.4-2）计算：

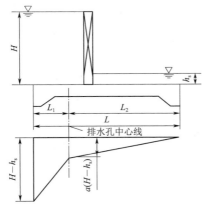

图 5.4-1　岩基上水闸闸基设有灌浆帷幕和排水孔时闸底板底面上的渗透压力

$$U=\frac{1}{2}\gamma(H-h_s)(L_1+aL) \qquad (5.4-2)$$

式中：U 为作用于闸底板底面上的渗透压力，kN/m；L_1 为帷幕中心线与闸底板底面上游端的水平距离，m；a 为渗透压力强度系数，可采用 0.5；L 为闸底板底面的水平投影长度，m。

当岩基上水闸闸基未设水泥灌浆帷幕和排水孔时，闸底板底面上游端的渗透压力作用水头为 $H-h_s$，下游端为零，其间以直线连接（图5.4-3），作用于闸底板底面上的渗透压力可按式（5.4-3）计算：

$$U=\frac{1}{2}\gamma(H-h_s)L \qquad (5.4-3)$$

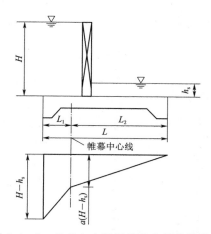

图 5.4-2 岩基上水闸闸基设有灌浆帷幕而
未设排水孔时闸底板底面上的渗透压力

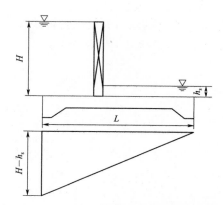

图 5.4-3 岩基上水闸闸基未设灌浆帷幕和
排水孔时作用于闸底板底面上的渗透压力

2. 改进阻力系数法

求解土基上闸基渗透压力的方法有理论计算法、近似计算法和电模拟试验法等。理论计算法只有在边界条件比较简单的情况下才能求解，而实际上防渗布置均比较复杂，理论计算法很难获得精确的解答；电模拟试验法是比较精确的求解方法，但需要一定的时间和经费，不是所有工程都有条件采用的。

近似计算法很多，有直线比例法（又称渗径系数法，即勃莱系数法和莱因系数法）、直线展开法、加权直线法、柯斯拉独立变数法、巴甫洛夫斯基分段法、丘加也夫阻力系数法、改进阻力系数法以及流网法等。直线比例法计算精度较差（特别是对于渗流进、出口段），不宜采用。直线展开法或加权直线法只适用于地基条件不复杂，且闸基防渗布置比较简单的中、小型水闸工程。柯斯拉独立变数法和巴甫洛夫斯基分段法计算精度虽然较高，但计算很麻烦，一般不被采用。丘加也夫阻力系数法计算较方便，计算精度也较高，国内早已广泛采用。改进阻力系数法是由我国南京水利科学研究院研究人员在研究阻力系数法的基础上进行了改进以后提出来的，既扩大了计算范围，又提高了计算精度，是目前普遍推广采用的一种较精确的计算方法。流网法是一般水利技术人员较熟悉的一种求解方法，只要按规定的原则绘制，也能得到较好的结果。

闸基防渗长度应满足式（5.4-4）要求：

$$L=C\Delta H \qquad (5.4-4)$$

式中：L 为闸基防渗长度，即闸基轮廓线防渗部分水平段和垂直段长度的总和，m；ΔH 为上，下游水位差，m；C 为允许渗径系数值，见表5.4-2。当闸基设板桩时，可采用表

5.4-2 中所列规定值的小值。

表 5.4-2　　　　　　　　　　　允 许 渗 径 系 数 值

排水条件＼地基类别	粉砂	细砂	中砂	粗砂	中砾、细砾	粗砾夹卵石	轻粉质砂壤土	轻砂壤土	壤土	黏土
有滤层	13～9	9～7	7～5	5～4	4～3	3～2.5	11～7	9～5	5～3	3～2
无滤层	—	—	—	—	—	—	—	—	7～4	4～3

土基上水闸的地基有效深度可按式（5.4-5）计算。当计算的 T_e 值大于地基实际深度时，T_e 值应按地基实际深度采用。

$$当 \frac{L_0}{S_0} \geqslant 5 \ 时，T_e = 0.5 L_0$$

$$当 \frac{L_0}{S_0} < 5 \ 时，T_e = \frac{5 L_0}{1.6 \frac{L_0}{S_0} + 2} \tag{5.4-5}$$

式中：T_e 为土基上水闸的地基有效深度，m；L_0 为地下轮廓的水平投影长度，m；S_0 为地下轮廓的垂直投影长度，m。

分段阻力系数 ζ 计算示意图见图 5.4-4，计算公式如下。

进、出口段〔图 5.4-4（a）〕阻力系数为

$$\xi_0 = 1.5 \left(\frac{S}{T} \right)^{\frac{3}{2}} + 0.441 \tag{5.4-6}$$

式中：ξ_0 为进、出口段阻力系数；S 为板桩或齿墙的入土深度，m；T 为地基透水层深度，m。

内部垂直段〔图 5.4-4（b）〕阻力系数为

$$\xi_y = \frac{2}{\pi} \ln \cot \left[\frac{\pi}{4} \left(1 - \frac{S}{T} \right) \right] \tag{5.4-7}$$

式中：ξ_y 为内部垂直段阻力系数。

水平段〔图 5.4.4（c）〕阻力系数为

$$\xi_x = \frac{L_x - 0.7(S_1 + S_2)}{T} \tag{5.4-8}$$

式中：ξ_x 为水平段阻力系数；L_x 为水平段长度，m；S_1、S_2 分别为进、出口板桩或齿墙的入土深度，m。

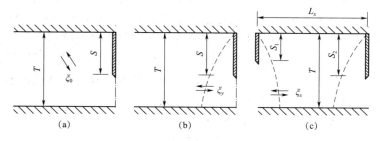

图 5.4-4　分段阻力系数计算示意图

各分段水头损失值按式（5.4-10）计算。以直线连接各分段计算点的水头值，即得

渗透压力的分布图形。

$$h_i = \xi_i \frac{\Delta H}{\sum_{i=1}^{n} \xi_i} \tag{5.4-9}$$

式中：h_i 为各分段水头损失值，m；ξ_i 为各分段阻力系数；n 为总分段数。

进、出口段水头损失值和渗透压力分布图形可按下列方法进行局部修正。进、出口段修正后的水头损失值可按式（5.4-11）计算：

$$h_0' = \beta' h_0$$

$$h_0 = \sum_{i=1}^{n} h_i \tag{5.4-10}$$

$$\beta' = 1.21 - \frac{1}{\left[12\left(\frac{T'}{T}\right)^2 + 2\right]\left(\frac{S'}{T} + 0.059\right)}$$

式中：h_0' 为进出口段修正后的水头损失值，m；h_0 为进出口段水头损失值，m；β' 为阻力修正系数，见图 5.4-5，当计算的 $\beta' \geqslant 1.0$ 时，取 $\beta' = 1.0$；S' 为底板埋深与板桩入土深度之和，m；T' 为板桩另一侧地基透水深度，m。

修正后水头损失的减小值，可按式（5.4-11）计算：

$$\Delta h = (1 - \beta') h_0 \tag{5.4-11}$$

式中：Δh 为修正后水头损失的减小值，m。

水力坡降呈急变形式的长度可按式（5.4-12）计算：

$$L_x' = \frac{\Delta h}{\frac{\Delta H}{\sum_{i=1}^{n} \xi_i}} T \tag{5.4-12}$$

式中：L_x' 水力坡降呈急变形式的长度，m。

出口段渗透压力分布图形的修正如图 5.4-6 所示。图 5.4-6 中的 QP' 为原有水力坡降线，根据式（5.4-12）和式（5.4-13）计算的 Δh 和 L_x' 值，分别定出 P 点和 O 点，连接 QOP，即为修正后的水力坡降线。

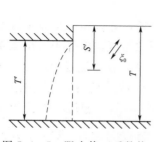

图 5.4-5 阻力修正系数修正

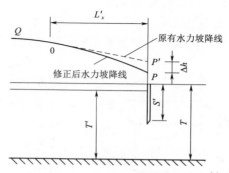

图 5.4-6 出口段渗透压力
分布图形的修正

进、出口段齿墙不规则部位可按下列方法进行修正（图 5.4-7），以直线连接修正后的各分段计算点的水头值，即得修正后的渗透压力分布图形。

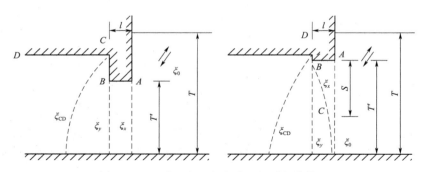

图 5.4 - 7　进、出口段齿墙不规则部位修正

当 $h_s \geqslant \Delta h$ 时，可按式（5.4 - 13）进行修正：

$$h'_s = h_s + \Delta h \tag{5.4 - 13}$$

式中：h_s 为水平段的水头损失值，m；h'_s 为修正后的水平段水头损失值，m。

当 $h_s < \Delta h$ 时，可按下列两种情况分别进行修正。

若 $h_x + h_y \geqslant \Delta h$，可按式（5.4 - 14）和式（5.4 - 15）进行修正：

$$h'_x = 2h_x \tag{5.4 - 14}$$

$$h'_y = h_y + \Delta h - h_x \tag{5.4 - 15}$$

式中：h_y 为内部垂直段的水头损失值，m；h'_y 为修正后的内部垂直段水头损失值，m。

若 $h_x + h_y < \Delta h$，可按式（5.4 - 16）、式（5.4 - 17）进行修正：

$$h'_y = 2h_y \tag{5.4 - 16}$$

$$h'_{cd} = h_{cd} + \Delta h - (h_x + h_y) \tag{5.4 - 17}$$

式中：h_{cd} 为图 5.4 - 7 中 CD 段的水头损失值，m；h'_{cd} 为修正后的 CD 段水头损失值，m。

出口段渗流坡降值可按式（5.4 - 18）计算：

$$J = \frac{h'_0}{S'} \tag{5.4 - 18}$$

式中：J 为出口段渗流坡降值。

3. 数值法

复杂土质地基上的重要水闸，应采用数值计算法。

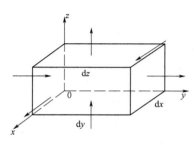

图 5.4 - 8　微分单元体各面上
进出流量示意图

渗流连续性方程可从质量守恒原理出发来建立，渗流场中水在某一单元体内的增减速率等于进出该单元体流量速率之差。见图 5.4 - 8，在渗流场中取出一个单元体 $dxdydz$，各边与坐标轴平行，沿着 x 方向通过左面流进水体质量的速率为 $\rho v_x dydz$，通过右面流出水体质量的速率为 $\left(\rho v_x + \frac{\partial}{\partial x}\rho v_x dx\right)dydz$，则沿 x 方向左右面进出流量之差为 $-\frac{\partial}{\partial x}\rho v_x dxdydz$。同样，对于沿 y 方向和 z 方向也可作流入流出的流量计算。

累加各净有流入量，则得单元体总的进水量为

$$-\left(\frac{\partial}{\partial x}\rho v_x+\frac{\partial}{\partial y}\rho v_y+\frac{\partial}{\partial z}\rho v_z\right)\mathrm{d}x\mathrm{d}y\mathrm{d}z \qquad (5.4-19)$$

根据质量守恒原理，它应等于单元体内水体质量随时间的变化量$\frac{\partial}{\partial t}[\rho n\mathrm{d}x\mathrm{d}y\mathrm{d}z]$。所以有

$$-\left[\frac{\partial\rho v_x}{\partial x}\mathrm{d}x\mathrm{d}y\mathrm{d}z+\frac{\partial\rho v_y}{\partial y}\mathrm{d}x\mathrm{d}y\mathrm{d}z+\frac{\partial\rho v_z}{\partial z}\mathrm{d}x\mathrm{d}y\mathrm{d}z\right]=\frac{\partial}{\partial t}[\rho n\mathrm{d}x\mathrm{d}y\mathrm{d}z] \qquad (5.4-20)$$

上式即为渗流的连续性方程。

若水体密度ρ为常数且多孔介质不可压缩，则上式变为

$$\frac{\partial v_x}{\partial x}+\frac{\partial v_y}{\partial y}+\frac{\partial v_z}{\partial z}=0 \qquad (5.4-21)$$

式（5.4-21）为不可压缩流体在刚体介质中流动的连续性方程。该式表明，在同一时间内流入均衡单元体的水体积等于流出的水体积，即体积守恒。当闸基渗流为稳定渗流时，即可得到上述结果。

根据达西定律，在各向异性介质中有

$$v_x=-k_x\frac{\partial H}{\partial x},v_y=-k_y\frac{\partial H}{\partial y},v_z=-k_z\frac{\partial H}{\partial z} \qquad (5.4-22)$$

代入式（5.4-19），则得稳定渗流的微分方程式：

$$\frac{\partial}{\partial x}\left(k_x\frac{\partial H}{\partial x}\right)+\frac{\partial}{\partial y}\left(k_y\frac{\partial H}{\partial y}\right)+\frac{\partial}{\partial z}\left(k_z\frac{\partial H}{\partial z}\right)=0 \qquad (5.4-23)$$

式中：H为水头函数；k_x、k_y、k_z分别为沿x、y、z方向的渗透系数，若渗透介质为各向同性材料时，$k_x=k_y=k_z$。

计算中，可不考虑土体和水的压缩性，渗透系数按各向同性考虑，采用实际工程关于各地质土层及渗透系数的试验结果。边界条件的选取原则为：上、下游、两岸按已知水头边界选取。

当基底和墙后有可靠的渗流压力观测资料时，宜采用实测数据反馈分析，进行渗流稳定安全复核。

水闸基底允许渗流坡降应按《水闸设计规范》（SL 265）的规定执行。

5.4.3.2 侧向渗流稳定复核

当岸墙、翼墙墙后土层的渗透系数不大于地基土的渗透系数时，侧向渗透压力可近似采用相对应部位的水闸闸底正向渗透压力计算值，但应考虑墙前水位变化和墙后地下水补给的影响；当岸墙、翼墙墙后土层的渗透系数大于地基土的渗透系数时，可按闸底有压渗流计算方法进行侧向绕流计算；复杂土质地基上的重要水闸，应采用数值计算法计算。

岸墙、翼墙墙后的渗透压力，主要与墙前水位变化情况和墙后土层的渗透性能以及地下水补给的影响有关，精确的计算是比较困难的。根据已建工程的实践经验，当岸墙、翼墙墙后土层的渗透系数小于或等于地基土的渗透系数时，墙后的侧向绕流属于有压渗流，其侧向渗透压力可近似地采用相对应部位的水闸闸底正向渗透压力计算值，但要考虑墙前水位变化情况和墙后地下水补给的影响；当岸墙、翼墙墙后土层的渗透系数大于地基土的

渗透系数时，墙后的侧向绕流属于无压渗流，可以按闸底有压渗流的计算方法进行侧向绕流计算。

当闸基为土基时，应验算水闸基底及侧向抗渗稳定性，水平段和出口段的渗流坡降应小于表 5.4-3 规定的允许值。当渗流出口处设滤层时，表 5.4-3 中所列数值可加大 30%。

表 5.4-3   水平段和出口段允许渗流坡降值

地基类别	允许渗流坡降值		地基类别	允许渗流坡降值	
	水平段	出口段		水平段	出口段
粉砂	0.05~0.07	0.25~0.30	砂壤土	0.15~0.25	0.40~0.50
细砂	0.07~0.10	0.30~0.35	壤土	0.25~0.35	0.50~0.60
中砂	0.10~0.13	0.35~0.40	软黏土	0.30~0.40	0.60~0.70
粗砂	0.13~0.17	0.40~0.45	坚硬黏土	0.40~0.50	0.70~0.80
中砾，细砾	0.17~0.22	0.45~0.50	极坚硬黏土	0.50~0.60	0.80~0.90
粗砾夹卵石	0.22~0.28	0.50~0.55			

水闸岸墙与连接段应设置防渗设施。堤防的渗透稳定安全复核应按《堤防工程设计规范》（GB 50286）的规定执行。

5.4.3.3　滤层级配要求

验算砂砾石闸基出口段抗渗稳定性时，要首先判别渗流可能发生的破坏形式（流土或管涌）。因为一般土质地基渗流出口段的渗流破坏系流土破坏，只有砂砾石闸基才有可能出现管涌破坏。

滤层的作用是防止渗流出口处土体由于渗流变形或流失而引起破坏。滤层的设计，最基本的要求是不允许基土流失或穿过滤层造成堵塞，从而影响滤料的透水性和被保护土的稳定性。

验算砂砾石闸基出口段抗渗稳定性时，应首先判别可能发生的渗流破坏形式（流土或管涌）：当 $4P_f(1-n) > 1.0$ 时，为流土破坏；当 $4P_f(1-n) < 1.0$ 时，为管涌破坏。

砂砾石闸基出口段防止流土破坏的允许渗流坡降值即表 5.4-3 中所列的出口段允许渗流坡降值。

砂砾石闸基出口段防止管涌破坏的允许渗流坡降值可按式（5.4-24）、式（5.4-25）计算：

$$[J] = \frac{7d_5}{Kd_f}[4P_f(1-n)]^2 \qquad (5.4-24)$$

$$d_f = 1.3\sqrt{d_{15}d_{85}} \qquad (5.4-25)$$

式中：$[J]$ 为防止管涌破坏的允许渗流坡降值；d_f 为闸基土的粗细颗粒分界粒径，mm；P_f 为小于 D_f 的土粒百分数含量，%；n 为闸基土的孔隙率；d_5、d_{15}、d_{85} 为闸基土颗粒级配曲线上小于含量 5%、15%、85% 的粒径，mm；K 为防止管涌破坏的安全系数，可采用 1.5~2.0。

当采用土工织物代替传统砂石料作为滤层时，应满足保土性、透水性和防堵性要求。

目前在不少工程中还广泛采用了土工织物代替护坡、护底的砂石垫层。根据部分工程实践经验，采用土工织物作为护坡、护底的垫层，其单位面积质量一般不小于 $350g/m^2$。

5.4.4 结构安全复核

1. 复核内容及要求

水闸结构安全复核应包括闸室、岸墙与翼墙的稳定与结构应力复核，和消能防冲复核。水闸混凝土结构除应满足强度和限裂要求外，还应根据所在部位的工作条件，地区气候和环境等情况，分别满足抗渗，抗冻，抗侵蚀，抗冲刷等耐久性的要求。

结构复核计算应根据工程运用条件、实测结构尺寸和物理力学参数进行。

闸室稳定复核应包括抗滑（倾）稳定、基底应力、抗浮稳定复核，应根据闸室基础、结构布置和运用条件按《水闸设计规范》（SL 265）的规定执行。

2. 荷载计算及组合

闸室稳定计算宜取两相邻顺水流向永久缝之间的闸段作为计算单元。稳定计算时，荷载应按标准值取用。

作用在水闸上的荷载可分为基本荷载和特殊荷载两类，见表 5.4 - 4。

表 5.4 - 4 荷 载 组 合 表

荷载组合	计算情况	自重	水重	静水压力	扬压力	土压力	淤沙压力	风压力	浪压力	冰压力	土的冻胀力	地震荷载	其他	说明
基本组合	完建情况	√	—	—	—	√	—	—	—	—	—	—	√	
	正常蓄水位情况	√	√	√	√	√	√	√	√	—	—	—	√	按正常蓄水位组合计算水重，静水压力，扬压力及浪压力
	设计洪水位情况	√	√	√	√	√	√	√	√	—	—	—	√	按设计洪水位组合计算水重，静水压力，扬压力及浪压力
	冰冻情况	√	√	√	√	√	√	√	—	√	√	—	√	按正常蓄水位组合计算水重，静水压力，扬压力及冰压力
特殊组合	检修情况	√	—	√	√	√	√	√	√	—	—	—	√	按正常蓄水位组合（必要时可按设计洪水位组合或冬季低水位条件）计算静水压力，扬压力及浪压力
	校核洪水位情况	√	√	√	√	√	√	√	√	—	—	—	—	按校核洪水位组合计算水重，静水压力，扬压力及浪压力
	地震情况	√	√	√	√	√	√	√	√	—	—	√	—	按正常蓄水位组合计算水重，静水压力，扬压力及浪压力

注 "√"表示考虑的荷载；"—"表示不考虑的荷载。

基本荷载主要有下列各项：水闸结构及其上部填料和永久设备的自重；相应于正常蓄水位或设计洪水位情况下水闸底板上的水重；相应于正常蓄水位或设计洪水位情况下的静水压力；相应于正常蓄水位或设计洪水位情况下的扬压力（即浮托力与渗透压力之和）；土压力；淤沙压力；风压力；相应于正常蓄水位或设计洪水位情况下的浪压力；冰压力；土的冻胀力；其他出现机会较多的荷载等。

特殊荷载主要有下列各项：相应于校核洪水位情况下水闸底板上的水重；相应于校核洪水位情况下的静水压力；相应于校核洪水位情况下的扬压力；相应于校核洪水位情况下的浪压力；地震荷载；其他出现机会较少的荷载等。

水闸结构及其上部填料的自重应按其几何尺寸及材料重度计算确定。闸门、启闭机及其他永久设备应尽量采用实际重量。

作用在水闸上的静水压力应根据水闸不同运用情况时的上，下游水位组合条件计算确定。多泥沙河流上的水闸，还应考虑含沙量对水的重度的影响。水闸上、下游水位的组合条件要根据水闸工程运行中实际可能出现的水位情况确定。根据我国已建水闸工程运行的实践经验，对水闸闸室抗滑稳定起控制作用的，往往不是宣泄校核洪水时的水位组合条件，而是上游为可能出现的最高挡水位（也可能是直到接近设计或校核洪水位时才开闸放水的水位），下游为常水位（也可能是宣泄一定流量时尾水被推走的水位）或无水时的水位组合条件，因为后一种水位组合时，上、下游水位差大，对结构的抗滑稳定不利。

作用在水闸基础底面的扬压力应根据地基类别，防渗排水布置及水闸上，下游水位组合条件计算确定。计算水闸基础底面扬压力（即浮托力与渗透压力之和）的水位组合条件，要和计算静水压力的水位组合条件相对应。对于沿海地区的挡潮闸，因下游水位受潮沙的影响，闸基渗透压力的传递有滞后现象，这种滞后现象对闸室的抗滑稳定是有利的。

作用在水闸上的土压力应根据填土性质，挡土高度，填土内的地下水位，填土顶面坡角及超荷载等计算确定。对于向外侧移动或转动的挡土结构，可按主动土压力计算；对于保持静止不动的挡土结构，可按静止土压力计算。

3. 闸室稳定计算

闸室稳定计算的计算单元要根据水闸结构布置特点确定。对于未设顺水流向永久缝的单孔、双孔或多孔水闸，则以未设缝的单孔、双孔或三孔水闸作为一个计算单元；对于采用顺水流向永久缝进行分段的多孔水闸，一般情况下，由于边孔闸段和中孔闸段的结构边界条件及受力状况有所不同，因此要将边孔闸段和中孔闸段分别作为计算单元。

土基上的闸室稳定计算，包括两方面：一是地基承载能力的计算，要求在各种计算情况下地基不致发生剪切破坏而失去稳定；二是闸室抗倾覆和抗滑稳定的计算，要求在各种计算情况下闸室不致发生倾覆或过大的沉降差，且不致发生沿地基表面的水平滑动。

土基上的闸室稳定计算应满足下列要求：在各种计算情况下，闸室平均基底应力不大于地基允许承载力，最大基底应力不大于地基允许承载力的 1.2 倍；闸室基底应力的最大值与最小值之比不大于规定的允许值；沿闸室基底面的抗滑稳定安全系数不小于规定的允许值。

在各种计算情况下（一般控制在完建情况下），要求闸室平均基底应力不大于地基允许承载力，最大基底应力不大于地基允许承载力的 1.2 倍。通常计算出的地基允许承载力是指整个闸室地基的允许承载力，带有应力平均的性质，因而不允许闸室平均基底应力超过整个闸室地基的允许承载力，但允许局部的基底应力超过整个闸室地基的允许承载力，即允许地基内出现局部的塑性变形。至于局部的基底应力允许超过多少，当然是有一定限制的，这就要求最大基底应力不超过整个闸室地基允许承载力的 1.2 倍。

在各种计算情况下（多数控制在设计洪水位情况下或校核洪水位情况下，或正常挡水位遭遇地震的情况下），要求闸室基底应力的最大值与最小值之比不大于规定的允许值。提出这一项要求，主要是为了减少和防止由于闸室基底应力分布的不均匀状态而发生过大的沉降差，以避免闸室结构发生倾覆。实际上有一种情况例外，就是当地基允许承载力远大于基底应力时，即使基底应力的最大值与最小值之比较大时，闸室结构也不会发生倾覆。

在各种计算情况下（多数控制在设计洪水位情况下或校核洪水位情况下，或正常蓄水位遭遇地震的情况下），要求沿闸室基底面的抗滑稳定安全系数不小于规定的允许值。提出这一项要求，显然是为了防止闸室结构因阻滑力小于滑动力发生沿地基表面的水平滑动。

闸室基底应力应根据结构布置及受力情况，分别按下列规定进行计算。基底应力计算公式如下，允许比值评判标准见表 5.4-5。

当结构布置及受力情况对称时，按式（5.4-26）计算：

$$P_{\min}^{\max} = \frac{\sum G}{A} \pm \frac{\sum M}{W} \tag{5.4-26}$$

式中：$P_{\min}^{\max}$ 为闸室基底应力的最大值或最小值，kPa；$\sum G$ 为作用在闸室上的全部竖向荷载（包括闸室基础底面上的扬压力在内），kN；$\sum M$ 为作用在闸室上的全部竖向和水平向荷载对于基底面垂直水流向的形心轴的力矩之和，kN·m；A 为底板底面面积，m²；W 为闸室基底面对于该底面垂直水流方向的形心轴的截面矩，m³。

表 5.4-5　　　　　土基上闸室基底应力最大值与最小值之比的允许值

地基土质	荷 载 组 合	
	基本组合	特殊组合
松软	1.50	2.00
中等坚硬	2.00	2.50
坚实	2.50	3.00

注　1. 对于特别重要的大型水闸，其闸室基底应力最大值与最小值之比的允许值可按表列数值适当减小。

　　2. 对于地震区的水闸，闸室基底应力最大值与最小值之比的允许值可按表列数值适当增大。

　　3. 对于地基特别坚实或可压缩土层甚薄的水闸，可不受本表的规定限制，但要求闸室基底不出现拉应力。

当结构布置及受力情况不对称时，按式（5.4-27）计算：

$$P_{\min}^{\max} = \frac{\sum G}{A} \pm \frac{\sum M_x}{W_x} \pm \frac{\sum M_y}{W_y} \tag{5.4-27}$$

式中：$\sum M_x$、$\sum M_y$ 分别为作用在闸室上的全部竖向和水平向荷载对于基础底面形心轴 x、y 的力矩，$kN \cdot m$；W_x、W_y 分别为闸室基底面对于该底面形心轴 x、y 的截面矩，m^3。

黏性土基上闸基底面抗滑稳定安全系数按式（5.4-28）、式（5.4-29）计算，允许值见表 5.4-6。

$$K_c = \frac{f \sum G}{\sum H} \tag{5.4-28}$$

$$K_c = \frac{\tan\phi_0 \sum G + C_0 A}{\sum H} \tag{5.4-29}$$

式中：K_c 为沿闸室基底面的抗滑稳定安全系数；f 为闸室基底面与地基之间的摩擦系数，可按规范规定采用；ϕ_0 为闸室基底面与土质地基之间的摩擦角，（°）；$\sum H$ 为作用在闸室上的全部水平向荷载，kN；C_0 为闸室基底面与土质地基的黏结力，kPa。

在没有试验资料的情况下，闸室基底面与地基之间的摩擦系数 f 值，可根据地基类别按表 5.4-6 所列数值选用。

表 5.4-6　　　　　　　　　　不同地基 f 建议值

地基类别		f	地基类别		f
黏土	软弱	0.20~0.25	砾石，卵石		0.50~0.55
	中等坚硬	0.25~0.35	碎石土		0.40~0.50
	坚硬	0.35~0.45	软质岩石	极软	0.40~0.45
壤土，粉质壤土		0.25~0.40		软	0.45~0.55
砂壤土，粉砂土		0.35~0.40		较软	0.55~0.60
细砂，极细砂		0.40~0.45	硬质岩石	较坚硬	0.60~0.65
中砂，粗砂		0.45~0.50		坚硬	0.65~0.70
砂砾石		0.40~0.50			

闸室基底面与土质地基之间摩擦角 ϕ_0 值及黏结力 C_0 值可根据土质地基类别按表 5.4-7 的规定采用。

表 5.4-7　　　　　　　　　　ϕ_0，C_0 值（土质地基）

土质地基类别	ϕ_0	C_0
黏性土	0.9ϕ	$(0.2~0.3)C$
砂性土	$(0.85~0.9)\phi$	0

注　表中 ϕ 为室内饱和固结快剪（黏性土）或饱和快剪（砂性土）试验测得的内摩擦角，°；C 为室内饱和固结快剪试验测得的黏结力，kPa。

对于黏性土地基，如折算的综合摩擦系数大于 0.45，或对于砂性土地基，如折算的综合摩擦系数大于 0.50，采用的 ϕ_0 值和 C_0 值均应有论证。对于特别重要的大型水闸工程，采用的 ϕ_0 值和 C_0 值还应经现场地基土对混凝土板的抗滑强度试验验证。

　　水闸岩石地基、碎石土地基与土质地基的整体稳定复核计算应按《水闸设计规范》(SL 265) 的规定执行。水闸基础存在较大变形时，应复核基础承载力，并分析对工程结构安全和防渗安全的影响。

　　与土基上的闸室稳定计算一样，岩基上的闸室稳定计算同样有地基承载能力、闸室抗倾覆和抗滑稳定两方面的含义和三项要求。主要所不同的是要求岩基上闸室最大基底应力不大于地基允许承载力和基底应力的最大值与最小值之比不受限制。由于岩基的允许承载力一般均较大，因此要求闸室最大基底应力不超过岩基的允许承载力，这是不难满足的；又由于岩基的压缩性很小，因此作为水闸地基一般是不会因闸室基底应力分布的不均匀状态而发生较大的沉降差，从而导致闸室结构发生倾覆的。但为了避免闸室基础底部与基岩之间脱开，要求岩基上水闸在非地震情况下闸室基底不要出现拉应力；在地震情况下闸室基底拉应力不要大于 100kPa，这样的规定与国家现行相关标准的规定是一致的。

　　4. 岸墙、翼墙稳定

　　岸墙、翼墙稳定复核应包括抗滑（倾）稳定、基底应力复核，应根据基底介质按《水闸设计规范》(SL 265) 的规定执行。

　　计算岸墙、翼墙稳定和应力时的荷载组合可按表 5.4-1 的规定采用，并应验算施工期、完建期和检修期（墙前无水和墙后有地下水）等情况。

　　岸墙、翼墙稳定计算宜取单位长度或分段长度的墙体作为计算单元。对于未设横向永久缝的重力式岸墙、翼墙结构，宜取单位长度墙体作为稳定计算单元；对于设有横向永久缝的重力式、扶壁式或空箱式岸墙、翼墙结构，宜取分段长度墙体作为稳定计算单元。稳定计算时，荷载应按标准值取用。

　　土基、岩基上的岸墙、翼墙稳定要求，岸墙、翼墙的基底应力，及沿岸墙、翼墙基底面的抗滑稳定安全系数，同闸室稳定的规定。

　　岩基上翼墙的抗倾覆稳定安全系数应按式 (5.4-30) 计算，不论水闸级别，在基本荷载组合条件下，岩基上翼墙的抗倾覆安全系数不应小于 1.50；在特殊荷载组合条件下，岩基上翼墙的抗倾覆安全系数不应小于 1.30。

$$K_0 = \frac{\sum M_V}{\sum M_H} \tag{5.4-30}$$

式中：K_0 为翼墙抗倾覆稳定安全系数；$\sum M_V$ 为对翼墙前趾的抗倾覆力矩；$\sum M_H$ 为对翼墙前趾的倾覆力矩，kN·m。

　　岩基上翼墙抗倾覆稳定安全系数允许值的确定，以在各种荷载作用下不倾倒为原则，但要有一定的安全储备。

　　5. 水闸连接段堤防的结构稳定与变形安全

　　水闸连接段堤防的结构稳定与变形安全应按《堤防工程设计规范》(GB 50286) 和《海堤工程设计规范》(SL 435) 的相关规定进行复核计算，并应满足与堤防工程交叉、连接的要求。

　　6. 结构应力分析

　　水闸结构应力分析应根据分部结构布置型式、尺寸及受力条件等确定。水闸结构应力复核应包括闸室底板应力和闸墩应力复核，有胸墙、顶板结构的水闸还应复核胸墙、顶板的应力。水闸结构构件极限状态设计计算应符合《水工混凝土结构设计规范》（SL 191）的规定。

（1）闸室底板应力和闸墩应力复核。开敞式水闸闸室底板的应力分析可按下列方法选用：土基上水闸闸室底板的应力分析可采用反力直线分布法或弹性地基梁法。相对密度小于或等于 0.50 的砂土地基，可采用反力直线分布法；黏性土地基或相对密度大于 0.50 的砂土地基，可采用弹性地基梁法。当采用弹性地基梁法分析水闸闸室底板应力时，应考虑可压缩土层厚度与弹性地基梁半长之比值的影响。当比值小于 0.25 时，可按基床系数法（文克尔假定）计算；当比值大于 2.0 时，可按半无限深的弹性地基梁法计算；当比值为 0.25～2.0 时，可按有限深的弹性地基梁法计算。岩基上水闸闸室底板的应力分析可按基床系数法计算。

开敞式水闸闸室底板的应力可按闸门门槛的上，下游段分别进行计算，并计入闸门门槛切口处分配于闸墩和底板的不平衡剪力。

当采用弹性地基梁法时，可不计闸室底板自重；但当作用在基底面上的均布荷载为负值时，则仍应计及底板自重的影响，计及的百分数则以使作用在基底面上的均布荷载值等于零为限度确定。

当采用弹性地基梁法时，可按表 5.4 - 8 的规定计及边荷载计算百分数。对于黏性土地基上的老闸加固，边荷载的影响可按表 5.4 - 8 的规定适当减小。计算采用的边荷载作用范围可根据基坑开挖及墙后土料回填的实际情况研究确定，通常可采用弹性地基梁长度的 1 倍或可压缩层厚度的 1.2 倍。

表 5.4 - 8　　　　　　　　　　边 荷 载 计 算 百 分 数

地基类别	边荷载使计算闸段底板内力减少	边荷载使计算闸段底板内力增加
砂性土	50%	100%
黏性土	0	100%

（2）其他结构应力。闸室工作桥、检修便桥、交通桥、岸墙与翼墙的结构应力，可根据其结构型式采用结构力学方法进行计算复核，并符合《水工混凝土结构设计规范》（SL 191）、《水工挡土墙设计规范》（SL 379）等标准的规定。

开敞式或胸墙与闸墩简支连接的胸墙式水闸，其闸墩应力分析方法应根据闸门型式确定。平面闸门闸墩的应力分析可采用材料力学方法，弧形闸门闸墩的应力分析宜采用弹性力学方法。

涵洞式，双层式或胸墙与闸墩固支连接的胸墙式水闸，其闸室结构应力可按弹性地基上的整体框架结构进行计算。

受力条件复杂的大型水闸闸室结构宜视为整体结构采用空间有限单元法进行应力分析，必要时应经结构模型试验验证。

水闸底板和闸墩的应力分析，应根据工程所在地区的气候特点，水闸地基类别，运行条件和施工情况等因素考虑温度应力的影响。

（3）强度和裂缝控制。水闸混凝土结构除应满足强度和裂缝控制要求外，还应根据所在部位的工作条件、地区气候和环境等情况，分别满足抗渗、抗冻、抗侵蚀和抗冲刷等耐久性的要求，并应符合《水闸设计规范》（SL 265）、《水工建筑物抗冰冻设计规范》（SL 211）及《水工混凝土结构设计规范》（SL 191）的有关规定。

（4）边坡安全。边坡安全复核应按《水利工程边坡设计规范》（SL 386）的规定执行。

（5）消能防冲。消能防冲应根据近期规划数据、现状河床情况，运行条件和运行方式进行。

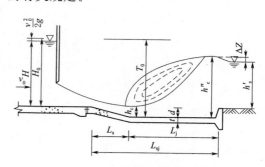

消力池计算示意图见图 5.4-9。

收缩水深 h_c：

$$h_c^3 - T_0 h_c^2 + \alpha q^2/(2g\varphi^2) = 0 \qquad (5.4-31)$$

式中：T_0 为由消力池底板顶面算起的总势能，m；q 为过闸单宽流量，m^2/s；α 为水流动能校正系数，一般采用 $1.00\sim1.05$；φ 为流速系数，采用 $0.95\sim1.00$。

图 5.4-9 消力池计算示意图

跃后水深 h_c''：

$$h_c'' = \{0.5h_c[1 + 8\alpha q^2/(gh_c^3)]^{0.5} - 0.5h_c\}(b_1/b_2)^{0.25} \qquad (5.4-32)$$

式中：b_1 为消力池首端宽度，m；b_2 为消力池末端宽度，m。

出池落差 ΔZ：

$$\Delta Z = [1/(\varphi h_s')^2 - 1/h_c''^2]\alpha q^2/(2g) \qquad (5.4-33)$$

式中：h_s' 为出池河床水深，m。

消力池深度 d：

$$d = \sigma_0 h_c'' - h_s' - \Delta Z \qquad (5.4-34)$$

式中：σ_0 为水跃淹没系数，一般采用 $1.05\sim1.10$。

消力池水跃长度 L_j：

$$L_j = 6.9 \times (h_c'' - h_c) \qquad (5.4-35)$$

消力池长度 L_{sj}：

$$L_{sj} = L_s + \beta L_j \qquad (5.4-36)$$

式中：L_s 为消力池斜坡段水平投影长度，m；β 为水跃长度校正系数，一般采用 $0.7\sim0.8$。

消力池底板根据抗冲要求：

$$t = k_1(q\Delta H'^{0.5})^{0.5} \qquad (5.4-37)$$

式中：$\Delta H'$ 为泄水时的上、下游水位差，m；k_1 为消力池底板计算系数，一般采用 $0.15\sim0.20$；消力池底板末端厚度一般可取 $t/2$。

根据抗浮要求：

$$t = k_2(U - W \pm P_m)/\gamma_b \qquad (5.4-38)$$

式中：U 为作用在消力池底板底面的扬压力，kPa；W 为作用在消力池底板顶面的水重，kPa；P_m 为作用在消力池底板上的脉动压力，kPa；γ_b 为消力池底板的饱和重度，kN/m^3；k_2 为消力池底板安全系数，可采用 $1.1\sim1.3$。

海漫长度计算：

$$L_p = K_s (q_s \Delta H'^{0.5})^{0.5} \qquad\qquad (5.4-39)$$

式中：q_s 为消力池末端单宽流量，m^2/s；K_s 为海漫长度计算系数，基底土质为粉质壤土，一般取 $12 \sim 11$。

海漫末端河床冲刷深度计算：

$$d_m = 1.1 \times q_m / [v_0] - h_m \qquad\qquad (5.4-40)$$

式中：$[v_0]$ 为河床土质的不冲流速，m/s；q_m 为海漫末端单宽流量，m^2/s；h_m 为海漫末端河床水深，m；d_m 为海漫末端河床冲刷深度，m。

水闸结构安全单项评价标准应符合表 5.4-9～表 5.4-15 的规定。表中的有关系数，应根据引用标准相应系数的修订而进行调整。

表 5.4-9　　　　　　　　　闸室、岸墙、翼墙沿基底面抗滑稳定安全性分级

级别	荷载组合		抗剪强度公式				抗剪断强度公式 *	
			土基		岩基			
			A	C	A	C	A	C
1	基本组合		≥1.35	<1.35	≥1.10	<1.10	≥3.00	<3.00
	特殊组合	I	≥1.20	<1.20	≥1.05	<1.05	≥2.50	<2.50
		II	≥1.10	<1.10	≥1.00	<1.00	≥2.30	<2.30
2	基本组合		≥1.30	<1.30	≥1.08	<1.08	≥3.00	<3.00
	特殊组合	I	≥1.15	<1.15	≥1.03	<1.03	≥2.50	<2.50
		II	≥1.05	<1.05	≥1.00	<1.00	≥2.30	<2.30
3	基本组合		≥1.25	<1.25	≥1.08	<1.08	≥3.00	<3.00
	特殊组合	I	≥1.10	<1.10	≥1.03	<1.03	≥2.50	<2.50
		II	≥1.05	<1.05	≥1.00	<1.00	≥2.30	<2.30
4、5	基本组合		≥1.20	<1.20	≥1.05	<1.05	≥3.00	<3.00
	特殊组合	I	≥1.05	<1.05	≥1.00	<1.00	≥2.50	<2.50
		II	≥1.00	<1.00	≥1.00	<1.00	≥2.30	<2.30

注　* 适用于岩基。A 表示安全；B 表示基本安全；C 表示不安全，不同。

表 5.4-10　　　　　　　闸室、岸墙、翼墙基底应力和抗倾覆稳定安全性分级

荷载组合	土基					岩基			
	允许应力		基底应力比			允许应力		抗倾覆稳定安全	
	A	C	地基土质	A	C	A	C	A	C
基本组合	$\sigma_{ave} \leq [\sigma]$ 且 $\sigma_{max} \leq 1.2[\sigma]$	$\sigma_{ave} > [\sigma]$ 或 $\sigma_{max} > 1.2[\sigma]$	松软	≤1.50	>1.50	1. $\sigma_{max} \leq [\sigma]$； 2. 非地震条件 $\sigma_{min} \geq 0$； 3. 地震条件 $\sigma_{min} \geq -100kPa$	1. $\sigma_{max} > [\sigma]$； 2. 非地震条件 $\sigma_{min} < 0$； 3. 地震条件 $\sigma_{min} < -100kPa$	≥1.50	<1.50
			中等坚实	≤2.00	>2.00				
			坚实	≤2.50	>2.50				
特殊组合			松软	≤2.00	>2.00			≥1.30	<1.30
			中等坚实	≤2.50	>2.50				
			坚实	≤3.00	>3.00				

表 5.4－11　　　　　　　　　　闸室抗浮稳定安全性分级

荷载组合	A	C
基本组合	≥1.10	<1.10
特殊组合	≥1.05	<1.05

表 5.4－12　　　　　　　　地基整体抗滑稳定安全性分级

级别	荷载组合		稳定计算安全系数				运行表现		
			瑞典圆弧法或折线滑动法		简化毕肖普法				
			A	C	A	C	A	B	C
1	基本组合		≥1.30	<1.30	≥1.43	<1.43			
	特殊组合	Ⅰ	≥1.20	<1.20	≥1.32	<1.32			
		Ⅱ	≥1.10	<1.10	≥1.21	<1.21			
2	基本组合		≥1.25	<1.25	≥1.375	<1.375			
	特殊组合	Ⅰ	≥1.15	<1.15	≥1.265	<1.265	变形稳定, 无滑动迹象	变形趋于稳定, 变形不致产生失稳	沉降未稳定, 变形可能导致整体失稳
		Ⅱ	≥1.05	<1.05	≥1.155	<1.155			
3	基本组合		≥1.20	<1.20	≥1.32	<1.32			
	特殊组合	Ⅰ	≥1.10	<1.10	≥1.21	<1.21			
		Ⅱ	≥1.05	<1.05	≥1.155	<1.155			
4、5	基本组合		≥1.15	<1.15	≥1.265	<1.265			
	特殊组合	Ⅰ	≥1.05	<1.05	≥1.155	<1.155			
		Ⅱ	≥1.00	<1.00	≥1.155	<1.155			

表 5.4－13　　　　　　　混凝土梁、板、柱结构安全性分级

级别	荷载组合	承载力安全系数[a]						构造要求
		钢筋混凝土、预应力混凝土		素混凝土				
				按受压承载力计算的受压构件、局部承压		按受拉承载力计算的受压、受弯构件		
		A	C	A	C	A	C	
1	基本	≥1.35	<1.35	≥1.45	<1.45	≥2.20	<2.20	满足以下要求为 A, 基本满足 (存在个别偏差, 且偏差在 5% 以内的) 为 B, 否则为 C:
	偶然	≥1.15	<1.15	≥1.25	<1.25	≥1.90	<1.90	1) 纵向受力钢筋保护层厚度满足最小厚度要求;
2、3	基本	≥1.20	<1.20	≥1.30	<1.30	≥2.00	<2.00	2) 钢筋锚固长度满足最小锚固长度要求;
	偶然	≥1.00	<1.00	≥1.10	<1.10	≥1.70	<1.70	3) 纵向受力钢筋配筋率满足最小配筋率
4、5	基本	≥1.15	<1.15	≥1.25	<1.25	≥1.90	<1.90	要求; 预埋件钢筋满足构造要求
	偶然	≥1.00	<1.00	≥1.05	<1.05	≥1.60	<1.60	

[a]　结构在使用、施工、检修期按基本组合, 地震与校核洪水位复核按偶然组合取用; 取用当荷载效应组合由永久荷载控制时, 安全系数应再增加 0.05。

表 5.4－14　　　　　　　　　土质结构安全性分级（瑞典圆弧法）

级别	运用条件	抗滑稳定安全系数		变形分析		
		A	C	A	B	C
1	正常	≥1.30	<1.30			
	非常[a]	≥1.20	<1.20			
	非常Ⅱ[b]	≥1.10	<1.10			
2	正常	≥1.25	<1.25			
	非常[a]	≥1.15	<1.15			
	非常Ⅱ[b]	≥1.05	<1.05			
3	正常	≥1.20	<1.20	沉降稳定，开裂可能性很小	沉降趋于稳定，有开裂可能	沉降未稳定，有危及安全的裂缝
	非常[a]	≥1.10	<1.10			
	非常Ⅱ[b]	≥1.05	<1.05			
4	正常	≥1.15	<1.15			
	非常[a]	≥1.05	<1.05			
	非常Ⅱ[b]	≥1.00	<1.00			
5	正常	≥1.10	<1.10			
	非常[a]	≥1.05	<1.05			
	非常Ⅱ[b]	≥1.00	<1.00			

[a]　非常运用条件包括非海堤堤防的地震运用条件；
[b]　非常Ⅱ为海堤平均潮水位遭遇设计地震运用条件。

表 5.4－15　　　　　　　　　消能防冲安全性分级

指标分级	A	B	C
描述	满足标准要求的	不满足标准要求，但冲刷对邻近水工建筑物安全影响不大的	不满足标准要求，冲刷影响邻近水工建筑物工程安全的

5.4.5　抗震安全复核

场地地震基本烈度应根据地震动峰值加速度与地震动反应谱特征周期确定，并符合《中国地震动参数区划图》（GB 18306）的规定。水闸抗震设防烈度根据场地地震基本烈度，按《水工建筑物抗震设计规范》（SL 203）确定。

当水闸有抗震设防要求时，应进行抗震安全复核。

水闸的抗震计算内容应包括结构稳定和结构强度计算。闸室和两岸连接建筑物及岸坡，应分别验算在地震荷载作用下的地基稳定性、结构抗滑稳定性、边坡抗滑稳定性。

拟静力法和基于反应谱理论的抗震计算是水工建筑结构抗震计算的基本分析方法，水工建筑物均要采用基本分析方法进行抗震验算。对于特别重要的大型水闸，还可采用包括有限元动力（时程）分析方法在内的其他多种方法进行对比分析，必要时辅以动力结构模型试验进行验证。

水闸建筑物各部位的结构强度，应分别验算在地震荷载作用下的截面承载能力，其计算成果和构造要求应符合《水工混凝土结构设计规范》（SL 191）的规定。

有抗震设防要求的水闸，其闸址选择和建筑物结构布置应符合下列规定：闸址选择宜避开断裂带和可液化土层，无法避开时，应采取相应的处理措施；水闸各建筑物结构布置应匀称、上部重量轻、整体性强、刚度大；闸室、翼墙、岸墙等建筑物宜采用钢筋混凝土整体结构，相邻建筑物的基底应力应接近。结构分块布置时相邻结构尺寸不应相差过大；排架底部与闸墩、排架与固支桥面之间的连接部位应有足够的截面尺寸和连接钢筋，并按规定配置排架内的加密箍筋；工作桥、交通桥为简支结构时，其支座应采取挡块、螺栓连接或钢夹板连接等防震措施；防渗范围内的铺盖、护底等应采用钢筋混凝土结构。

震害调查表明，凡采用整体式钢筋混凝土结构的水闸震害较轻，而分离式结构震害较重，采用浆砌块石结构的震害最为严重。因此，地震设计烈度为Ⅷ度及Ⅷ度以上的水闸不宜采用分离式结构和浆砌块石结构；如地基采用桩基处理，要采用整体式桩基。要加强闸墩的侧向刚度，当有胸墙时，要采用固支式连接；闸墩底部要加强配筋；闸室底板内有廊道、集水井等孔洞时，要加强其周边的钢筋布置。

5.4.6 金属结构安全复核

将金属结构与机电设备进行了区分。金属结构主要指闸门和启闭机，启闭机中的电动机作为机电设备进行评价。金属结构的安全复核应综合其设计选型、安装运用等因素。

金属结构安全复核应包括闸门安全复核与启闭机安全复核。对超过折旧年限但仍在使用的，或在设计期限内但结构、受力构件或零部件和埋件发生严重锈（腐、剥）蚀或磨损的，或运用条件发生不利变化的金属结构，应进行安全复核。

闸门安全复核应包括下列内容：闸门布置、选型、运用条件能否满足需要；闸门与埋件的制造与安装质量是否符合设计与标准的要求；闸门锁定等装置、检修门配置能否满足需要。

闸门运用条件、结构尺寸与计算参数等发生不利变化时，应复核闸门结构件的强度、刚度和稳定性。钢闸门应按《水利水电工程钢闸门设计规范》（SL 74）、《水工钢闸门和启闭机安全检测技术规程》（SL 101）等标准执行。

5.4.6.1 闸门结构件的强度、刚度和稳定性

根据实际可能发生的最不利的荷载组合情况，按基本荷载组合和特殊荷载组合条件进行强度、刚度和稳定性验算。

对于闸门的承载构件和连接件，应验算正应力和剪应力。在同时承受较大正应力和剪应力的作用处，还应验算折算应力。弧形闸门的纵向梁系和面板，可忽略其曲率影响，近似按直梁和平板进行验算。

受弯构件的最大挠度与计算跨度之比，不应超过下列数值：潜孔式工作闸门和事故闸门的主梁，1/750；露顶式工作闸门和事故闸门的主梁，1/600；检修闸门和拦污栅的主梁，1/500；次梁，1/250。

受弯、受压和偏心受压构件，应验算整体稳定和局部稳定性。

闸门构件的长细比应符合以下要求：受压构件的容许长细比不应超过下列数值：主要构件，120；次要构件，150；联系构件，200。受拉构件的容许长细比不应超过下列数值：

主要构件，200；次要构件，250；联系构件，350。

面板及其参与梁系有效宽度的计算应符合以下要求：为充分利用面板的强度，梁格布置时宜使面板的长短边比 $b/a>1.5$，并将长边布置在沿主梁轴线方向；面板的局部弯曲应力，可视支承边界情况，按四边固定（或三边固定一边简支，或两相邻边固定、另两相邻边简支）的弹性薄板承受均布荷载（对于露顶式闸门的顶区格按三角形荷载）计算。

初选面板厚度 δ，按式（5.4-41）计算：

$$\delta = a\sqrt{\frac{K_y q}{\alpha[\sigma]}} \qquad (5.4-41)$$

式中：δ 为初选面板厚度，mm；K_y 为弹塑性薄板支承长边中点弯应力系数；α 为弹塑性调整系数，$b/a>3$ 时，$\alpha=1.4$，$b/a\leqslant3$ 时，$\alpha=1.5$；q 为面板计算区格中心的水压力强度，N/mm^2；a、b 为面板计算区格的短边和长边长度，mm，从面板与主（次）梁的连接焊缝算起；$[\sigma]$ 为钢材的抗弯容许应力。

当面板与主（次）梁相连接时应考虑面板参与主（次）梁翼缘工作。

验算面板强度时，应考虑面板的局部弯应力与面板兼作主（次）梁翼缘的整体弯应力相叠加。σ_{zh} 应满足式（5.4-42）要求：

$$\sigma_{zh}\leqslant1.1\alpha[\sigma] \qquad (5.4-42)$$

计算所得面板厚度 δ 还应根据工作环境、防腐条件等因素，根据安全检测实际厚度选取。

当验算支臂在框架平面内的稳定时，弧形闸门支臂的计算长度按式（5.4-43）计算：

$$h_0=\mu h \qquad (5.4-43)$$

式中：h_0 为支臂的计算长度，m；h 为支臂的长度（由框架的形心线算起），m；μ 为支臂的计算长度系数。对主横梁式的矩形框架或梯形框架的支臂，μ 可取 $1.2\sim1.5$；对主纵梁式多层三角形框架的支臂，μ 可取 1.0。

5.4.6.2　启闭机安全复核

启闭机安全复核应包括下列内容：启闭机选型、运用条件能否满足工程需要；启闭机制造与安装的质量是否符合设计与标准的要求；启闭机的安全保护装置与环境防护措施是否完备，运行是否可靠。

启闭机结构件复核应按《水利水电工程启闭机设计规范》（SL 41）的规定执行。荷载应结合有关观测试验资料，按设计运用条件、结构现状进行核算。

1. 平面闸门启闭力

平面闸门启闭力应按以下方法计算：动水中启闭的闸门启闭力计算应包括闭门力、持住力、启门力的计算。

闭门力按式（5.4-44）计算。计算结果为正值时，需要加重（加重方式有加重块、水柱或机械下压力等）；为负值时，依靠自重可以关闭。

$$F_w=n_T(T_{zd}+T_{zs})-n_G G+P_t \qquad (5.4-44)$$

持住力按式（5.4-45）计算：

$$F_T=n_G'G+G_j+W_s+P_x-P_t-(T_{zd}+T_{zs}) \qquad (5.4-45)$$

启门力按式（5.4-46）计算：

$$F_Q = n_T(T_{zd} + T_{zs}) + P_x + n'_G G + G_j + W_s \qquad (5.4-46)$$

滑动轴承的滚轮摩阻力按式 (5.4-47) 计算：

$$T_{zd} = \frac{P}{R}(f_1 r + f) \qquad (5.4-47)$$

滚动轴承的滚轮摩阻力按式 (5.4-48) 计算：

$$T_{zd} = \frac{Pf}{R}\left(\frac{R_1}{d} + 1\right) \qquad (5.4-48)$$

滑动支承摩阻力按式 (5.4-49) 计算：

$$T_{zd} = f_2 P \qquad (5.4-49)$$

止水摩阻力按式 (5.4-50) 计算：

$$T_{zs} = f_3 P_{zs} \qquad (5.4-50)$$

式中：F_w、F_T、F_Q 分别为闭门力、持住力和启门力，kN；n_T 为摩擦阻力安全系数，可采用 1.2；n_G 为计算闭门力用的闸门自重修正系数，可采用 0.9～1.0；n'_G 为计算持住力和启门力用的闸门自重修正系数，可采用 1.0～1.1；G 为闸门自重，kN，当有吊杆时应计入吊杆重量；计算闭门力时可不计吊杆的重量，门重可采用浮重；W_s 为作用在闸门上的水柱压力，kN；G_j 为加重块重量，kN；P_t 为上托力，kN，包括底缘上托力及止水上托力；P_x 为下吸力，kN；T_{zd} 为支承摩阻力，kN；P 为作用在闸门上的总水压力，kN；r 为滚轮轴半径，mm；R_1 为滚动轴承的平均半径，mm；R 为滚轮半径，mm；d 为滚动轴承滚柱或滚珠的直径，mm；f 为滚动摩擦力臂，mm；T_{zs} 为止水摩阻力，kN；P_{zs} 为作用在止水上的压力，kN；f_1、f_2、f_3 为滑动摩擦系数，计算持住力应取小值，计算启门力、闭门力应取大值。

静水中开启的闸门，其启闭力计算除计入闸门自重和加重外，尚应考虑一定的水位差引起的摩阻力。露顶式闸门和电站尾水闸门可采用不大于 1m 的水位差；潜孔式闸门可采用 1～5m 的水位差。对有可能发生淤泥、污物堆积等情况时，尚应酌情增加。

2. 弧形闸门启闭力

弧形闸门启闭力应按以下方法计算：

闭门力按式 (5.4-51) 计算。计算结果为正值时，需加重，为负值时，依靠自重可以关闭。

$$F_w = \frac{1}{R_1}[n_T(T_{zd}r_0 + T_{zs}r_1) + R_t r_3 - n_G G r_2] \qquad (5.4-51)$$

启门力按式 (5.4-52) 计算：

$$F_Q = \frac{1}{R_2}[n_T(T_{zd}r_0 + T_{zs}r_1) + n'_G G r_2 + G_j R_1 + R_x r_4] \qquad (5.4-52)$$

式中：r_0、r_1、r_2、r_3、r_4 分别为转动铰摩阻力、止水摩阻力、闸门自重、上托力和下吸力对弧形闸门转动中心的力臂，m；R_1、R_2 分别为加重（或下压力）和启门力对弧形闸门转动中心的力臂，m；T_{zs} 为止水摩阻力，按式 (5.4-51) 计算。

弧形闸门在启闭运动过程中，力的作用点、方向和力臂随运动而变化，因此，必要时可绘制启闭力过程线，以决定最大值。

3. 拦污栅启吊力

拦污栅启吊力应按以下方法计算：

在静水中启吊时其启吊力按式（5.4-53）计算：

$$F_Q \geqslant n_G' G + n_m m \qquad (5.4-53)$$

式中：F_Q 为拦污栅启吊力，kN；n_m 为污物的超重系数，可采用 1.2；m 为污物的重量，kN，按栅条间部分堵塞考虑，堵塞面积可根据污物情况决定；G 为拦污栅自重，kN；n_G' 为自重修正系数，采用 1.0～1.1。

在动水中启吊时，其启吊力除按式（5.4-53）计算外，还应考虑拦污栅部分堵塞后形成水位差的影响，选用水位差不得大于 2m。

闸门底部防渗漏应按式（5.4-54）进行验算：

$$\sigma_y \geqslant 0.0012 \gamma H_S \qquad (5.4-54)$$

式中：σ_y 为闸门底止水在底槛上的压应力，N/mm^2；γ 为水的容重，kN/m^3；H_S 为由底槛算起的水头，m。

在多泥沙水流中工作的闸门，计算启闭力时应做专门研究。除考虑水压力外，还应考虑泥沙影响，包括泥沙引起的支承、止水摩阻力，泥沙与闸门间的黏着力和摩擦力，门上淤积泥沙的重量等。黏着系数和摩擦系数可通过试验确定。此外，还应适当加大安全系数，以克服泥沙局部阻塞增加的阻力。

混凝土闸门应按《水工混凝土结构设计规范》（SL 191）的规定执行。荷载应结合有关观测试验资料，按设计运用条件、结构现状进行核算。

5.4.7　机电设备安全复核

机电设备安全复核应评价能否满足安全运行要求。

安全复核应包括下列内容：电动机、柴油发电机等设备的选型、运用条件能否满足工程需要；机电设备的制造与安装是否符合设计与标准的要求；变配电设备、控制设备和辅助设备是否符合设计与标准的要求。

机电设备安全复核按《国家电气设备安全技术规范》（GB 19517）、《电气装置安装工程电气设备交接试验标准》（GB 50150）、《水利水电工程机电设计技术规范》（SL 511）及《灌排泵站机电设备报废标准》（SL 510）的规定执行。泄洪及其他应急闸门的启闭机供电可靠性、电气设备安全应符合《电气设备安全设计导则》（GB 25295）的规定。

5.4.8　案例分析

5.4.8.1　概述

1. 工程概况

进洪南闸，即原进洪新闸，始建于 1969 年；2005 年除险加固拆除重建后，改名为进洪南闸。进洪南闸共分 27 孔，设闸门 25 孔，其中，边孔 2 孔，中孔 23 孔。进洪闸采用分离式底板、灌注桩基础，闸底板顶高程均为 −1.00m。单孔净宽为 9.5m。墩底板宽度为 2.0m，厚 1.5m，中间小底板宽度为 8.7m，厚 1.0m，闸墩厚 1.2m，闸顶高程为 9.0m。闸室长 18m。闸室上游设长 10m、厚 0.5m 的钢筋混凝土铺盖，铺盖前接长 10m，厚 0.5m 的浆砌石护底。南闸闸室下游消力池长 20m，深 1.0m。后接 5m 长混凝土护坦、25m 长浆砌石海漫及 10m 长抛石防冲槽，后以 1：5 的反坡与河道相接。交通桥布置在闸室上游侧，桥面高程为 9.00m，桥面净宽 7.0m，两侧各设 1.0m 宽的人行道。机架桥布置在闸室下游侧，桥面宽 5.0m，桥面高程 16.50m，桥面上设轻型启闭机房。检修桥分别布置在工作门槽和检修门槽两侧，桥面高程 9.00m，在检修门槽相应部位铺设钢栅盖板。

南闸中孔、边孔闸门尺寸分别为 9.5m×4.94m 和 9.5m×2.94m（宽×高），采用 2×160kN 固定卷扬启闭机启闭。在工作门槽上、下游各设一道检修门槽，采用叠梁检修闸门，在机架桥帽梁两端的悬臂下设吊轨，吊轨下各安装 2×100kN 电动葫芦，通过自动抓梁启闭检修门。

南闸设计闸上水位 6.44m（85 国家基准高程，下同），闸下水位 6.30m，除险加固后设计流量为 2500m³/s，与北闸合计流量 3600m³/s。

进洪南闸建闸至今，与北闸联合运用，较好地发挥了预计的社会和经济效益。为全面掌握进洪南闸的工程安全状况，以便为今后工程运行管理和决策提供依据，有必要开展南闸安全鉴定工作，在现状调查报告和现场检测报告基础上，对水闸工程进行复核计算，主要内容包括：水闸过流能力、消能防冲、闸基抗渗稳定性、闸室和翼墙结构的整体稳定性、结构强度、钢闸门结构强度等的复核计算。

进洪南闸中孔剖面上、上下游侧现状分别如图 5.4-10、图 5.4-11 所示。

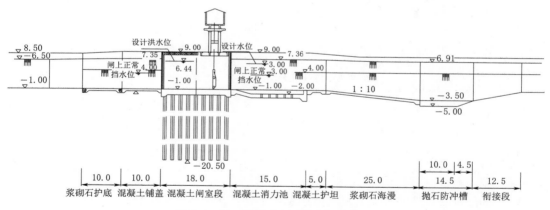

图 5.4-10 进洪南闸中孔剖面示意图

2. 工程等别及标准

河道治理对进洪闸的泄洪规模进行了调整，进洪闸除险加固工程的设计过闸流量 3600m³/s（2005 年除险加固前 3200m³/s），其中进洪南闸 2500m³/s（除险加固前 2360m³/s）。工程规模为大（2）型，设计洪水标准为 50～30 年一遇，校核洪水标准为 200～100 年一遇，工程等别为 Ⅱ 等，主要建筑物级别为 2 级，次要建筑物级别为 3 级。根据《关于进洪闸除险加固工程初步设计报告的批复》（水总〔2004〕225 号），除险加固工程为 Ⅱ 等工程，闸室等主要建筑物为 2 级水工建筑物，次要建筑物为 3 级建筑物。除险加固工程实施以来，所在城市和区域的城市总体规划和治理规划未改变，以此，根据《水利水电枢纽工

（a）上游侧　　　　　　　　　　　　　　　（b）下游侧

图 5.4-11　进洪南闸

程等级划分及洪水标准》（SL 252）和《水闸设计规范》（SL 265），本次仍采用批复标准，按Ⅱ等工程，主要建筑物 2 级，次要建筑物 3 级复核。

交通桥设计标准为计算荷载汽-20，验算荷载为挂-100。

根据流域和区域防洪规划的总体安排，在设计条件下，泄洪以不抬高片区控制运用水位 6.44m 为原则，相应的闸下水位为 6.30m；片区超标运用时，以 6.94m 作为进洪闸防洪最高水位。

3. 水文与水文组合

（1）设计水位。设计水位、各种复核计算工况下的水位组合如下。

水闸设计水位见表 5.4-16。

表 5.4-16　　　　　　　　　进洪闸水位特征表（85 基准，下同）

闸上水位/m		闸下水位/m		备注
正向挡水水位	3.44	反向挡水水位	3.00	
设计水位	6.44	设计水位	6.30	
校核水位	6.94	校核水位		

（2）水位特征。进洪闸除满足汛期宣泄洪水外，还应满足以下排涝、灌溉和蓄水供水等综合利用要求：

1）排涝要求：为确保片区内农田汛后及时种麦，东淀排涝水位按 0.9m 控制。

2）蓄水灌溉要求：包括汛后闸前东淀内深槽蓄水和闸下蓄水。正向设计挡水位 3.44m，反向设计挡水位 3.0m。

3）引水要求：枯水年从干流河槽引水，为水库补充水源。

考虑到除险加固工程以来，流域和城市防洪规划涉及部分未有改变，本次复核计算的主要特征水位同设计水位。

（3）水位组合。综合上述资料，选取南闸本次结构稳定、抗渗稳定、消能防冲等复核计算的特征水位组合见表 5.4-17～表 5.4-20。

表 5.4-17   稳定计算水位组合表

工 况		闸上水位/m	闸下水位/m	备 注
基本组合	正向挡水运行	3.44	−1.00（无水）	无水表示水位与闸底板现状高程相同
	反向挡水运行	−1.00（无水）	3.00	
	设计洪水位	6.44	6.30	
特殊组合	正向挡水地震	3.44	−1.00（无水）	
	反向挡水地震	−1.00（无水）	3.00	

表 5.4-18   水闸渗流稳定计算水位组合表

工 况	闸上水位/m	闸下水位/m	备 注
正向挡水运行	3.44	−1.00（无水）	
反向挡水运行	−1.00（无水）	3.00	

表 5.4-19   水闸消能防冲计算水位组合表

工 况	闸上水位/m	闸下水位/m	备 注
泄洪	1.94（泄洪控制水位）	−1.00（无水）	逐级开启
排涝	0.90（排涝控制水位）	−1.00（无水）	

表 5.4-20   翼墙稳定计算水位组合表

工 况	墙前水位/m	墙后水位/m	备 注
运行工况	3.44	3.00	墙后活荷载 5.0kN/m
校核工况	6.94	6.94	墙后活荷载 5.0kN/m

4. 工程地质及水文地质

（1）水文地质。南闸闸址浅层地下水均为孔隙潜水，主要受大气降水和河水补给，地下水位受季节和河水影响而略有变化。南闸地下水位−1.59～−1.81m。南闸两岸翼墙部位地下水位高程分别为 0.20m、1.80m；防浪墙环岛地下水位高程 0.40～−0.44m。

南闸②层壤土、③层壤土均属微弱透水性。地下水化学类型，以重碳酸氯钾钠型水为主，据《水利水电工程地质勘察规范》（GB 50287），地下水对普通水泥混凝土具结晶类弱～中等硫酸型腐蚀性，闸址区地下水对混凝土具中等腐蚀性。

（2）地层岩性。闸址区除表层为人工填土或混凝土底板（mlQ）外，其下揭露地层均为第四系全新统（Q_4）沉积物，可划分为第四系全新统（alQ_4^3）、第四系全新统第一海相层（mQ_4^2）、第四系全新统第二陆相层（alQ_4^1）四大层和①～⑧共 8 个小层。

人工填土、混凝土底板（mlQ）包括①小层：

①层：两岸翼墙后为人工填土，黏土、壤土主，褐黄色，稍湿，可塑状，揭露厚度 5.50～5.80m，平均厚度 5.65m，层底高程为 1.98～1.76m。

第一陆相层（alQ_4^3）包括②小层：

②层：壤土为主，褐黄色，湿～很湿，可塑～软塑。该层厚度 0.90～3.60m，平均厚度 1.75m，层底高程为−1.43～−2.40m。标准贯入击数 3～6 击，平均击数为 4.0 击（共 7 段次）。

第一海相层（mQ$_4$^{2}）包括③、④、⑤、⑥四小层：

③层：壤土为主，灰色，很湿～饱和，可塑～软塑～流塑，局部（主要在闸室东北侧）夹有淤泥质壤土。该层厚度 3.00～8.50m，平均厚度 6.28m，层顶高程为－1.43～－4.48m。标准贯入击数 3～10 击，平均击数为 5.9 击（共 31 段次）。

④层：细砂、极细砂为主、局部为粉砂，灰色，饱和，松散—稍密，局部夹壤土、砂壤土薄层。该层厚度变化较大，北东薄西南厚，厚度 0.50～6.30m，平均厚度 2.67m，层顶高程为－7.79～－11.38m。标准贯入击数 7～30 击，平均击数为 12.9 击（共 18 段次）。

⑤层：壤土为主，灰色，湿—很湿—饱和，可塑—软塑—流塑。该层厚度变化较大，闸室中间较薄，北东、西南两侧较厚，厚度 1.70～－10.50m，平均厚度 5.29m，层顶高程为－7.79～14.70m。标准贯入击数 8～22 击（共 19 段次）。

⑥层：砂壤土，灰色，饱和，可塑。该层北东厚西南薄，至 XZ413 孔尖灭，厚度 0.70～6.10m，平均厚度 3.98m，层顶高程为－13.72～－20.71m。标准贯入击数 10～27 击，平均击数为 17.1 击（共 11 段次）。

第二陆相层（alQ$_4$^{1}）包括⑦、⑧两小层：

⑦层：壤土，褐黄色，湿～很湿，硬塑～可塑。该层厚度 5.20～7.00m，平均厚度 6.12m，层顶高程为－17.93～－24.42m。标准贯入击数 24～48 击，平均击数为 32.3 击（共 4 段次）。

⑧层：砂壤土，黄色，很湿，密实。该层揭露厚度 1.50～6.00m，层顶高程为－24.93～－29.48m。标准贯入击数 45～50 击，平均击数为 47 击（共 3 段次）。

各层土的物理力学性质详见表 5.4－21。

表 5.4－21　　　　　　　　　　土 层 力 学 性 质 表

层号及岩性		饱和快剪		饱固快剪	
		凝聚力/kPa	摩擦角/(°)	凝聚力/kPa	摩擦角/(°)
①	填土	17.83	28.2	—	—
②	壤土	33.7	14.8	—	—
③	壤土	24.0	24.9	15.0	29.0
	淤泥质壤土	23.0	22.3	18.5	24.4
④	细砂	29.3	34.4	—	—
⑤	壤土	49.0	5.2	17.0	28.5

（3）地震设防。进洪闸场区场地类别为Ⅲ类。根据《中国地震动参数区划图》（GB 18306），闸址区地震动峰值加速度为 0.15g，地震基本烈度Ⅶ度，按照《水工建筑物抗震设计规范》（SL 203），需要进行抗震复核。

5.4.8.2　水力复核

1. 防洪标准

进洪南闸 2500m³/s（除险加固前 2360m³/s），程规模为大（2）型，设计洪水标准为 50～30 年一遇，校核洪水标准为 200～100 年一遇。除险加固工程完工以来，天津城市防洪规划和河道治理规划尚未改变，以此，本次复核认定防洪标准不变，水闸防洪标准符合现状条件要求。

2. 闸顶高程复核

根据《关于进洪闸除险加固工程初步设计报告的批复》（水总〔2004〕225 号），进洪闸工程的主要任务是汛期宣泄洪水入海，以确保城市和下游铁路的安全，保护进洪闸中下游地区人民的生命财产安全，并可满足汛后排除涝水和利用洪水资源的要求。根据《水闸设计规范》（SL 265），对于水闸闸顶高程，泄水时，闸顶高程不应低于设计洪水位（或校核洪水位）与相应安全超高值之和。进洪闸主要功能为泄洪，主要建筑物为 2 级，根据《水闸设计规范》（SL 265），设计洪水位、校核洪水位下的安全超高分别为 1.0m、0.7m。

根据《进洪闸除险加固工程图纸》（2007.4），进洪闸设计、校核水位分别为 6.44m 和 6.94m；南闸闸顶高程为 9.0m；中孔、边孔闸底的高程分别为 −1.00m、1.00m；中孔、边孔每扇闸门分别高 4.94m、2.94m；闸室两侧翼墙墙顶高程为 9.0m。

根据本次安全评价的测量成果，2008—2014 年 YT3 累计沉降量为 0.31m。闸底板间的相对高差变化基本在 1mm/m 以内，各闸室间的相对沉降较小，整体较为稳定。以 YT3 为基准点，相对于 YT3 测点，竣工后南闸的累计平均沉降量为 −40mm。由此可知，受整体区域沉降的影响，南闸自竣工以来的沉降平均值为 0.27m。推算可知，闸墩、岸墙高程由原设计 9.0m 降至 8.73m。

现状条件下，闸底板高程为 −1.27m，闸顶高程为 8.73m。泄水时，闸顶高程不应低于设计洪水、校核洪水位与相应安全超高（分别为 1.0m、0.7m）之和。闸上的设计洪水位、校核洪水位分别为 6.44m、6.94m，相应地，设计洪水位下的闸顶高程应不低于 7.44m，校核水位下的闸顶高程应不低于 7.64m。现状条件下，闸顶高程为 8.73m。综上可知，现状下闸顶高程满足防洪安全和规范要求。

3. 过流能力

南闸的设计流量为 2500m³/s；相应的上游水位 6.44m，下游水位为 6.30m。根据本次安全评价的测量成果，南闸闸室间相对沉降较小，整体较为稳定，但受区域沉降影响存在整体沉降，自竣工以来整体沉降平均值在 0.27m。以此为依据，复核计算进洪闸的过流能力。

进洪南闸单孔净宽为 9.5m，现状条件下中孔闸底板高程均为 −1.27m，边孔底板高程为 0.73m。设计洪水位为闸上水位 6.44m，闸下水位为 6.30m。

先按一般准则，判别宽顶堰堰流流态：

$$h_{s中孔}/H_{0中孔}=[6.30\text{m}-(-1.27\text{m})]/[6.44\text{m}-(-1.27\text{m})]=0.982$$

$$h_{s边孔}/H_{0边孔}=(6.30\text{m}-0.73\text{m})/(6.44-0.73\text{m})=0.975$$

南闸中孔、边孔数分别为 23 孔、2 孔。查表可得中孔、边孔的淹没堰流综合流量系数分别为 0.987、0.983，将 H_0、μ_0、h_s、B_0 等代入，可求出进洪南闸中孔、边孔的流量为

$$Q_{南闸中孔}=\mu_{0中孔}h_{s中孔}B_{0中孔}\sqrt{2g(H_{0中孔}-h_{s中孔})}=2705\text{m}^3/\text{s}$$

$$Q_{南闸边孔}=\mu_{0边孔}h_{s边孔}B_{0边孔}\sqrt{2g(H_{0边孔}-h_{s边孔})}=177\text{m}^3/\text{s}$$

从而可知，设计泄洪工况下进洪南闸流量的流量分别为 2882m³/s，大于设计流量 2500m³/s。以此，复核认定进洪南闸在设计泄洪工况下的过流能力能满足设计泄洪流量要求（2500m³/s）和城市防洪规划要求。

4. 消能防冲

（1）消能防冲复核计算原则。正常情况下，进洪南闸上游水位控制在 1.94m（85 基

准，下同）以下，进洪北闸水位控制在 3.44m 以下。进洪闸运用采用南、北闸联合泄洪的方式，工作闸门均采用动水启闭的方式。当上游水位超过 1.94m，提南闸单独泄洪；当上游水位超过 3.44m 时，由南、北闸联合泄洪。南闸闸门运行方式为先提中间 5 孔，然后对称开启两边的各 2 孔（共 4 孔），以此类推，共分 6 组。北闸闸门运行方式为先提中间 3 孔，然后对称开启两边的各 2 孔（共 4 孔），以此类推，共分 3 组。

在南闸消能防冲复核计算中，闸门逐级开启，每 0.5m 作为一级闸门开度，待河道水平基本稳定后再开启下一级，计算时取用上一档次泄量相应的下游水位为计算下游水位，且不考虑闸孔出流在消力池内扩散至全部池底（考虑 23 孔全开，所需池深较小）。

（2）消能防冲复核计算成果。南闸闸室下游消力池长 20m，深 1.0m，后接 5m 长混凝土护坦、25m 长浆砌石海漫及 10m 长抛石防冲槽，后以 1∶5 的反坡与河道相接。根据本次安全评价的测量成果，受区域整体沉降影响，南闸累计平均沉降量为 0.27m，以此为依据进行复核计算，现状条件下南闸的消能防冲设施见图 5.4-12。根据 5.4.2 节中的计算原则，对进洪南闸进行消能防冲复核计算。

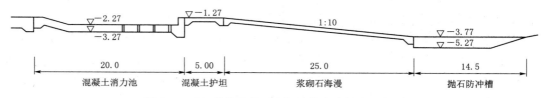

图 5.4-12　现状条件下南闸消能防冲设施示意图

经试算，在现状控制运用条件下，南闸在开度为 1.0m 时为消能防冲的控制工况，此工况下的计算成果见表 5.4-22。南闸实际消能设施尺寸也列于表 5.4-22。对比可以看出，在现行的闸门运用控制条件下，南闸的消力池深度、长度和底板厚度，及海漫长度（前段混凝土护坦和后段浆砌石海漫）和防冲槽深度均满足规范和安全运行要求。

表 5.4-22　南闸消能防冲计算成果

分类	消力池深度/m	消力池长度/m	消力池底板厚度/m	海漫长度/m
计算值	0.98	19.20	0.46	25.36
实际值	1.00	20.00	1.00	30.00

5.4.8.3　渗流安全复核

1. 渗径长度

南闸采用常用的单一平展式地下轮廓的防渗布置，地下轮廓线包括上游钢筋混凝土铺盖和闸室。墩底板宽度为 2.0m，厚 1.5m；中间小底板宽度为 8.7m，厚 1.0m；闸墩厚 1.2m，闸室长 18m。闸室上游设长 10m，厚 0.5m 的钢筋混凝土铺盖。

南闸底板地基为壤土，勃莱系数采用 $c=5$；对比 2.3 节确定的各种复核水位组合工况，正常挡水工况，即闸上水位为 3.44m，闸下无水时，承受水位差最大，为 $\Delta H = 3.44\text{m}-(-1.27\text{m})=4.71\text{m}$。根据图 5.4-13，计算得到水闸要求的渗径长度 23.55m。中间小底板的地下渗透轮廓线长度相对墩底板的略短，根据布置图计算得到其地下渗透轮廓线长度 L 为 32.50m＞23.55m，故渗径长度满足要求。

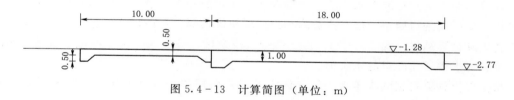

图 5.4－13　计算简图（单位：m）

2. 渗透压力

抗渗稳定应用《水闸设计规范》（SL 265）推荐的改进阻力系数法，计算水平段渗透坡降和出口段出逸坡降。

（1）闸基地下轮廓线分段。进洪南闸墩底板厚度较中间小底板厚度大，渗透路径稍长，但水位差相对较大，故选取闸墩作为渗透复核对象。根据水闸设计图，闸室上游接钢筋混凝土铺盖，下游布设的消力池设有排水孔，闸基渗径主要为混凝土铺盖、闸室；铺盖、闸室上、下游端设置齿墙，齿深 0.5m。根据布置，绘出采用改进阻力系数法复核计算的各渗流要素的计算简图，如图 5.4－14 所示。

结合水闸运行情况和本次安全评价测量成果，考虑内、外河可能的最大水位差，复核计算选取的渗透控制工况为正向挡水工况，闸上水位 3.44m，闸下水位－1.27m（无水）。

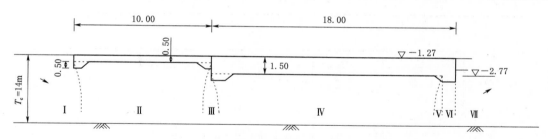

图 5.4－14　改进阻力系数法计算简图（单位：m）

（2）阻力系数计算。因 $L_0/S_0＞5$，所以地基有效深度为：$T_e＝0.5L_0＝14$m。分别计算各段的阻力系数，计算值见表 5.4－23。

表 5.4－23　　　　　　　　　阻力系数计算参数及阻力系数

参数分段	S/m	S_1/m	S_2/m	T_1/m	T_2/m	L/m	阻力系数 ξ_i
Ⅰ	—	1.00	0.50	14.00	13.50	—	0.470
Ⅱ	—	0.50	1.00	13.50		10.00	0.660
Ⅲ	—	1.00	0.50	13.50	13.00	—	0.114
Ⅳ	—	0.50	0.50	13.00		18.00	1.331
Ⅴ	0.50	—	—	13.00		—	0.039
Ⅵ	—	0.00	0.00	12.50		1.00	0.080
Ⅶ	1.00	—	—	14.00		—	0.470

（3）渗透压力的计算。根据 $h_i＝\xi_i\Delta H/\sum\xi_i$，其中 $\sum\xi_i＝3.167$，现状条件下 $\Delta H＝$

4.71m。

计算控制工况（正向挡水工况）下的渗透水头损失和渗透坡降。依据修正系数，对进出口段水头损失进行修正，水平段坡降和出口段出逸坡降，正向挡水工况闸底板水头损失及渗透坡降计算结果见表 5.4 - 24。由上游进口段开始，逐次向下游相继减去各分段水头损失值，可求得各角隅点的水头值。

根据以上计算得到的渗压水头值，认为沿程水头损失呈线性变化，对应图 5.4 - 14，可绘制出如图 5.4 - 15 所示的渗压水头分布图。

表 5.4 - 24　　　　　　　　正向挡水工况闸底板水头损失及渗透坡降

参数分段	水头损失 H_i/m	修正水头损失 H_i'/m	渗压水头/m	渗透坡降
Ⅰ	0.699	0.439	4.27	
Ⅱ	0.986	1.247	3.02	
Ⅲ	0.169	0.169	2.86	
Ⅳ	1.980	2.090	0.77	0.116
Ⅴ	0.058	0.116	0.65	
Ⅵ	0.119	0.224	0.41	
Ⅶ	0.699	0.412	0.00	0.411

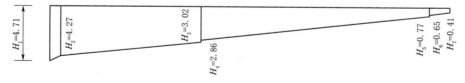

图 5.4 - 15　渗压水头分布图（单位：m）

（4）闸底板水平段和渗流出口处坡降。进洪南闸基础坐落在壤土上，水平段允许渗透坡降为 0.15～0.25，出口段允许渗透坡降为 0.50～0.60。由计算结果可以看出，闸底板水平段坡降和出口段出逸坡降分别为 0.116、0.411，复核计算结果表明，闸底板水平段坡降、渗流出口出逸坡降均满足规范和安全运行要求。

5.4.8.4　结构安全复核

1. 闸室

根据规范要求，土基上闸室的结构稳定计算内容包括闸室平均基底应力、基底应力不均匀系数、闸基抗滑稳定安全系数等。

根据工程的地质条件，进洪南闸底板均采用灌注桩、分离式平底板型式，墩底板宽 2.0m，两墩底板间设 8.7m 小底板。闸室所有荷载通过墩底板传到基础上，每个墩底板下设 11 根灌注桩，桩径 0.8m，南闸以第二陆相层⑦层壤土作为桩端持力层，桩端高程 —20.50m，桩长 18m。灌注桩的平面布置图如图 5.4 - 16 所示，桩中心距为 2.0m，单排布置，其中上下游两端各设 2 根；单桩竖向设计承载力为 1117kN，水平承载力为 160kN

（水平位移 5.0mm）。

　　本次主要复核计算闸墩的稳定性，取一孔中孔墩底板进行计算。计算中，底板高程按本次高程测量得到的现状高程考虑。

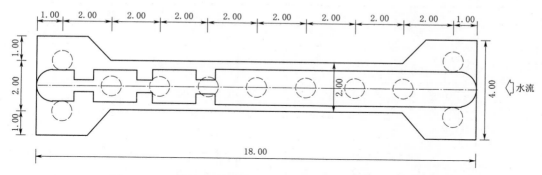

图 5.4-16　墩底板桩的平面布置形式及平面位置（单位：m）

　　（1）计算公式及工况。抗滑稳定安全系数和承载力计算公式见 5.4.4 节。

　　1）根据进洪闸除险加固工程图纸，闸室底板底面设计高程为 -2.40～-3.20m，南闸墩底板坐落在第一海相（mQ₄³）②层上，以壤土为主，属于中等坚硬地基土质。闸室基底应力最大值与最小值之比的允许值在基本组合工况允许比值为 2.00，特殊组合工况允许比值为 2.50。

　　2）进洪南闸为 2 级建筑物，根据规范的允许值，基本组合工况允许比值为 1.30，特殊组合Ⅰ（校核水位工况）、特殊组合Ⅱ工况（地震工况）允许比值分别为 1.15、1.05。考虑闸室结构为开敞式，闸墩与平地板为分离式，因此，复核计算中主要考虑闸墩的稳定性。

　　3）由于闸墩底板在顺水流方向的刚度较大，对桩的钳制作用较强。以控制桩顶的水平允许水平位移为控制指标，根据桩的直径为 0.8m，桩顶水平位移控制为 0.5cm，根据《桩基工程手册》提供的经验值，单桩的允许水平向承载力为 150～200kN，这里取 160kN。

　　4）进洪闸除险加固工程图纸，参考每层土的平均厚度，南闸闸基土层进行简化，共分 4 层土，其中，第 1～4 层分别为黏土、壤土、黏土和粉砂，厚度分别为 1.0m、11.0m、2.0m 和 5.0m，摩阻力 f_i 分别为 15kPa、40kPa、15kPa 和 35kPa，桩端处的极限端承力 f_P 为 800kPa。代入上式计算得到单桩的竖向允许承载力为 1011kN。

　　5）规范规定，在各种计算情况下，闸室平均基底应力不大于地基允许承载能力，最大基底应力不大于地基允许承载能力的 1.2 倍，根据进洪闸除险加固工程的勘测数据，闸基浅层基础持力层为第一海相层（mQ₄²）③层壤土（淤泥质壤土），整体表现为软弱地基土的特性，即桩间土的承载力较低，根据勘测数据，③层壤土的力学指标为 $\phi = 29.0°$，$C = 15.0$kPa，$[R] = 90$kN/m²。

　　（2）荷载计算及组合。根据确定的复核水位组合，对进洪南闸进行结构稳定复核。工程区处于Ⅷ度地震区，需要抗震设防。闸室所受的主要荷载有：自重、水重、水平水压力、扬压力（浮托压力和渗透压力）、浪压力和地震惯性力等。各复核计算工况考虑主要荷载组合见表 5.4 - 25。

表 5.4 - 25　　　　　　　　　　　闸室稳定计算工况及荷载组合表

计算工况	荷　　　载					
	自重	水重	静水压力	扬压力	浪压力	地震惯性力
正向挡水 （闸上水位 3.44m，闸下无水）	√	√	√	√	√	
反向挡水 （闸上无水，闸下水位 3.00m）	√	√	√	√	√	
设计洪水 （闸上水位 6.44，闸下水位 6.30）	√	√	√	√	√	
正向挡水＋地震 （闸上水位 3.44m，闸下无水）	√	√	√	√	√	√
反向挡水＋地震 （闸上无水，闸下水位 3.00m）	√	√	√	√	√	√

　　工程所在地区为季风大陆气候，并受海洋气候的影响。多年平均最大风速 25.0m/s，《水闸设计规范》（SL 265）附录 E 中的莆田公式计算浪压力，计算风速取 35.0m/s，波列累计频率为 2%。

　　根据上述公式计算荷载和力矩，正向挡水运行、反向挡水运行、设计洪水等各种稳定复核工况下的主要荷载分别如图 5.4 - 17～图 5.4 - 19 所示。

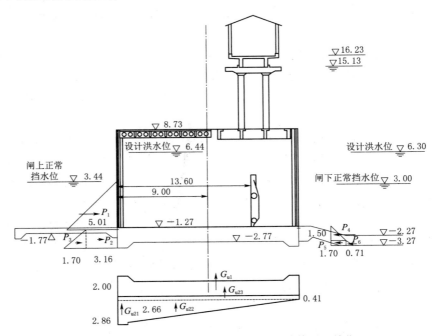

图 5.4 - 17　正向挡水运行工况的作用荷载计算图（单位：m）

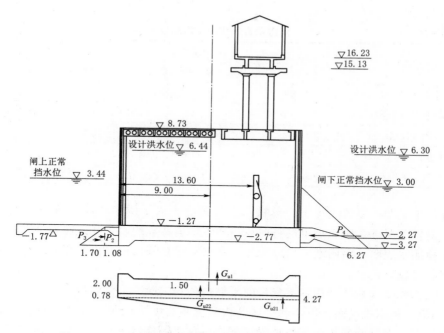

图 5.4-18 反向挡水运行工况的作用荷载计算图（单位：m）

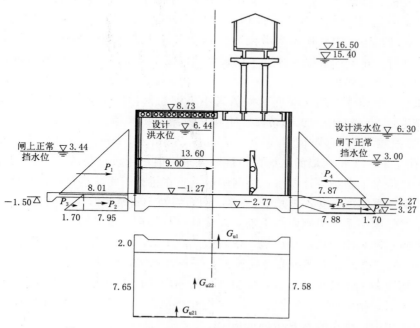

图 5.4-19 设计洪水工况下的荷载计算图（单位：m）

（3）抗滑计算成果及分析。完建工况、正向挡水运行、反向挡水运行、设计洪水、正向挡水地震、反向挡水地震等各种稳定复核工况下南闸的荷载计算、抗滑稳定计算成果汇总于表 5.4 - 26。

表 5.4 - 26　　　　　　　　　　　　闸室稳定评估成果汇总表

评估项目	计算值					允许值	
	正向挡水	反向挡水	设计洪水	正向地震	反向地震	设计工况	特殊组合
最大单桩竖向荷载/kN	828.69	798.03	678.42	943.11	924.27	≤1011	≤1011
最小单桩竖向荷载/kN	607.35	574.00	675.46	492.93	472.84	≤1011	≤1011
不均匀系数	1.36	1.39	1.01	1.91	1.95	2	2.5
单桩水平承载力/kN	136.83	144.02	11.84	170.22	177.00	160	160
水平位移/mm	4.28	-4.40	0.37	5.32	-5.53	≤5.00	≤5.00

计算结果表明，复核工况下，单桩水平承载力、水平位移均满足规范和安全运行要求。各种复核工况下，墩底板单桩竖向荷载和不均匀系数均满足规范和安全运行要求。

现场检测也表明，南闸墩底板分缝无异常挤靠或张开，没有出现明显错位，表明南闸闸室稳定状况较好。

（4）结构强度复核。结构强度复核的主要对象为闸墩、上部结构。

1）闸墩。根据进洪闸混凝土和金属结构检测报告，南闸闸墩外观整体良好，但存在A类竖向裂缝；南闸闸底板、工作桥梁、工作桥排架、检修桥、交通桥外观完好；上、下游翼墙外观完好，翼墙与闸室接缝未见异常。总体看，进洪闸除险加固工程运行状态良好。

南闸闸底板、闸墩、工作桥梁、工作桥排架、检修桥、交通桥板梁和上、下游翼墙的混凝土强度推定值分别为 33.3MPa、34.5MPa、32.7MPa、29.4MPa、32.6MPa、34.7MPa、26.0MPa。闸底板和闸墩混凝土强度分别大于原设计的强度等级C20、C25，工作桥、检修桥、排架的混凝土强度大于设计的强度等级C30，上下游翼墙的混凝土强度大于原设计强度等级C20。

闸室和各主要构件的碳化深度平均值远小于钢筋保护层平均值，碳化深度均评为A类（轻微碳化）。南闸闸墩、工作桥梁、工作桥排架、检修桥、交通桥板梁和上、下游翼墙的钢筋保护层厚度平均值分别为 58mm、78mm、51mm、55mm、52mm、50mm、38mm。南闸除上、下游翼墙的钢筋保护层厚度平均值小于设计值外，其他构件的钢筋保护层厚度平均值基本满足设计要求。南闸闸墩、工作桥梁、工作桥排架、检修桥、交通桥板梁和上、下游翼墙的碳化深度均属A类，钢筋均处于未锈蚀阶段。

依据上述检测结果，对闸墩、上部主要构件进行结构强度复核。

进洪南闸水闸采用分离式平底板，墩底板2.0m宽，1.5m厚；以上墩厚1.2m，墩头为半径0.6m的圆弧形，上下游面与底板平齐。正常挡水，闸墩承受最大的上下游水位差的水压力、闸墩和上部结构的重力，应验算此时闸墩底板正应力、门槽应力；当一孔检修时，临孔关闭时，闸墩两侧产生水位差，闸墩承受侧向水压力、闸墩和上部结构的重力，应验算此时的闸墩底板垂直水平方向的应力。

将闸墩作为固定于底板的悬臂梁，按材料力学偏心受压构件计算其接触正应力。参考闸室稳定计算成果，代入计算得到纵向（顺水流方向）上的闸墩底面纵向最大、最小正应力分别为 0.42MPa、0.39MPa。

当一孔检修时，邻孔关闭时，闸墩两侧产生水位差，闸墩承受侧向水压力影响，挡水工况时水位为 3.44m，考虑水闸整体沉降的现状条件下，计算得到侧向水压力为 488.05kN，以此代入计算得到横向正应力为 0.4MPa。复核计算结果表明，控制工况下，闸墩的正应力未超过混凝土的容许应力，闸墩强度满足规范和安全运行要求。

2）工作桥。工作桥设在闸室的下游侧，工作桥由排架支承的两根 T 型梁拼接而成（见图 5.4-20），T 型梁高 1.1m，腹宽 0.3m，翼板宽 2.5m，梁长分别为 10.66m、13.18m，桥面宽 5.0m。每根 T 型梁受拉区实际配有抗弯钢筋为 6φ32。考虑到两根梁结构完全一样，且启闭机对称布置，受力状况相同，故只需结合本次检测值，复核验算中孔的一根 T 型梁的强度和挠度。

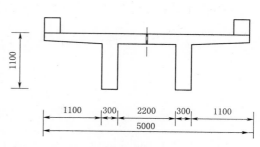

图 5.4-20 工作桥结构示意图（单位：mm）

梁承担的主要荷载有：

（a）桥面荷载：$q_1 = 0.1\text{m} \times 2.5\text{m} \times 25\text{kN/m}^3 = 6.25\text{kN/m}$

（b）自重：$g_1 = 0.63\text{m}^2 \times 25\text{kN/m}^3 = 15.75\text{kN/m}$

（c）地梁荷载：$g_2 = 0.3\text{m} \times 0.3\text{m} \times 25\text{kN/m}^3 = 2.25\text{kN/m}$

（d）墙体和屋盖荷载：$g_3 = (0.25\text{m} \times 4\text{m} + 0.08\text{m} \times 3.3\text{m}) \times 20\text{kN/m}^3 = 25.28\text{kN/m}$

（e）考虑最大启闭力时，闸门和启门力自重：$P_1 = 160\text{kN}/2 = 80\text{kN}$；$P_2 = 6.25\text{kN}$

梁的计算长度为 10.7m，集中荷载作用点距梁端为 3.3m，取 $\gamma_d = 1.20$，$\gamma_0 = 1.00$，$\varphi = 1.00$，$\gamma_g = 1.05$，$\gamma_q = 1.20$。

由此计算梁的最大弯矩值为

$$M = \gamma_0 \varphi \left(\frac{\gamma_q q l^2}{8} + \frac{\gamma_g q l^2}{8} + \gamma_p P l_0 \right) = 1100\text{kN} \cdot \text{m}$$

端部剪力最大值为

$$V = \gamma_0 \psi \left(\frac{\gamma_q q l}{2} + \frac{\gamma_g g l}{2} + \gamma_p P \right) = 387\text{kN}$$

以此，对正截面受弯承载力进行验算，结果如下：

$$a_s = \frac{\gamma_d M}{f_c b h_0^2} = 0.111$$

$$\xi = 1 - (1 - 2a_s)^{0.5} = 0.118$$

$$A_s = \frac{f_c \xi b h_0}{f_y} = 4012\text{mm}^2$$

由实际配筋有 6φ32，且检测结果表明，钢筋仍处于受保护状态，查表可得 $A_s = 4826\text{mm}^2$，故工作桥抗弯钢筋配筋在考虑闸门最大启闭力时满足抗弯强度要求。

实际配有 64φ10 箍筋（φ10@160，截面积为 78.5mm²）及弯起钢筋 3φ32（截面积 A_{sb} 为 2418mm²），且钢筋仍处于受保护状态，由此有

$$V_U = 0.07 f_c b h_0 + \frac{1.25 f_{yv} A_{sv} h_0}{s} + f_y A_{sb} \sin a_s = 1545.9\text{kN}$$

$$V_{max} = 387kN < V = V_U / \gamma_d = 1515.3 / 1.2 = 1262.75kN$$

由此可知，工作桥抗剪钢筋配筋满足抗剪强度要求。

工作桥强度复核表明，考虑最大启门力情况下，工作桥 T 型梁配筋满足抗弯、抗剪强度要求。

荷载效应采用长期组合，计算结果如下：

$$M_l = \gamma_0 \left(\frac{1}{8} g_k l_0^2 + \frac{1}{8} \rho q_k l_0^2 + Pl \right) = 683.8kN \cdot m$$

$$\rho = \frac{A_s}{bh_0} = 0.015$$

$$\rho' = \frac{A_s'}{bh_0} = \frac{628}{300 \times 1100} = 0.0019$$

$$\theta = 2.0 - 0.4 \frac{\rho'}{\rho} = 2.0 - 0.4 \times \frac{0.0019}{0.015} = 1.948$$

工作桥按出现裂缝矩形截面构件考虑，长期抗弯刚度 B_l 可由短期抗弯刚度 B_s 计算：

$$B_s = (0.025 + 0.28 \alpha_E \rho) E_c bh_0^3 = 6.3 \times 10^{14} N \cdot mm^2$$

$$B_l = \frac{B_s}{\theta} = 3.24 \times 10^{14} N \cdot mm^2$$

$$f_l = \frac{5}{48} \times \frac{M_l l^2}{B_l} = 25.15mm$$

3）排架。《水工混凝土结构设计规范》的挠度允许值为计算跨度的 1/400，即 26.75mm，复核计算结果表明，工作桥挠度验算未超出允许值。

从受力情况来看，顺水流方向不是排架受力的控制工况，起控制作用的是垂直水流方向。由工作桥计算得知，工作桥上、下游主梁对称布置，结构型式、配筋相同。故只需取上、下游排架中的任一进行计算。排架受力不利工况是，相邻两孔闸门一孔开启，一孔关闭，以此作为排架强度复核计算的控制工况。

由检测报告可知，排架混凝土抗压强度推定值为 29.4MPa，取设计值。

在开启孔孔排架承重的一侧，由工作桥计算可得支座反力，以此计算得到作用开启孔作用在排架上的垂直荷载为

$$N_1 = g + (q_1 + g_1 + g_2 + g_3) \times L + P_1 + P_2 = 392kN$$

在相邻一孔未开启一侧作用在排架上的垂直荷载为

$$N_2 = g + (q_1 + g_1 + g_2 + g_3) \times L + P_1 + P_2 = 312kN$$

作用在排架上的合理为

$$N = N_1 + N_2 = 704kN$$

合力 N 作用距排架中心的距离为

$$e_0 = \frac{N_1 l_1 + N_2 l_2}{N_1 + N_2} = 1.8cm$$

由此认为排架为轴心受压构件，$l_0 = 0.7l = 3.92m$，$b = 0.6m$，$l_0/b = 9.33$，$\phi = 1.00$。

构件的承载力安全系数 $K = 1.35$，由此代入计算所需的纵向钢筋截面面积为负值，不需要配置钢筋。排架纵向钢筋实际配筋为 $12\phi28$，全部纵向钢筋的截面面积为

$7388.4mm^2$，配筋率为 $2.05\% > 0.6\%$，满足最低配筋率要求。

2. 翼墙

(1) 计算工况。根据《水闸设计规范》(SL 265) 规定，复核计算取翼墙或岸墙的单位长度，即 1 延米墙体。计算内容包括在各种工况下，墙底平均基底应力、基底应力不均匀系数、墙基底面抗滑稳定安全系数。

南闸闸室左侧上游设置 A、B 两段翼墙，右侧设置 B、F、G 三段翼墙；下游左岸设置 C、D、E 三段翼墙，右岸设置 H、I、J 三段翼墙。翼墙断面型式采用钢筋混凝土悬臂式挡土墙，翼墙顶高程 $9.00 \sim 7.20m$，墙高 $1.70 \sim 4.00m$，底板厚 $0.50m$。取上游侧墙高最高段进行复核计算，典型断面型式见图 5.4-21。

翼墙的基底高程约为 $5.0m$，主要为人工填土，以黏土、壤土为主，$C=17.8kPa$，$\phi=28°$；由此，计算翼墙基底面与土质地基抗滑稳定安全系数时，摩擦角 $\phi_0=0.9\phi \approx 25.2°$，$C_0=0.25C=4.45kPa$。

选取控制性荷载组合——运行工程（无水工况）、校核工况、地震工况，对翼墙进行抗滑稳定及应力计算。考虑翼墙荷载情况，选取墙高为 $4.00m$，墙顶高程为 $9.0m$（受区域整体沉降影响，现状高程为 $8.69m$），即图 5.4-20

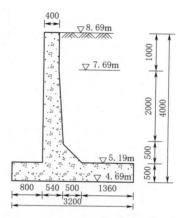

图 5.4-21 南闸典型翼墙断面图
（尺寸单位：mm）

所示的典型断面单位长度的闸室上游侧翼墙进行复核。墙前正常水位、高水位分别为 $3.44m$、$6.94m$，墙后正常水位、高水位分别为 $-1.20m$、$6.94m$。因此，计算工况分别为低水位 $3.44m$、高水位 $6.94m$；特殊组合（地震工况）水位为 $3.44m$。

(2) 荷载计算。翼墙所受的主要荷载除自重、水重、水平水压力、扬压力（浮托压力和渗透压力）和地震惯性力等外，还包括土压力和地震动土压力。各工况考虑主要荷载组合见表 5.4-27。

表 5.4-27　　　　　　　　　翼墙计算工况及荷载组合表

计算工况	荷 载						
	自重	水重	静水压力	扬压力	土压力	地震惯性力	地震动土压力
运行工况 （墙前水位 3.44m，墙后水位 -1.20m）	√	√	√	√	√		
校核工况 （墙前水位 6.94m，墙后水位 6.94m）	√	√	√	√	√		
地震工况 （墙前水位 3.44m，墙后水位 -1.20m）	√	√	√	√	√	√	√

根据上述公式，各种工况下翼墙的主要计算荷载如图 5.4-22~图 5.4-23 所示。

(3) 稳定计算成果及分析。分别验算翼墙在挡水运行工况、校核工况和地震工况下的基底应力、基底应力不均匀系数和抗滑稳定系数，计算成果汇总于表 5.4-28。

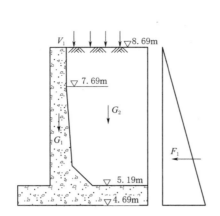

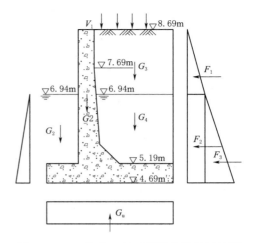

图 5.4-22　挡水运行工况下翼墙的荷载计算图　　　　图 5.4-23　校核工况下翼墙的荷载计算图

表 5.4-28　　　　　　　　　　翼墙稳定评估结果汇总表

评估项目	计 算 值			允 许 值		
	挡水工况	校核工况	地震工况	挡水工况	校核工况	地震工况
平均基底应力/kPa	68.78	49.34	68.78	≤90	≤90	≤90
最大基底应力/kPa	83.39	56.22	89.08	≤105	≤105	≤105
最小基底应力/kPa	54.17	42.45	48.49	无拉应力	无拉应力	无拉应力
P_{max}/P_{min}	1.54	1.32	1.84	≤2.00	≤2.50	≤2.50
抗滑稳定 K_c	2.20	1.50	1.98	≥1.30	≥1.15	≥1.05
抗倾稳定 K_0	4.56	2.18	4.21	≥1.50	≥1.50	≥1.50

　　结果表明，翼墙的基底应力、抗滑和抗倾稳定均满足规范要求。

　　（4）强度复核。悬臂式挡土墙的前趾和底板均可按简化为固支在墙身上的悬臂板，按受弯构件计算；底板计算时，荷载有底板自重及作用其上的土重、水重、地基反力、扬压力等。悬臂式挡土墙的墙身应按固支在底板上的悬臂板，按受弯构件计算，作用在墙身上的荷载主要有水平向的土压力、水压力等。

　　立臂视为固定在墙底板上的悬臂梁，主要承受墙后的主动土压力，按受弯构件计算，外荷载见图 5.4-24。墙踵板、墙趾板按以立臂底端为固定端的悬臂梁计算。墙后均布荷载、土压力等参考稳定计算成果，其中土压力系数 K_a 为 0.438；混凝土抗压强度值 f_c 参考检测报告，最低强度推定值 26.0MPa，故取设计值。

　　1）力臂强度。一延米长上，悬臂顶段所受的水平土压力为

$$q_A = \gamma_t h_0 K_a = 2.19 \text{kN/m}^2$$

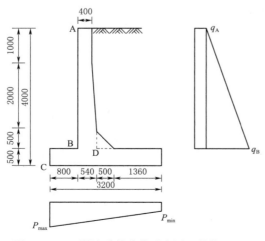

图 5.4-24　翼墙受外荷载示意图（单位：mm）

悬臂底端所受的水平土压力为

$$q_B = \gamma_t(h_0 + H_1)K_a = 29.78\text{kN/m}^2$$

底板所受的水平土压力为

$$q_C = \gamma_t(h_0 + H_1 + h)K_a = 33.72\text{kN/m}^2$$

由此，可计算得到土压力合力和力臂：

$$E_{x1} = q_a H_1 = 7.67\text{kN/m}$$

$$z_1 = 3.5/2 = 1.75\text{m}$$

$$E_{x2} = (q_b - q_a)H_1/2 = 48.28\text{kN/m}$$

$$z_2 = 3.5/3 = 1.17\text{m}$$

底截面弯矩值为

$$M_1 = \gamma_1 E_{x1} z_1 + \gamma_2 E_{x2} z_2 = 85.23\text{kN} \cdot \text{m/m}$$

悬臂底截面厚度取未弯折扩大时的 0.54m，则可计算得到每延米所需的抗弯钢筋面积为

$$A_s = \frac{f_c}{f_y}bh_0\left(1 - \sqrt{1 - \frac{2M_1}{fb_c h_0^2}}\right) = 527\text{mm}^2$$

每延米翼墙悬臂底截面实际配有抗弯钢筋筋 $4\phi16$，即实际抗弯配筋面积 A_s 为 804mm²，控制工况下，翼墙悬臂的抗弯强度满足规范和安全运行要求。

2）底板强度。根据稳定计算成果，得到最大、最小地基压力 $P_{\max}$、$P_{\min}$ 分别为 83.39kN/m²、54.17kN/m²，墙踵板根部、墙趾板根部的地基压力值为

$$q_D = P_{\min} + \frac{p_{\max} - P_{\min}}{B} \times 1.86 = 71.15\text{kN/m}^2$$

$$q_B = P_{\min} + \frac{p_{\max} - P_{\min}}{B} \times 2.4 = 76.09\text{kN/m}^2$$

考虑墙后均布荷载、土重、自重和地基应力的影响，考虑最小地基反力，计算墙踵板根部的弯矩分别为

$$M_2 = G_1' l_1 + G_2 l_2 + q l_3^2/2 - P_{\min} l_3^2/2 = 44.41\text{kN/m}^2$$

悬臂底板截面厚度取 0.50m，则可计算得到每延米所需的抗弯钢筋面积为

$$A_s = \frac{f_c}{f_y}bh_0\left(1 - \sqrt{1 - \frac{2M_2}{fb_c h_0^2}}\right) = 297\text{mm}^2$$

每延米翼墙悬臂底板截面实际配有抗弯钢筋筋 $4\phi16$，即实际抗弯配筋面积 A_s 为 804mm²，复核计算工况下，翼墙底板的抗弯强度满足规范和安全运行要求。

5.4.8.5 金属结构安全复核

1. 概述

进洪南闸共 27 孔，单孔净宽为 9.5m，其中两端外边孔作为叠梁检修闸门门库。南闸共 25 孔设工作闸门，中孔 23 扇，边孔 2 扇。工作闸门采用露顶式平面定轮钢闸门，中孔工作闸门底坎高程为 −1.00m，边孔工作闸门底坎高程为 1.00m。现状条件下，中孔工作闸门底坎高程为 −1.27m，边孔工作闸门底坎高程为 0.73m。中孔每孔各设一扇 9.5m×4.94m−4.44m（孔口宽度×孔口高度−设计水头，下同）工作闸门。边孔各设一扇 9.5m×2.94m−2.44m 工作闸门。闸门为双向挡水、双向支承，上游最大挡水水头 4.44m，下游最大挡水水

头为 4.0m，止水设在闸门上游侧，采用双 P 型橡皮水封。双向支承采用悬臂轮型式，滚轮直径为 φ620mm。滚轮轴承采用滑动轴承，滑动轴承选用镶嵌固体润滑剂轴承。

自除险加固工程完成后，进洪闸南北闸长期处于关闭状态，南北闸门存在一定的腐蚀，其中南闸门腐蚀相对北闸门较为严重，闸门腐蚀主要发生在水面及以下和防腐处理薄弱的构件上。南闸工作闸门结构、止水基本完好，闸门行走基本正常。根据《进洪闸混凝土和金属结构检测报告》（2014.4），南闸工作闸门平均腐蚀率 4.34%。上、下游检修闸门涂层基本完好，闸门构件未见腐蚀。门槽在水线以下有蚀迹，其余部分涂层可见。南闸工作闸门构件腐蚀程度评价为 A 级（轻微腐蚀）～B 级（一般腐蚀）。南闸上、下游检修闸门构件的腐蚀程度评价为未腐蚀。以此，复核现状条件下南闸闸门的面板厚度。

根据《进洪闸除险加固工程图纸》（2007.4），闸门主要构件的材料为 Q235 钢，材料的弹性模量取 $E = 2.06 \times 10^5$MPa，泊松比为 0.3，容重为 78.5kN/m³。面板的容许应力为 $[\sigma] = 160$MPa，$[\tau] = 95$MPa，局部承压 $[\sigma_{cd}] = 240$MPa；根据《水利水电工程钢闸门设计规范》（SL 74）的规定，对于大中型工程的工作闸门和重要事故闸门，容许应力应乘以 0.90～0.95 的调整系数。同时，《水利水电工程金属结构报废标准》（SL 226）规定，对在役闸门进行结构强度验算时，材料的容许应力应按使用年限进行修正，容许应力应乘以 0.90～0.95 的使用年限修正系数。根据以上规定，取闸门材料的容许应力修正系数 $k = 0.95 \times 0.95 = 0.90$。修正后的材料的容许应力为 $[\sigma] = 144$MPa，$[\tau] = 86$MPa，局部承压 $[\sigma_{cd}] = 216$MPa。

2. 面板强度复核

钢闸门面板在正向挡水工况（即闸上水位 3.44m，闸下无水）时承受水头差最大，为 4.71m，该工况为面板厚度验算控制工况。钢闸门结构如图 5.4-25 所示，为左右对称结构，只需分析其中一侧靠近中间竖向横梁桁架的区隔。将区隔从上到下一次记为Ⅰ、Ⅱ、…、Ⅴ。按上式分别计算，结果列于表 5.4-29。

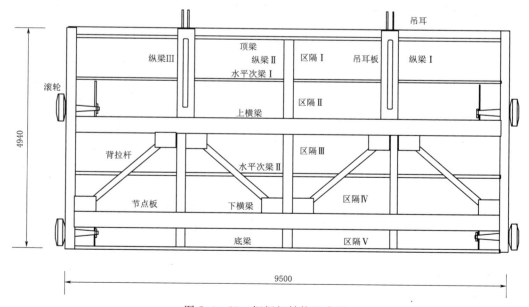

图 5.4-25　钢闸门结构示意图

从表 5.4-29 可以看出，闸门所需的最大厚度为 9.62mm。现场检测表明，南闸闸门面板有一定腐蚀，腐蚀主要发生在水线及以下和防腐处理薄弱的构件上。南闸工作闸门平均腐蚀率 4.34%，溶蚀后平均剩余厚度为 11.40mm。由此可知，闸门面板厚度满足安全性和规范要求。

表 5.4-29 面板厚度复核计算表

区隔号	Ⅰ	Ⅱ	Ⅲ	Ⅳ	Ⅴ
短边 a/mm	950	1050	1020	1020	700
长边 b/mm	2500	2500	2500	2500	2500
b/a	2.632	2.381	2.451	2.451	3.571
K	0.500	0.498	0.499	0.499	0.500
区隔中心水头 h/m	0.245	1.245	2.280	3.300	4.360
区隔中心水压 P/(N/mm²)	0.002	0.012	0.022	0.032	0.043
强度储备系数	0.9	0.9	0.9	0.9	0.9
弹塑性调整系数 α	1.5	1.5	1.4	1.4	1.4
容许应力 $[\sigma]$/(N/mm²)	144	144	144	144	144
面板计算厚度 t/mm	2.36	5.87	8.00	9.62	7.60
设计面板厚度 t/mm	12	12	12	12	12

闸门自重 150kN，总水压力 936.4kN。滚轮摩阻力为 23kN。根据 5.4.6 节所列公式计算得到闸门的启门力和闭门力分别为 220kN 和 -81kN。目前采用的固定卷扬启闭机 2×16T，启闭力为 2×160kN，满足规范要求。

3. 启闭力

闸门自重 150kN，总水压力 936.4kN。滚轮摩阻力为 23kN。根据 5.4.6 节所列公式计算得到闸门的启门力和闭门力分别为 220kN 和 -81kN。目前采用的固定卷扬启闭机 2×16T，启闭力为 2×160kN，满足规范要求。

5.4.8.6 安全复核结论

综上计算分析，得到如下结论：

（1）进洪南闸工程受区域沉陷影响存在整体沉陷，但垂直位移相对沉降量小，水闸整体稳定。现状条件下，泄水时的闸顶高程均满足防洪安全和规范要求。过流能力复核计算表明，设计泄洪工况下进洪南闸泄洪流量满足所在城市防洪规划和河道治理规划下的过流能力要求。

（2）进洪南闸水闸消力池为挖深式，消能防冲计算表明，复核计算工况下，按照进洪闸南北闸联合调度和控制运用要求，水闸消力池深度、长度和底板厚度及海漫长度均满足规范和安全运行要求。

（3）进洪南闸基础主要为壤土地基，采用单一平展式地下轮廓布置型式，使用渗径系数法和改进阻力系数法复核闸基抗渗稳定，控制工况下的闸基渗径长度和闸基水平段、出口段的渗透坡降均满足规范要求，水闸闸基抗渗稳定性满足规范要求。

（4）进洪南闸水闸底板为分离式底板，基础采用灌注桩处理，闸室稳定复核计算表明，正向、反向挡水地震工况下，单桩水平承载力、水平位移略大于经验值，考虑到桩、土的共同作用，认为单桩水平承载力基本满足安全运行要求；其余复核工况下，单桩水平承载力、水平位移均满足规范和安全运行要求；各种复核工况下，墩底板单桩竖向荷载和不均匀系数均满足规范和安全运行要求；闸室稳定基本满足安全运行要求。

（5）进洪南闸水闸闸室上下游左右侧均为悬臂式挡土墙，选取墙高最高的上游侧翼墙作为典型断面，稳定复核计算表明，各种工况下翼墙的基底应力、基底应力不均匀系数、整体稳定系数、抗倾稳定系数均满足规范和安全运行要求。

（6）结合现场检测结果，对闸墩、闸室上部结构（工作桥和排架）及翼墙进行结构复核，计算结果表明，控制工况下，水闸主要结构的结构强度、配筋均满足规范和安全运行要求。

（7）结合现场检测结果，对钢闸门进行复核计算，计算结果表明，控制工况下工作闸门的面板强度和厚度满足安全运行和规范要求；启闭机启闭力满足规范要求。

综上所述，现状条件和规划下，独流减河进洪南闸闸顶高程、过流能力、消能防冲、闸基抗渗稳定性、闸室整体稳定性、翼墙稳定性、钢筋混凝土结构强度、钢闸门强度等均满足规范和安全运行要求。

5.5　综合评价

1. 水闸安全分类

水闸安全类别同《水闸安全鉴定管理办法》（水建管〔2008〕214 号）规定的水闸安全类别。水闸安全类别划分为四类：

（1）一类闸：运用指标能达到设计标准，无影响正常运行的缺陷，按常规维修养护即可保证正常运行。

（2）二类闸：运用指标基本达到设计标准，工程存在一定损坏，经大修后，可达到正常运行。

（3）三类闸：运用指标达不到设计标准，工程存在严重损坏，经除险加固后，才能达到正常运行。

（4）四类闸：运用指标无法达到设计标准，工程存在严重安全问题，需降低标准运用或报废重建。

2. 综合评价等级确定及建议

水闸安全类别主要根据安全检测和安全复核分析评价结果，参照以下标准综合确定。

（1）工程质量与各项安全性分级均为 A 级，评定为一类闸。

（2）工程质量与各项安全性分级有一项为 B 级（不含 C 级），可评定为二类闸。

（3）工程质量与各项安全性分级有一项为 C 级，可评定为三类闸。

（4）各项安全性分级中有一项关键性指标为 C 级的，可评定为四类闸。

安全性分级关键性指标是指防洪标准、渗流安全和结构安全。水闸安全分类原则按安全性分级均为 A 级为一类闸，为（A 级＋B 级）或全部 B 级的为二类闸，含 C 级的为三类闸，当防洪标准、渗流安全和结构安全等影响水闸安全的关键性指标中含 C 的为四类闸。对不符合流域规划控制要求的水闸，不管安全分级如何，均应为四类闸。

对存在不足或病险的二、三、四类水闸应提出处理建议与处理前的应急措施，避免工程的老化加剧，避免出现严重险情。安全评价应综合安全管理评价、工程质量评价和防洪标准、渗流、结构、抗震、金属结构、机电设备等各水闸工程专项安全性分级结果，确定整体的水闸安全分类。

3. 案例分析

根据现场调查、安全检测以及安全复核，进洪南闸现状安全评价主要结论如下：

（1）现状条件下泄水时闸顶高程满足防洪安全和规范要求。泄洪工况下泄洪总量满足设计的过流能力要求。消能防冲计算表明，消力池深度、长度和底板厚度及海漫长度均满足规范和安全运行要求。

（2）控制工况下的闸基渗径长度和闸基水平段、出口段的渗透坡降均满足规范要求，水闸闸基抗渗稳定性满足规范要求。

（3）闸底板、闸墩、工作桥梁、工作桥排架、检修桥、交通桥、翼墙等主要钢筋混凝土结构外观整体良好，无明显相对位移及老化病害现象，混凝土保护层厚度和混凝土强度满足设计和规范要求。闸底板、闸墩、闸室上部结构（工作桥和排架）及翼墙结构稳定、强度满足规范要求。闸墩存在较多细小竖向裂缝，水位变动区混凝土防碳化涂层部分剥落；翼墙存在少量自身变形裂缝，部分较宽，为早期收缩、温度引起的自身变形裂缝。

（4）闸室上、下游混凝土护坡和浆砌石护坡整体尚好，存在局部损坏。浆砌石护坡砌筑砂浆强度大于设计强度值，存在的局部勾缝砂浆脱落、块石松动等问题已修复。

（5）工作和检修闸门结构完好，焊缝未发现裂纹等明显缺陷，闸门行走基本正常，滚轮有不转现象，工作闸门面板强度和厚度满足规范要求。有5扇工作闸门涂层部分失效，闸门可见腐蚀（尤其是水线以下部分），主要原因为环境水质和防腐涂层质量所致；检修闸门未见明显腐蚀。

（6）工作闸门启闭机设备完好，启闭力满足规范要求，运行正常。启闭机电气参数满足规范要求，制动轮粗糙度、硬度基本满足规范要求，启闭设施供电系统设备基本完好，使用正常。枢纽供电、备用电源设施完好，工作正常。防雷设施和照明设施完备，满足使用要求。

（7）闸门启闭现地、远方操作系统较完善、合理，权限明确。现地操作系统设备完好、工作正常。视频监控系统布置合理，设备基本完好。

（8）工程水平位移变化总体较小，垂直位移受区域沉陷影响存在整体沉陷，相对垂直位移很小，水闸整体稳定；闸底扬压力分布均匀，略低于上下游水位，对闸室稳定有利。工程安全监测不规范，无长期连续监测资料，且存在基点变位、仪器监测故障等问题。

综合评定进洪南闸为一类闸，运用指标能达到设计标准，无影响正常运行的缺陷，按常规维修养护即可保证正常运行。

针对工程实际，提出运行管理和维修养护的建议如下：①对翼墙B类以上的混凝土裂缝进行封闭处理。②加强金属结构和启闭设施的维修养护，包括：对已产生腐蚀的闸门进行防腐处理；维修产生故障的闸门启闭力监测设备，维护产生故障的视频监控设备等。

③对工程监测系统进行安全鉴定，修复或校正渗压计监测，完善工程观测制度，定期观测并认真做好数据整理分析工作，适时对监测系统进行自动化升级改造。④工程区存在区域整体沉降现象，且除险加固后未经历较大洪水考验，应加强安全监测和巡视检查，发现问题及时处理。

6.1　水闸风险管理及其内涵

6.1.1　水闸风险管理内涵

　　长期以来，我国水闸安全管理重点关注水工建筑物的安全，通过工程维护和除险加固，建立了以"工程安全"为中心的水闸安全保障体系。但我国水闸数量众多，工程安全状况差，管理水平不高，风险不容小觑，传统的工程安全管理模式难以在短期内缓解水闸所带来的风险压力。同时，随着经济社会的快速发展，水闸安全管理的内涵已经发生了深刻变化，水闸安全不再仅仅是水闸本身的工程安全问题，而是社会公共安全的重要组成部分。和发达国家一样，今日的中国要求在保障工程安全的基础上，更多地关注下游人民群众生命、财产、基础设施、生态环境安全，将水闸工程安全和下游公共安全作为一个有机整体考虑，形成系统安全的概念。风险管理正是在这样的背景下提出的一种水闸安全管理新理念，是"人民至上、生命至上"的新发展理念在水闸安全管理领域的具体体现。

　　水闸风险管理是一种基于风险度量为理念的事前管理机制，通过全过程性的管理，进行接受、拒绝、减小和转移风险。风险管理包含风险分析、风险评价、风险评估、风险处置、风险标准等一系列关键技术，见图 6.1-1，其核心是风险评估和风险标准。水闸风险管理包括两个重要理念：一是水闸风险始终存在，无法完全回避；二是需要承受适度风险，"适度风险"指社会和公众可以接受的风险，可以通过采取适当措施预防和控制实现。因此，在水闸风险管理理念中，一座"安全"的水闸，首先是其风险能被接受，其次才是完成其预定功能。它是原有水闸工程安全管理模式的拓展，将水闸工程安全与公共安全联系起来，将工程安全管理纳入到社会公共安全管理中去，为水闸安全管理部门提出更为明确的管理目标，是管理观念上的重大转变。风险管理可以贯穿于水闸生命的整个过程。在规划、设计、施工、运行、降等、报废或拆除的各个阶段，都可以采用风险分析技术进行风险分析，运用风险标准评价风险

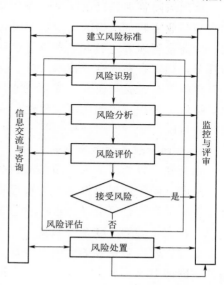

图 6.1-1　水闸风险管理框图

程度，应用风险处理策略和决策技术降低和控制风险，通过这一体系的运作，保证整体目标的实现。

　　研究水闸风险标准，是为了对水闸风险进行评估，水闸风险评估流程见图 6.1-2。风险评估包括风险分析和风险评价。风险定义不同，则风险计算方法不同，风险标准也会随之变化，风险决策也会不一样。

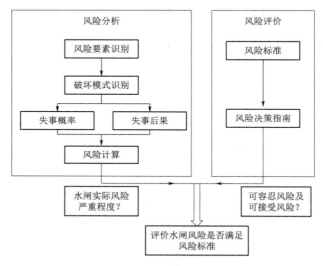

图 6.1-2　水闸风险评估框架

6.1.2　水闸风险管理

　　水闸风险管理是以水闸风险理念为指导，以事故和后果为核心，以预防和控制为主导的政府、业主职责明确的安全管理模式。风险理念包含了工程适度风险、预防为主、制度化、专业化管理等内涵，表现为职责明确、制约有效的管理体制，程序化、运行有效的管理环节，训练有素的专业技术人员，合理可行的风险控制措施等。

　　根据已有经验与研究，成功的水闸风险管理一般具备以下基本特征：技术管理专业化，运行、维护与监测制度文件化，应急预案与宣传演练制度化，安全评估与除险决策科学化，风险处置方案多样化以及经费渠道正常化。

　　1. 水闸管理各利益主体的关系

　　水行政主管部门的派出单位管理国有水闸，安全责任在于地方政府与水行政主管部门。政府（防汛防旱指挥部）与水行政主管部门负有水闸安全监督管理职责，同时肩负引导、保护下游安全等责任。水行政主管部门具有监督职责，水闸管理机构负责水闸安全的监督、检查、维护、联系等职责。

　　这种以政府为主导的水闸风险管理体制有助于综合考虑影响水闸安全和受水闸安全影响范围内的对象，从全局角度降低和控制水闸整体风险水平，维护和监控水闸运行，以及应急状况下的社会资源的调动。目前水闸安全管理实行行政首长负责制，汛期有严格的防汛制度与措施保证，基本适应现阶段的国情与社会经济发展。各利益主体间的相互关系见

图 6.1-3。可见，政府是管理协调众多利益主体之间关系的核心。

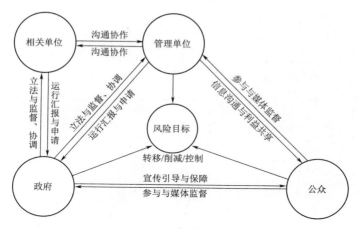

图 6.1-3　风险管理主要对象之间的相互关系

2. 水闸风险管理主体关系及基本职责

风险包括水闸破坏可能性与后果损失两部分，水闸风险削减需要从工程维护预防与危险抢护、下游潜在后果控制与保护方面同时着手，水闸风险管理基本流程见图 6.1-4。

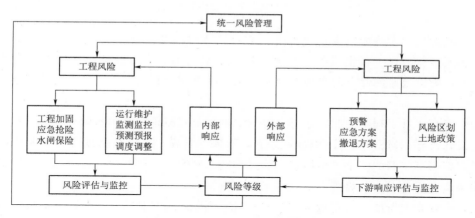

图 6.1-4　水闸风险管理基本流程

现状下实行的是一种政府主导的风险管理，这一体制运作面临的难题主要包括：运行投入仍显不足；风险沟通机制不健全，应急预案可操作性差，起不到应急作用；水闸下游可能淹没区内缺少土地风险区划与利用政策；风险宣传及风险信息告知不足，公众缺少参与管理的途径；政府控制环节多，但可能出现不同环节的风险后移等问题。从长远来看，需要进一步深化落实水闸管理体制改革，运用市场机制，逐步实现政府运行管理职能的剥离，发挥政府的立法、监督作用。

研究表明，应构建一种具有各方职责明确的制度化、专业化、社会化管理制度，适应水闸风险管理的需要。为此，提出了如图 6.1-5 所示的水闸风险管理模式，明确了各主体对象间关系及其主要职责，现阶段应从强化制度程序建设、设施完备、人力资源建设方面开展风险管理。

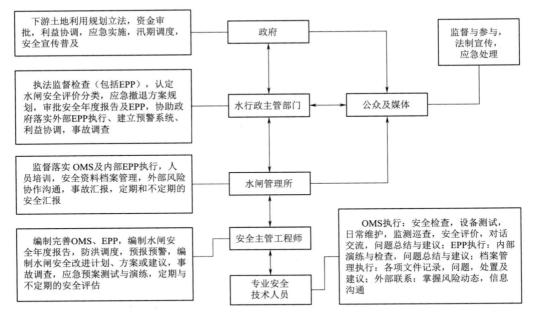

图 6.1-5 水闸风险管理主体对象及其职责

（1）专业技术人员的职责是负责执行 OMS、EPP、外部联系规定，执行和落实制度规定，包括执行程序、仪器设备、观测方法、信息沟通、人员技能、沟通机制、档案管理、上游污染排放监测等，向水闸安全主管工程师提交检查报告，明确存在的问题及改进建议。

（2）安全主管工程师的职责是对存在问题进行及时梳理，编制水闸安全改进计划、方案或建议，改善 OMS、EPP；开展应急预案测试与演练，根据经验或委托专业机构对水闸进行定期与不定期的安全评估检查；通过编制水闸安全年度报告，提出下一年度需要解决的问题及所需的经费预算等。

（3）水闸管理所的职责是负责监落实 OMS 及内部 EPP 执行，人员培训，安全资料档案管理，外部风险协作沟通，定期和不定期的安全汇报等。由水闸管理单位委托专业公司、科研院所等社会化专业机构代管，或借助其管理力量协助管理，逐步建立良性运行机制。

（4）水行政主管部门的职责是负责执法监督检查（包括 EPP）；认定水闸安全评价分类，应急撤退方案规划，审定水闸安全年度报告及 EPP，协助政府落实外部 EPP 执行、建立预警系统、利益协调等内容。

（5）政府的职责是负责水闸管理范围与下游土地利用规划立法，资金审批，利益协调，应急实施，汛期调度，风险宣传普及等。

（6）公众及媒体的职责是监督与参与，法律宣传，应急处置等。通过公示安全联系电话、可能洪水淹没信息，让公众了解参与水闸风险管理。

6.2 水闸风险分析

风险分析是指根据管理目标，对工程安全存在的主要风险要素进行识别，计算或估算风险程度及造成的社会、经济、生态、环境等方面的损失后果。主要包括风险识别、破坏模式分析和风险排序，根据研究目的的不同，可以采用定性分析/半定量分析和定量分析方法，深入程度上可分为筛选评价、初步评价、详细评价和非常详细评价。

6.2.1 风险要素识别

水闸风险要素一般由专家在熟悉水闸工程特性资料和水闸安全鉴定资料的基础上，通过现场安全检查识别。

水闸风险要素包括工程风险要素、环境风险要素、人为风险要素。

（1）工程风险要素。工程风险要素识别主要是查找可能导致失事的工程自身缺陷。工程自身缺陷包括：工程地质缺陷，如闸基存在软弱夹层、可液化土层等；工程质量缺陷，如水闸底板损坏；闸门破坏或启闭失效，可能导致闸门启闭失效。

（2）环境风险要素。环境风险要素识别主要是查找可能导致失事的外力因素。外力因素包括洪水、地震、温度变化、人为破坏（战争、恐怖活动）等。

（3）人为风险要素。人为风险要素识别主要是查找水闸安全管理的薄弱环节。水闸安全管理的薄弱环节包括管理缺失或不规范、缺少必要的安全监测设施与应急电源、无防汛抢险道路、操作失误等。

6.2.2 破坏模式识别

对识别的水闸风险要素，可采用破坏模式分析确定失事模式和失事路径。破坏模式是指水闸在风险要素作用下，导致水闸最终破坏的路径。破坏模式分析有 FMEA 法和 FMECA 法。

1. FMEA 法分析过程

破坏模式与后果分析法（Failure Modes and Effects Analysis，FMEA）是将水闸作为一个系统，分析系统中每一个子系统与要素所有可能破坏模式及其后果的一种归纳分析方法。可按如下过程评价：

（1）定义系统。水闸系统包括上游连接段、闸室、下游连接段及相应的金属结构和电气设备等。

（2）识别系统。收集水闸的设计、施工及运行资料，或通过与设计、施工、管理人员进行座谈，了解水闸建设和运行的详细情况，对系统有一个全面的认识。

（3）分解系统。把系统分解成若干子系统，找出各子系统构成要素，宜将其分解为 1 级子系统、2 级子系统及其要素。

（4）要素功能分析。子系统和要素是根据它们的主要功能来定义的。为实现不同要素及同一个要素的不同功能的区分，可采用数字编码的方法，如 11223344，其中 11 代表 1 级子系统，22 代表 2 级子系统，33 代表要素，44 代表要素功能。

（5）要素筛选。对每个要素破坏后对系统性能的影响进行初步评估，把那些对系统性能影响不大的要素剔除掉，而把那些对系统性能起关键作用的要素保留下来做进一步的分析。如难以确定某个要素功能对系统性能的重要性，则应保留做进一步的分析。

（6）要素破坏模式识别。分析通过筛选的要素是如何破坏的，识别其破坏模式。

（7）要素相互作用分析。在识别要素破坏模式过程中，应考虑要素之间的相互作用。可通过事件树或故障树来分析要素之间的相互作用以及一系列要素之间的破坏顺序。

（8）要素破坏后果分析。分析要素在不同破坏模式下的直接影响和最终影响（即后果）。确定要素破坏模式的最终影响，应考虑以下情形：①某种影响可能是多种要素破坏后造成的；②某种要素破坏可能会造成多种影响；③某种要素破坏可能会触发一系列要素破坏；④某种要素破坏可能不会直接影响其他要素，但可能会增加这些要素破坏的可能性。

（9）人工干预。通过系统地识别要素可能存在的破坏模式，及时发现要素破坏并进行人工干预以避免或降低破坏后果。

2. FMECA 法分析过程

破坏模式、后果和危害程度分析法（Failure Modes，Effects and Criticality Analysis，FMECA）。FMECA 法由两项相对独立的工作组成，即破坏模式与后果分析（FMEA）法和危害程度分析（Criticality Analysis，CA）法。在 FMEA 法基础上，可按如下过程进行危害程度分析：

（1）分析要素破坏模式发生的可能性。可由专家根据经验确定，判别标准见表 6.2-1。

表 6.2-1　　　　　　　系统要素破坏模式发生可能性赋值表

破坏可能性因子	年发生概率	判别标准
几乎不可能	低于 1/5000	在工程寿命周期中极不可能发生，如遭遇最大可信地震或 PMF 洪水
极不可能	1/500～1/5000	在工程寿命周期中很不可能发生
不可能	1/50～1/500	在工程寿命周期中有可能发生，但不期望发生
可能	1/5～1/50	在工程寿命周期中可能阶段性发生
经常发生	大于 1/5	经常性发生，或在近 5 年内如果不处理会发生

（2）分析后果严重程度。后果严重程度的判别标准见表 6.2-2。

表 6.2-2　　　　　　　　　　后果严重程度赋值表

后果严重因子	判　别　标　准
不严重	经济损失不超过 5 万元，无人员伤亡，无环境影响，无外部影响
中等	经济损失在 5 万～100 万元，无人员伤亡，或下游财产损失在 2.5 万～50 万元，或下泄具有永久影响的污染物对农业无明显影响，无环境影响，或无外部影响，或加固经费 2 万～20 万元，或以上的各种组合
严重	经济损失在 100 万～1000 万元，多起人员严重伤害或致命伤亡，或下游财产损失在 50 万～500 万元，或下泄具有永久影响的污染物造成长期环境或农业危害，或以上的各种组合
非常严重	经济损失在 1000 万～10000 万元，有明显人员死亡，或下游财产损失在 500 万～5000 万元，或造成大范围的环境或农业危害，或以上的各种组合
灾难性	经济损失在 1 亿元以上，大量人员死亡，或下游财产损失超 5000 万元、对环境或下游农业产生重大长期危害，或以上的各种组合

（3）分析后果发生的可能性。后果发生可能性的判别标准参见表6.2-3。

表6.2-3　　　　　　　　　　后果发生可能性赋值表

后果可能性因子	可能性估计	判　别　标　准
极不可能	低于5%	破坏模式能导致影响，但后果极不可能发生
不可能	5%～25%	破坏模式能导致影响或后果，但预期不会发生
可能	25%～75%	预期破坏模式能导致影响或后果，发生或不发生的机会相当
极有可能	75%～100%	预期破坏模式导致影响或后果
肯定	100%	破坏模式必导致影响或后果确定发生

（4）确定危害性指标。每个要素破坏模式的危害性指标根据要素破坏模式发生的可能性、后果严重程度、后果发生的可能性按表6.2-4确定。

表6.2-4　　　　　　　　　　危害性指标赋值表

后果		要素破坏可能性				
严重性	可能性	几乎不可能	极不可能	不可能	可能	经常发生
不严重	极不可能	1	2	4	5	7
	不可能	2	3	5	7	8
	可能	3	5	7	8	9
	极有可能	4	5	7	9	10
	肯定	4	5	7	9	10
中等	极不可能	3	5	7	8	9
	不可能	5	6	8	9	11
	可能	6	8	9	11	12
	极有可能	6	8	10	11	13
	肯定	7	8	10	11	13
严重	极不可能	6	8	10	11	12
	不可能	8	9	11	13	14
	可能	9	11	12	14	15
	极有可能	9	11	13	15	16
	肯定	10	11	13	15	16
非常严重	极不可能	9	11	13	14	15
	不可能	11	12	14	16	17
	可能	13	14	16	17	19
	极有可能	13	14	16	17	19
	肯定	13	14	16	18	19
灾难性	极不可能	11	13	14	16	17
	不可能	12	14	16	17	18
	可能	14	15	17	19	20
	极有可能	14	16	18	19	20
	肯定	14	16	18	19	20

应统计每个要素的危害程度、在子系统中所占比重和在系统中所占比重，统计各个子系统的危害程度及其在系统中所占比重。每个要素的危害程度为该要素的各种破坏模式危害程度的简单相加，子系统的危害程度为该子系统的各个要素的危害程度的简单相加。

应根据危害程度大小对每种破坏模式、每个要素危害程度和每个子系统的危害程度进行排序。危害程度越大，风险愈大。

6.2.3　失事概率计算

失事概率计算方法分为半定量分析法和定量分析法。半定量分析法可采用事件树法，定量分析法可采用可靠度法。由于水闸运行环境（水位、温度、地震等）变化的随机性、建筑材料物理力学特性的变异性、建设与管理环节人为因素的不确定性，采用可靠度法计算失事概率需要的基础资料很多，困难很大，实际很少采用。水闸风险评估作为决策根据，目前主要采用事件树法计算失事概率，但事件树中的某些确定性分支事件或环节，如洪水漫顶、滑坡、渗透破坏等，也可采用可靠度法计算。

6.2.3.1　事件树法

事件树分析（Event Tree Analysis，ETA）是一种时序逻辑分析方法，分析的情况用树枝状图表示。该方法以初始事件为起点，按照事故的发展顺序，对可能的后续事件逐步进行分析，直至系统事故或破坏为止。事件发生顺序存在着一定的因果逻辑关系，某一事件既可能是一个或多个后续事件的发生条件，也可能是先期事件发生后的可能后果；当对每一事件赋予相应的发生概率时，就可以估算系统故障发生的总体概率。

事件树法计算失事概率步骤如下：①筛选初始事件。通过风险要素识别，确定某种荷载状态下可能导致系统失效的初始事件，如洪水、地震、渗漏破坏、人为失误等。②构造事件树。通过失事模式与失事路径分析，从初始事件开始，按事件发展过程构造事件树，用树枝代表事件发展途径。③简化事件树。在构造事件树的过程中，可能会遇到一些与初始事件或事故无关的事件，或者系统的某些要素功能相互矛盾，需用工程知识和系统设计知识予以辨别，然后从树枝中去掉，即构成简化的事件树。④计算事件发生概率。确定事件树中各分支事件的发生概率，进而计算事件发生概率，即各个分支事件发生的条件概率的乘积。

事件树中各分支事件发生概率可按以下方法确定：①事件树中初始事件发生概率可根据初始事件发生频率进行计算。②事件树中各分支事件发生概率可根据历史资料统计法、专家经验法或可靠度法赋值。③事件树中某分支事件如果是由若干事件共同作用引起的，可采用故障树法计算该分支事件发生概率。

水闸在荷载（如洪水、地震）作用下失事概率是荷载大小的函数，而且水闸失事概率随荷载增大而连续变化，因此，在理论上可以通过可靠度法来计算水闸失事概率。但由于计算复杂，在实际中，常把荷载频率曲线分隔成若干部分，每一部分称为荷载状态（load state）。常采用两种方法划分荷载状态：手工划分法和计算机自动划分法。手工划分法一般把整个荷载区域划分为 3~10 个荷载状态，把荷载状态两个端点的平均值作为计算该荷载状态下水闸失事概率的依据，荷载状态的概率是该频率范围内两个端点的频率之差。计算机自动划分法是通过计算机软件自动划分荷载状态，划分荷载状态越多，计算该荷载状态下失事概率精度越高，但计算量也越大，因此一般把荷载区域划分为 50 个荷载状态左右即可。

　　所谓历史资料统计法，即是根据历史上发生过类似事件的概率，来确定将来发生该事件的可能性。但是，历史上该事件（如渗流破坏）发生机理与条件和所分析的水闸之间可能不存在可比性和可借用性，因此，应用历史资料统计法时，应与专家经验法相互比较，谨慎使用。

　　采用专家经验来定量确定失事过程中各个环节发生的概率，是把专家对某一事件可能出现的定性判断转化为可能出现的定量概率。国外 Vick 和 Barneich 分别在 1992 年和 1996 年提出了事件发生概率的定性描述和定量概率之间转换关系见表 6.2 - 5。美国垦务局也在 1999 年提出了结合两者优点的一种转换表，见表 6.2 - 6。澳大利亚 AN-COLD2003 风险评估指南给出了事件发生可能性的定性描述与相应概率之向的转换关系并给出了判断依据，见表 6.2 - 7。

表 6.2 - 5　　　　　　　**Barneich 和 Vick 提出的定性描述和定量概率间转换表**

Barneich，1996		Vick，1992	
定性描述	概率	定性描述	概率
事件肯定要发生	1	事件一定发生	0.99
在已有的资料中发生过	0.1	事件很可能发生	0.9
事件没有发生的记录或偶尔发生过	0.01	完全无法确定	0.5
事件没有发生的记录，难以想象会有类似情况发生，但在特殊情况下可能发生 1 次	0.001	事件不很可能发生	0.1
事件没有发生的记录，在任何情况下都不会有类似情况发生	0.0001	事件非常不可能发生，但无法从物理概念上完全排除	0.01

表 6.2 - 6　　　　　　　**美国垦务局 1999 年提出的转换表**

定性描述	发生概率	定性描述	发生概率
绝对肯定	0.999	不可能	0.1
非常可能	0.99	非常不可能	0.01
可能	0.9	绝对不可能	0.001
两者都可能	0.5		

表 6.2 - 7　　　　　　　**定性描述和事件发生概率的转换（Bowden，2001）**

定性描述	概率数量级	判　断　依　据
确定	1（或 0.999）	肯定发生
非常确定	0.2～0.9	曾发生过多起类似的事故
非常可能	0.1	曾发生过一起类似的事故
可能	0.01	如果不采取措施可能会发生类似事件
不太可能	0.001	别处近来发生过

续表

定性描述	概率数量级	判　断　依　据
非常不太可能	1×10^{-4}	别处过去曾发生过
非常不可能	1×10^{-5}	类似事件有发生的记录，但不完全一样
几乎不可能	1×10^{-6}	类似事件没有发生过的记录

采用专家经验法赋值时，为减少人为因素影响，应由 3 位以上专家独立赋值，然后取均值，或根据专家水平与经验丰富程度加权平均。当不同专家之间的赋值差异较大时，应探讨协商确定。

采用事件树法时，如资料充分，渗透破坏、结构破坏（如裂缝）、地震破坏等分支事件或环节发生的概率可采用可靠度法计算。

故障树分析（Fault Tree Analysis，FTA）是一种演绎推理法，是从结果到原因找出与灾害事故有关的各种因素之间因果关系及逻辑关系的分析法。该法采用图形演绎分析，自上而下逐层展开，根据布尔逻辑表示系统特定故障间的相互关系，对故障发生的基本原因进行推理分析，建立从结果到原因描述故障的有向逻辑图，这个树状结构图即称为故障树。

利用故障树进行分析时，应首先对所研究的系统进行熟悉，确定顶上事件，顶上事件（即所要分析的对象事件），从顶上事件起进行演绎分析，一级一级地找出所有直接原因事件，直到所要分析的深度，画出故障树图，确定最小割集和最小径集，确定所有原因事件发生的概率，进而求出顶上事件的发生概率。割集是指故障树中某些基本事件的集合，当这些基本事件都发生时，顶上事件必然发生。如果在某个割集中任意除去一个基本事件就不再是割集了，这样的割集就称为最小割集，可采用行列法或布尔代数化简法等方法求最小割集。径集是指故障树中某些基本事件的集合，当这些基本事件都不发生时，顶上事件必然不发生。如果在某个径集中任意除去一个基本事件就不再是径集了，这样的径集就称为最小径集。系统的全部故障模式就是系统的全部最小割集，系统的全部正常模式就是系统的全部最小径集。

事件数法计算失事概率方法如下：

（1）某种状态下某条失事路径的失事概率 $P_{i,j}$ 计算：

$$P_{i,j}=\prod_{k=1}^{s}p(i,j,k) \tag{6.2-1}$$

式中：$P_{i,j}$ 为第 i 种荷载状态、第 j 种失事模式的失事概率；$p(i,j,k)$ 第 i 种荷载状态、第 j 种失事模式下第 k 个环节发生的概率；i 为荷载状态，$i=1,2,\cdots,n$；j 为失事模式，$j=1,2,\cdots,m$；k 为失事路径中的某一环节，$k=1,2,\cdots,s$。

（2）当失事模式数量 m 较少时，某种荷载状态下的失事概率 P_i 按式（6.2-2）计算，否则，P_i 可取式（6.2-3）的上限或者上限和下限的均值。

$$P_i=P(A_1+A_2+\cdots+A_m) \tag{6.2-2}$$

$$\max(P_{i,1},P_{i,2},\cdots,P_{i,m})\leqslant P_i\leqslant 1-\prod_{j=1}^{m}(1-P_{i,j}) \tag{6.2-3}$$

式中：P_i 为第 i 种荷载状态的失事概率；$A_1,A_2,\cdots,A_m$ 为第 i 种荷载状态下的 m 个失事模式；$P_{i,j}$ 为第 i 种荷载状态、第 j 种失事模式的失事概率；m 为失事模式数量。

（3）失事概率 P 计算：

$$P = \sum_{i=1}^{n} P_i \qquad (6.2-4)$$

式中：P 为失事概率；P_i 为第 i 种荷载状态下的失事概率；n 为荷载状态数量。

6.2.3.2 可靠度法

1. 定义

结构可靠度定义为结构在规定的时间规定的条件下完成结构预定功能的概率。在这里，规定的时间是指结构的设计基准期；规定的条件是指设计时预先确定的结构各种施工和使用条件；预定功能一般是指结构设计的四项要求：①能承受在施工和试用期内可能出现的各种作用；②在正常使用时具有良好的工作性能；③具有足够的耐久性；④在偶然事件发生时及发生后，能保持足够稳定。结构完成各项功能的标志可用相应的极限状态来衡量。结构整体或某一部分超过某一特定状态时，结构就不能满足设计规定的某一功能要求，这一特定状态称为结构的极限状态。因此，结构的极限状态是区分结构工作状态为可靠或不可靠的分界线。

结构极限状态一般可分为以下两类：

（1）承载能力极限状态。这种极限状态对应于结构或构件达到最大承载能力或达到不适于继续承载的变形。例如：结构整体或某一部分失去平衡，结构构件或连接处超过材料的强度而破坏，结构或构件丧失稳定等。

（2）正常使用极限状态。这种极限状态对应于结构或构件达到正常使用和耐久性的各项规定限值。例如：影响正常使用或外观效果的过度变形，影响正常使用或耐久性能的局部破坏，影响正常使用的剧烈振动等。

2. 失事概率

可靠度法计算失事概率步骤如下。

（1）水闸工作状态的功能函数：

$$Z = g(X_1, X_2, \cdots, X_n) = g(R, S) = R - S \qquad (6.2-5)$$

式中：X_1，X_2，$\cdots$，X_n 为水闸的基本随机因子；Z 为水闸的功能函数；R 为抗力随机因子；S 为荷载效应随机因子。

（2）水闸工作状态的可靠度：

$$\beta = \frac{\mu_R - \mu_S}{\sqrt{\sigma_R^2 + \sigma_S^2}} \qquad (6.2-6)$$

式中：β 为可靠度；μ_R、μ_S 分别为 R 和 S 的均值；σ_R、σ_S 分别为 R 和 S 的标准差。

（3）水闸失事概率：

$$P_f = P(Z < 0) = P(R < S) = \iint_{z<0} \cdots \int f_X(x_1, x_2, \cdots, x_n) \mathrm{d}x_1 \mathrm{d}x_1 \cdots \mathrm{d}x_n \qquad (6.2-7)$$

$$P_f = 1 - \Phi(\beta) = \Phi(-\phi)$$

式中：P_f 为失事概率；$f_X(x_1, x_2, \cdots, x_n)$ 为随机因子 X_1，X_2，$\cdots$，X_n 的概率密度函数；$\Phi(\cdot)$ 为标准正态分布函数。

采用可靠度法计算失事概率，目前主要集中在滑动失稳破坏概率、渗透破坏概率、裂缝破坏概率、地震破坏概率以及其他破坏（如生物破坏）发生的概率研究上，主要计算方法有一次二阶矩法、JC 法、蒙特卡罗法、随机有限元法等。

3. 水闸失稳破坏概率计算

水闸失稳破坏概率按式（6.2-8）计算：

$$P_{f2} = P(M_S > M_R) = \int_{M_R}^{+\infty} f(M_S) \mathrm{d} M_S \tag{6.2-8}$$

式中：P_{f2} 为失稳破坏概率；M_S 为滑动力（矩）；M_R 为阻滑力（矩）；$f(M_S)$ 为滑动力（矩）的概率密度函数。

4. 水闸渗透破坏概率计算

水闸渗透破坏概率按式（6.2-9）计算：

$$P_{f3} = P(J > J_c) = \int_{J_c}^{+\infty} f(J) \mathrm{d} J \tag{6.2-9}$$

式中：P_{f3} 为渗透破坏概率；J 为渗流产生的出逸比降；J_c 为渗流产生的临界比降；$f(J)$ 为渗透坡降的概率密度函数。

5. 水闸强度破坏概率计算

水闸破坏强度概率按式（6.2-10）计算：

$$P_{f4} = P(\sigma > \sigma_c) = \int_{\sigma_c}^{+\infty} f(\sigma) \mathrm{d} \sigma \tag{6.2-10}$$

式中：P_{f4} 为强度破坏概率；σ 为材料的应力；σ_c 为材料的允许应力。

6.2.4　失事后果计算

失事后果是指水闸失事造成的下游可能淹没范围内生命损失、经济损失、社会与环境影响等。在进行失事后果计算之前，应进行失事洪水分析，制作失事洪水风险图。

1. 失事洪水分析

失事洪水分析包括失事洪水分析和失事洪水演进计算。

（1）失事洪水分析。进行失事洪水分析时，首先确定水闸失事模式，然后进行过闸流量变化过程计算。水闸可参照瞬时全溃模式。

假定闸下游无水，上下游河槽断面为矩形，槽底坡降 $i=0$，并设溃决是水流惯性力为主导，忽略水流阻力，则根据圣维南方程和特征线理论，溃决波的波形为式（6.2-11）所示的二次抛物线（图 6.2-1）方程。

$$h = \frac{1}{9g} \left(2\sqrt{gH_0} - \frac{x}{t} \right)^2$$
$$V = \frac{2}{3} \left(\frac{x}{t} + \sqrt{gH_0} \right) \tag{6.2-11}$$

式中：H_0 为闸址上游水深，m。

当 $x=0$ 时，闸址处的水深和流速即为常数，即

$$h_c = \frac{4}{9} H_0$$
$$V_c = \frac{2}{3} \sqrt{gH_0} \tag{6.2-12}$$

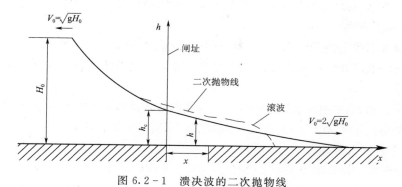

图 6.2-1 溃决波的二次抛物线

若矩形断面的宽度为 B，则闸址处的最大流量计算如下：

$$Q_m = Bh_c V_c = \frac{8}{27}\sqrt{g}BH_0^{3/2} \qquad (6.2-13)$$

若上下游河道断面不为矩形，设断面面积可表示为

$$A = Kh^m = \frac{BH}{m} \qquad (6.2-14)$$

式中：K 为常系数；B 为水面宽；m 为河槽断面形状系数。

此即所谓的圣维南公式解，也称 A. Ritter 解。

（2）失事洪水演进计算。失事洪水演进计算包括洪水向下游演进时的沿程洪水到达时间、流速、水深、历时等洪水要素的计算，山区、丘陵区的小型水闸失事洪水演进计算可采用一维数学模型，其他失事应采用平面二维数学模型。目前用于失事洪水演进计算的软件很多，常用的如美国国家气象局（NWS）开发的 DAMBRK、FLAD-WAV，美国陆军工程师团（USACE）开发的 HEC-RAS，英国 HRWallingford 软件公司开发的 InfoWorks 软件，以及丹麦水利科学研究所（DHI）开发的 MIKE 系列。对于一些小型失事，若无计算软件，可采用简化分析法和经验公式法进行失事洪水演进计算。

2. 失事洪水风险图制作

失事洪水风险图是融合洪水特征信息、地理信息、社会经济信息，通过洪水计算、风险判别、社会调查，反映水闸失事后潜在风险区域洪水要素特性的专题地图。

失事洪水风险图制作的一般流程为：收集整编资料、确定计算范围和失事洪水风险分析方法、失事洪水风险分析、失事洪水风险图制作。

失事洪水风险图包括纸质失事洪水风险图、电子失事洪水风险图两种。纸质失事洪水风险图是在电子失事洪水风险图基础上，按照信息显示要求进行编辑加工后的打印输出，基本内容应与电子版失事洪水风险图保持一致。

失事洪水风险图可包括如下信息：工作底图信息、风险要素（洪水水深、流速、淹没历时、到达时间、严重性等）信息、防洪工程信息、防洪非工程信息、社会经济信息等。根据不同要求，信息可有所侧重。一般水闸必须制作失事洪水淹没范围图，对大中型水闸，还应制作失事洪水严重性分布图、失事洪水到达时间分布图。

（1）失事洪水淹没范围图制作。洪水淹没范围图制作及成果要求可参见水利行业标准《洪水风险图编制导则》（SL 483）的规定。

（2）失事洪水严重性分布图制作。依据洪水演进计算成果，提取某一时刻计算单元或计算断面的水深和流速，生成淹没区的洪水严重性，并将其绘制到工作底图上，形成洪水严重性分布图。

（3）失事洪水到达时间分布图制作。依据洪水演进计算成果，提取淹没区的洪水到达时间信息，并将其绘制到工作底图上，形成洪水到达时间分布图。

3. 失事生命损失计算

溃决生命损失计算方法很多，主要有 Brown & Graham 法（1988）、DeKay & McClelland 法（1993）、Assaf 法（1997）、Graham 法（1999）、McClelland & Bowles 法（2001）、RESCDAM 法和李一周法（2006）。我国推荐使用 DeKay&McClelland 法和李一周法。

这里简要介绍李一周法。采用李一周法时，失事生命损失 L_{OL} 计算如下：

$$L_{OL} = P_{AR} \cdot f \tag{6.2-15}$$

式中：L_{OL} 为失事洪水淹没范围内的生命损失，人；P_{AR} 为失事洪水淹没范围内的风险人口，人；f 为风险人口死亡率，可按表 6.2-8 确定。夏天、晴天、白天宜取此表的下限值，冬天、雨天、夜间宜取此表的上限值。

表 6.2-8　　　　　　　　　李一周法风险人口死亡率推荐表

水闸失事洪水严重性程度 S_d	警报时间 W_T/h	风险人口对洪水严重性的理解程度	风险人口死亡率	
			推荐值	建议值范围
高	<0.25	模糊	0.7500	0.3000~1.0000
		明确	0.2500	0.1000~0.5000
	0.25~1.0	模糊	0.2000	0.0500~0.4000
		明确	0.0010	0.0000~0.0020
	>1.0	模糊	0.1800	0.0100~0.3000
		明确	0.0005	0.0000~0.0010
中	<0.25	模糊	0.5000	0.1000~0.8000
		明确	0.0750	0.0200~0.1200
	0.25~1.0	模糊	0.1300	0.0150~0.2700
		明确	0.0008	0.0005~0.0020
	>1.0	模糊	0.0500	0.0100~0.1000
		明确	0.0004	0.0002~0.0010
低	<0.25	模糊	0.0300	0.0010~0.0500
		明确	0.0100	0.0000~0.0200
	0.25~1.0	模糊	0.0070	0.0000~0.0150
		明确	0.0006	0.0000~0.0010
	>1.0	模糊	0.0003	0.0000~0.0006
		明确	0.0002	0.0000~0.0004

表 6.2 - 8 中，当风险人口接到水闸失事警报后，对失事洪水可能淹没范围和严重程度缺乏足够了解，对逃生的必要性、措施、路径没有正确的理解和反应时，可认为分析人口对失事洪水严重的理解程度 U_d 是模糊的。反之则认为风险人口对失事洪水严重性理解程度 U_d 是明确的。

警报时间 W_T 是指水闸下游人口从接收到侧推警报到失事洪水到达之间的逃脱时间，是影响和确定失事生命损失的一个极重要的参数。一般认为当 $W_T \leqslant 15min$ 时，无警报；当 $15 \ min < W_T \leqslant 60min$ 时，部分警报；当 $W_T > 60min$ 时，充分警报。警报时间长短受客观环境和人为因素的双重制约，若水闸失事发生在白天、现场有管理人员或其他人员、有仪器直接监测（控）的水闸，容易及时发布警报，警报时间长。若水闸失事发生在夜间，则不易发现，及时发布警报的可能性小，警报时间短。离水闸越近的地区，洪水到达所经历的时间越短，警报时间也越短。

若水闸拥有较高的管理水平、较强的预警能力和通畅的警报发布设施，能够提前向下游居民发布准确的失事警报，警报时间达到 1h 以上，那么有助于风险人口及时安全地撤离，生命损失将会大大地减少，甚至不会造成任何生命损失。

警报传递可以是电子警报器、广播喇叭、蜂鸣器、电视、电话、短信等方式，在偏远的地区还可以采用人工传递警报、扩音喇叭喊话、吹哨子、敲打锣（鼓）、发射信号弹等方式。警报传递方式影响着风险人口接受警报的效果，警报时间受其影响。

4. 失事经济损失计算

失事经济损失包括直接经济损失和间接经济损失。

直接经济损失包括水闸工程损毁所造成的经济损失和洪水直接淹没所造成的可用货币计量的各类损失。直接淹没损失包括工业、农业、林业、牧业、副业、渔业、商业、交通、邮电、文教卫生、粮油储存、工程设施、物资库存、农业机械、房屋、群众家产和专项损失这 17 类。

间接经济损失是指直接经济损失以外的可用货币计量的损失，主要包括由于采取各种措施（如防汛、抢险、避难、开辟临时交通线等）而增加的费用、骨干交通线路中断给有关工矿企业造成原材料中断而停工停产及产品积压的损失或运输绕道增加的费用、农产品减产给农产品加工企业和轻工业造成的损失等。

（1）失事直接经济损失计算。失事直接经济损失可采用分类损失率法、单位面积综合损失法和人均综合损失法等方法计算。其中，单位综合损失法和人均综合损失法采用单位损失法和人均综合损失法时，失事直接经济损失 D 计算如下：

$$D = AL_A$$
$$D = P_{AR}L_p \tag{6.2 - 16}$$

式中：A 为失事洪水淹没范围，km^2；L_A 为失事洪水淹没范围内单位面积损失值，万元/km^2；P_{AR} 为失事洪水淹没范围内的风险人口，人；L_p 为风险人口人均损失值，万元/人。

（2）失事间接经济损失计算。失事间接经济损失可采用系数折算法和调查分析法计算。

1）系数折算法。采用系数折算法时，间接经济损失 S 计算：

$$S = \sum_{i=1}^{n} k_i R_i \qquad\qquad (6.2-17)$$

式中：R_i 为第 i 个行政区的直接经济损失总值，万元；k_i 为系数，可根据实际洪灾损失调查资料确定，缺少资料时，可取 $k_i = 0.63$；n 为行政区数。

2）调查分析法。调查分析法应通过实地调查失事洪水淹没区社会经济受灾程度，在相关的社会经济统计资料基础上，运用数理统计及时间序列分析等方法估算受灾区的间接经济损失。

5. 失事社会与环境影响计算

社会与环境影响涉及面很广，又很复杂，王仁钟等对社会与环境影响的各主要因素进行了量化，再综合成社会与环境影响指数。

社会影响要素。社会影响除生命损失外，主要包括政治影响（即对国家、社会安定的不利影响），因受伤或精神压力给人们造成身心健康的伤害，以及日常生活水平和生活质量的下降等，无法补救的文物古迹、艺术珍品和稀有动植物等的损失。

环境影响要素。环境影响主要包括河道形态的影响，生物及其生长栖息地（包括河流、湿地、表土和植被等）的丧失，人文景观（含公园与保护区）的破坏，以及易受影响或造成重大环境影响或污染的工业（包括核设施、化学储存设施、农药厂等）影响等。

这里，失事社会与环境影响主要考虑失事洪水淹没范围内风险人口数量、城镇规模、基础设施重要性、文物古迹级别、河道形态破坏程度、动植物栖息地保护级别、自然景观级别、潜在污染企业规模等因素。失事社会与环境影响采用社会与环境影响指数计算。社会与环境影响指数定义为所考虑的社会与环境要素的乘积，按式（6.2-18）计算。

$$I_{SE} = \prod_{i=1}^{8} C_i, i = 1, 2, \cdots, 8 \qquad\qquad (6.2-18)$$

式中：I_{SE} 为社会与环境影响指数；C_1 为风险人口系数；C_2 为城镇规模系数；C_3 为基础设施重要性系数；C_4 为文物古迹级别系数；C_5 为河道形态破坏程度系数；C_6 为动植物栖息地保护级别系数；C_7 为自然景观级别系数；C_8 为潜在污染企业规模系数。

6.2.5　水闸风险计算

水闸风险计算包括个体生命风险、群体生命风险、经济风险、社会与环境风险的计算。

1. 个体生命风险计算

个体生命风险（individual life risk）是指具有失事风险的水闸对下游可能淹没范围内个体生命构成的生命基本风险之外的潜在附加风险，可用失事概率和个体死亡率的乘积来度量。生命基本风险（life background risk）是指水闸失事淹没范围内风险人口在水闸建设前所面对的（洪水）固有风险。个体生命风险按式（6.2-19）计算。

$$R_I = P_f P_{d/f} \qquad\qquad (6.2-19)$$

式中：R_I 为个体生命风险；P_f 为失事概率；$P_{d/f}$ 为失事条件下个体可能最大死亡概率。

2. 群体生命风险、经济风险、社会与环境风险计算

群体生命风险（societal life risk）是指具有失事风险的水闸作用于下游可能淹没范围

内群体生命的风险增量，可用失事概率和生命损失的乘积来度量。

经济风险（economic risk）是指具有失事风险的水闸作用于下游可能淹没范围内引起经济损失的风险增量，可用失事概率和经济损失的乘积来度量。

社会与环境风险（societal and environmental risk）是指具有失事风险的水闸作用于下游可能淹没范围内导致社会与环境影响的风险增量，可用失事概率和社会与环境影响指数的乘积来度量。群体生命风险理论计算如下

群体生命风险通常以 $F-N$ 曲线表示。$F-N$ 曲线为双对数坐标，其横坐标为生命损失 N，纵坐标为失事概率。F 为 N 的累积分布函数，即大于或等于 N 个生命损失的失事概率。$F-N$ 曲线下的面积等于生命损失的期望值 $E(N)$。

$$P_f(x) = 1 - F_N(x) = P(N) = P(N > x) = \int_x^{\infty} f_N(x)\,\mathrm{d}x$$

$$R_{OL} = [1 - F_N(x)] \times x = \int_0^{\infty} x[1 - F_N(x)]\,\mathrm{d}x \qquad (6.2-20)$$

$$E(N) = \int_0^{\infty} x \cdot f_N(x)\,\mathrm{d}x$$

式中：$P_f(x)$ 为死亡人数大于 x 的年失事概率；$F_N(x)$ 为年死亡人数 N 的概率分布函数，表示死亡人数小于或等于 x 的年失事概率；$f_N(x)$ 为年死亡人数 N 的概率密度函数；R_{OL} 为群体生命风险；$E(N)$ 为生命损失期望值。

个体生命风险考虑的是淹没区内特定地点死亡发生的概率，群体生命风险考虑的是整个淹没区，而不是某个确切的点，个体生命风险和群体生命风险的差别见图 6.2-2。

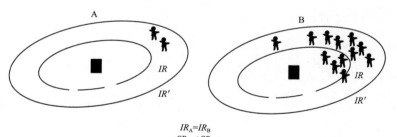

$$IR_A = IR_B$$
$$SR_A < SR_B$$

IR 为个体生命风险；SR 为群体生命风险

图 6.2-2　个体生命风险和群体生命风险的区别图

经济风险、社会与环境风险理论计算可依此类推。采用事件树法计算失事概率时，由于将初始事件划分为若干荷载状态，因此，在实际计算中，生命风险 R_{OL}、经济风险 R_{OE}、社会与环境风险 R_{SE} 可按下式计算。

$$R_j = \sum_{i=1}^{n} P_i l_{ji}, \quad j = 1, 2, 3 \qquad (6.2-21)$$

式中：R_j 为第 j 类水闸风险，$j=1$，2，3，分别代表生命风险 R_{OL}、经济风险 R_{OE} 和社会与环境风险 R_{SE}；P_i 为第 i 种荷载状态的失事概率，$i=1$，2，$\cdots$，n；l_{ji} 为第 i 种荷载状态下的第 j 类损失，$j=1$，2，3，分别代表生命损失 L_{OL}、经济损失 L_{OE} 和社会与环境影响指数 L_{SE}；n 为荷载状态数。

6.3　水闸风险评价与处置

6.3.1　水闸风险评价

6.3.1.1　水闸风险准则与风险标准构建方法

水闸风险标准是风险评估和决策的依据，也是水闸风险管理的目标，是依据水闸工程安全程度、失事后果及承受能力进行评估后社会与公众可以接受的标准，其涉及经济社会发展社会水平、风险意识、传统文化背景、价值观、管理体制、保险制度等各个方面，社会经济的发展与变化直接或间接影响风险管理目标的确定。合理的水闸风险标准可以达到协调工程安全、下游安全及可持续发展的综合管理目标。

1. 风险标准的构建原则

风险标准的确定需综合考虑政治、经济、文化、公众心理及技术水平等各种因素，不同国家和地区考虑的侧重点不同，采用的风险准则也有所差异。目前较为公认且运用最为广泛的风险准则是最低合理可行（As Low As Reasonably Practicable，ALARP）。ALARP 准则将风险分为 3 个区域：不可容忍区域、最低合理可行区域及广泛可接受区域。若风险位于不可容忍区域，则必须采取措施降低风险；若风险位于最低合理可行区域，则需根据风险降低是否可行或者获得的收益与降低风险的成本是否相称来决定是否采取风险控制措施；若风险位于广泛可接受区域，则可不采取风险控制措施。见图 6.3-1。由此可以看出，3 个区域的分界线：可容忍风险水平和可接受风险水平是进行风险评价与管理的关键，为研究所指的风险标准。

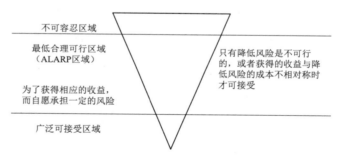

图 6.3-1　风险等级和 ALARP 准则

发达国家在此方面的研究较早且进行了一些实际运用，其在风险标准制定过程中所考虑的主要因素及一些关键问题的处理方法，对于我国水闸风险标准的构建具有重要的参考意义。因此可根据以下原则构建当前的风险标准：符合中国的水闸安全状况。中国正分批对病险水闸进行除险加固，如果风险标准定得太高，将使更多水闸处于"病险"状态。在当前资金仍相对紧缺的情况下，会使不少水闸因缺乏资金维护和加固而改变运行条件或者停止运行，恶化当地经济发展环境；无法与当前的安全标准有效衔接。通常认为，基于风险分析的大闸安全决策可作为安全标准的补充。为避免风险标准与安全标准差距太大，不能有效发挥作用，风险标准应与当前安全标准有效衔接；符合社会对于风险的接受意愿。

随着经济的发展以及社会知识水平的提高，群众对于事故风险更加关注。风险标准的确定是个综合性问题，不仅针对工程本身，更应符合群众对于风险的接受意愿，体现"以人为本"的管理理念。

2. 风险标准的定义与构建方法

风险标准主要包括生命、经济损失和社会、环境影响四个方面。为避免标准过于复杂，可将包括生活质量、自然景观等多个方面的社会、环境影响简化为弥补上述风险而需投入的资金，进而从经济角度进行分析。因此可将风险标准简化为生命风险标准和经济风险标准。

（1）生命风险标准。

1）个人生命风险标准。个人生命风险是指一个未采取特殊保护措施的人，长期处于某一特定生活位置，在一年内遭受偶然事故的死亡概率，是风险标准的最小单元，可用下式表示：

$$IR = P_f \times P_{d/f} \qquad (6.3-1)$$

式中：IR 为个人生命风险；P_f 为事故概率；$P_{d/f}$ 为事故发生条件下的死亡概率。

2）社会生命风险标准。社会生命风险是指某群体遭受特定事故死亡的人数及其相应概率的关系，可用下式表示：

$$P_f(x) = P(N > x) = \int_x^\infty f_N(x)\mathrm{d}x \qquad (6.3-2)$$

式中：$P_f(x)$ 为年死亡人数大于 x 的概率；$f_N(x)$ 为年死亡人数 N 的概率密度函数。

1967 年 Farmer 利用概率论建议了一条各种风险事故所容许发生的限制曲线，即著名的 $F-N$ 曲线。其首先被用于核电站的风险评价，而后在大坝工程的风险标准构建中得到了广泛运用。$F-N$ 曲线表示死亡人数 N 与其超过概率之间关系为

$$1 - F_N(x) < \frac{C}{x^n} \qquad (6.3-3)$$

式中：$F_N(x)$ 为年死亡人数小于 x 的概率分布函数；C 为常数；n 为标准线的斜率。

（2）经济风险标准。经济风险标准相比生命风险标准，受当地经济发展水平的影响更大，国外一般由业主根据自己的风险承受能力来制定。

准确的经济损失统计难度较大，主要是由于很多时候间接经济损失的计算十分困难。人们有时采用对直接经济损失乘以某个系数的方式来表示间接经济损失，但这个系数受事故类型和行业性质的影响较大，很难准确确定，因此当前国家经济损失统计资料相对缺乏。以经济水平来衡量人的生命价值通常被认为是不人道的，往往招致强烈的批评和反对。但是在控制生命风险至社会可接受的前提下，以生命风险标准为基础来构建经济风险标准却是合理的，因此可根据生命损失与经济损失的数值对应关系来确定经济风险标准。

根据国务院《生产安全事故报告和调查处理条例》，1 人死亡事故相当于 330 万～500 万元的直接经济损失事故。因此建议按照 1 人对应 400 万元的比例，构建水闸经济风险标准。

6.3.1.2 风险决策指南

水闸风险是指水闸失事可能性与失事造成的下游生命、经济损失和社会与环境影响后

果的乘积。风险评估是一个决策过程，决定已存在的风险是否可以容忍，风险控制措施是否合适，以及如何同工程或非工程措施减少风险。根据风险分析的结果，与风险标准比较，决定水闸风险是否可容忍。现阶段，水闸风险评估主要作为水闸调度运用、维修养护、除险加固和降等报废等运行管理工作的决策依据，以定性和半定量方法为主。

1. 水闸风险评估原则

（1）以人为本。重点关注水闸失事洪水淹没区内的公众生命安全。

（2）客观严谨。应以可靠的基础资料为前提，以科学的方法为支撑，以严谨的分析过程为保证，客观度量水闸风险。

（3）积极慎重。在积极借鉴和吸收国际经验的同时，充分考虑我国经济社会发展现状及水闸安全管理特点，以慎重的态度推广水闸风险评估方法与分析管理技术，兼顾先进性和安全性。

（4）协调连接。应协调好水闸风险评估与我国现行有关规程、规范的关系，并与传统水闸安全分析技术及现行水闸安全管理体系有效衔接，注重实用性。

2. 资料收集

应收集流域自然地理与水文气象、水闸功能与防护对象、水闸工程特性、水闸安全管理、水闸失事洪水淹没区基本情况等基础资料。基础资料应是正式发布或相关主管部门认可的权威性资料。

3. 评估依据

水闸风险评估除应符合国家现行有关法规和标准的规定，还应结合当地相关法规制度和地方标准。目前水利行业相关法规及技术标准如下：

（1）《水闸安全鉴定管理办法》。

（2）《水闸注册登记管理办法》。

（3）《水闸技术管理规程》（SL 75）。

（4）《水利水电工程金属结构报废标准》（SL 226）。

（5）《水闸安全评价导则》（SL 214）。

（6）《水闸设计规范》（SL 265）。

（7）《洪水风险图编制导则》（SL 483）。

（8）《水工钢闸门和启闭机安全运行规程》（SL 722）。

（9）《水闸安全监测技术规范》（SL 768）。

6.3.2　水闸风险处置

风险处置是指选择并实施适当的方案来处理风险。将水闸风险计算结果与水闸风险标准进行比较，评估风险是否可接受、可容忍或不可接受。如果水闸风险处于可接受风险范围，则无须处理；若水闸风险处于可容忍范围，则需要根据 ALARP 原则，采用成本效益法或失衡法分析确定分析是否需要处置；如果风险处于不可接受范围，则应采取措施进行处理。常用的风险处理措施包括降低风险、转移风险、规避风险和保留风险。

1. 降低风险

采用工程措施和非工程措施降低风险。以期降低水闸失事可能性，减少失事后果。一般可采用以下两种措施处理：一是通过制定法律法规、标准、操作流程、规章制度等，加强防范保护，减少事故发生，降低水闸失事概率，如除险加固，加强水闸安全监测与巡视检查等；二是通过制定应急预案，加强突发事件监测预警，完善应急救助措施，对失事洪水淹没区进行风险规划与管理等途径，减少失事后果。

2. 转移风险

转移风险是水闸业主或管理者通过立法、合同、保险或其他手段将失事风险转移给他人。目前，我国尚无有效的转移水闸风险途径，在国外，保险已作为转移水闸风险的一种重要手段，我国应加强相关研究与立法。

3. 规避风险

规避风险是在调查预测的基础上，采取不承担风险或放弃已承担的风险，以避免损失的发生，是普遍采用的一种有效方法。一是完全回避，当水闸风险过大时，采取控制运行，以避免风险的发生；二是中途放弃，当水闸风险分析结果不满足可接受风险标准，而风险处理措施费用与取得的效益非常不相称时，可将水闸降等或报废退役从而规避风险。规避风险的消极方面是同时失去了水闸的效益，还可能产生其他风险。

4. 保留风险

保留风险即水闸管理者自己承担风险，分为主动性保留与被动性保留。主动保留是在正确认知水闸风险的基础上，主动承担风险的决策，如经风险处理后满足可接受风险标准的剩余风险；被动性保留是指由于没有认识到水闸失事风险存在而造成的风险自留。

6.4 应急预案编制技术

6.4.1 基本规定

水闸突发事件应根据其后果严重程度、可控性、影响范围等因素，分为Ⅰ级（特别重大）、Ⅱ级（重大）、Ⅲ级（较大）和Ⅳ级（一般）四级。预案编制应收集水闸所在流域及相关区域自然地理与水文气象、公共基础设施、工矿企业、水闸功能与防护对象、水闸工程特性、水闸安全与管理现状、水闸冲淤状况、历史特大洪水或工程险情及其应急处置、失事洪水可能淹没区基本情况等基础资料。预案编制应贯彻"以人为本、分级负责、预防为主、便于操作、协调一致、动态管理"的原则。预案编制应由水闸管理单位或其主管部门、水闸所有者（业主）组织，并应履行相应的审批和备案手续。预案应根据情况变化及时修订和报批。修订的预案应送达所有发放对象，并应同时废止旧版本。

6.4.2 编制依据

目前水闸应急预案编制尚无国家或行业标准，应急预案编制应符合国家、行业和当地的法规制度及技术标准，目前水利行业相关法规及技术标准如下：

（1）《中华人民共和国水法》。

（2）《中华人民共和国防洪法》。

（3）《中华人民共和国防汛条例》。

（4）《国家突发公共事件总体预案》。

（5）《水闸安全评价导则》（SL 214）。

（6）《洪水风险图编制导则》（SL 483）。

（7）《水库大坝安全管理应急预案编制导则》（SL 720）。

6.4.3　突发事件及其后果分析

6.4.3.1　水闸工程概况

1. 水闸工程基本情况

水闸基本情况包括：水闸地理位置及流域自然地理、水文气象、工程地质条件及地震基本烈度等；水闸兴建年代、控制流域面积、工程等级、洪水标准、特征水位与相应过闸流量、水闸冲淤分布特点；水闸结构与主要工程特性；金属结构和机电设备；水闸下游防洪保护对象的防洪标准、安全泄量、警戒水位；水闸调度原则与调度运用方案；水闸对外交通、通信与供电设施；水闸水情测报、水质监测、水闸安全监测设施；水闸运行中曾遭遇的特大洪水、地震等自然灾害以及工程险情，相应处置情况；水闸运行中曾遭遇的水污染等影响水闸正常运行的突发事件及相应处置情况；水闸上下游其他水利工程以及水闸下游人口、乡村、城镇、重要工矿企业及交通等基础设施分布情况。

2. 水闸安全状况及存在的主要问题

最近一次水闸安全鉴定结论或除险加固情况；目前存在的影响工程安全的主要问题。

6.4.3.2　突发事件分析

确定水闸可能突发事件类型，可分为自然灾害类事件、事故灾害类事件、社会安全类事件和其他突发事件。可能突发事件由专家在现场安全检查基础上结合水闸安全评价结论确定，水闸安全评价应按 SL 214 执行；也可采用破坏模式与后果分析法（FMEA 法）和破坏模式、后果和危害程度分析法（FMECA 法）分析确定。

6.4.3.3　突发洪水事件及其后果分析

突发洪水事件应包括各种原因导致的水闸失事或超标准泄洪事件。水闸宜采用瞬时全溃或瞬时局部溃决模式。溃口流量计算可采用常规的水力学计算方法。洪水演进计算应符合下列要求：失事或超标准泄洪洪水演进计算宜包括洪水向下游演进时的沿程洪水到达时间、流速、水深、历时等洪水要素。失事或超标准泄洪洪水演进计算可采用数学模型法，对于小型水闸，可采用简化分析法和经验公式法。

洪水风险图应依据不低于 1∶10000 的地形图绘制，并可作为制定人员应急转移预案的依据。洪水风险图制作应符合 SL 483 及其相关技术细则的规定要求。应根据洪水风险图统计淹没区基本情况，估算突发洪水事件后果，并应作为突发事件分级与确定应急响应级别的依据。详细的突发洪水事件及其后果分析应作为预案附件。

1. 水闸失事生命损失估算方法

水闸失事生命损失计算应考虑风险人口 P_{AR}、失事洪水严重性 S_d、警报时间 W_T、风险人口对失事洪水严重性的理解程度 U_d 等主要影响因素。

风险人口 P_{AR} 计算可采用静态统计法和动态统计法。静态统计法宜在人口相对固定或流动性弱的地区使用；人口频繁流动的地区则宜采用动态统计法。

水闸失事洪水严重性 S_d 计算

$$S_d = hv \tag{6.4-1}$$

式中：h 为水闸失事洪水淹没范围内某点的水深，m；v 为相应某点的流速，m/s。

S_d 的划分标准如下：当 $S_d \leqslant 3.0 \mathrm{m^2/s}$ 时，低度严重；当 $3.0 \mathrm{m^2/s} < S_d \leqslant 7.0 \mathrm{m^2/s}$ 时，中度严重；当 $S_d > 7.0 \mathrm{m^2/s}$ 时，高度严重。

警报时间 W_T 的划分标准如下：当 $W_T \leqslant 15 \mathrm{min}$ 时，无警报；当 $15 \mathrm{min} < W_T \leqslant 60 \mathrm{min}$ 时，部分警报；当 $W_T > 60 \mathrm{min}$ 时，充分警报。

当风险人口接到水闸失事警报后，对水闸失事洪水可能淹没范围和严重程度缺乏足够了解，对逃生的必要性、措施、路径没有正确的理解和反应时，可认为风险人口对水闸失事洪水严重性的理解程度 U_d 是模糊的；反之则认为风险人口对水闸失事洪水严重性的理解程度 U_d 是明确的。

失事生命损失计算：

$$L_{OL} = P_{AR} \cdot f \tag{6.4-2}$$

式中：P_{AR} 为水闸失事洪水淹没范围的风险人口，人；f 为风险人口死亡率。

风险人口死亡率可按表 6.4-1 确定。夏天、晴天、白天宜取表 6.4-1 的下限值，冬天、雨天、夜间宜取此表的上限值。

表 6.4-1 李一周法风险人口死亡率推荐表

水闸失事洪水严重性程度 S_d	警报时间 W_T/h	风险人口对洪水严重性的理解程度	风险人口死亡率	
			推荐值	建议值范围
高	<0.25	模糊	0.7500	0.3000~1.0000
		明确	0.2500	0.1000~0.5000
	0.25~1.0	模糊	0.2000	0.0500~0.4000
		明确	0.0010	0.0000~0.0020
	>1.0	模糊	0.1800	0.0100~0.3000
		明确	0.0005	0.0000~0.0010
中	<0.25	模糊	0.5000	0.1000~0.8000
		明确	0.0750	0.0200~0.1200
	0.25~1.0	模糊	0.1300	0.0150~0.2700
		明确	0.0008	0.0005~0.0020
	>1.0	模糊	0.0500	0.0100~0.1000
		明确	0.0004	0.0002~0.0010
低	<0.25	模糊	0.0300	0.0010~0.0500
		明确	0.0100	0.0000~0.0200
	0.25~1.0	模糊	0.0070	0.0000~0.0150
		明确	0.0006	0.0000~0.0010
	>1.0	模糊	0.0003	0.0000~0.0006
		明确	0.0002	0.0000~0.0004

2. 水闸失事经济损失估算方法

（1）水闸失事直接经济损失。水闸失事直接经济损失可采用分类损失率法、单位面积综合损失法和人均综合损失法等方法计算。其中，单位综合损失法和人均综合损失法采用单位损失法和人均综合损失法时，失事直接经济损失 D 计算见式（6.2-16）。采用分类损失率法计算时，水闸失事直接经济损失 D 计算：

$$D = \sum_{i=1}^{n} R_i = \sum_{i=1}^{n} \sum_{j=1}^{m} R_{ij} = \sum_{i=1}^{n} \sum_{j=1}^{m} \sum_{k=1}^{l} V_{ijk} \eta_{ijk} \qquad (6.4-3)$$

式中：R_i 为第 i 个行政区的各类财产损失总值，万元；R_{ij} 为第 i 个行政区内第 j 类财产的损失值，万元；V_{ijk} 为第 i 个行政区内、第 k 级淹没水深下第 j 类资产价值，万元；η_{ijk} 为第 i 个行政区内、第 k 级淹没水深下第 j 类资产损失率，根据失事洪水严重性、历时等因素确定，%；n 为行政区数；m 为资产种类数；l 为淹没水深等级数。

（2）水闸失事间接经济损失。水闸失事间接经济损失可采用系数折算法和调查分析法计算。采用系数折算法时，溃坝间接经济损失 S 可由式（6.2-17）计算。

6.4.3.4　突发水污染事件及其后果分析

应根据水闸功能，分析可能发生的水污染事件影响范围和严重程度。应估算突发水污染事件对正常调度运行可能造成的后果，并应作为突发水污染事件分级与确定应急响应级别的依据。突发水污染事件后果估算应按 GB 3838 的规定执行。详细的突发水污染事件及其后果分析可作为预案附件。

6.4.4　应急组织体系

1. 应急组织体系框架

建立水闸突发事件应急组织体系，并应与当地突发公共事件总体应急预案及其他有关应急预案组织体系衔接。

绘制预案应急组织体系框架图，并应明确政府及相关职能部门与应急机构、水闸管理单位与主管部门等相关各方在突发事件应急处置中的职责与相互之间的关系。

2. 应急指挥机构

按照"分级负责、属地管理"的原则，成立水闸突发事件应急指挥机构，并应明确应急指挥长、副指挥长及成员。应急指挥长宜与水闸安全管理政府责任人一致。

应确定应急指挥机构的主要职责，以及指挥长、副指挥长与成员的职责分工。应急指挥机构应在指挥长的领导下，负责预警信息发布与指挥预案实施，发布预案启动、人员撤离、应急结束等指令，调动应急抢险与救援队伍、设备与物资。

应急指挥机构的组成单位、责任人、联系方式、职责与任务应以表格形式列示。

对突发事件影响范围大、应急处置工作复杂的水闸，可在应急指挥机构下设日常办事机构，负责联络及相关信息与指令的传输、处理和上报。

3. 专家组

成立水闸突发事件应急处置专家组，为应急决策和应急处置提供技术支撑。专家组应由熟悉工程设计、施工、管理等专家组成。必要时，可请求上级机构派出专家指导。

专家组成员的姓名、单位、专业、联系方式应以表格形式列示。

4. 应急抢险与救援队伍

应成立水闸突发事件应急抢险与救援队伍，并应根据突发事件的类型，确定其规模、人数、任务、所需配备的设备。应急抢险队伍应负责水闸工程险情抢护；应急救援队伍应负责组织人员撤离转移、遇险人员救助以及撤离转移过程中的救援工作。

应急抢险与救援队伍队长与下设小组组长的姓名、单位、专业、联系方式、具体任务应以表格形式列示，并应报应急指挥机构备案。

6.4.5 运行机制

1. 预测与预警

根据水闸工程实际与突发事件分析结果，建立必要的水情测报、工程安全监测与报警设施，并结合人工巡视检查，建立突发事件预测与预警系统；确定各类仪器监测和巡视检查的责任人及监测（或巡查）部位、内容、方式、频次、通信方式、报送对象等；确定专职或者兼职水闸突发事件信息报告员，并明确紧急情况下的通信方式与报告对象；信息报告员应当及时向水闸主管部门（业主）、应急指挥机构以及所在地人民政府报告突发事件信息；明确警报信号的发布条件。警报信号特别是人员撤离转移信号应事先约定，纳入预案，并向公众公布；预警级别应根据水闸突发事件级别划分为Ⅰ级（特别严重）、Ⅱ级（严重）、Ⅲ级（较重）和Ⅳ级（一般）四级，分别用红色、橙色、黄色和蓝色表示。

应急指挥机构应当及时汇总分析突发事件隐患和预警信息，必要时应组织专家组进行会商，对发生突发事件的可能性及其可能造成的影响进行评估：

（1）当认为事件即将发生或者发生的可能性增大时，应按照规定的权限和程序，发布相应级别的警报和预警信息，决定并宣布有关地区进入紧急期，同时应向上一级人民政府报告，必要时可越级上报，并应向当地驻军和可能受到危害的毗邻或者相关地区的人民政府通报。

（2）水闸突发事件预警信息应包括突发事件类别、预警级别、起始时间、可能影响范围、警示事项、应采取的措施等。

2. 应急响应

（1）突发事件警报和预警信息发布后，应在规定的时间内启动相应级别的应急响应，并立即实施应急响应措施；应急响应级别应根据突发事件预警级别确定。应急响应级别应分为下列四级：红色预警Ⅰ级响应，橙色预警Ⅱ级响应，黄色预警Ⅲ级响应，蓝色预警Ⅳ级响应；确定不同级别应急响应的启动条件、启动程序和响应措施；应急响应启动条件应根据突发事件和预警级别确定。当应急响应条件变化时，应及时调整应急响应级别；不同级别应急响应启动应符合下列要求：Ⅳ级、Ⅲ级响应由应急指挥机构或由其授权启动；Ⅱ级、Ⅰ级响应由应急指挥机构启动。

（2）Ⅳ级响应采取的响应措施。

1）应急指挥机构或其日常办事机构应主持会商，作出相应工作安排，加强对水闸的监视和应对突发事件工作的指导，将情况上报水闸安全管理政府责任人所在同级人民政府，并应通报应急指挥机构各成员单位。

2）应急指挥机构日常办事机构应密切监视水雨情、工情、水质等的发展变化。

3）应急指挥机构各成员单位应按照职责分工，做好有关工作。

（3）Ⅲ级响应应采取的响应措施。

1）应急指挥机构或其日常办事机构应主持会商，作出相应工作安排，密切监视突发事件发展变化，加强应对突发事件工作的指导，在 2h 内将情况上报水闸安全管理政府责任人所在同级人民政府，并应通报应急指挥机构各成员单位，在 24h 内派出专家组指导工作。

2）应急指挥机构应责令有关部门、专业机构、监测网点和负有特定职责的人员及时收集、报告有关信息，向社会公布反映突发事件信息的渠道，加强对突发事件发生、发展情况的监测、预报和预警工作。

3）应急指挥机构应组织专家随时对突发事件信息进行分析评估，预测突发事件发生可能性的大小、影响范围和后果以及可能发生的突发事件级别。

4）应急指挥机构应责令应急抢险队伍、负有特定职责的人员进入待命状态，并动员后备人员做好参加应急抢险和处置工作的准备。

5）应急指挥机构应调集应急抢险所需材料、设备、工具，确保其随时可以投入正常使用。

6）应急指挥机构应定时向社会发布与公众有关的突发事件预测信息和分析评估结果，并对相关信息的报道工作进行管理。

7）应急指挥机构应及时向社会发布可能受到突发事件危害的警告，宣传避免、减轻危害的常识，公布咨询电话。

8）应急指挥机构应通知可能受到洪水危害的人员做好转移准备。

（4）Ⅱ级响应应采取下列响应措施：

1）应急指挥机构应主持会商，应急指挥机构各成员单位参加，作出相应工作部署，加强应对突发事件工作的指导，在 2h 内将情况上报水闸安全管理政府责任人所在同级人民政府分管领导，并应通报上一级人民政府及其应急指挥机构，在 24h 内派出专家组赴一线指导工作。

2）应急指挥机构日常办事机构应密切监视突发事件发展变化，并应在专家组指导下做好预测预报工作。

3）应急指挥机构各成员单位除应做好Ⅲ级应急响应规定的各项工作外，尚应做好下列工作：

a. 调集应急救援所需物资、设备、工具，准备应急设施和避难场所，并确保其处于良好状态、随时可以投入正常使用，应急救援队伍进入待命状态。

b. 转移、疏散或者撤离可能受到洪水危害的人员并予以妥善安置，转移重要财产。

c. 加强对重点单位、重要部位和重要基础设施的安全保卫，维护社会治安秩序。

d. 采取必要措施，确保交通、通信、供电等设施的安全和正常运行。

e. 及时向社会发布有关采取特定措施避免或者减轻危害的建议、劝告。

f. 关闭或者限制使用可能受到洪水危害的场所，控制或者限制容易导致危害扩大的公共场所的活动。

（5）Ⅰ级响应应采取下列响应措施：

1）应急指挥机构应主持会商，应急指挥机构各成员单位参加，作出应急工作部署，加强工作指导，并将情况上报上级人民政府及其应急指挥机构，在12h内派出专家组赴一线加强技术指导。

2）应急指挥机构日常办事机构应密切监视突发事件发展变化，专家组应做好预测预报工作。

3）应急指挥机构各成员单位应做好Ⅱ级应急响应规定的各项工作，上一级应急指挥机构各成员单位应全力配合做好有关工作。

3. 应急处置

应急处置应包括信息报告与发布、应急调度、应急抢险与处理、应急监测和巡查、人员应急转移和临时安置。应建立险情、灾情信息报告与发布机制，并应符合下列要求：①确定负责险情、灾情信息报告的单位及责任人姓名、联系方式，以及报告对象、内容、方式、时间与频次要求；②确定突发事件信息发布的授权单位与发布方式、发布原则；③规定险情、灾情信息报告的记录要求；④在应急处置过程中，实时续报及发布有关信息。

应编制应急调度方案，并应符合下列要求：①应根据突发事件分析结果，制定各种紧急情况下的应急调度方案；②应确定应急调度权限，以及调度命令下达、执行的部门与责任单位及责任人。

应编制应急抢险与处理方案，并应符合下列要求：①应根据突发事件分析结果，针对性制定工程抢险或水污染处理方案；②应确定通知、调动应急抢险队伍的责任人与时间要求；③应确定现场指挥工程抢险或水污染处理的责任人与任务要求。

应编制应急监测和巡查方案，并应符合下列要求：①应规定预案启动后的应急监测和巡视检查要求；②应确定负责应急监测与巡视检查工作的部门与责任人。

应编制人员应急转移方案，并应符合下列要求：①应针对可能突发的事件，确定洪水淹没区域或突发事件影响区域人员和财产转移命令下达和实施的流程图，以及相关环节的责任部门和责任人；②根据洪水淹没区或突发事件影响区居民点、安置点、交通条件的分布情况，以及洪水到达时间、突发事件严重性，按照"轻重缓急"原则，分片确定转移人员和财产的数量、次序、转移路线、距离、时间要求、交通方式、安置点以及负责组织转移的责任人，负责某一片（区）人员转移的责任人可根据辖区内行政村、自然村、小区/街道/企事业单位、居民楼等的分布情况，进一步细化人员转移方案；③应确定人员转移过程中承担应急救援任务的责任单位与责任人；④应确定人员转移过程中及转移后承担警戒任务的责任单位与责任人以及具体的警戒措施；⑤应确定负责转移人员登记的责任单位和责任人。登记信息应包括姓名、住址、登记地点与转移地点等；⑥应确定疏散路线、重要地点等标识，并应在水闸周边醒目地点以平面布置图的形式标出。

编制临时安置方案，并应符合下列要求：①应确定负责解决应急转移人员基本生活要求的相关责任部门和责任人；②负责临时安置的责任部门应根据具体情况编制详细的转移人员临时安置计划。

4. 应急结束

应规定应急响应和处置结束的条件。当满足下列条件时，可宣布应急结束，解除紧急期：①险情得到控制，警报解除；②风险人口全部撤离并安置完毕。

5. 善后处理

善后处理应包括调查与评估、水毁修复、抢险物料补充、预案修改与完善；应确定善后处理各项工作的相关责任单位与责任人。

6.4.6　应急保障

1. 应急抢险与救援物资保障

应根据应急抢险与救援工作的需要，储备必要的抢险与救援物资设备；应确定负责应急抢险与救援物资储备的责任单位与责任人；应确定应急抢险与救援物资的存放地点、保管人及联系方式。

2. 交通、通信及电力保障

应制定水闸枢纽区交通保障计划，并应确定责任单位与责任人，确保应急处置过程中的交通畅通与运输保障。交通运输工具可临时征用，应制定征用方案和确定责任单位与责任人；应根据突发事件应急处置需要，制定应急通信保障计划，并应确定责任单位与责任人，确保应急处置过程中的通信畅通；应根据突发事件应急处置需要，制定应急电力保障措施，并应确定责任单位与责任人，确保应急处置过程中的电力供应。

3. 经费保障

应急经费应包含用于应急抢险与救援物资和设备的购置和保管、预案培训和演练以及应急处置等费用；应明确应急经费筹措方式。

4. 其他保障

应确定应急处置过程中负责解决应急转移人员基本生活问题的责任单位及责任人；应确定应急处置过程中负责筹措医疗与卫生防疫用品的责任单位及责任人；应确定承担洪水淹没区或水污染影响区警戒与治安维护任务的责任单位及责任人。

6.4.7　宣传、培训与演练

应定期对预案进行宣传、培训和演练。应确定预案宣传的内容和方式以及组织实施单位、责任人。应制定预案培训、演练的方案和计划，并确定培训、演练的组织实施单位、责任人。

6.5　水闸除险加固及降等报废

6.5.1　水闸除险加固

我国大量水闸建设于 20 世纪 50—70 年代，受当时经济社会和技术条件的限制，普遍存在防洪标准和建设标准偏低、工程质量较差、配套设备落后等"先天不足"问题，加上长期以来重建轻管思想导致大量水闸缺乏维护，出现建筑物结构及机电设备老化等诸多安全隐患，安全管理现状不容乐观。1998 年大洪水后，水利部曾进行过全国病险水闸除险加固工作，但由于资金有限，只在大江大河整治工程中安排了 28 座病险水闸的除险加固；2008 年水利部年初部长工作会议上提出"加强水闸安全管理、规范水闸安全鉴定"的要求，2008 年 9 月在全国开展了全国水闸安全状况普查，在当时全国 4.1 万座小（1）型以上的水闸中，约 2/3 以上的水闸都存在不同程度的病险情况。此后，于 2009 年 3 月份在全国范围内开展病险水闸除险加固专项工作，并列入水利行业重点工作。此后全国水利工作会议以及中央一号文件等多次将病险水闸除险加固作为重要的工作列出。为恢复或提高规划内水闸的建设标准，保证水闸功能长期正常发挥，2013 年，国家发展改革委与水利部联合印发了《全国大中型病险水闸除险加固总体方案》（发改农经〔2013〕303 号），共有 2622 座大中型病险水闸纳入规划，其中大型病险水闸 378 座、中型病险水闸 2244 座。规划实施以来，投资计划下达总体进度较慢，水闸主体工程开工建设进度滞后。为做好大中型病险水库水闸除险加固工作，加强项目建设管理，国家发展改革委水利部印发了《大中型病险水库水闸除险加固项目建设管理办法》（发改农经〔2014〕1895 号）。

6.5.1.1 病险水闸存在的主要问题

通过一些有关水闸在除险加固方面的专项规划成果并结合在全国范围内对水闸进行的一个安全状况的普查情况分析可知，目前我国水闸存在许多的问题，出现的病险情况各不相同。根据水闸的结构和发挥的主要作用，将病险水闸的种类总结为以下几个方面：

（1）水闸的防洪（挡潮）标准不满足规范要求。主要表现是提闸过水时，水闸的泄流排涝能力不足或者单宽流量已经超过了下游河床土质的抗冲刷能力。若是位于沿海地区的挡潮闸，由于水闸的闸室顶高程不足，还容易出现潮水倒灌现象。造成出现此类现象的主要原因是：一方面水闸建设多在改革开放以前，当时标准还未统一，且受当时客观条件的制约缺少必要的水文资料或者相关的资料模糊、不准确；另一方面是因为防洪规划的调整。由于政策或者环境的改变从而引起了现有的防洪规划的改变，这就导致了水闸防洪的标准降低。还有局部地区是因为整体出现了下沉的现象，导致闸室高程不足而不能满足防洪防潮要求。

（2）闸室抗滑稳定不满足规范要求。全国大中型病险水闸中，部分工程受到区域性沉降的影响，出现闸体沉降不均的现象，伴随而来的问题就是闸室抗滑、抗倾和抗浮安全系数均不满足现行规范要求，闸基遭到破坏，影响工程整体的安全性和稳定性。

（3）消能防冲设施老损。通过相关资料可知，由于管理单位管理体制不完善或者缺乏必要的维护资金，全国范围内有超过一半的病险水闸存在闸下未设消能防冲设施或者是消能防冲设施严重损毁的问题。

（4）水闸的闸基和两岸上下游连接段发生了渗流破坏。闸基和河流两岸堤防护坡随着时间的推移容易出现基础淘空、管涌或者流土等现象，从而引发渗透破坏。

（5）建筑物老化破损严重。全国大部分病险水闸建设时间悠久，由于受当时技术和经济条件的制约，在进行混凝土构件强度等级选取时，标准不高，且所用配筋量较低，浆砌石砂浆的标号也不高，再加之当时的生产技术、生产工艺有限，受大风、大浪、大水等影响，导致现状混凝土结构出现严重的碳化、开裂、脱落等现象，致使水闸建筑物的混凝土结构老化破损的程度非常严重。

（6）水闸的闸门经长时间使用后易生锈，而处于沿海地区的闸门还容易被腐蚀，启闭设施、电气设备、金属结构等生锈老化、失灵或超出了使用年限，容易引发安全事故，不利于工程的运行安全。

（7）水闸上下游的淤泥沉积情况及水闸闸室的腐蚀情况严重。部分水闸由于存在选址欠佳、或者在原设计时对引水冲沙设施有欠考虑，会出现严重的淤积现象。若及时进行清淤，则不会影响行洪安全，若淤泥沉积则会造成水闸的引水、排涝不畅，导致水闸的闸室结构出现十分明显的磨蚀现象。

（8）水闸的抗击地震等自然灾害的能力不足。水闸的抗震等防御自然灾害的安全性能达不到规定的要求。如若发生地震，启闭机房、管理房、检修桥等主次要建筑物容易倒塌，部分病险情况严重的水闸，地基还可能会出现震陷、液化等现象，而现有的水闸建筑的强度可能也无法达到抵御自然灾害所需的要求。

（9）管理问题。由于人为因素的原因，国内大多数水闸只配置了部分观测设施设备，安全监测相关设施不全，不利于管理者及时掌握工程运行状态，难以满足运行管理需求；同时，由于维修养护标准偏低，有些水闸管理单位存在管理房年久失修或成为危房、缺乏必要防汛物资以及防汛道路损坏等问题。

6.5.1.2 水闸病险形成原因的分析

我国水资源总量丰富，由于种种原因，水闸呈现出点多面广、历史悠久的特点。水闸建立初期，由于统一的设计规范还没有颁布，水闸工程普遍性的施工质量差，到后期运行时又缺乏必要的维修养护资金，工程的配套设施一直不完善。在运行管理期间，由于管理体制不健全，管理人员素质普遍不是太高，工程没有进行必要的维护，增加了病险水闸发生的概率。此外，近年来复杂多变的气候也加大了水闸的运行力度进而加剧了水闸病险程度。一般情况下，我国出现病险水闸的主要原因如下：

（1）使用年限超出规范要求，或者超过了当初设计的使用年限。到目前为止，我国大部分水闸及其建筑物已基本到达使用年限，有些结构设备甚至已超过使用年限，而这将致使安全性及使用性逐渐丧失。

（2）工程建设存在先天不足的情况。一方面，由于受到当时社会经济环境的制约，在严重缺乏基础资料的情况下，水闸的建设只能采取边勘察、边设计、边施工的方式。而有些水闸甚至根本就没有进行基本的勘察和设计就直接施工建设，导致现在出现一系列的病险问题。另一方面，施工人员的素质及技能差异较大，加上当时使用设备的落后，很大程度的制约了技术人员的作用。这两方面的因素致使这些水闸在建设过程中的质量先天不足。

（3）工程老化严重。由于最初的水闸在设计施工时还没有统一的规范，有些项目缺少一些必要的设计，如与环境污染、耐久性和抗震性等方面有关联的设计内容。这些内容的缺失导致大多数工程在长期的使用过程中出现了十分严重的破损老化的现象。加之当时制定的标准不高，且用以维护工程的资金紧缺或不足，使得相关的管理单位在面对一些病险问题时只能做应急处理，安全隐患仍然存在，随着使用年限的增加越来越严重。

（4）投入资金不足。目前，水闸维修养护资金采取定额管理的方式，随着社会经济的发展，物价水平的上升，水利部颁布的定额标准相对现在发展偏低，原标准已不适用于现代水闸的维护，资金投入不足导致了水闸管护不当，工程老化加速，水闸日常管理工作困难很大。自从国务院颁布了新的改革条例（《水利工程管理体制改革实施意见》）后，许多单位逐步完成了体制的改革，维修养护工作实现了管养分离，提高了维护质量，优化了管理模式。尽管采取了一系列的改革措施，但资金投入不足始终无法根本解决病险水闸的安全使用等方面的问题。

（5）运行的环境恶化影响闸体安全。目前，受环境污染的影响，一些水闸的运行环境日趋严重。由于受废污水腐蚀和海水锈蚀，加大了水闸的锈蚀和腐蚀程度，致使水闸结构的老化过程加快，出现了闸门止水损坏、闸门出现严重漏水的现象，同时也导致混凝土结构碳化、破损严重，钢筋锈蚀，危及了闸室安全。

6.5.1.3　水闸除险加固方案影响因素的分析

根据病险水闸呈现出的病险状态以及出现的病险原因分析，在进行除险加固方案选择时，除了考虑到病险水闸的安全性指标，可综合考虑水闸除险加固设计过程中的工程造价、施工的难易程度、施工的工期长短，以及水闸除险加固后所产生的工程与经济效益。由于我国水闸大部分建立于20世纪50年代以前，许多工程具有一定的历史价值，在对除险加固方案做决策研究时，对工程实施文物保护也是进行决策分析的重要影响因素之一。为保证除险加固方案最终决策的合理性，必须在进行多目标决策之前全面分析影响工程实施的因素。

1. 安全效果影响因素分析

水闸除险加固的安全因素要求：①安全性要求其结构及地基能够满足防洪和抗震要求；②具备一定的泄流能力和挡水能力是水闸的适用性要求，部分沿海地区的防潮闸还要具有一定的挡潮能力；③地基要求具备充足的承载能力且不得产生过大沉降或不均匀沉降以及渗漏等现象，建筑物及其构件的形变范围要求在正常数值的范围内；④闸门、启闭机等设备的控制能力要求保持在正常标准之内；耐久性要求构件的损伤程度不随时间的改变而降低其额定标准的能力；⑤构件的表面要求降低锈蚀、磨损影响，从而延长使用寿命。

2. 工程投资因素分析

病险水闸进行除险加固需要依据安全鉴定结论，对工程存在的隐患有针对性地进行方案设计。病险水闸的除险加固方案，需要对整个工程进行投资匡算，确定合理的施工成本，把工程造价拟定在一定的范围内。例如，在进行除险加固底板拆除时，全拆和部分拆除工程效果是一样的，但是闸底板与闸室上部结构同时拆除，施工程序不那么复杂，施工方法也相对简单，施工干扰小；保留部分闸室拆除底板，需增加闸室长度及相应钢筋混凝土工程量，用工多、用时长，施工难度大，新老闸室连接部位易出现拉裂现象，工程投资造价差距较大。根据病险成因分析，进行除险加固时，工程造价的影响因素一般包括建筑工程中的底板拆除与加固、交通工程、房屋建筑工程及其他建筑工程，机电安装工程中的电气一次设备与安装工程、电气二次设备与安装工程、公共设备与安装工程以及部分病险水闸中的水文站设备，金属结构设备安装工程中的闸门设备与安装工程以及施工临时工程，主要有施工导流工程、施工交通工程、房屋建筑工程和一些其他的临时工程。影响病险水闸的工程造价指标的因素还包括有管理单位的建设管理费用、建设监理费用、科研勘测费用及其他费用。进行病险水闸除险加固方案选择时，这些因素都会影响到除险加固方案的工程造价，是除险加固决策的主要考虑指标之一。

3. 施工难度（技术）因素分析

病险水闸的除险加固，一般是在现有工程基础上，根据鉴定的病险问题，结合不同水闸的特点，实事求是、因地制宜地开展设计，按照相关工程基本建设程序，有序地开展除险加固，消除病险，恢复设计功能。因每座病险水闸的病因不同，针对除险加固所拟定的技术方案也将会有所差别，开展除险加固的难易程度也不一样。一般的施工方案有：①全部或部分拆除上游连接段建筑物、闸室段建筑物及下游连接段建筑物，并清除相关的堆积物或坍塌物；②根据实际计算结果，重新确定相关尺寸及数据，以此为基础对闸室段、上下游连接段建筑物及抗冲击的设施进行重建或改建；③增设管理房，同时建立完善的水闸观测设施。施工顺序上会优先安排关系水闸主体安全的结构加固和基础处理，以及与安全运行相关的闸门、启闭设备等的修复和更新改造。围堰属于水利工程的临时工程，在沿海软基上进行围堰施工难度较一般地区大，它受地质条件影响较大，而沿海地区地基一般都比较薄弱，还容易受涨潮落潮以及海水风浪等的影响，很容易造成破坏。因此，沿海地区的围堰要从实际出发，在做前期工作时就要有针对性地进行分析，抓好设计、施工、管理全过程，提高效益。目前，在软基上进行围堰施工时多采取土石围堰。

目前对建筑进行加固的施工经验十分丰富，但是对于水闸工程而言，因为工作环境的不同所采用的加固方法也会有所差别，特别是建筑物处于变动的水位区。此外，还要考虑到水闸除险加固本身的特点。因此，在设计中需尽可能地选择可行、经济合理且能保证质量的方案。

4. 环境影响因素分析

水闸除险加固工程施工是一个开放性的系统，由于在户外施工，不可避免地会受到外界环境的影响，这些影响有可能会影响到除险加固方案的实施。总体说来，影响施工进度的因素主要是来自自然环境和社会环境，其中自然环境包括气象、水文、地质、地形等方面的风险因素影响；社会环境包括来自市场供给、部分民众、对外交通等方面的风险因素影响。

5. 工程效益因素分析

对现有病险水闸开展除险加固工作主要会产生以下几个方面的工程效益。

（1）经济效益方面：①确保安全运行，保证经济社会发展；②合理调节水资源的分配；③有利于有效地治理洪水；④有利于农业产业化进程。

（2）社会效益方面：①美化外观提升城市形象；②可促进水资源循环使用；③保证水利事业的可持续发展。

（3）生态效益方面：①通过对病险水闸的修缮可加快该区域的水系循环，提高水体自身净化能力，从而减少或消除对水环境的不利影响，并有效降低水体污染在局部的积聚；②减免水闸失稳可能对社会环境的冲击破坏；③减少工程占地，避免新建水闸的环境影响。

6. 文物保护影响因素分析

由于全国不少水闸都是建于 20 世纪 50 年代以前，许多水闸不但具有工程效益，还具有历史价值。这些水闸因其历史悠久且承载着文化信息从而被评定为文物保护单位。因此，在对其进行除险加固时，相关的文物保护措施是决策的关键性指标之一。

在选择最优方案时，必须考虑采取合适的文物建筑修复方式，否则将不利于水闸除险加固工作的开展。在《威尼斯宪章》及《建筑遗产分析、保护与修复原则》中均对修复的措施提出了具体要求，总结起来主要体现在：①所采取的一些措施是不可缺的；②在具有大量历史性的建筑群的城市中，应当要细致的对其进行保护，且要不间断的经常性的维修。预防性维修和定期检查相结合的模式是文物建筑保护修复中普遍认为的最佳的修复措施，它是一种间接被动的保护，能够尽可能地不用任何措施维持其现状。这种维修方式主要是对文物建筑物中一些有隐患的部分采取一系列的预防性措施，可适用于一切保护对象（详见《建筑遗产分析、保护与修复原则》）。在对文物建筑进行保护时，要尽可能地保护文物建筑，不破坏其真实性和历史意义。相关的保护手段必须就实际情况做出科学合理地判断。主要处置方案有以下几种：

（1）防护加固。加固是利用现代工程技术中的修复措施对文物建筑进行保护。在防护加固构筑物时可采用当代材料、结构、做法，通过简洁、朴实的形式体现保护工程实施的年代，可以不强求一定要与文物古迹保持统一的外观风格。此外，所有的保护加固方法都不能损伤所保护对象的原状且应留有一定的余地，以便在以后实施更有效的保护措施。

（2）现状整修。现状整修是将被外物破坏的遗产恢复到其原有的状态，但是这种修复会影响建筑的原真性。因此，贸然采取措施，可能会破坏处于平稳状态的文物。所以，在实际情况的修复工作开展前，应先对被修复文物进行整体结构的解析和科学严谨的监督和实际测量，已明确那些确实存在结构方面有隐患的部分。

（3）重点修复。落架、解体和重建只有在其他的保护措施不能起作用的情况下作为一个可选的办法，一般来说是比较谨慎使用的，而且相应的维修必须保证耐久性，即长时间无需修护。此外，只允许拆除在修复过程中可能受到损坏的一些附属的文物，且修复后必须放回文物中原本的位置。

6.5.1.4 除险加固的主要工程措施

病险水闸除险加固，主要是在现有工程基础上，因地制宜，通过采取综合加固措施，消除病险，确保工程安全和正常使用，恢复和完善水闸应有的防洪减灾和兴利效益。

首先应弄清现状，查明问题，分析原因，根据工程和当地特点，研究综合性加固措施。由于各地气候、自然环境、经济和技术发展水平不同，加固方法也是多种多样，不宜照搬照抄。加固方案要体现先进性、科学性和经济性。无论从勘测、设计、施工、管理等各方面，都应重视采用新技术、新方法、新材料、新工艺，努力提高科技含量。

要采用最新资料和现行技术规范，对工程的等级、防洪标准进行复核。标准不够的水闸，要加高或扩孔或扩建。鉴定为四类的水闸应考虑拆除重建或移址新建。病险水闸除险加固的同时，应当完善各种必要的管护设施，对水闸的管理范围要确权划界，为运行管理创造必要的条件。

6.5.1.5 除险加固的投资匡算方法

大型和重点中型病险水闸的除险加固投资，是在各地提供的每一座水闸投资的基础上，汇总得出的。由于前期工作深度不同，各闸投资匡算的精度也不同，有的已达到概（估）算精度，这些投资匡算，都是按照有关水利工程概（估）算的编制方法、定额及有关文件的规定和要求进行编制的。有的水闸还没有进行安全鉴定，特别是一般中型水闸的除险加固投资，大多采用类比法，匡算精度较差。

6.5.1.6　除险加固的资金筹措

以往，各地病险水闸的除险加固资金，是通过不同渠道解决的，有的列入基建计划，有的列入河道治理或堤防建设项目，有的列入防汛应急工程，有的使用水利建设基金，有的使用其他专项资金等。资金来源不统一，不明确，也没有保障。

根据《中华人民共和国防洪法》的规定，按照事权和财权相统一的原则，对于国家确定的大江大河上的防洪、分洪水闸，蓄滞洪区水闸，沿海挡潮闸等，建议中央财政安排专项资金，用于病险水闸的除险加固。

受病险水闸威胁以及因水闸受益的各省市及地方政府，应承担保障水闸安全运用的主要责任，应在各级政府财政预算中安排资金，用于病险水闸除险加固。各受益部门和单位，也应按照"谁受益、谁投资"的原则，积极筹措资金，支持病险水闸除险加固。

然而，各地建设资金大多并不富裕，如果除险加固资金全部由地方筹集，十分困难，除险加固工作势必难以按期完成。因此，建议中央对病险水闸的除险加固给予适当补助，重点扶持大型和重点中型病险水闸的除险加固，以帮助和推动这项工作的全面开展。根据各地经济发展水平和财政状况的不同，建议中央对东部、中部和西部地区分别采取不同的资金补助政策，特别是西部地区比较贫困，财政状况较差，建议中央给予特殊政策，加大资金补助力度，不单在补助比例上，在补助范围上也适当放宽，此外，对灌溉和供水效益好的一般中型水闸也给予补助。

6.5.2　水闸降等报废

6.5.2.1　降等与报废标准

1. 降等标准

水闸降等是指因水闸规模减小或者功能萎缩，将原设计等别降低一个或者一个以上等别运行管理，相应调整水闸管理机构与职责、管理措施及调度运用方式，以保证工程安全、节约运行维护成本和发挥相应效益的处置措施。符合下列条件之一的水闸，应当予以降等。

（1）因规划、设计、施工等原因，实际工程规模达不到《水利水电工程等级划分及洪水标准》（SL 252）规定的原设计等别标准，扩建技术上不可行或者经济上不合理的。

（2）因淤积严重，现有过流能力低于《水利水电工程等级划分及洪水标准》（SL 252）规定的原设计等别标准，恢复过流能力技术上不可行或者经济上不合理的。

（3）原设计效益大部分已被其他水利工程代替，且无进一步开发利用价值或者水闸功能萎缩已达不到原设计等别规定的。

（4）实际抗御洪水标准不能满足《水利水电工程等级划分及洪水标准》（SL 252）规定或者工程存在严重质量问题，除险加固经济上不合理或者技术上不可行，降等可保证安全和发挥相应效益的。

（5）因征地、移民或者在管理范围内有重要的工矿企业、军事设施、国家重点文物等原因，致使水闸自建成以来不能按照原设计标准正常运用，且难以解决的。

（6）遭遇洪水、地震等自然灾害或战争等不可抗力造成工程破坏，恢复水闸原等别经济上不合理或技术上不可行，降等可保证安全和现阶段实际需要的。

（7）因其他原因需要降等的。

2．报废标准

水闸报废指对病险严重且除险加固技术上不可行或者经济上不合理的水闸以及功能基本丧失的水闸，采取包括停止水闸运行，拆除水闸和撤销水闸管理机构，以确保安全和消除风险、节约运行维护成本的处置措施。符合下列条件之一的水闸，应当予以报废。

（1）防洪、排涝、供水、发电、及旅游等效益基本丧失或者被其他工程替代，无进一步开发利用价值的。

（2）水闸淤积严重，无经济有效措施恢复的。

（3）建成以来从未运用，无进一步开发利用价值的。

（4）遭遇洪水、地震等自然灾害或战争等不可抗力，工程严重毁坏，无恢复利用价值的。

（5）水闸渗漏严重，功能基本丧失，加固处理技术上不可行或者经济上不合理的。

（6）病险严重，且除险加固技术上不可行或者经济上不合理，降等仍不能保证安全的。

（7）因其他原因需要报废的。

6.5.2.2　降等与报废评估

当水闸实际工程规模达不到原工程等别划分标准，或功能衰减，或病险严重且难以限期除险加固，或管理缺失不能安全运行时，应进行降等或报废论证，符合降等报废要求时，应作降等或报废处理。确定降等与报废的水闸，应进行善后处理，以确保工程安全、环境安全和社会安全。

水闸降等与报废评估应在现状调查基础上，广泛收集工程安全状况、运行管理、功能和效益、经济与社会影响、环境影响等基础资料。评估应包括下列内容与程序：现场调查和走访，收集资料；分析水闸及影响区域现状，识别潜在风险；预测与评估水闸降等或报废的潜在影响；提出对策与管理措施；估算费用与效益；进行综合评估，明确降等或报废结论，提出处置对策与管理措施的建议；编制水闸降等或报废评估报告；水闸报废对生态环境影响显著的，应进行专项环境影响评估；大型和重要中型水闸的降等或报废评估还应针对经济、社会、环境影响以及善后措施等展开专门论证，并提出善后措施效果监测与后评估要求；同时，应考虑利害相关方的基本需求，并提出妥善的处理方案。评估依据如下：

（1）《防洪标准》（GB 50201）。

（2）《水土保持工程设计规范》（GB 51018）。

（3）《水利水电工程设计洪水计算规范》（SL 44）。

（4）《水利建设项目经济评价规范》（SL 72）。

（5）《水利工程水利计算规范》（SL 104）。

（6）《水环境监测规范》（SL 219）。

（7）《水闸安全评价导则》（SL 214）。

（8）《水利水电工程等级划分及洪水标准》（SL 252）。

（9）《水土保持工程运行技术管理规程》（SL 312）。

（10）《洪水风险图编制导则》（SL 483）。

（11）《环境影响评价与技术导则 生态影响》（HJ 19）。

（12）《环境影响评价技术导则》（HJ/T 88）。

（13）《内河航道与港口水流泥沙模拟技术规程》（JTS/T 231-4）。

水闸降等与报废评估除应符合以上标准外，还应符合国家现行有关标准的规定。

水闸降等与报废论证应从过流能力、功能效益、工程安全、经济社会与环境影响、运行管理等方面进行分析评价。水闸降等论证报告内容应当包括水闸的原设计及施工简况、运行现状、运用效益、洪水复核、水闸质量评价、降等理由及依据、实施方案。水闸报废论证报告内容应当包括水闸的运行现状、运用效益、洪水复核、水闸质量评价、报废理由及依据、风险评估、环境影响及实施方案。小型水闸，根据其潜在的危险程度，论证内容可以适当从简。主要技术内容如下：

1. 现状调查与初步分析

水闸降等与报废应开展现状调查和初步分析。现状调查应成立经验丰富的专家组开展工作，提出书面意见和建议。现状调查应根据水闸流域条件和水闸降等和报废的可能影响，确定合适调查范围和对象、调查内容和指标，以及适宜的调查方法等。调查范围包括工程管理与保护范围、工程影响范围；调查对象包括建筑物、工程设施、管理机构、工程影响对象和受益对象。现状调查内容和指标应能反映水闸的基本特征和存在的主要问题，应包括工程基本情况、运行管理情况、安全与风险状况、功能与效益、经济与社会影响等。有敏感保护目标或特别保护对象的应做专题调查。水闸报废还应调查水闸淤积、水土流失、生态环境等内容。现状调查方法包括现场察看、走访、座谈和资料分析等，必要时进行问卷调查、测试或测验等。初步分析应分析水闸降等或报废的适用条件和可能影响，明确评估重点。

2. 影响预测与评估

应通过影响预测与评估进一步分析现状水闸降等或报废的适用条件，并预测和评估水闸降等或报废后可能带来的影响，为水闸降等或报废对策措施和管理决策提供依据。影响预测与评估内容应包括上游库容与功能指标、工程安全条件、经济与社会影响、环境影响等。影响预测与评估方法宜采用定量分析方法，难以定量的可采取定性或定量定性相结合的方法。

（1）功能指标影响预测与评估。功能指标影响预测与评估应复核水闸现状条件，确定水闸功能指标是否符合水闸降等或报废条件。现状条件复核应包括集水面积、水文系列资料、经上级主管部门批准的防洪调度方案、流域规划与上游蓄滞洪条件、下游限泄条件等影响水闸过流能力的基础信息。设计洪水计算应按 SL 44 的规定执行，洪水调节计算应按 SL 104 的规定执行。当复核的校核洪水位低于原校核洪水位时，应按复核的校核洪水位确定水闸过流能力。当由于水闸淤积导致复核的校核洪水位超过原校核洪水位时，应按原校核洪水位重新确定水闸过流能力。多泥沙地区的水闸应进行水闸泥沙淤积预测，评估泥沙淤积对现状过流指标的影响。

水闸功能指标应分析水闸原设计功能指标、实际需求和利用措施，预测和评估水闸功能指标丧失和新增功能利用的影响。

（2）工程安全条件影响预测与评估。工程安全条件影响预测与评估应分析评估工程防洪能力、工程质量与结构安全、工程运行管理等是否符合水闸降等或报废条件。

工程防洪能力评估应分析历史运行调度情况、上游洪水变化等，复核现状条件下的工程防洪能力。

工程质量与结构安全评估应包括下列内容：复查工程建设和运行中出现的影响工程安全的问题及其处理情况，分析现状存在的主要问题；复核水闸渗流安全、结构安全、抗震安全等。

工程运行管理评估应包括管理设施、运行管理能力、调度运行、养护修理，评估应急设施、应急管理能力等。

多泥沙地区的闸应分析泥沙淤积对工程防洪、泄输水建筑物运行安全的影响。

工程安全条件评估应按 SL 214 的规定执行。

（3）经济与社会影响预测与评估。当水闸功能指标、工程安全条件符合降等或报废条件时，应开展经济与社会影响预测与评估。

水闸经济与社会影响预测与评估应评估水闸现状费用与效益、水闸运行影响和水闸失事影响，分析预测水闸降等或报废的可能社会影响。

水闸现状费用与效益评估应分析水闸维持运行的费用、水闸产生的经济效益和社会效益。费用与效益估算应按 SL 72 的规定执行。

水闸运行影响应包括下列内容：蓄水影响范围内的上游重要城镇、工矿区、农业基地、重要基础设施、文物古迹、珍稀或濒危物种、特殊和重要生态敏感区等对象及其安全。现状下游防洪能力和防洪保护对象。库水与土地资源利用引发的供水、水事纠纷和土地价值变化等。

水闸失事影响应开展失事洪水分析和洪水风险图的绘制，分析失事洪水下泄可能导致的经济、社会和环境等影响：失事洪水分析应按 SL104 的规定执行。洪水风险图绘制应按 SL 483 的规定执行。影响对象应根据洪水风险图确定，包括风险人口、城镇、村庄、耕地、工矿企业等分布，以及基础设施、文物古迹、珍稀或濒危物种区、特殊和重要生态敏感区等。水闸降等或报废的可能社会影响预测，应分析水闸受益范围与受益对象、影响范围与影响对象，分析水闸降等或报废可能产生的影响，分析利害相关方、社区与公众的意见和建议，评估可能涉及的法律影响和可能产生的社会影响。

（4）环境影响预测与评估。环境影响预测与评估应分析现状存在的主要环境问题，预测和评估水闸降等或报废对河流、物种保护、生态环境及水文地质条件等的影响。

环境影响评估应包括下列内容：水闸是否符合流域规划和区域规划要求。区珍稀或濒危物种类别、分布和迁移保护的可能性。特殊或重要生态敏感区与水闸的关系。水闸蓄水引起的周围生态环境及水文地质条件变化。河道功能恢复需求。水闸泥沙淤积情况及对环境的潜在影响。

环境影响评估方法可采用问卷、访谈、部门上报和计算分析等。水闸降等或报废应预测与评估对下游河道、河势的影响。影响原防洪保护对象、堤防安全的，还应评估其影响程度。水闸报废存在泥沙或污染物输移时，应预测拆除引起的泥沙输移和水质污染对下游水环境的影响。影响预测可采用类比分析、数学模型等方法。采用数学模型方法时，泥沙输移影响预测可按 JTS/T 231—4 的规定执行，水质影响预测方法可按 HJ/ T 88 的规定执行。水闸降等或报废可能影响珍稀或濒危物种、特殊或重要生态敏感区时，应评估可能的影响，并给出建议。

3. 对策措施与管理

对策措施与管理应根据水闸降等或报废影响范围、影响对象、时段、程度、保护目标要求，提出预防、减免、恢复、补偿、管理、监测等对策和管理措施。

对策和管理措施应进行经济技术论证，满足安全、环保要求。对策措施应包括工程措施、非工程措施和善后管理，并制定相应方案。对策措施方案应明确目标、措施内容、设施规模及工艺、实施计划、投资估算、保障措施、预期效果分析等。

（1）工程措施。拟降等或报废的水闸应提出工程措施方案，根据工程确定工程处置、泥沙治理、水土保持、设施保护等措施。水土保持措施应按 SL 312 执行。报废水闸宜拆除或部分拆除，恢复河道连通功能。不能拆除的，泄水设施过流能力应满足防洪安全要求。保留建筑物存在结构安全隐患的，应加固处理。建筑物加固处理和防护措施应根据水闸报废对上下游河道的影响分析确定。沉积的泥沙应进行分析评估和妥善处置。可综合运用自然冲蚀、水力疏浚、机械挖除和原地固置等处理方法。淤积污染物严重的水闸报废，应根据水功能区划、水环境功能区划、下游水质保护要求和污染物状况，提出工程、生物处置等防止水污染与治理污染源的措施。应采取适当的水土保持、环境保护和生态修复措施，防止因水闸报废而出现水土流失和生态环境恶化。水闸报废拆除施工的固体废物应有相应的处置、防控措施。

水闸拆除实施计划应给出水闸拆除内容、步骤和工期，以及工程和下游影响对象的安全保护措施。需采取工程措施对拟降等或报废水闸功能进行补偿的，应提出工程代替措施、实施计划。

拟降等或报废水闸的生态和文物保护措施应符合下列规定：①珍稀、濒危植物或其他有保护价值的植物受到不利影响，应提出工程防护、移栽、引种繁殖栽培、种子库保存和管理等措施；②珍稀、濒危水生生物和有保护价值的水生生物的种群、数量、栖息地、洄游通道受到不利影响，应提出保护与管理措施；③受影响的文物保护应采取防护、加固、避让、迁移、复制、录像保存和发掘等措施。

（2）非工程措施。降等水闸应拟定下列非工程措施：①按照 GB 50201 和 SL 252 确定降等后的工程规模、工程等别、建筑物级别及洪水标准，重新拟定特征参数和调度原则，并履行相应的审批手续；②按降等后的工程标准、特征参数和调度原则，复核工程防洪能力和建筑物安全，不符合要求的应拟定相应的工程措施；③分析水闸降等后遭遇校核标准洪水导致失事条件下洪水可能淹没范围和主要影响对象，并制定相应的对策和应急预案。

报废水闸应拟定下列非工程措施：①确定 20 年、50 年、100 年一遇洪水的可能淹没范围和主要影响对象，并提出原水闸防洪保护对象安全的对策和建议；②拆除水闸可能导致上游污染物向下游输移、扩散的，应提出下游水质监测初步设计方案和保护措施；③拆闸对生态和环境有较大影响的，应提出生态和环境监测方案和保护计划，并针对保护计划中的难点提出解决途径；④监测项目应针对主要影响要素设置，明确监测方法、技术和监测资料整编要求，监测范围应与工程影响区域相适应。

应提出人员分流、就业指导等管理措施。由于水闸降等或报废产生明显不利影响的，应提出补偿措施。

（3）善后管理。善后管理应提出实施方案。实施方案应包括工程责任主体与管理机构的变化衔接、运行管理、工程措施处置、管理范围土地权属交接等内容。

水闸降等善后管理措施应包括下列内容：①按照"分级管理，分级负责"原则，重新确定工程相关责任主体，落实安全责任制，并按照相关规定办理注册登记变更或注销手续；②重新拟订工程调度原则和编制调度规程，并报有关部门批准后执行；③依据相关规定等，拟订调整工程管理机构和管理人员编制方案，以及运行管理和养护修理制度；④应按相关规定对水闸资产及有关债权债务等拟定妥善的处置方案；⑤对已有安全监测设施，宜保留和妥善维护，并继续开展监测工作；⑥应拟定工程技术档案移交、保存和管理方案。

水闸报废善后管理措施应包括下列内容：①水闸报废工作验收后，应按照相关规定，办理注销手续；②应按相关规定，对原水闸管理机构、员工安置、资产及有关债权债务等拟定妥善的处置方案；③不能全部拆除留有残余结构的，应拟定管理措施；④淤积严重、有严重污染源或对生态环境有严重影响的水闸报废，应提出监测方案和后期监测评估要求；⑤应拟订工程技术档案移交和长期保存方案。

4. 费用与效益估算

费用与效益估算应在预测评估、对策与管理措施的基础上，进行水闸维持、降等或报废不同方案的费用与效益估算，并进行工程效益分析。费用与效益估算应说明依据与方法，宜采用货币表示，不能用货币表示的可采用定量指标表示或定性描述。

（1）维持现状费用与效益估算。水闸维持现状费用应按 SL 72、水利工程设计概（估）算编制规定及地方水利工程养护修理定额标准等进行估算，并应符合以下规定：①固定资产投资应包括工程除险加固或改造；②年运行费应包括运行期材料费、燃料及动力费、修理费、职工薪酬、管理费、水资源费、其他费用及固定资产保险费等；③更新改造费应包括运行期内的机电设备、金属结构以及工程设施更新改造等费用；④流动资金应包括维持工程正常运行的周转资金。

水闸维持现状效益应按 SL 72 的规定估算，应包括：①防洪、治涝效益；②灌溉供水、城镇供水、乡村人畜供水和养殖等效益；③水力发电、航运等效益；④休闲、生态等环境效益；⑤由于水闸除险加固或水闸清淤等导致损失的效益。

（2）降等或报废措施的费用与效益估算。水闸降等或报废应开展费用与效益估算。费用估算应按 SL 72、水利工程设计概（估）算编制规定及地方水利工程养护修理定额标准等执行。效益估算应按 SL 72 的规定执行。

水闸降等措施的主要费用应包括：①水闸等工程改造或除险加固、环境治理与修复等固定资产投资；②水闸降等的年运行费、更新改造费和流动资金；③管理机构调整、管理人员安置、影响对象安置等其他费用。

水闸报废措施的主要费用应包括：①水闸拆除、水闸功能代替工程、其他基础设施改造、环境治理与修复等工程措施费用；②其他费用，包括管理机构拆并、管理人员安置、影响对象安置等费用，为减免水土流失、河道不利影响等而采取的保护、管理、监测、补偿和研究等费用等。

水闸降等或报废后的主要效益应包括：①节约的原水闸维持费用；②损失的原水闸维持效益；③上游可利用增加、下游淹没与限制减少的土地利用效益；④拆除后河流连通带来的休闲娱乐、渔业、生态效益等；⑤其他效益。

（3）工程效益分析。工程效益分析应对水闸降等或报废方案进行技术经济比较，包括经济效益分析、社会效益和环境效益分析。经济效益分析可采用无对比法，即计算水闸降等或报废与水闸维持现状的增量费用和增益费用，并应符合下列规定：①增量费用应计入由于工程改造或除险加固建设期停止或部分停止运行的损失；②增量收益应在分析工程维持现状下的收益变化趋势后进行合理计算；③增量收益应计入相对现状水闸维持节约的费用、工程设施资产变卖的净价值；④增量收益能与原收益分开计算的应单独计算，难以分开的可按整体项目收益的差额值计算，应按 SL 72 关于改扩建项目的经济评价进行评价。

社会效益、环境效益可作定量或定性，描述，可按下列原则进行：①优化资源配置，科学处置，化解水闸风险，消除水闸安全隐患；②促进人与自然、社会和环境的和谐和可持续发展；③维护河流健康，改善水生态环境，促进当地产业结构调整和生态文明建设；④促进当地生产发展、生活水平提高、民族团结和社会稳定等。

应根据工程效益分析进行水闸处置方案的比选，对影响效益分析结论的因素进行归纳总结，并提出建议。

5. 综合评估

综合评估应在现场调查和初步分析基础上，根据影响预测与评估、对策措施与管理、费用与效益估算结果进行综合评估和决策，提出水闸维持、降等或报废的评估结论，确定合适的水闸处置方案。综合评估应考虑关键指标。对存在降等或报废需求，但影响因素复杂，涉及利害相关方多的水闸，可采用综合评估方法进行综合决策。

对符合水闸报废条件，经影响预测与评估、方案费用效益分析适合报废的水闸，应报废处理，并提出相应的报废处理方案。对经评估明确不符合规划发展要求的水闸，应报废处理，并提出相应的报废处理方案。对经综合决策评为适合报废的水闸，应明确适合报废的条件，并提出相应的报废处理方案。

应明确是否适合水闸降等或报废条件。应归纳水闸降等或报废的各种潜在影响，提出处置方案影响预测与评估、对策措施与管理、费用与效益估算的结论。应提出综合评估结论，明确水闸降等或报废处置方案及实施建议。

参 考 文 献

[1] 杨正华，荆茂涛，张士辰，等．水库大坝安全管理法规和标准实用指南 [M]．南京：河海大学出版社，2019．

[2] 马福恒，盛金保，胡江，等．水库大坝安全评价 [M]．南京：河海大学出版社，2019．

[3] 盛金保，厉丹丹，龙智飞，等．水库大坝风险及其评估与管理 [M]．南京：河海大学出版社，2019．

[4] 向衍，刘成栋，袁辉，等．水库大坝主要安全隐患挖掘与处置技术 [M]．南京：河海大学出版社，2019．

[5] 王士军，张国栋，葛从兵，等．水库大坝安全监控与信息化 [M]．南京：河海大学出版社，2019．

[6] 何勇军，李铮，徐海峰，等．水库大坝运行调度技术 [M]．南京：河海大学出版社，2019．

[7] 2019 年全国水利发展统计公报 [M]．北京：中国水利水电出版社，2020．

[8] 中华人民共和国水利部．水闸安全评价导则：SL 214—2015 [S]．北京：中国水利水电出版社，2015．

[9] 中华人民共和国水利部．水闸设计规范：SL 265—2016 [S]．北京：中国水利水电出版社，2016．

[10] 中华人民共和国水利部．水闸安全监测技术规范：SL 768—2018 [S]．北京：中国水利水电出版社，2018．

[11] 崔忠波，丁国莹，王海俊．《水闸设计规范》修编及应用 [J]．水利技术监督，2017，25（4）：1-4．

[12] 程松明，卢伟华．上海市水闸安全鉴定规划研究 [J]．城市道桥与防洪，2016（6）：192-194，215．

[13] 戚蓝，汪祥胜，马洪霞，等．沿海地区水闸安全鉴定分析 [J]．中国农村水利水电，2014（12）：134-138．

[14] 赵海超，苏怀智，李家田，等．基于多元联系数的水闸运行安全态势综合评判 [J]．长江科学院院报，2019，36（2）：39-45．

[15] 何金平，曹旭梅，李绍文，等．基于安全监测的水闸健康诊断体系研究 [J]．水利水运工程学报，2018（5）：1-7．

[16] 张志辉，曹邱林．基于云模型的水闸安全性态评价研究 [J]．长江科学院院报，2020，37（1）：61-66．

[17] 刘东东，王学锋，叶伟，等．鹤山市沙坪水闸安全评价报告 [R]，南京：南京水利科学研究院，2021．

[18] 胡江，李子阳，马福恒．独流减河进洪南闸工程复核计算报告 [R]．南京：南京水利科学研究院，2014．

[19] 胡江，李子阳，马福恒．独流减河进洪北闸工程复核计算报告 [R]．南京：南京水利科学研究院，2014．

[20] 顾冲时，吴中如．大坝与坝基安全监控理论和方法及其应用 [M]．南京：河海大学出版社，2006．

[21] 盛金保．大坝风险管理与基于风险的大坝安全评价体系 [C] // 水利水电工程风险分析及可靠度设计方法研讨会，2010．

［22］ 李宗坤，葛巍，王娟，等．中国水库大坝风险标准与应用研究［J］．水利学报，2015，46（5）：567－573，583．

［23］ 王昭升，吕金宝，盛金保．水库大坝风险管理探索与思考［J］．中国水利，2013（8）：52－54．

［24］ 彭雪辉，蔡跃波，盛金保，等．中国水库大坝风险标准研究［M］．北京：中国水利水电出版社，2015．

［25］ 中华人民共和国水利部．水库大坝安全管理应急预案编制导则：SL/Z 720—2015［S］．北京：中国水利水电出版社，2015．

［26］ 谢雨轩．水闸除险加固方案的决策研究［D］．天津：天津大学，2016．

［27］ 中华人民共和国水利部．水库降等与报废标准：SL 605—2013［S］．北京：中国水利水电出版社，2013．

［28］ 中华人民共和国水利部．水库降等与报废评估导则：SL/T 791—2019［S］．北京：中国水利水电出版社，2019．